变化环境下
干旱评估-传递机制-预测预估
方法与应用

粟晓玲　冯　凯　张更喜等　著

科学出版社

北京

内 容 简 介

全球变暖加速了水循环，导致干旱发生的强度和频次增加。本书系统探索了干旱的综合评估、动态演变、驱动与传递机制以及预测预估方法。主要包括西北地区气象干旱、农业干旱的时空动态演变特征，地下水干旱、生态干旱和综合干旱的评估方法及应用，气象干旱对大气环流的响应机制，气象-农业干旱的传递机制，变化环境对气象水文干旱传递的影响，基于气象干旱和高温的中国农业干旱预测，未来 CO_2 浓度升高对潜在蒸散发及干旱预估的影响以及 CMIP6 气候模式下中国未来干旱时空演变特征预估等内容。

本书可供水文学、农田水利、水资源管理、生态学等学科的科研人员、教师和管理人员参考，也可作为相关专业研究生的参考书。

审图号：GS 京（2023）0289 号

图书在版编目（CIP）数据

变化环境下干旱评估-传递机制-预测预估方法与应用／粟晓玲等著. —北京：科学出版社，2023.3

ISBN 978-7-03-073893-6

Ⅰ.①变… Ⅱ.①粟… Ⅲ.①干旱-评估方法 Ⅳ.①P426.615

中国版本图书馆 CIP 数据核字（2022）第 219834 号

责任编辑：王 倩／责任校对：贾伟娟
责任印制：吴兆东／封面设计：无极书装

科 学 出 版 社 出版
北京东黄城根北街 16 号
邮政编码：100717
http://www.sciencep.com
北京建宏印刷有限公司 印刷
科学出版社发行 各地新华书店经销

*

2023 年 3 月第 一 版 开本：787×1092 1/16
2023 年 3 月第一次印刷 印张：19 1/4
字数：460 000
定价：258.00 元
（如有印装质量问题，我社负责调换）

《变化环境下干旱评估–传递机制–预测预估方法与应用》撰写委员会

主　笔　粟晓玲

副主笔　冯　凯　张更喜

成　员　姜田亮　张　特　吴海江

　　　　　牛纪苹　武连洲　褚江东

　　　　　齐乐秦　艾启阳　梁　筝

　　　　　郭盛明

前　言

全球变暖加速了水循环，导致极端气候事件频发。干旱是一种持续时间长、影响范围广且灾害损失重的长期困扰人类发展的极端自然现象。随着气候变化和人类活动的加剧，干旱发生的强度和频次都有增加的趋势，导致水资源供需矛盾加剧、生态环境恶化等一系列连锁灾害，已引起气象、水文、农业、生态环境、社会经济等领域的普遍关注。干旱的形成和演变是气象、水文和人类活动等多种因素共同作用的结果，开展变化环境下干旱的评估方法、演变特征、传递机制以及预测预估模型研究，可为有效的干旱预警、科学的抗旱减灾和高效的水资源调配与管理提供决策依据。

本书在国家自然科学基金项目"干旱传递机理及综合干旱评估方法"（51879222）、"生态干旱与气象干旱和地下水干旱的互馈机制及生态干旱脆弱性评估方法研究"（52079111）、国家自然科学基金重大研究计划项目"西北旱区绿洲农业水转化多过程耦合与高效用水调控"课题（91425302-4），以及西北农林科技大学"农业高效用水与区域水安全"学科群的资助下，围绕"构建干旱的评估方法、传递机制以及预测预估模型体系"的总体目标，开展了相关研究，取得了以下主要成果。

（1）在干旱分类及干旱评估方面，针对过去干旱管理多以人类为中心，围绕干旱的水文影响、农业影响以及社会经济影响展开，而忽略了干旱对地下水和生态系统的影响问题，完善了干旱的分类，包括气象干旱、农业干旱、水文干旱、地下水干旱以及生态干旱；针对过去仅注重单一指数评估干旱，难以准确全面地描述复杂干旱状况，忽略了干旱现象与降水、径流、地下水、土壤湿度等气象水文多变量相关的问题，提出了考虑多变量的综合干旱指数的多种评估方法。

（2）在干旱时空演变特征表征方法方面，针对过去仅考虑某一特定区域干旱特征的一维时间变化趋势或某一特定时期的二维时空演变特征，忽略了干旱演变的时空动态连续性问题，完善了干旱事件三维识别方法，从时空多角度系统揭示了气象干旱和农业干旱的时空动态演变特征与发展趋势，以提高旱情监测系统的空间跟踪和预报能力。

（3）在干旱驱动及传递机制研究方面，针对过去仅分析降水、温度或干旱指数与环流指数的相关性不足以解释干旱对环流的响应问题，系统分析了气象干旱对环流指数的响应关系，揭示了气象干旱演变的环流驱动机制，量化了基于大气环流的气象干旱风险；针对传统干旱响应研究仅考虑不同类型干旱的响应滞时，忽略干旱空间尺度的关联以及其他特征变量的传递特征问题，提出了不同类型干旱事件对的匹配准则，采用贝叶斯网络条件概率模型来探讨农业干旱对气象干旱的响应概率问题，并对多个干旱特征变量分别建立不同类型干旱的最优响应关系模型，明确了响应概率特征曲线。

（4）针对变化环境下基于平稳假设的干旱指数的不适用问题，提出了基于气候协变量和人类活动协变量，考虑非平稳的气象水文综合干旱指数。

（5）在干旱的预测和未来预估方面，针对过去干旱预测主要依据气象干旱和农业干旱或水文干旱的简单线性或非线性关系，难以反映农业干旱或水文干旱驱动的复杂非线性问题，考虑前期气象干旱、前期高温以及农业干旱的持续性，分别构建基于 meta-Gaussian 模型和 Vine Copula 模型的农业干旱预测模型；针对潜在蒸散发（PET）计算过程中忽略 CO_2 浓度升高的影响导致依据 PET 的干旱指数预测结果偏旱的问题，构建了考虑 CO_2 浓度影响的标准化湿度异常综合干旱指数（SZI[CO_2]），并据此预估未来干旱发生状况及干旱发生的风险。

上述研究成果已在 *Water Resources Research*、*Hydrology and Earth System Sciences*、*Geophysical Research Letters*、*Journal of Hydrology*、*Science of the Total Environment*、*Ecological Indicators*、*Climate Dynamics*、《农业工程学报》、《水利学报》和《地理学报》等国内外重要期刊上发表。

参与上述国家自然科学基金项目的科研人员包括西北农林科技大学流域水文模拟及水旱灾情预测团队博士研究生冯凯、张更喜、姜田亮、张特、吴海江、褚江东，硕士研究生张向明、齐乐秦、艾启阳、梁筝、郭盛明等，团队胡雪雪、肖悦、刘轩参与了书稿编辑校核工作，对他们的前期研究工作和付出表示衷心的感谢！全书按照章节内容分工合作撰写，作者分别来自西北农林科技大学、扬州大学、华北水利水电大学和中国水利水电科学研究院。全书共分 12 章。各章分工如下：第 1 章由粟晓玲、张更喜、冯凯编写，第 2 章由冯凯、粟晓玲编写，第 3 章由冯凯、粟晓玲编写，第 4 章由牛纪苹、褚江东、张更喜、艾启阳编写，第 5 章由姜田亮、粟晓玲编写，第 6 章由粟晓玲、吴海江、梁筝、郭盛明编写，第 7 章由粟晓玲、武连洲、张更喜、齐乐秦编写，第 8 章由冯凯、粟晓玲编写，第 9 章由张特、粟晓玲编写，第 10 章由吴海江、粟晓玲编写，第 11 章由张更喜、粟晓玲编写，第 12 章由张更喜、粟晓玲编写，全书由粟晓玲、张更喜统稿。

由于研究水平和时间有限，机理研究和理论分析还不够全面，分析方法和模型构建还存在一定的局限性，书中难免存在不足之处，恳请读者批评指正。

作　者

2022 年 1 月于杨凌

目　　录

第1章 绪 论

1.1 研究目的与意义

干旱是一种频发的自然灾害，发展缓慢、持续时间长、影响范围广，对水资源供给、农业生产、生态环境和社会经济发展等造成不同程度的损害，几乎所有国家都曾遭受过干旱的侵袭。据联合国粮食及农业组织（Food and Agriculture Organization of the United Nations，FAO）报告，干旱导致平均每年 2500 亿～3000 亿美元的经济损失，且发生频率及其造成的经济损失将持续增加（FAO，2018）。例如，2010 年，俄罗斯发生的 50 年一遇特大干旱，严重威胁当地的粮食安全（Wegren，2011）；2011 年，东非遭受 60 年来最严重干旱，造成粮食短缺，受灾人口达 1240 万（Dutra et al.，2013）；2012 年夏季，美国中部发生了 117 年来最严重的季节性干旱，引发大面积粮食减产，造成了严重的经济损失（Hoerling et al.，2014）。

中国地处欧亚大陆东部、太平洋西岸，气候受大陆、海洋的影响非常显著，导致自然灾害频发，而气象灾害约占自然灾害的 70%，干旱又占气象灾害的一半以上。自 1990 年以来，因干旱造成的经济损失达 800 多亿元（粟晓玲和梁筝，2019）。2000 年后，极端干旱事件更加频发。例如，2013 年干旱事件致使中国 $1.12 \times 10^7 hm^2$ 耕地作物减产，直接经济损失达 1274.51 亿元，占全年 GDP 的 0.22%；2019 年长江中下游干旱致使 7 省（自治区、直辖市）受灾，严重影响了农业生产（Zhang G X et al.，2021a）。2022 年夏季，长江流域遭遇从 1961 年有完整气象观测记录以来最严重的特大干旱事件，引起社会广泛关注（夏军等，2022）。全球变暖导致气候系统稳定性降低，影响水循环过程。随着人类活动的加剧，水资源过度开发、下垫面条件改变等干扰了水循环系统，导致干旱发生强度和频次都有增加的趋势，加剧了区域水资源供需矛盾，导致水质恶化、作物减产、生态恶化等一系列连锁灾害（Mishra and Singh，2010；粟晓玲等，2019）。极端干旱的发生直接威胁到国家粮食安全和社会经济稳定。

由于受多种驱动因素的共同作用，干旱的形成和演变过程非常复杂，涉及气象、水文、人类活动、下垫面构成和社会经济等诸多方面，使得人们难以及时准确地捕捉干旱，以提前规划应对策略及预防措施（Buttafuoco et al.，2015）。干旱演变其实是一个时空连续的动态发展过程，当前大多数研究是从时间和空间尺度单独对其进行评估，对干旱的发生及演变过程的机理性问题认识不够深入，难以提供可靠的动态预报，导致我国近年来推行的由被动抗旱转向主动抗旱（倪深海和顾颖，2011）的科学抗旱策略成效不显著。

尽管干旱的演变过程极其复杂，不同类型干旱发生的时间和机理也不相同（胡彩虹等，2016），但存在一定的互馈响应关系，这也是近年来国内外干旱研究领域的一个热点问题（López-Moreno et al.，2013），目的是揭示干旱的形成与传递机制。通过构建农业干旱或水文干旱与气象干旱的传递关系，为建立基于气象干旱的农业干旱或水文干旱预测预警系统奠定基础。由于气候变化及人类活动的干扰，不同类型干旱间的响应关系变得更加复杂，时空尺度上干旱响应特征及关系研究缺乏系统性和全面性。因此开展系统的干旱传递关系研究，为准确预报干旱、科学制定干旱应对策略提供基础支撑，是决策部门主动防旱的重要依据，也是保障国家粮食安全和水资源安全的重要需求。

中国西北地区位于欧亚大陆内部，距海遥远、气候干燥、降水稀少，属于干旱或极端干旱气候，是全球同纬度最干旱地区之一。这里集中了我国 85% 的干旱、半干旱土地面积，受多种气候条件的影响，降水时空分布不均，水资源匮乏，干旱发生频率高，是我国气候变化最敏感的地区之一。西北地区分布着广阔的沙漠、戈壁及裸露的下垫面，地表蒸发能力强，在一定程度上也增加了干旱化风险。随着全球气候变暖，近年来西北地区面临着冰川缩减、雪线升高、地表径流减少的现状，而发达的农牧业需要耗用大量的水资源，这就导致水资源短缺现象将更加严重，干旱风险进一步提高。因此，针对西北地区开展干旱时空动态演变特征及响应关系研究，有助于该地区提高科学抗旱能力及精准预警水平，对我国西北地区的生态环境及社会经济的可持续发展具有重大的现实意义。

此外，气候变化增加了干旱预测的不确定性。诸多研究利用气候模式进行干旱预估，结果表明气候变化加剧了未来干旱发生的频率和强度（Cook et al.，2014）。然而，干旱预估频率和强度的增加与过去几十年全球植被盖度增加和径流量几乎无明显变化趋势的观测结果不符，也与未来全球植被盖度和径流量略有增加的气候预估结果相矛盾（Cook et al.，2020）。产生这种矛盾的原因，一方面，干旱评价指标的差异，如 Yao 等（2020）利用标准化降水蒸散发指数（standardized precipitation evapotranspiration index，SPEI）预测中国大部分区域，尤其是西北地区未来会经历更为严峻的干旱；但 Dai（2013）利用帕尔默干旱烈度指数（Palmer drought severity index，PDSI）预测的中国西北地区未来干旱则呈减弱趋势。另一方面，大气需水量计算方法的选取也会影响干旱预测结果，Sheffield 等（2012）研究表明，以基于温度的潜在蒸散发（potential evapotranspiration，PET）计算干旱指数容易高估干旱状况。也有研究表明，蒸散发计算过程中忽略 CO_2 浓度升高对植被生理过程的影响是得出偏旱结论的原因之一（Yang et al.，2018a）。因此，在未来干旱预估时，应评估不同类型干旱指数对干旱预估的影响，以筛选适合气候变化情景的干旱指数；同时应充分考虑 CO_2 浓度升高对植被生理过程、PET 计算结果及干旱评估的影响，以得出更为合理的预估结果，为干旱预警、增强防旱抗旱能力提供科学依据。

1.2 研究内容与技术路线

1.2.1 研究内容

围绕揭示干旱驱动、演变、传递机制，提高干旱预测、预估精度的总体目标，开展西北地区气象、农业干旱时空动态演变规律，地下水干旱指数、生态干旱指数以及综合干旱指数（comprehensive drought index，CDI）的构建及应用，气象-农业干旱的传递机制，变化环境对气象水文干旱传递的影响，基于统计方法的中国农业干旱预测，基于CMIP6气候模式的中国未来干旱时空演变特征预估等方面的研究，具体研究内容如下。

1. 西北地区气象、农业干旱时空动态演变规律

基于CRU TS v. 4. 03数据集提供的1960～2018年月降水和潜在蒸散发栅格数据，计算不同时间尺度（1～12个月）的气象干旱指数SPEI，分析西北地区月、季、年尺度的气象干旱时空变化特征和周期特征；完善干旱事件三维识别方法，提取多个干旱时空特征变量，总结近60年西北地区气象干旱事件的时空动态演变特征及发展规律，并利用Copula函数构造干旱特征变量的联合分布，讨论气象干旱事件的联合发生和条件发生概率。

基于GLDAS V2.0中Noah模型提供的1960～2018年根区土壤湿度月时间序列栅格数据集，计算不同时间尺度（1～12个月）的标准化土壤湿度指数（standardized soil moisture index，SSMI），分析西北地区月、季、年尺度的农业干旱时空变化特征和周期特征；基于干旱事件三维识别结果，分时段讨论不同类型农业干旱事件特征变量的统计特征及空间分布情况，并分析西北地区农业干旱的时空动态演变特征；基于最优干旱变量边缘分布以及Copula函数建立多变量联合分布并分析典型农业干旱事件的多变量重现期特征。

2. 地下水干旱评估及应用

利用黑河中游1980～2018年的月地下水位动态观测数据，构建参数化和非参数化的标准化地下水指数，用K-S检验和赤池信息量准则（Akaike information criterion，AIC）优选干旱指数，分析黑河中游地下水干旱的变化趋势。基于水量平衡方程，采用GRACE（Gravity Recovery and Climate Experiment）卫星数据和GLDAS（Global Land Data Assimilation System）模型数据定量评估西北地区地下水储量变化，并结合典型区实测地下水位数据进行验证，最后构建地下水干旱指数GRACE-GDI，分析西北地区地下水干旱的时空演变特征。

3. 生态干旱评估及应用

在总结归纳国内外生态干旱研究进展的基础上，明确生态干旱的内涵与概念。根据植被的生态需水和耗水特点，构建标准化生态缺水指数评估生态干旱。以西北地区为研究区，采用旋转经验正交函数（radial empirical orthogonal function，REOF）和游程理论，探究生态干旱的时空演变规律；采用小波分析方法，分析生态干旱的演变周期，采用干旱事件三维识别方法，提取并分析生态干旱事件的时变特征。最后将标准化生态缺水指数与考虑单一因子和综合因素的干旱指数进行对比，评估各类指数对西北地区生态干旱的评估能力。

4. 综合干旱评估及应用

基于SPEI、SSMI和标准化径流指数（standardized streamflow index，SSI）3种单类型

干旱指数，采用熵权法、主成分分析（principal component analysis，PCA）法、Copula 函数、主成分分析-Copula 函数法以及核熵成分分析 5 种方法分别构建 5 种综合干旱指数。通过计算 5 种综合干旱指数和 3 种单类型干旱指数之间的皮尔逊（pearson）相关系数并结合历史典型旱情事件，分析比较 5 种综合干旱指数在评估研究区干旱的适用性，得到适用于研究区的综合干旱指数。

5. 西北地区气象干旱对大气环流的响应机制

以 SPEI 表征气象干旱，采用经验正交函数（empirical orthogonal function，EOF）和旋转经验正交函数（radial empirical orthogonal function，REOF）对气象干旱的区域变化特征进行分区，采用集合经验模态分解（ensemble empirical mode decomposition，EEMD）法，基于 ArcGIS 平台分析干旱的时空演变特征；利用相关分析、交叉小波变换以及随机森林法研究分区气象干旱对多个环流指数的响应关系以及驱动气象干旱的主要环流指数；采用非参数核密度估计拟合主要环流指数的极端相位，并基于 Copula 函数对极端环流相位下的干旱事件特征变量拟合联合分布，分析不同分区的极端相位下干旱事件的发生概率。

6. 西北地区气象-农业干旱的传递机制

通过计算不同时间尺度气象干旱指数 SPEI 和月尺度农业干旱指数 SSMI 之间的相关系数，分析西北地区农业干旱对气象干旱的响应滞时特征，提出基于时空尺度的不同类型干旱事件匹配准则，基于匹配结果分析不同响应类型中农业干旱对气象干旱的时空响应特征，从线性、非线性角度建立气象、农业干旱特征变量间的响应关系模型并确定最优响应模型；基于贝叶斯网络模型建立农业干旱对气象干旱变量的响应概率特征曲线，从时空多尺度视角对干旱响应特征进行系统分析。

7. 变化环境对气象水文干旱传递的影响

对比天然情景和人类活动影响下的 SSI 序列，揭示人类活动对水文干旱演变的影响。采用相关系数法和 Copula 函数，构建标准化降水指数（standardized precipitation index，SPI）和 SSI 间的联合分布，从传递时间、传递阈值与传递概率系统地量化人类活动对气象干旱向水文干旱传递的影响。针对基于平稳假设的干旱指数在变化环境下不再适用的问题，构建考虑气候变化和人类活动影响的非平稳综合干旱指数，并评估其适用性。

8. 基于气象干旱和高温的农业干旱预测

采用 Kendall Copula 函数联合 1 个、3 个、6 个、9 个和 12 个月时间尺度下的 SSMI 构建表征农业干旱的联合标准化土壤湿度指数（JSSI），利用前期的气象干旱（SPI_{t-i}）、高温（STI_{t-i}）及农业干旱（$JSSI_{t-i}$）作为后期农业干旱（$JSSI_t$）的预测因子，分别构建基于 meta-Gaussian（MG）模型和 Vine Copula（4C-vine）模型的中国夏季农业干旱预测模型，分析比较模型性能。

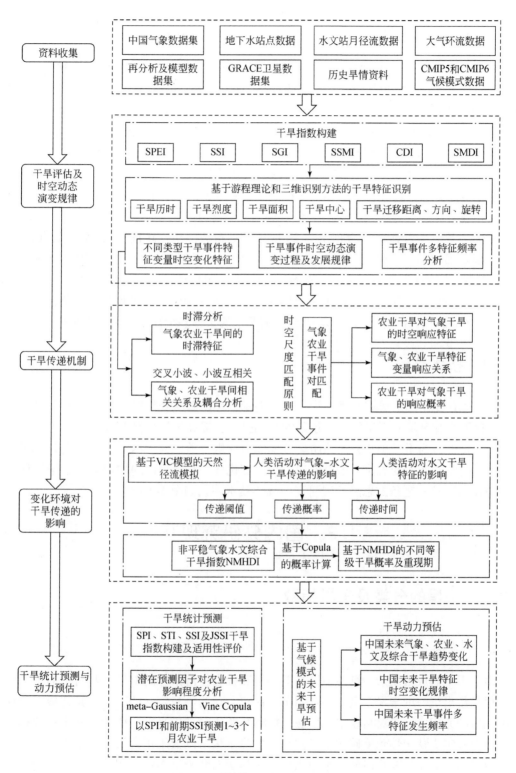

图 1-1 干旱传递及预测技术路线

9. CMIP6 气候模式下中国未来干旱时空演变特征预估

利用历史观测降水和气温数据集分别评估 CMIP5 和 CMIP6 中的 20 个气候模式数据，对比不同气候模式的模拟精度，筛选精度较高的气候模式，计算中国区域各气候模式的 PET，推导 CMIP6 气候模式考虑 CO_2 浓度影响的 Penman-Monteith（PM$[CO_2]$）计算公式，评估其合理性；推导 PET 对气象因子及 CO_2 浓度的敏感性公式，分析不同时期 PET 对各因子的敏感性；依据 SPEI 评估 PM 和 PM$[CO_2]$ 计算的 PET 对中国未来干旱变化趋势的影响。利用双层土壤模型算法，以 PM$[CO_2]$ 计算的 PET 为输入，构建考虑 CO_2 浓度影响的标准化湿度异常指数（SZI$[CO_2]$），与 SPEI$[CO_2]$ 和自校准（self-calibrated）PDSI（scPDSI$[CO_2]$）进行对比，分析其对中国 7 个气候分区气象干旱、水文干旱、农业干旱和综合干旱的预估效果，以筛选适合研究区的综合干旱指数。对 CMIP6 气候模式数据进行降尺度和模式加权集合，降低模拟不确定性。计算获得未来气候情景（SSP2-4.5 和 SSP5-8.5）中国 SZI$[CO_2]$，分析不同气候分区 SZI$[CO_2]$ 的变化趋势；提取三维干旱特征变量（干旱历时、面积、烈度），分析未来干旱时空动态演变特征；构建非平稳时变参数估计方法，利用 Copula 函数分析"和"及"或"情况下的干旱多特征变量的发生概率。

1.2.2　技术路线

以深入认识干旱形成演变规律为主线，揭示干旱动态演变规律与不同类型干旱的传递机制，阐明变化环境对干旱传递和预测的影响过程，提高干旱预测精度，减少未来干旱预估的不确定性，为干旱预警和增强防旱抗旱能力提供科学依据。本书按照"资料收集—干旱评估及时空动态演变规律—干旱传递机制—变化环境对干旱传递的影响—干旱统计预测与动力预估"这一链条式思路开展研究，具体技术路线如图 1-1 所示。

1.3　国内外研究现状

1.3.1　干旱的分类及干旱指数

1. 干旱的定义

由于干旱的成因复杂，且各地区自然环境和社会经济条件的差异及其对水需求的随机性，很难给出统一的干旱定义。Yevjevich（1967）认为干旱定义的不一致是造成干旱研究进展困难的原因之一。Wilhite 和 Glantz（1985）将干旱的定义分为概念式和定量描述式两类，概念式定义从定性角度阐明干旱内涵，如降水量持续低于正常水平。定量描述式则主要从定量角度对干旱起止时间、干旱烈度、干旱历时和干旱影响面积等干旱特性进行描述和分析（Mishra and Singh，2009）。

常用的干旱定义包括：①世界气象组织（World Meteorological Organization，WMO）的定义"长期的、持续的降水量短缺"（WMO，1986）。②《联合国防治荒漠化公约》(The United Nations Covention to Combat Desertification，UNCCD）的定义"降水量明显低于正常水平时出现的自然现象，造成严重的水分失衡，对土地资源生产系统产生不利影响"（General，1994）。③FAO（1983）的定义"由土壤水缺失造成的作物减产现象"。④《气候和天气百科全书》(Encyclopedia of Climate and Weather）的定义"某个区域降水量长时间低于多年统计平均值的现象"（Schneider，1996）。⑤Gumbel（1963）的定义"日流量最小的年度值"。⑥Palmer（1965）的定义"一个地区水文条件异常偏低于正常状态的现象"。⑦Linseley 等（1959）的定义"持续长时间无明显降水的现象"。可见，干旱定义的差异主要是由其描述的变量不同所造成的（粟晓玲等，2019）。

2. 干旱的分类

根据描述对象的差异，通常将干旱划分为气象干旱、农业干旱、水文干旱和社会经济干旱四大类（Heim，2002；Wu et al.，2017）。近年来，地下水干旱和生态干旱的内涵、概念和应用也得到了一定的发展（艾启阳等，2019；Jiang et al.，2021；粟晓玲等，2021）。尽管干旱概念不统一、干旱类型众多，但干旱的内涵可以范式地理解为：水分收支或供需失衡造成水分短缺，从而影响自然生态或人类社会正常运转的现象。

1）气象干旱

气象干旱是指某时段内降水量持续低于平均水平或者蒸发量与降水量的收支不平衡造成的水分亏缺现象。气象干旱通常以降水的短缺程度表示，当月降水量低于多年平均值时，气象干旱发生（Chang and Kleopa，1991；Gibbs，1975）。《气象干旱等级》国家标准将气象干旱划分为五个等级，并评定了不同等级干旱对农业和生态环境的影响程度（中华人民共和国国家质量监督检验检疫总局/中国国家标准化管理委员会，2017）。

2）农业干旱

农业干旱是指土壤水分持续亏缺导致作物水分亏缺进而造成粮食减产或失收的现象（Mishra and Singh，2010）。土壤水分的下降取决于水文气象因子，以及实际蒸散发量与潜在蒸散发量之间的差异。作物需水取决于天气状况、作物的生理特征与生长期以及土壤的物理及生物学特性。农业干旱的几个指数也综合了降水量、温度和土壤湿度等多个因素。

3）水文干旱

水文干旱是指降水量长期短缺而造成某时段内地表水或地下水收支不平衡，出现水分短缺，使河流径流量、地表水、水库蓄水、湖水和地下水减少的现象。径流量是降水等气象因素和流域下垫面条件共同作用的产物，因此多数研究以径流量建立的干旱指数来评估水文干旱的演变情势。从通过径流数据对干旱进行回归分析到区域集水性能，研究发现地质情况是影响水文干旱最主要的因素之一（Zecharias and Brutsaert，1988；Vogel and Kroll，1992）。

4）社会经济干旱

社会经济干旱是指自然系统与人类社会经济系统中水资源供需不平衡造成的水分短缺

现象（王劲松等，2007）。水资源系统不能满足社会经济发展对水的需求，所以干旱与具有经济利益的水供给和水需求有关。

5）地下水干旱

目前水文干旱多以地表水为研究对象，地下水干旱也应作为重要的干旱类型，不仅因为地下水是复杂水文过程的要素，也是社会经济发展以及生态系统的重要水源，而且近年来由于地表水资源的不足，一些地区地下水开采量增加，超过地下水补给量，引起了一系列生态环境问题。地下水干旱是一种由地下水补给减少和地下水存储与排放减少导致的独特的干旱类型（Mishra and Singh，2010）。由于地质条件差异、数据缺乏等，定量评估地下水干旱存在较大挑战，至今没有普遍接受的相对简单而统一的地下水干旱指数。因此，有必要在不同区域构建适宜的地下水干旱指数，在资料缺乏的地区可开展基于 GRACE 数据的大尺度地下水干旱时空演变规律研究。

6）生态干旱

目前的干旱定义多以人为中心，描述了气象干旱及其产生的影响（农业、水文和社会经济），不能完全解决干旱导致的生态维度问题（Crausbay et al.，2017）。而人口数量的快速增长和人类影响下的气候变化增加了生态供水压力并改变了生态系统，使其更容易受到干旱的影响，导致生态系统丧失服务功能，进而对人类生活产生影响。为应对 21 世纪逐渐提升的干旱风险，需要通过强调可持续生态系统中的人类活动及当供水低于临界阈值时提供的关键服务来重新构建干旱框架，即定义一种新的干旱类型——生态干旱。

国际上，关于干旱的生态影响研究较多（Slette et al.，2019），但对生态干旱明确定义的文献很少。最早的是 2016 年美国人与自然合作组织（Science for Nature and People Partnership，SNAPP）成立的生态干旱工作组（Ecological Drought Working Group），定义生态干旱是"由自然或人类管理引发的周期性供水不足导致植被正常生长发育的水文气象条件发生变化，使受水分胁迫的植被与其生存的土壤环境构成旱生环境，进而反馈至其他系统的综合复杂过程"（Crausbay et al.，2017），该定义强调了干旱对陆地生态系统的影响。Crausbay 等（2017）将生态干旱定义为"一种间歇性的供水不足，并导致生态系统超过其脆弱性阈值，影响生态系统服务，并在自然和/或人类系统中触发反馈"。该定义不仅适用于陆地生态系统，也适用于淡水生态系统的干旱研究，但集中于脆弱性阈值，没有考虑在缺水加剧期间生态系统可能产生的全部响应。这种仅根据生态系统的反馈定义生态干旱，会导致宝贵的干旱信息丢失，如高度耐旱或抗旱的生态系统可能对干旱反应并不敏感。Munson 等（2020）认为，理想的生态干旱定义应考虑生态系统对干旱强度变化的敏感性，以及不同层次生物的响应，且能够在多时空尺度上进行生态推断，因此定义为"一种可获得的水量的短缺，并导致生物或生态系统的性能偏离其上限"。该定义的核心是可获得的水量指标与生物或生态系统性能指标之间的关系。

粟晓玲等（2021）认为，生态干旱的定义应能识别生态学意义上的缺水条件以及缺水导致的生态系统的反馈两个方面，并定义生态干旱是"由自然与人类活动引发的生态系统可获得的水量低于其需水阈值，导致生态系统超过脆弱性阈值，影响生态系统服务，并在自然和/或人类系统中触发反馈的缺水现象"。

3. 干旱指数

干旱指数是定义干旱参数和评估干旱影响的有力工具，根据干旱指数可以识别干旱特征变量，如干旱历时、强度、烈度、影响面积等，并进行干旱分析和评估。下面按照干旱分类，对各类干旱指数以及综合干旱指数进行探讨。

1）气象干旱指数

降水是描述气象干旱的基础变量。例如，利用伽马（Gamma）分布（Gam）对月降水量进行配线，经过标准化处理后得到干旱指数 SPI。由于计算简单，SPI 得到了广泛应用，包括干旱监测（Mishra and Desai，2005；Zarch et al.，2015）、干旱风险分析（Chang et al.，2016）、干旱时空变化等（Guo et al.，2020a）。SPI 假定降水量服从 Gam 分布，而中国降水量一般服从皮尔逊Ⅲ型分布（P-Ⅲ）。Z 指数则是利用 P-Ⅲ 分布对降水量进行配线得到的干旱指数，属于 SPI 的变体，但 Z 指数的稳定性较差，因此使用并不广泛（陈丽丽等，2013）。除此之外，仅依据降水量计算的干旱指数还包括降水距平百分率指数、广义极值（generalized extreme value，GEV）干旱指数、标准化前期降水指数（standardlized antecedent precipitation index，SAPI）、降水平均等待时间指数等（张凌云和简茂球，2011）。此类干旱指数仅考虑降水量的变化，忽略了其他因素的影响，没有涉及水平衡过程，只能大致反映干旱发生趋势，很难准确把握某时期干旱发生程度（Hao et al.，2017a）。

PDSI 则是以水量平衡原理为基础，计算土壤有效水分含量，衡量干旱烈度的指数（Heim，2002；Palmer，1965；Van der Schrier et al.，2011）。但是 PDSI 存在诸多缺陷，如其 PET 采用 Thornthwaite 算法得到，物理机制不明确；模型参数基于美国中西部实测数据获得，在其他区域不一定适用；模型没有考虑降雪的影响等（Van der Schrier et al.，2013）。基于此，Wells 等（2004）提出了 scPDSI，scPDSI 适用于不同气候区的干旱监测，得到了广泛应用。例如，Dai（2011）利用 scPDSI 分析了 1900~2008 年全球干旱变化特征；Van der Schrier 等（2013）计算并获得了 1901~2009 年全球 scPDSI 数据集；张更喜等（2019）利用 scPDSI 和归一化植被指数（normalized differential vegetation index，NDVI）数据集分析了中国干旱对生态植被的影响。但 scPDSI 时间尺度固定，对于不同时间尺度干旱监测的性能有限，尤其是对于短期干旱（小于 3 个月尺度）的监测效果较差（Vicente-Serrano et al.，2010a）。

SPEI 不仅考虑了水量平衡过程，而且综合考虑了干旱的多时间尺度特征，被广泛应用于干旱的频率分析、时空特征分析、生态响应及干旱时空传递等方面。SPEI 计算过程与 SPI 类似，输入变量为降水量与 PET 的差值 D，D 表征区域特定时间尺度水分盈亏量。与 SPEI 类似，应用 Tsakiris 等（2007）提出的勘测干旱指数（reconnaissance drought index，RDI）也可进行多尺度干旱分析，且同时考虑水量平衡原理，其输入为降水与 PET 的比值。

2）水文干旱指数

径流量是水文干旱评估的主要变量，根据径流量构建的水文干旱指数包括径流距平百分率（周玉良等，2011）、径流量累积频率（周玉良等，2011）、径流干旱指数（Nalbantis，2008）、径流 Z 指数（王劲松等，2007）、SSI（Nalbantis and Tsakiris，2009）和地表供水指数（Shafer and Dezman，1982）等。由于具有计算简单、区域适应性强、资料容易获取等优点，SSI 得到了广泛应用。但是，基于径流的干旱指数仅考虑了地表水资源的变化特征，忽略了地下水资源盈亏状况。翟家齐等（2015）在充分考虑地表水和地下水综合变化的基础上构建了标准水资源指数，以识别流域水文干旱事件。Feng K 等（2020）结合 SSI 和标准化地下水指数（standardized groundwater index，SGI）发展了一个新的监测水文干旱的指数，即标准化径流地下水干旱指数（standardized streamflow and groundwater index，SRGI）。

3）农业干旱指数

根据成因，农业干旱又分为大气干旱和土壤干旱。大气干旱指气温过高、辐射强烈引发植被蒸腾加强，造成植被水分失衡的现象。监测指标与气象干旱类似，如 Dai 等（2020）利用 SPI 分析了珠江流域农业干旱风险动态变化特征；Potopová 等（2015）利用 SPEI 分析了捷克农业干旱风险对农作物产量的影响；冯凯和粟晓玲（2020）利用 SPEI 表征气象干旱，农业标准化降水干旱指数（agricultural standardized precipitation index，aSPI）表征农业干旱，分析了西北地区气象干旱向农业干旱的传递特性。

土壤干旱指土壤水分降低使得植被可用水量不足，以致无法满足作物蒸腾耗水，导致作物水分失衡，引发作物减产的现象。土壤水分在调节陆-气界面的水和能量平衡及植被生长方面起着重要作用，是农业干旱监测的重要指标（Zhang G X et al.，2021a），相比于大气类农业干旱指数，基于土壤水分的干旱指数能够更真实准确地反映农业干旱状况（Ayantobo and Wei，2019）。监测指标有土壤湿度百分比（Sheffield，2004）、土壤湿度亏缺指数（Narasimhan and Srinivasan，2005）、SSMI（Hao et al.，2014）等。土壤水分站点监测数据较为缺乏，因此很难应用于大尺度农业干旱监测，利用遥感数据对土壤湿度或植被状况进行反演是实现大范围农业干旱监测的有效途径（张建云等，2005）。Price（1985）基于能量平衡方程，通过简化潜热蒸发形式，引入地表综合参数，提出表观热惯量法估算土壤湿度；Carlson 等（1994）基于特征空间的地表气温和归一化植被指数提出植被供水指数表征农业干旱。但是，当云量较大时，上述监测方法很难准确监测农业干旱状况，而微波对云层具有较强的穿透力，在土壤水分监测中优势明显（黄友昕等，2015）。但微波遥感只能反演浅层土壤湿度（2~5cm），很难反演作物根系土壤湿度状况，导致作物水分胁迫状况难以得到真实反映，且反演结果具有较大的不确定性（Al-Yaari et al.，2019；Beaudoing et al.，2019）。除此之外，利用水文模型或陆面模式模拟土壤湿度，进行干旱监测也是常用的农业干旱监测手段，如 Zhang G X 等（2021a）结合陆面模式和遥感反演的土壤湿度数据，监测了 1979~2014 年中国农业干旱状况，效果较好。

4）地下水干旱指数

地下水干旱是一种由地下水补给减少和地下水存储与排放减少导致的独特的干旱类型（Mishra and Singh，2010）。由于部分地区地下水位观测站点密度稀疏且分布不均，准确定量评估地下水干旱存在困难。但已有一些地下水干旱指标的探索，如 Bloomfield 和 Marchant（2013）依据 SPI 计算方法，构建 SGI。在农业主产区和人口稠密地区，地下水易受到人类活动的干扰，序列具有较高的非平稳特征，因此利用参数化方法构建 SGI 并非完全适用。艾启阳等（2019）利用参数化和非参数化方法构建了 SGI，并应用于黑河中游地区，取得了较好的效果。随着 GRACE 重力卫星的发射升空，依据 GRACE 数据估计全球或区域陆地水和地下水储量变化为大范围地下水干旱监测提供了可能。地壳运动极其缓慢，假设地球重力场变化均由陆地水储量变化迁移产生，由此可将 GRACE 重力场数据反演得到陆地水储量变化（terrestrial water storage anomalies，TWSA），进而结合水量平衡方程计算得到地下水储量变化（groundwater storage anomalies，GWSA），GWSA = TWSA − SMSA−CWSA−SWESA，其中，SMSA、CWSA 和 SWESA 分别表示土壤水储量变化、冠层水储量变化以及雪水当量变化。但目前仍然没有一个普遍接受的相对简单而统一的地下水干旱指标，可以应用在不同的观测站点和地下蓄水层，而且能够和其他水文气象干旱指标相比较，因此将地下水干旱纳入更广泛的干旱评估中是一项具有挑战性的任务。

5）生态干旱指数

Park 等（2020）提出了"在哪监测（Where）、监测什么（What）、如何监测（How）"的生态干旱监测框架。Where 指在陆地（森林、土壤、植被）与水域（河流、湿地、湖泊、河口）分别进行监测；What 明确了监测对象，包括陆地生态系统的植被状况、土壤污染和野火，水域生态系统中的鱼类栖息地和水质；How 强调了生态干旱的阈值，包括严重程度监测、脆弱性评价及影响评价三方面。

关于水域生态系统，干旱监测研究不多，国内主要围绕湿地依据水位构建生态干旱指标，如马寨璞等（2006）依据水位确定生态干旱临界点，监测白洋淀的生态干旱；张丽丽等（2010）通过构建生态水位隶属函数来描述白洋淀生态干旱；侯军等（2015）利用湿地水量平衡关系，选取湿地最小生态水位作为呼伦湖湿地生态干旱指示指标。近年来国际上开始重视河流水域生态干旱研究，围绕生态干旱的影响、水质风险等开展研究，如 McEvoy 等（2018）利用生态干旱概念框架分析了美国蒙大拿州西南部的五个流域尺度干旱规划，以评价干旱的生态影响；Kim 等（2019）通过应用非参数核密度估计和假设极端干旱后河流水质超过水质目标的概率，对生态干旱引起的水质风险进行了定量评估。也有研究依据生态流量建立生态干旱指标，如 Park 等（2020）建立了以河流生态流量和最小流量为双阈值的生态干旱指标，评估典型鱼类在加姆河生态系统可能发生的生态干旱程度，并提出了监测和预警生态干旱的方法。

对于陆地生态系统，生态干旱的监测仍处于探索阶段，通常包括三类，第一类基于遥感的植被指数表征植被受旱状况，如温度植被干旱指数（temperature vegetation dryness index，TVDI）（杜灵通等，2017）、归一化植被指数（normalized difference vegetation index，NDVI）（王兆礼等，2016）、增强型植被指数（enhanced vegetation index，EVI）、植被条件指数（vegetation condition index，VCI）（Yang et al.，2011）、植被供水指数（vegetation supply water index，VSWI）（Song et al.，2019）等。这些植被指数能间接反映干旱对植被的影响和植被耗水情况，但不能直接反映生态干旱过程中可获得的水与需水之间平衡关系的动态变化。此外植被指数变化也受其他因素的影响，如洪水、野火、虫害、冰雹以及人类活动等。因此在人类对水资源系统具有很大调节能力的背景下，难以结合实际缺水状况开展有效的干旱管理，如干旱预警和抗旱减灾工作。第二类是考虑单因子干旱指数，如基于融雪和径流的地表供水指数（surface water supply index，SWSI）（Wambua，2019）、基于降水的 SPI（McKee et al.，1993）、基于降水–蒸发比的 RDI（Shah et al.，2013）等，这类干旱指数仅能体现干旱对植被变化在某方面的影响。第三类是综合干旱指数，即结合两种及两种以上的影响因素，以考虑干旱对植被变化的综合影响。例如，TVDI 综合了气象因素和植被因素（Wang et al.，2004）；PDSI 和 SZI 考虑了水文过程中的多种平衡（Zhang et al.，2019a）；标准化湿润指数（standardized wetness index，SWI）量化了气象因素与下垫面变化的综合效应（Liu et al.，2017）。然而这类方法忽视了植被在水循环过程中的作用。植被不仅能够通过截留降水来降低土壤侵蚀，还能调节区域内的蒸散发过程，因此，生态干旱指数的构建不仅需要考虑植被生长供需水状况，还应反映水文气象条件变化时陆气界面的能量平衡（粟晓玲等，2021）。

6）综合干旱指数

不同类型干旱相互影响，很难区分，且干旱的发生通常与多种气象水文变量有关，因此，单变量干旱指数难以准确描述复杂的干旱状况，需要构建多变量综合干旱指数监测干旱（Hao and Singh，2015）。常见的构建方法包括权重法、联合分布法和水量平衡法等。

A. 权重法

权重法通过对不同干旱相关变量或指数进行加权平均，构建新的综合干旱指数以描述干旱状况。例如，Mo 和 Lettenmaier（2013）通过加权平均降水、土壤湿度和径流干旱指数，监测综合干旱。Huang 等（2015）基于可变模糊集方法，综合气象、水文和农业干旱指数构建了综合干旱指数，用于监测黄河流域干旱风险，取得了良好的效果。但是，将不同的干旱指数进行线性加权不一定能够准确描述各类干旱之间的协变关系，且权重选取的主观性较强，导致这类综合干旱指数的物理意义不够明确（粟晓玲和梁筝，2019）。

当干旱相关变量较多时，通常选用 PCA 法对气象水文变量降维，构建多变量干旱指数（multivariate drought index，MDI）。PCA 法将多变量转化为少数几个综合变量（主成分），主成分包含原始变量的大部分信息，且各主成分之间信息互不重复。例如，Keyantash 和 Dracup（2004）利用 PCA 法对降水、土壤湿度、径流、地下水、水库蓄水和雪水当量等多种气象水文要素进行降维处理，生成了综合干旱指数。但 PCA 法有它的局限性，即假定变量变换时满足线性关系，且大部分信息集中在第一主成分，但实际气象水文变量之间的关系并非简单的线性关系。基于此，Rajsekhar 等（2015）利用核熵成分分析（kernal entropy components analysis，KECA）构建多变量干旱指数，使得信息保留最大化，克服了 PCA 的线性假设，可以更准确地描述综合干旱。郭盛明等（2021）利用核熵成分分析构建了黑河流域综合干旱指数，该指数包含多重气象水文信息，可准确监测黑河流域综合干旱发生状况。

B. 联合分布法

由于降水、土壤湿度、蒸散发和径流量之间复杂的物理关系，基于不同变量构建的干旱指数所描述的干旱状态未必一致。而且，影响较大的干旱一般是由多类干旱事件（降水量短缺引发的气象干旱、径流量下降引发的水文干旱、土壤湿度不足引发的农业干旱）同时或滞后发生造成的。因此，需要考虑干旱相关变量之间复杂的依赖关系（线性或非线性），基于多个变量来确定干旱状态。可选用联合分布函数构建多变量干旱指数，分析多变量联合或条件概率特征。Beersma 和 Buishand（2004）利用二维正态分布与耿布尔分布构建了降水和径流联合分布函数，计算降水和径流同时亏缺状态的联合概率，作为干旱描述的一种度量。但此类方法具有诸多限制，可供选择的边缘和联合分布函数形式有限，且不同变量服从的边缘分布函数未必一致，所以很难得到推广。Kao 和 Govindaraju（2010）基于 Copula 函数构建了降水、径流二变量联合亏缺指数（joint deficit index，JDI），为多变量干旱指数的构建提供了新思路。Hao 和 AghaKouchak（2013）用类似方法构建了土壤湿度和降水多变量标准化干旱指数（multivariate standardized drought index，MSDI），用以表征气象-农业综合干旱特征；粟晓玲和梁筝（2019）利用 Copula 函数构建了气象水文综合干旱指数，可同时反映多类干旱的发生状况，具有良好的综合干旱监测性能。但是，应用联合分布法构建综合干旱指数时，只关注干旱变量间的统计特性，未考虑水循环的物理过程，缺乏明确的物理机制。

C. 水量平衡法

SPEI 和 PDSI 都是基于水量平衡法构建的多变量综合干旱指数，可用于表征综合干旱。PDSI 利用双层土壤水量平衡模型估计土壤含水量累积变化情况，以评估干旱状况，但是 PDSI 时间尺度固定，无法表征不同时间尺度的干旱状况。SPEI 利用降水表征地表水分供应量，以 PET 表征大气需水量，但在干旱区，影响实际蒸散发的是降水量而非 PET，因此 SPEI 可能会高估干旱的发生强度（Ayantobo and Wei，2019）。Zhang 等（2015）结合 SPEI 和 PDSI 的优势构建 SZI，利用气候适宜降水量（$\hat{P}$）表征大气需水量，在干旱地区具有更好的干旱监测效果。基于水量平衡法的干旱指数的优势是考虑了多种物理过程，具有一定的物理基础，劣势在于对水文现象的代表性表征不足。然而，由于干旱事件的复杂性，各类综合干旱指数构建方法优势和缺陷并存，应根据实际问题选择合适的方法。

1.3.2 干旱特征的识别方法

1. 游程理论

从历史干旱时间序列中识别干旱事件并提取干旱特征变量是分析干旱时空演变特征及发展规律的前提条件。目前应用较为广泛的干旱识别方法是游程理论，该方法能够从干旱指数时间序列中识别出干旱历时、烈度、强度等基本特征，如芦佳玉等（2018）基于 SPEI 及游程理论方法分析了 1960～2014 年云贵地区的气象干旱时空变化特征。游程理论方法仅能从一维干旱指标序列中识别并提取干旱的时间特征，忽略了干旱的空间特征，而干旱的空间性质在干旱时空变化分析中具有同等重要的地位。

2. 二维聚类算法

针对游程理论忽略干旱空间特征问题，一些研究考虑了干旱的空间特征，以便在时空尺度上更全面地理解干旱演变规律。Andreadis 等（2005）介绍了一种聚类算法，并利用 S-A-D（severity-area-duration）曲线研究了美国大范围干旱事件在给定时间下的空间变化；Corzo Perez 等（2011）利用非连续和连续两种干旱面积分析方法来提取大尺度干旱事件的时空特征，为干旱的空间分析提供了重要参考；Gocic 和 Trajkovic（2014）利用主成分分析和聚类分析获取了塞尔维亚的干旱模式，确定了干旱的时空特征。Zhai 等（2017）基于强度–面积–历时曲线分析了特定时期干旱强度与干旱面积的关系以及干旱的空间变化特征。上述研究多局限于从时间和空间上对干旱的演变特征进行独立分析，即分析某一特定区域干旱特征的一维时间变化趋势或某一特定时期的二维空间变化规律，忽略了干旱演变的时空连续性（冯凯和粟晓玲，2020）。这些方法均是将干旱事件从高维简化为低维问题，导致大量的时空信息被丢弃，从而无法在时空维度上描述真实的干旱结构。实质上，干旱演变是一个时空连续的三维动态过程，具有多属性、多尺度特点，从三维视角（时间–经度–纬度）定量分析干旱事件在连续时空尺度下的全过程演变特征及区域干旱事件发展规律至关重要。

3. 三维聚类算法

Lloyd-Hughes（2012）将 Andreadis 等（2005）提出的二维聚类算法扩展到三维空间（经度、纬度、时间），实现了对每场干旱事件的完整时空表征，并将该算法在欧洲进行了测试。一些研究已将这种时空三维算法应用于区域或全球尺度的干旱特征研究。此外，还有一些研究通过该算法识别干旱事件的中心位置，通过计算连续空间的时间位移来分析干旱事件在空间上的演变规律。例如，Diaz 等（2020）提出了一种基于时空连续干旱面积（contiguous drought area，CAD）分析搜索干旱空间轨迹和路径的方法，以加强对气象干旱演变的监测。上述研究的结论和方法比较新颖，为探索干旱时空动态演变提供了参考，可以提高旱情监测系统的空间跟踪和预报能力，目前类似研究工作开展得还相对有限，且主要是评估全球或大尺度上的大规模气象或水文干旱时空演变特征，关于农业干旱的时空动态演变的研究较少，对干旱时空动态演变特征的描述方法还不够系统，有待改进。

1.3.3 不同类型干旱传递的研究进展

干旱是水循环系统中不同环节出现水分收支不平衡而引发的现象（蒋桂芹，2013）。不同类型干旱之间存在着水量与能量的联系，水分缺失在不同类型干旱之间的传递被称为干旱传递或干旱传播。气候变化和人类活动可能影响干旱传递过程。在人类活动强度较弱的地区，气候变化是干旱形成的唯一外在驱动力，导致降水减少、蒸散发增加，造成水分供需失衡形成气象干旱；气象干旱持续发展，造成土壤含水量降低，则诱发农业干旱；农业干旱导致土壤包气带干化，造成同等降水条件下地表产流减少，地下水补给量减少，诱发水文干旱（裴源生等，2013）和地下水干旱。此外，由于受到气象因素、水文条件、下垫面、地表植被状况以及人类活动等多种因素的综合影响，不同类型干旱间的关系十分复杂。人类对水资源的过度开发利用，会改变水循环过程，可能出现气象干旱没有发生而水文干旱发生的情况，尤其是对地下水的过度开采，会使得地下水位下降且对土壤水的补给减少，诱发农业干旱（裴源生等，2013）。人类通过修建各类工程设施调控水资源，可能会出现气象干旱发生而水文干旱没有发生的情况；在灌区，植被水分的主要来源是灌溉水而非降水，一般发生气象干旱而不会发生农业干旱（Wu et al.，2017），但是如果气象干旱导致严重的水文干旱进而影响灌溉水量，则会导致农业干旱。

干旱传递机制是当前干旱研究的热点问题。早期的研究集中于气象干旱和水文干旱之间的干旱滞时，常利用相关系数分析干旱滞时，反映气象干旱向水文干旱或地下水干旱的传递时间（Wang F et al.，2020a；Li et al.，2020）。随着对干旱的深入研究，一些学者发现不同类型干旱特征间存在线性或非线性的响应关系，如李运刚等（2016）建立了云南红河流域气象和水文干旱对应的干旱历时、烈度之间的线性关系；Wu等（2017）、Zhou等（2021）建立了非线性关系确定触发水文干旱的气象干旱阈值。但上述以线性和非线性的多元回归关系模拟干旱特征变量间的传递关系，在严重或极端干旱条件下，模拟偏差较大。因此，Wetterhall等（2015）尝试利用基于Copula的条件分布建立干旱特征间的非线性传递模型，并通过输入气象干旱特征预测对应的水文干旱特征值。近年来，随着地下水干旱指数的研究与发展，一些学者初步探讨了气象干旱与地下水干旱之间的传递关系。例如，Han等（2019）研究发现，2002～2015年珠江流域气象对地下水干旱的传播时间为8个月，春夏季的传播时间短于秋冬季。Yeh和Hsu（2019）通过马尔可夫链模型结合SPI和SGI分析了中国台湾地区的干旱情况，并利用小波分析探讨了气象干旱和地下水干旱之间的传递关系，发现地下水干旱的平均时长大于气象干旱的平均时长。同时，Han等（2019）基于GRACE卫星数据和GLDAS水文模型数据，计算得出珠江流域的地下水储量变化，采用SPI和干旱严重程度指数（drought severity index，DSI）分别表征气象干旱和地下水干旱，研究表明珠江流域气象干旱向地下水干旱的传递时间随着全球水循环的加剧而缩短。

目前关于干旱类型之间的传递机制研究仅局限于不同类型干旱特征（如干旱历时、烈度）的时间演变，而忽略了干旱特征的空间传递关系，不能全面揭示不同干旱间的时空传递机制。基于Copula函数建立两种甚至是多种组合干旱特征的传递阈值关系，为干旱传递研究提供了新的途径。

1.3.4　变化环境对干旱传递的影响

变化环境下的水文循环特征发生了很大改变，使水文资料系列的一致性遭到破坏（谢平等，2005；张利茹等，2015；李继清等，2017），增加了极端事件形成机制的复杂性，对水资源管理和调控提出了新的挑战。由于人类对淡水和生态系统的影响程度之高，地质学家定义了一个新的纪元，即"人类纪"。水文干旱不仅受气象干旱的影响，人类活动更是不可忽略的影响因素（Wang F et al.，2020a；Zhang T et al.，2021）。例如，灌溉、土地利用类型变化和水库运行改变了天然径流变化，影响了水文干旱的演变（王文等，2020；苏志诚等，2021）。Van Loon等（2016）将人类纪水文干旱分为三种类型：气象条件引起的干旱、人类活动引起的干旱、人类活动影响的干旱，并强调了人类活动对干旱发展的重要性。AghaKouchak 等（2021）指出必须从自然和人类活动相互关联的复杂角度来进一步探究干旱形成机制。已有一些研究量化人类活动对水文干旱的影响，如 Yuan 等（2017）发现人类活动显著加剧了黄河下游地区的水文干旱严重程度；Jehanzaib 等（2020）基于水文模型，指出人类活动显著影响了汉江流域水文干旱发展过程，尤其是在夏季和秋季；Wu 等（2019）发现水库运行是影响东江流域水文干旱变化的主导因素，水库运行缩短了短历时水文干旱的时间，但延长了长历时干旱的持续时间。此外，也有一些研究重点关注人类活动对水文干旱事件的数量、严重程度和发生时间的影响。由于人类影响方式和程度的差异，不同地区、时间的水文干旱变化也呈现不同的规律（Wang M H et al.，2020；Zou et al.，2017）。Xu 等（2019）指出人类活动削弱了气象干旱和水文干旱间的联系，使干旱传递时间发生变化；刘永佳等（2021）分析了窟野河流域、沁河流域的干旱传递时间的季节性变化规律，指出部分季节水文干旱对气象干旱的响应变快，建立早期预警系统的迫切性增强。目前，对变化环境下的干旱传递规律及机制剖析的相关研究还处于起步阶段，相关研究主要集中于干旱传递时间，尚不能揭示变化环境下的干旱传递规律与机制。

多元干旱指数集成了不同类型的干旱信息，是系统认识干旱发生发展机理的有力工具。Hao 和 AghaKouchak（2013）基于多个指数的概率组合提出了综合干旱指数的构建方法，可以灵活地组合不同的水文气象变量（如降水、蒸发、径流、土壤水分）来构建不同的综合干旱指数。例如，通过结合气象和水文干旱信息来构建气象水文干旱指数（meteorological and hydrological drought index，MHDI）（粟晓玲和梁筝，2019）。但这些指数是基于水文、气象变量的平稳假设而计算的，在变化环境下其适用性受到质疑。自 Milly 等（2008）指出"平稳性已死"以来，越来越多的学者指出水文学的传统方法需要考虑非平稳性（Vogel，2011；Yan et al.，2017），进而增加了干旱评估的难度。Russo 等（2013）指出广泛使用的 SPI 是采用基于平稳假设的 Gam 分布计算，对于超过 30 年的降水序列可能会失效。Wang Y X 等（2020）指出径流的非平稳性会影响变化环境下的干旱评估结果，需要构建适应变化环境的非平稳干旱指数。一些研究已开发了具有时变分布参数的非平稳干旱指数来解释干旱的非平稳性。例如，非平稳标准化降水指数（SnsPI）（Russo et al.，2013）、时变标准化降水指数（SPIt）（Wang et al.，2015）、非平稳标准化径流指数（SRINS）（Jehanzaib et al.，2020）。这些指数中采用时间为协变量，可以反映水文、气象序列的长期趋势，但不能充分解释序列的变异性。大尺度气候模式和人类活动是引起水文、气象要素变化的主要驱动因素。Li 等（2015）采用气候指数作为协变量，构建了基于非平稳 Gam 分布的非平稳标准化降水指数（NSPI）。Rashid 和 Beecham（2019）提出了广义可加模型（generalized additive additive models for location, scale and shape，GAMLSS）建模框架的 NSPI，其中 Gam 分布的参数与气候指数相关联。Wang Y X 等（2020）开发了非平稳标准化径流指数（NSSI），该指数考虑了气候和人为造成的径流非平稳性。与基于平稳假设的传统指数相比，非平稳干旱指数在识别极端干旱方面的性能有所提高，有利于干旱风险管理。

目前构建的非平稳干旱指数的研究都集中在单一变量上，不能全面揭示不同类型干旱特征，需要进一步开发适用于变化环境的非平稳综合干旱指数。

1.3.5 干旱的统计预测

根据干旱发生机理的不同，干旱预测方法通常可以分为统计学预测法、动力学预测法、混合预报和集合预报等（Mishra and Singh，2010）。其中，统计学预测法主要基于历史水文气象观测数据建立预测因子与预测变量之间的统计关系进行干旱预测，这种方法具有的一定的物理机制，但对物理机制的模拟不够全面（Mishra and Singh，2010）；动力学预测法主要通过考虑水文循环并基于气候系统模式实现干旱预测，物理机制较强，但考虑的影响因素较多导致模型复杂，建模预测耗时较长且分辨率往往较粗（Hao et al.，2016）；混合预报融合了统计学和动力学的预测结果，比单一的统计学或动力学方法预测精度和性能更好，但在融合的过程中对样本量具有较高的要求（Hao et al.，2016）；集合预报则是通过多个气候模式得到多个预报变量，能够量化预测的不确定性和提高预测精度，但计算成本较高（Hao et al.，2014）。

常用的统计学预测法有时间序列模型、机器学习模型、贝叶斯方法和 Copula 等。其中，时间序列模型能够较好地处理时间序列内部的线性关系，但在建模过程中存在较强的主观性，模型参数选取的可靠性在很大程度上取决于建模者的知识和经验，且大多基于单个时间序列内部的线性关系进行分析，没有充分考虑其他影响因素或相关变量以及变量间可能存在的非线性关系（Mishra and Singh，2010）。机器学习模型有效解决了水文气象序列之间的非线性关系问题，但在建模过程中易出现过拟合现象，可能导致预测结果严重失真；此外，在处理栅格数据时，由于涉及模型参数的估计，计算效率低下的问题也不可避免。贝叶斯方法是一种对概率关系的有向图解描述方法（张玉虎等，2016），适用于不确定性或概率性事件，但在进行干旱预测时需事先知道基于某种假设的先验概率且在分类决策时难免会产生一定的错误率。

Copula 作为一种多变量统计学方法，可以将具有任意边缘分布的两个或多个变量联结起来，能够有效地描述多变量间的线性或非线性关系和尾部相关性，为传统的单变量或多变量统计学方法难以解决复杂非线性问题提供了便利。例如，Pan 等（2013）基于 Copula 结合降水和土壤湿度，在 0.5～5.5 个月预见期下，对美国农业干旱的旱后恢复情况进行了概率评估；Van de Vyver 和 Van den Bergh（2018）针对构建 JDI 时对样本容量的要求（>50 年），基于 Gaussian Copula 对 JDI 进行了改进；Zhang 等（2019b）基于 Copula 提出了一种考虑不确定性的多维干旱评估框架。Copula 的引入和应用，极大地丰富和促进了水文领域研究理论与方法的发展。

MG 模型是 Gaussian Copula 的一种特殊形式，它能够建立多种与边缘分布无关的相依结构（正相关、负相关）（Genest et al.，2007）。MG 模型能够有效地联合多个水文气象变量，在干旱预测、风险评价和预报统计后处理等方面被广泛使用并取得了良好的效果。例如，Hao 等（2018）基于 MG 模型在不同等级的气象干旱和高温发生情况下评估了美国发生农业干旱的风险。因此，将 MG 模型应用于农业干旱预测有望产生较好的预测性能。

在高维条件下（≥4 维）描述和解决复杂非线性问题时，常用的参数 Copula 族（如 meta-Elliptical Copula、Archimedean Copula 和极值 Copula 等）难以建立变量之间的相关结构（Aas et al., 2009），而对称 Copula 和嵌套 Copula 存在参数估计和依赖结构单一的局限性（Hao et al., 2016）。Vine Copula 或 PCC（Pair Copula Constructions）的提出和发展使得这些问题的解决成为可能，它可以灵活地将多维变量之间的依赖结构分解为 Copula 对或双变量 Copula 的形式以实现降维，该方法被广泛用于水文领域。例如，7 维情形下基于 Vine Copula 联合前期的降水和流量，在东江流域龙川水文站 1 个月预见期下的流量预测性能优于支持向量回归（support vector regression，SVR）模型和自适应神经模糊推理系统（adaptive network-based fuzzy inference system，ANFIS）（Liu et al., 2015）；为表征水文干旱的综合状况，Liu 等（2016a，2016b）基于相关性分析通过 Vine Copula 联合多个时间尺度下相关性较强的径流干旱指数构建了联合径流干旱指数（joint streamflow drought index，JSDI），并利用 JSDI 计算不同的降水情景下解除水文干旱所需的最小环境流量以及相应的风险解除概率；Cheng 等（2019）基于 Vine Copula 量化了人为气候变化对美国夏季干旱和高温的影响。以上研究均表明 Vine Copula 在处理高维复杂非线性问题时的优越性能。因此，尝试将 Vine Copula 引入农业干旱预测，以期拓宽干旱预测的研究方法。

1.3.6　气候模式下未来干旱预估

干旱动力预测需要借助大气环流模式（general circulation model，GCM），GCM 考虑了大气、海洋、冰冻圈和陆地表面的物理过程，是目前气候预测最先进的工具。近年来，诸多学者基于第五/第六次国际耦合模式比较项目（CMIP5/CMIP6）的气候模式数据对 21 世纪全球和区域范围干旱演变规律进行预测评估（Cook et al., 2014，2020）。GCM 数据分辨率较粗，且存在系统误差，因此需要对其进行偏差校正和降尺度处理，以适应区域尺度的干旱预估研究。常用的降尺度方法有统计降尺度、动力降尺度及统计-动力综合降尺度三类。动力降尺度是建立在区域气候模式（regional climate model，RCM）的基础上，利用 GCM 为 RCM 提供边界和初始条件，通过高分辨率 RCM 的数值积分获得高分辨率天气气候信息。动力降尺度方法数学物理基础坚实，但是模型复杂，需要大量的计算资源，在非气象学领域一直没有得到广泛应用。

统计降尺度方法成本低，计算效率高，且能够直接利用实测数据进行偏差校正，被广泛应用于未来气候预测研究中。该方法通过建立大尺度场与局地气候的统计关系，假定当前气候状况下建立的统计关系在未来气候情景下仍然适用，从而实现对全球气候模式数据的降尺度。在各类统计降尺度方法中，模式输出统计（model output statistics，MOS）方法可直接利用实测数据对模式数据进行偏差校正，使用方便，且降尺度效果较好。Yang 等（2019）通过对比 4 类统计降尺度方法对中国降水和气温的降尺度效果，表明误差校正与空间分解（Bias correction and spatial disaggregation，BCSD）方法能取得更好的降尺度效果。

以 GCM 气象数据为输入，驱动水文模型或者陆面模式，可获得未来径流或土壤湿度变化数据，进行水文和农业干旱预测。但是，受干旱指数不确定性和模型不确定性等因素的影响，气候变化情景下，干旱变化趋势尚不明朗，甚至出现相反的研究结论。为了降低模式不确定性对研究结果的影响，利用多模式集合进行干旱预测是一种可行的方式。贝叶斯模型平均（Bayesian model average，BMA）是一种基于贝叶斯理论的后处理方法，用于推导多模式集成中单个模型的相对权重和方差。BMA 已被成功应用于多个研究领域，包括气候变化预测、土壤湿度模拟、水文预测、气象预报等。相对于其他模型平均方法，BMA 模拟结果更为准确和可靠。

1.4　取得的主要进展

1.4.1　改进了干旱三维识别方法，揭示了西北地区气象干旱和农业干旱的时空动态演变规律

以多源遥感数据为基础，采用 SPEI 和 SSMI 分别表征气象干旱和农业干旱，基于改进的 Mann-Kendall（modified Mann-Kendall，MMK）检验、极点对称模态分解（extreme-point symmetric mode decomposition，ESMD）等方法分析西北地区 1960~2018 年气象干旱和农业干旱的时空变化特征及周期特征；改进干旱事件三维识别方法，提取出干旱历时、烈度、面积、中心、迁移距离、迁移方向及旋转特征等干旱特征变量，从时空多角度系统揭示西北地区气象干旱和农业干旱的动态演变特征及发展规律。主要结论如下：1960~2018 年西北地区气象和农业干旱均呈现减弱趋势，季节干旱在研究区西部以下降趋势为主，东部以上升趋势为主；气象干旱具有准 3.1 年、4.9 年、8.4 年的年际尺度周期和准 14.8 年的年代际尺度周期特征，而农业干旱具有准 3.5 年、6.6 年的年际周期和准 13.5 年的年代际周期特征。1960~2018 年共识别出 344 场气象干旱事件和 169 场农业干旱事件，其中气象干旱呈现出干旱历时逐渐变短，大面积干旱占比逐渐降低的趋势，且大部分干旱事件表现出同向迁移规律，研究区东部以东-东的迁移方向为主；季节连旱事件主要集中在青海省，春夏秋连旱事件由东南向西北方向迁移，夏秋冬连旱事件由西南向东北方向迁移，且发展后期的干旱迁移速率相对较快。

1.4.2　构建了参数化和非参数化的地下水干旱指数，初步揭示了西北地区地下水干旱的时空演变规律

分别基于实测地下水位数据和 GRACE、GLDAS 数据，利用参数化和非参数化方法构建了 SGI 和 GRACE-GDI 两种地下水干旱指数，初步探讨了西北地区地下水干旱的时空演变规律。主要结论如下：黑河中游地下水干旱指数 SGI 的最优拟合函数为 Beta 分布，有 10 眼井地下水干旱呈现干旱持续加重的趋势，且主要分布在临泽和高台地区，其余 13 眼井呈现干旱先加重后减弱的趋势，主要分布在张掖地区的井渠混合灌区；基于 GRACE 和

GLDAS 数据计算的地下水储量变化在西北地区具有可靠性；2002 年 4 月 ~2021 年 3 月，青海地下水储量以 0.25cm/a 的速率上升，陕西、甘肃、宁夏、新疆地下水储量分别以 0.50cm/a、0.21cm/a、0.40cm/a、0.44cm/a 的速率下降；西北地区地下水储量总体上为下降趋势，约以 0.25cm/a 的速率减少，折合等效水量减少约 $7.61×10^9 m^3/a$。构建的地下水干旱指数 GRACE-GDI 识别出西北地区在 2002 年 4 月 ~2003 年 5 月、2008 年 7 月 ~2010 年 6 月、2014 年 11 月 ~2015 年 6 月、2016 年 1 月 ~2017 年 5 月、2020 年 7 月 ~2021 年 3 月发生了地下水干旱。河西走廊、六盘山区、青海南部地下水干旱发生频率较高，而陕南地区、柴达木盆地、青海湖流域、新疆等地下水干旱发生频率较低；西北地区多年平均地下水干旱面积比例为 29.0%。

1.4.3　构建了评估生态干旱的标准化生态缺水指数，明晰了西北地区生态干旱的时空演变规律

　　总结归纳了国内外生态干旱研究进展，界定了生态干旱的内涵及概念。根据植被的生态需水和生态耗水特点，提出了评估生态干旱的标准化生态缺水指数。以西北地区为研究区，采用旋转经验正交分解法和游程理论，探究了生态干旱的时空演变规律；采用小波分析和干旱三维识别方法，计算分析生态干旱的回归周期及干旱事件时变特征。将标准化生态缺水指数与考虑单一因子和综合因素的干旱指数进行对比，评估各类指数对西北地区生态干旱的监测能力。获得以下主要结论：西北地区可分为五个生态干旱区（东北区、东南区、西北区、中部区和西南区），较为严重的生态干旱主要集中在 1982 ~1986 年的东南区、西南区、中部区，1990 ~1996 年的西南区、东北区、中部区和 2005 ~2010 年的西北区、东北区和中部区；相较于东北区和东南区，西南区、西北区和中部区表现出更长的重现期。干旱三维识别方法共识别出 168 场生态干旱事件，21 世纪以后的生态干旱具有更大的影响面积、更长的历时、更高的频率和更大的烈度，且大都向西北方向迁移。与常用干旱指数相比，标准化生态缺水指数在不同时间尺度、不同湿润度以及不同水分利用效率条件下，与标准化 NDVI 均有更高的相关性，表明对生态干旱有较好的监测能力。

1.4.4　揭示了西北地区气象干旱对大气环流的响应机制

　　利用相关分析、交叉小波变换以及随机森林法研究了西北地区各气候分区气象干旱对多个环流指数的响应关系以及驱动气象干旱的主要环流指数；利用 Copula 函数对极端环流相位下的干旱事件特征变量拟合联合分布，分析了不同分区的极端相位下的干旱事件的概率。获得以下主要结论：西北地区月尺度干旱多与大气类的环流指数相关，年尺度干旱多与海温类的环流指数相关。环流是并发的，相关性最高的不一定是主要的干旱驱动力。相较于月尺度，大气类环流指数对年尺度干旱的影响消失，海温的影响进一步缩小，太阳活动影响增强。极端环流相位下，西北中部、东部南端、高原区和南疆在环流高相位下的干旱事件的各项表征明显强于环流低相位。东部北端和北疆区在环流低相位下的干旱事件各

项表征明显弱于环流高相位。干旱特征二维联合中，同地区相同的干旱特征值在不同的环流相位下，对应的联合–同现重现期大小不同。

1.4.5　阐明了气象干旱–农业干旱的传递机制

基于西北地区气象和农业干旱事件识别结果，提出了时空尺度的干旱事件对匹配准则，推求出基于贝叶斯网络的响应概率计算模型，基于干旱事件匹配结果建立了气象–农业干旱特征变量间的最优响应关系模型及响应概率特征曲线。获得以下主要结论：西北地区农业干旱对气象干旱的平均响应滞时为 6 个月且表现出明显的季节特征，夏季最短，秋季次之，冬季和春季较长，影响响应滞时的因素由强到弱排序为土壤水>高程>降水>潜在蒸散发；西北地区气象干旱和农业干旱间存在多时间尺度响应，在长时间尺度上表现出相对稳定的显著正相关关系，短时间尺度上的共振性变化频繁且复杂。1960～2018 年共匹配成功 53 场气象–农业干旱事件对，匹配结果能够细致地刻画气象、农业干旱事件间复杂的时空响应关系；干旱历时、烈度、面积和迁移距离四个变量的最优响应关系模型分别为多项式模型 $f(x)=0.006x^2+0.73x+3.02$、基于 Frank Copula 函数的非线性关系模型（参数为12.86）、指数模型 $f(x)=\exp(1.14x^2-0.91x-1.99)$ 和线性模型 $f(x)=0.83x-80.44$；基于贝叶斯网络模型建立了四个变量的气象–农业干旱响应概率特征曲线，该曲线能够回答不同程度的气象干旱引发农业干旱的可能性大小的问题，对防旱抗旱方案的制定以及农业旱情预警具有重要作用。

1.4.6　构建了非平稳综合气象水文干旱指数，明晰了变化环境对干旱传递的影响

基于可变下渗容量（variable infiltration capacity，VIC）模型还原模拟渭河流域天然径流量，计算 SSI，分析人类活动对水文干旱的影响。构建基于 Copula 函数的干旱传递模型，系统量化人类活动对干旱传递时间、传递阈值及传递概率的影响。利用考虑位置参数、尺度参数、形状参数的广义可加模型和时变 Copula 模型构建了适用于变化环境的非平稳综合气象水文干旱指数（nonstationary meteorological and hydrological drough index，NMHDI）。获得以下主要结论：VIC 模型能有效模拟渭河流域月径流过程，在咸阳、张家山和状头站均有较好的模拟效果。人类活动加剧了渭河中上游流域水文干旱的严重程度和发生频率，并且随时间变化愈发明显，且干旱传递时间、阈值和概率都有所增加，人类活动加剧了研究区干旱发生风险，使泾河流域和北洛河流域夏秋季水文干旱严重程度和发生频率变高，春季和冬季降低，干旱传递时间在不同季节普遍缩短，传递阈值和概率在春季和冬季下降，人类活动在非汛期有效地降低了干旱风险。构建的 NMHDI 能有效识别历史极端旱情，其计算过程中考虑了影响降水与径流变化的气候和人类活动因素，更适用于评估变化环境下的干旱程度。相比基于平稳假设的干旱指数，NMHDI 对短历时、低烈度的干旱事件重现期的计算结果更小，而对长历时、高烈度的干旱事件重现期的计算结果更

大,其计算结果更有利于干旱风险管理。

1.4.7　建立并验证了基于气象干旱和高温的中国夏季农业干旱预测模型

利用前期的气象干旱、高温及农业干旱作为后期农业干旱的预测因子,引入可以表征解释变量与预测变量之间正负相关关系的 MG 模型,以是否考虑高温对农业干旱预测的影响分别构建了 MG3(预测因子为前期的气象干旱和农业干旱)和 MG4 模型(预测因子为前期的气象干旱、高温和农业干旱),分析高维情形下 MG 模型是否可以改善夏季农业干旱的预测性能;然后构建 4 维情形(预测因子为前期的气象干旱、高温和农业干旱)下描述解释变量与预测变量非线性关系的 Vine Copula 条件分布(4C-vine)模型,并以 MG 模型作为参考模型,评估 4C-vine 模型对中国夏季农业干旱的预测能力。获得以下主要结论:在 1~3 个月预见期下,MG3 模型在中国大部分区域农业干旱预测性能优于 MG4 模型,MG4 模型存在一定的局限性,不能很好地反映预测因子与预测变量之间存在的复杂非线性或尾部相关等相依关系。典型年的农业干旱预测及整体的性能评价结果均表明 4C-vine 模型更适用于中国夏季的农业干旱预测。

1.4.8　明晰了 CO_2 浓度升高对干旱评估的影响,预估了 CMIP6 气候模式下中国未来干旱的时空动态演变特征

结合不同社会经济发展情景的 CO_2 浓度数据和 CMIP6 中 10 个气候模式的气象数据解析 CO_2 浓度与冠层阻力(r_s)和 PET 的关系,分析 CO_2 浓度升高对 PET 和未来干旱变化趋势的影响。构建考虑 CO_2 浓度影响的标准化湿度异常指数($SZI[CO_2]$),与标准化降水蒸散发指数($SPEI[CO_2]$)和自校准帕尔默干旱烈度指数($scPDSI[CO_2]$)进行对比,评估 3 类干旱指数对未来干旱的预估效果。最后利用三维干旱识别方法分析未来干旱时空动态演变规律,考虑拟合参数的非平稳特性,利用 Copula 模型计算分析干旱多特征变量发生概率。获得以下主要结论:利用 $PM[CO_2]$ 估算的 PET 驱动 Budyko 模型获得的径流变化与 CMIP6 直接输出的径流变化偏差更小,表明 $PM[CO_2]$ 对于未来气候情景下 PET 的估算结果更为合理。PET 对饱和水汽压–温度曲线斜率(s)、地表净辐射(R_n)、水汽压差(D)、风速(u_2)和 CO_2 浓度($[CO_2]$)的敏感系数排序为 $R_n>D>s>u_2>[CO_2]$。在 SSP5-8.5 气候情景下,全国尺度 SPEI 的下降速率为 0.08/a,考虑 CO_2 浓度影响的 $SPEI[CO_2]$ 下降速率为 0.05/a,表明在相同气候情景下,未考虑 CO_2 浓度影响的干旱指数高估了未来干旱发生状况。在 SSP2-4.5 和 SSP5-8.5 气候情景下,SPI 反映的气象干旱与 SSI 反映的水文干旱变化趋势较为一致,全国大部分区域呈湿润化趋势。$SPEI[CO_2]$ 更适用于湿润区的干旱预估,$SZI[CO_2]$ 对干旱半干旱地区多时间尺度的气象、水文、农业和综合干旱的预估效果较为理想,且在识别不同时间尺度的综合干旱方面优于 $scPDSI[CO_2]$。$SZI[CO_2]$ 识别的干旱发生次数、历时和烈度在西北地区南部、内蒙古地区和青藏高原西部

区域呈下降趋势，在华中和华南地区则呈明显的上升趋势。基于三维干旱识别方法识别的干旱特征（历时、面积、烈度）存在明显的变化趋势，为非平稳序列，非平稳对数正态分布 LON 和 GEV 是适用于多数区域的干旱特征频率分布线型。在干旱特征变量相同取值的情况下，SSP5-8.5 情景下干旱联合发生概率高于 SSP2-4.5 情景，两种情景下差别较为明显的区域包括青藏高原地区、华中和华南地区。

第 2 章 西北地区气象干旱时空动态演变特征及发展规律

气象干旱是水文干旱和农业干旱等其他类型干旱的主要驱动因素，研究其时空动态演变特征，既可为防旱抗旱提供依据，也是探讨不同类型干旱之间传递机制的基础。本章以 SPEI 表征气象干旱，采用改进的 Mann-Kendall 检验、重标极差分析法（R/S 分析法）、极点对称模态分解法、干旱事件三维识别等方法研究西北地区气象干旱的时空演变特征及发展规律。

2.1 气象干旱评估方法

2.1.1 标准化降水蒸散发指数

SPEI 是一个较为理想的气象干旱评价指标，其计算原理是利用降水量与 PET 之间的差异程度来表征区域干旱状况（Ming et al.，2015）。主要计算步骤如下。

（1）潜在蒸散发计算依据 FAO 推荐使用的 PM 公式（Allen et al.，1998）计算 PET，该方法结合了作物生理特征以及空气动力学变化，考虑的参数较多且更为全面，在不同气候区适用性较强（Li et al.，2012；曹永强等，2019）。其计算公式如下：

$$PET = \frac{0.408\Delta(R_n-G)+\gamma\frac{900}{T+273}U_2(e_s-e_a)}{\Delta+\gamma(1+0.34U_2)}$$ (2-1)

式中，Δ 为饱和水汽压温度关系曲线的斜率，kPa/℃；R_n 为到达地面的净辐射量，MJ/（$m^2 \cdot$ d）；G 为土壤热通量密度，MJ/（$m^2 \cdot$ d）；γ 为湿度计常数；T 为空气温度，℃；U_2 为地面 2m 高处风速，m/s；e_s 为空气饱和水汽压，kPa；e_a 为空气实际水汽压，kPa。

（2）建立逐月降水量与潜在蒸散发量差值序列 D_i，计算公式如下：

$$D_i = P_i - PET_i$$ (2-2)

式中，i 为月份；D_i 为月降水量与潜在蒸散发量的差值，mm；P_i 为月降水量，mm；PET_i 为月潜在蒸散发量，mm。

构建不同时间尺度下具有气象学意义的累积水分盈亏序列：

$$D_n^k = \sum_{i=0}^{k-1} D_{n-i}$$ (2-3)

式中，k 为时间尺度；n 为计算次数。

（3）利用三参数 log-logistic 概率分布函数拟合 X_i^k 序列并计算概率密度函数 $f(x)$ 及概

率分布函数 $F(x)$：

$$f(x) = \frac{\beta}{\alpha}\left(\frac{x-\gamma}{\alpha}\right)^{\beta-1}\left[1+\left(\frac{x-\gamma}{\alpha}\right)^{\beta}\right]^{-2} \tag{2-4}$$

$$F(x) = \left[1+\left(\frac{\alpha}{x-\gamma}\right)^{\beta}\right]^{-1} \tag{2-5}$$

式中，α 为尺度参数；β 为形状参数；γ 为位置参数，可采用线性矩法拟合获得。

（4）对概率分布函数 $F(x)$ 进行标准化处理，可得到相应的 SPEI 序列，即

$$\text{SPEI} = W - \frac{C_0 + C_1 W + C_2 W^2}{1 + d_1 W + d_2 W^2 + d_3 W^3} \tag{2-6}$$

$$W = \sqrt{-2\ln(P)} \tag{2-7}$$

式中，当 $P \leq 0.5$ 时，$P = 1 - F(x)$；当 $P > 0.5$ 时，$P = F(x)$；其他参数分别为 $C_0 = 2.515\,517$，$C_1 = 0.802\,853$，$C_2 = 0.010\,328$，$d_1 = 1.432\,788$，$d_2 = 0.189\,269$，$d_3 = 0.001\,308$。

SPEI 的干旱等级划分可参考表 2-1 确定（Yang et al., 2016；高瑞等，2013）。

表 2-1　SPEI 的干旱等级划分

干旱等级	SPEI	干旱类型
I	$-0.5 < \text{SPEI} \leq 0.5$	正常
II	$-1 < \text{SPEI} \leq -0.5$	轻旱
III	$-1.5 < \text{SPEI} \leq -1$	中旱
IV	$-2 < \text{SPEI} \leq -1.5$	重旱
V	$\text{SPEI} \leq -2$	特旱

为了更全面地反映研究区干旱发生程度，引入干旱频率及干旱强度。

干旱频率（P）表示研究时段内研究区干旱发生的频繁程度，计算公式如下：

$$P = (n/N) \times 100\% \tag{2-8}$$

式中，n 为发生干旱的总年数；N 为研究时段的总年数。

干旱强度（I）表示研究区发生干旱的严重程度，以气象干旱 SPEI 为例，SPEI 的绝对值越大，说明干旱越严重，计算公式如下：

$$I = \frac{1}{n}\sum_{i=1}^{n}|\text{SPEI}_i| \tag{2-9}$$

式中，n 为发生干旱的次数；$|\text{SPEI}_i|$ 为发生干旱时 SPEI 的绝对值。

2.1.2　改进的 Mann-Kendall 检验

传统的 Mann-Kendall 检验法是基于时间序列保持随机性和独立性的假设条件，对检验结果的可靠性造成一定的影响（Wang F et al., 2020b）。因此，一种更合理的时间序列变化趋势非参数检验方法，即改进的 Mann-Kendall 检验方法应运而生，可以消除时间序列中的自相关成分，能显著提高趋势检验结果的可靠性，具体计算步骤可参考文献（李小丽

等，2016）。

当趋势检验特征值 $Z>0$ 时表示时间序列呈上升趋势，$Z<0$ 时表示时间序列呈下降趋势，且当 $|Z|$ 分别大于 1.64、1.96 和 2.58 时，时间序列的变化趋势分别通过 $p=0.1$、$p=0.05$ 和 $p=0.01$ 的显著性检验。

2.1.3 R/S 分析法

R/S 分析法又称重标极差分析法，由水文学家赫斯特（Hurst）于 1951 年提出，是一种非参数化统计方法，计算结果可以反映时间序列未来和当前发展趋势之间的一致性，目前广泛应用于气象水文时间序列变化趋势的持续性或反持续性强度判断，具体计算过程可参考文献（Araujo and Celeste，2019）。

赫斯特指数 H 在 0~1 范围内变化，当 $0<H<0.5$ 时，表明时间序列在未来时段的变化趋势呈现出与过去状态相反的趋势，且越接近于 0，反持续性越强；当 $H=0.5$ 时，表明时间序列是一个前后变化没有关系的独立随机过程；当 $0.5<H<1$ 时，表明时间序列在未来时段的变化趋势与过去状态保持一致，且越接近于 1，持续性越强。

2.1.4 极点对称模态分解法

ESMD 法借鉴了经验模态分解（empirical mode decomposition，EMD）的思想，运用最小二乘法来优化最后剩余模态使其成为整个数据的"自适应全局均线"，并由此来确定最佳筛选次数。ESMD 是一种数据驱动的自适应非线性时变信号分解方法，适合于非平稳、非线性时间序列的分析（房贤水，2015）。该法能够逐步提取原始时间序列中固有的不同尺度振荡和趋势分量（Feng and Su，2019），经过分解后可以直观地体现各模态的振幅与频率的时变性，还可以明确地获知总能量的变化。ESMD 法具体过程如下：

（1）找出时间序列 Y 的所有局部极值点（极大值点和极小值点），记为 $E_i(1\leq i\leq n)$。

（2）用线段将所有邻近的 E_i 连接起来，它们的中点标记为 $F_i(1\leq i\leq n-1)$，并在左右两端添补边界中点 F_0 和 F_n。

（3）用 $n+1$ 个中点构建 p 条插值曲线 L_1，…，$L_p(p>1)$，并计算其平均值 $L^*=(L_1+\cdots+L_p)/p$。

（4）对 $Y-L^*$ 序列重复上述三个步骤，直到 $|L^*|\leq\varepsilon$（ε 是允许误差）或者筛选次数达到预先设定的最大值 K，得到第一个 IMF 分量 M_1。

（5）对剩余序列 $Y-M_1$ 重复上述四个步骤，直到剩余序列 R 为单一信号或不再大于预先给定的极值点，结果可以分别得到 IMF 分量 M_2，M_3，…。

（6）在限定区间 $[K_{\min}, K_{\max}]$ 内改变 K 值大小并重复上述五个步骤，然后计算序列 $Y-R$ 的方差 σ^2，并对 σ/σ_0 和 K 进行绘图（σ_0 是 Y 的标准差），在图中找出 σ/σ_0 最小值对应的 K_0，以 K_0 作为限制条件再次重复上述五个步骤，最后剩余项 R 就是序列 Y 的自适应全局均线，即趋势项。

2.1.5　干旱事件三维识别方法

干旱事件三维识别方法是从干旱指标的三维空间体中提取时空连续的干旱事件（徐翔宇等，2019）。对于计算得到的经度–纬度–时间层面的干旱指数三维矩阵（记作 X），X 中每一栅格点的干旱指标可表示为 $X(i, j, k)$，i、j、k 分别表示该点的经度坐标、纬度坐标和时间坐标。干旱事件三维识别具体步骤如下。

1. 干旱斑块空间识别

首先采用阈值法识别干旱指标二维矩阵中指标值低于给定阈值的栅格，然后利用 3×3 九宫格滤波逐月对空间上邻近的栅格进行类别划分，最终得到多个面积不同的干旱斑块，并对其标记不同的编号。该步骤中需要预先设定一个最小干旱面积阈值（A）用于干旱斑块的筛选，如果识别的干旱斑块面积大于 A，则认定其构成一次干旱事件，如图 2-1 中的 A_1 和 A_2；否则，判定其不构成一次干旱事件，将其剔除，如图 2-1 中的 A_3 和 A_5。

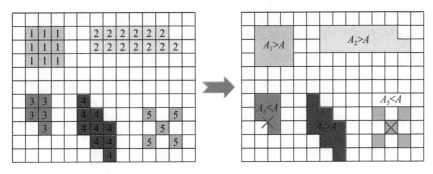

图 2-1　干旱斑块识别示意

2. 干旱斑块时程连接

假设时刻 t 的某一干旱斑块 A_t 和相邻时刻 $t+1$ 的某一干旱斑块 A_{t+1} 之间的重合面积（A^*）大于阈值 A，则认为 A_t 和 A_{t+1} 在时间上是连续的，判定其属于同一场干旱事件，如图 2-2 中 A_3 和 A_4，反之则不属于同一场干旱事件，如图 2-2 中 A_1 和 A_2。按照此规则，从第 1 个月开始依次判断相邻两时刻的任何一对干旱斑块间的重合面积，直到重合面积小于 A 时判定此次干旱事件结束，并将识别出来属于同一场干旱事件的干旱斑块均赋值为同一编号。重复上述步骤，将经纬度层面的干旱斑块在时程上连接形成时空连通的干旱指标连续体，获取多场三维干旱事件。

需要注意的是，最小干旱面积阈值是该识别方法中一个重要的参数，相关研究（Wang et al.，2011）表明，洲际尺度的 A 值宜采用 50 万 km^2，国家尺度的 A 值宜采用 15 万 km^2，其他区域尺度可以根据面积比例相应缩放。本研究设置的 A 值为 46 个栅格（约占研究区的 1.6%）。

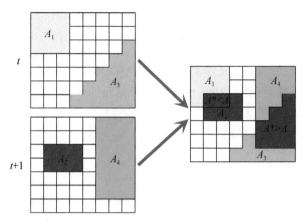

图 2-2　干旱斑块时程连接示意

3. 干旱事件特征变量提取

基于三维识别方法提取干旱历时、面积、烈度、中心、迁移距离、迁移方向、迁移旋转特征 7 个能够反映干旱空间动态变化的特征变量（图 2-3），据此分析单场干旱事件的连续时空演变特征及区域干旱发展规律，各干旱特征变量的具体定义如下。

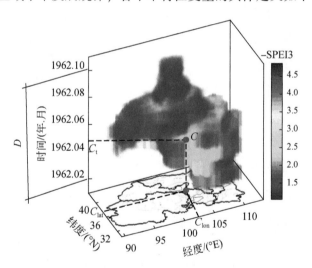

图 2-3　干旱三维空间连续体及干旱特征变量示意

干旱历时（D，个月）表示一场干旱事件从开始发生至结束所持续的时间长度，三维识别结果中也可认为是干旱三维空间连续体的高度。

干旱面积（A，km^2）在三维识别方法中可认为是干旱三维空间连续体在二维地理坐标平面上的垂直投影面积。

干旱烈度（S，月·km^2）实质上反映的是本场干旱事件（所有干旱栅格）缺水程度之和，三维识别方法中可认为是干旱三维空间连续体的体积，即为所有干旱栅格体积之和。

干旱中心（C）定义为干旱三维空间连续体的质心，表示一场干旱事件在经度–纬度–时间三维空间中的位置（C_{lon}、C_{lat}、C_t）。

干旱迁移距离（ML，km）定义为干旱事件中相邻两月干旱中心的迁移距离，可以根据相邻两个月干旱中心的经纬度坐标换算得到，计算公式如下：

$$\Delta X = 110.94 \times \cos\left(Y_t \times \frac{\pi}{180}\right) \times (X_{t+1} - X_t) \tag{2-10}$$

$$\Delta Y = 110.94 \times (Y_{t+1} - Y_t) \tag{2-11}$$

$$L = \sqrt{\Delta X^2 + \Delta Y^2} \tag{2-12}$$

式中，L 是相邻两月干旱中心的迁移距离，km；ΔX 和 ΔY 是干旱中心沿经度和纬度方向从 t 月到 $t+1$ 月的迁移距离；X_t 和 Y_t 是干旱中心在 t 月的经纬度坐标；X_{t+1} 和 Y_{t+1} 是干旱中心在 $t+1$ 月的经纬度坐标。

干旱迁移方向（MD）由干旱开始和结束方位来判断。首先根据一场干旱事件开始和结束时刻的干旱中心相对于原点的位置来确定干旱开始和结束方位，包括东、南、西、北、中 5 个方位，如图 2-4 所示，图中原点位置为研究区的质心，r_{min} 为研究区质心至边界的最小半径，r 为研究区质心至干旱中心的半径，θ 为干旱中心与横轴正方向的夹角。干旱中心方位判别准则见表 2-2。

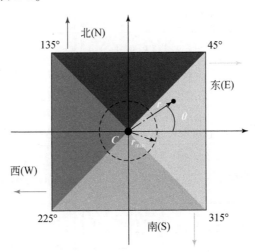

图 2-4　干旱中心方位确定示意

表 2-2　干旱中心方位判别准则

编号	判别准则	方位
1	$r < r_{min}$	中
2	$r > r_{min}$ 且 $0 < \theta < 45°$ 或 $315° \leq \theta < 360°$	东
3	$r > r_{min}$ 且 $45° \leq \theta < 135°$	北
4	$r > r_{min}$ 且 $135° \leq \theta < 225°$	西
5	$r > r_{min}$ 且 $225° \leq \theta < 315°$	南

干旱迁移旋转特征（MR）表征干旱在空间范围经历的变化，用来描述干旱事件本身在圆周方向上的动态迁移特征。MR 以干旱中心坐标 x 和 y 表示顶点坐标计算多边形的面积来实现，具体计算方法可参考文献（Diaz et al., 2020）。

2.1.6 基于 Copula 函数的多变量频率分析

1. Copula 函数

Copula 函数是 $[0, 1]^n \rightarrow [0, 1]$ 上的映射，具有下列特征：$C(F_1, F_2, \cdots, F_n)$ 是一个单调递增函数，对任意 n 维区间，保持非负值；若对任意 $i < n$，$F_i = 0$，则 $C(F_1, F_2, \cdots, F_n) = 0$。Copula 函数的种类比较多，在水文、水资源领域应用较为广泛的 Copula 函数有 Archimedean（阿基米德）Copula 和椭圆 Copula 函数。其中，阿基米德 Copula 函数中常用的子类型有 Frank、Clayton、Gumbel、Joe，椭圆 Copula 函数中常用的子类型有 Gaussian 和 Student t 两种。本研究采用上述 6 种 Copula 函数来构建不同干旱特征变量间的联合分布函数，各类型 Copula 函数的具体表达式见表2-3。

表 2-3 6 种 Copula 函数表达式

Copula 名称	函数表达式	字母含义	参数
Frank	$C_{\mathrm{F}}(u_1, u_2, \cdots, u_d; \theta) = -\dfrac{1}{\theta} \ln\left[1 + \dfrac{\prod_{j=1}^{d} e^{-\theta u_j - 1}}{(e^{-\theta} - 1)^{d-1}}\right]$	u 为干旱特征变量；d 为变量的维数	$\theta \in R \backslash \{0\}$
Clayton	$C_{\mathrm{C}}(u_1, u_2, \cdots, u_d; \theta) = \left[\left(\sum_{j=1}^{d} u_j^{-\theta}\right) - d + 1\right]$	u 为干旱特征变量；d 为变量的维数	$\theta \in [-1, \infty]$
Gumbel	$C_{\mathrm{G}}(u_1, u_2, \cdots, u_d; \theta) = \exp\left\{-\left[\sum_{j=1}^{d}(-\ln u_j)^{\theta}\right]^{\frac{1}{\theta}}\right\}$	u 为干旱特征变量；d 为变量的维数	$\theta \in [1, \infty]$
Joe	$C_{\mathrm{J}}(u_1, u_2, \cdots, u_d; \theta) = 1 - \left[\sum_{j=1}^{d}(1 - u_j)^{\theta} - \prod_{j=1}^{d}(1 - u_j)^{\theta}\right]$	u 为干旱特征变量；d 为变量的维数	$\theta \in [-1, \infty]$
Gaussian	$C_{\mathrm{N}}(u_1, u_2, \cdots, u_d; \Sigma) = \Phi(\Phi^{-1}(u_1), \cdots, \Phi^{-1}(u_d))$	u 为干旱特征变量；d 为变量的维数；Φ 为标准正态分布	$\Sigma = \begin{bmatrix} 1 & \cdots & \rho_{1d} \\ \vdots & \ddots & \vdots \\ \rho_{1d} & \cdots & 1 \end{bmatrix}$
Student t	$C_t(u_1, u_2, \cdots, u_d; \Sigma, v) = T_{\Sigma, v}(T_v^{-1}(u_1), \cdots, T_v^{-1}(u_d))$	u 为干旱特征变量；d 为变量的维数；$T_{\Sigma, v}$ 为具有相关系数矩阵 Σ 和自由度 v 的标准 Student t 分布	$\Sigma = \begin{bmatrix} 1 & \cdots & \rho_{1d} \\ \vdots & \ddots & \vdots \\ \rho_{1d} & \cdots & 1 \end{bmatrix}$

2. 单变量边缘分布函数选择

不同干旱特征变量的累积分布函数是进行频率分析的基础，选取 7 种在水文频率分析中广泛应用的单变量概率分布函数作为候选边缘分布函数（Ayantobo et al., 2018），分别为伽马分布（Gam）、对数逻辑分布（LogL）、对数正态分布（log-normal distribution, LogN）、韦伯分布（Wb）、皮尔逊Ⅲ型分布（P-Ⅲ）、广义极值（GEV）分布以及广义帕累托分布（GP），具体的累积概率分布函数及相关参数见表 2-4。

表 2-4 单变量累积概率分布函数及参数

分布类型	累积概率分布函数	参数
Gam	$F(x) = \dfrac{\beta^{-\alpha}}{\Gamma(\alpha)} \int_0^x t^{\alpha-1} e^{-t/\beta} dt$	α 为形状参数；β 为尺度参数
LogL	$F(x) = \dfrac{\beta^{-\alpha}}{\Gamma(\alpha)} \int_0^x t^{\alpha-1} e^{\frac{-t}{\beta}} dt$	α 为形状参数（$\alpha>0$）；β 为尺度参数（$\beta>0$）
LogN	$F(x) = \Phi\left(\dfrac{\ln(x-\zeta)-\mu_{\ln}}{\sigma_{\ln}}\right)$	μ 为位置参数；σ 为尺度参数
Wb	$F(x) = 1 - \exp\left(\dfrac{x}{\beta}\right)^{\alpha}$	α 为形状参数；β 为尺度参数
P-Ⅲ	$F(x) = \dfrac{\int_0^{\frac{x-\mu}{\beta}} t^{\alpha-1} \exp(-t) dt}{\Gamma(\alpha)}$	α 为形状参数；β 为尺度参数；μ 为位置参数
GEV	$F(x) = \begin{cases} \exp\left(-\exp\left(k^{-1}\ln\left(1-\dfrac{\alpha(x-\mu)}{\beta}\right)\right)\right), & k\neq0 \\ \exp\left(-\exp\left(-\dfrac{x-\mu}{\beta}\right)\right), & k=0 \end{cases}$	k 为形状参数；σ 为尺度参数（$\sigma>0$）；μ 为位置参数
GP	$F(x) = \begin{cases} 1-\left(1+k\dfrac{x-\mu}{\sigma}\right)^{-\frac{1}{k}}, & k\neq0 \\ 1-\exp\left(-\dfrac{x-\mu}{\sigma}\right), & k=0 \end{cases}$	k 为形状参数；σ 为尺度参数（$\sigma>0$）；μ 为位置参数

3. Copula 函数优选

Copula 函数的选择对多维干旱特征变量的频率分析结果具有显著影响。首先采用 K-S 方法判定备选 Copula 函数是否通过拟合优度检验，然后根据均方根误差（root-mean-square error, RMSE）、赤池信息量准则（Akaike information criterion, AIC）和贝叶斯信息准则（Bayesion information criterion, BIC）来度量备选 Copula 函数联合概率与样本联合经验概率的关联度，并根据拟合优度检验结果确定最优 Copula 函数来建立干旱特征变量间的联合分布（Yusof et al., 2013），计算公式如下：

$$\text{MSE} = \frac{1}{n-m} \sum_{i=1}^{n} \left[P_c(i) - P_0(i)\right]^2 \tag{2-13}$$

$$\text{RMSE} = \sqrt{\frac{1}{n}\sum_{i=1}^{n}\left[P_c(i)-P_0(i)\right]^2} \tag{2-14}$$

$$\text{AIC} = n \cdot \ln(\text{MSE})+2m \tag{2-15}$$

$$\text{BIC} = n \cdot \ln(\text{MSE})-m \cdot \ln(n) \tag{2-16}$$

式中，MSE 为均方误差（mean square error）；n 为样本数量；m 为候选 Copula 函数的参数个数；P_c 和 P_0 分别为样本的理论 Copula 函数联合分布概率值和多元联合分布经验概率值。RMSE、AIC 和 BIC 的值越小，表示 Copula 函数对变量联合分布的拟合程度越优。

4. 基于 Copula 函数的联合及条件概率计算

假设 D、S、A 分别为干旱历时、烈度、面积，对应的单变量边缘累积概率函数分别为 $F_D(d)$、$F_S(s)$ 和 $F_A(a)$，则基于最优二元和三元联结函数（Copula 函数）的干旱特征变量的联合累积分布函数可以分别表示为

$$F(d,s)=P(D\le d,S\le s)=C(F_D(d),F_S(s))$$

$$F(d,a)=P(D\le d,A\le a)=C(F_D(d),F_A(a))$$

$$F(s,a)=P(S\le s,A\le a)=C(F_S(s),F_A(a)) \tag{2-17}$$

$$F(d,s,a)=P(D\le d,S\le s,A\le a)=C(F_D(d),F_S(s),F_A(a))$$

干旱特征变量间的联合发生概率分为两种情况，第一种为"和"（and）情况，即 D 和 S 和 A（D 和 S、D 和 A、S 和 A）同时超过某一特定值的联合发生概率，记为 P_{DSA}^{and}；第二种为"或"（or）情况，即 D 或 S 或 A（D 或 S、D 或 A、S 或 A）超过某一特定值的联合发生概率，记为 P_{DSA}^{or}。计算公式可表示为

$$P_{DS}^{\text{and}}=P(D>d\cap S>s)=1-F_D(d)-F_S(s)+C(F_D(d),F_S(s)) \tag{2-18}$$

$$P_{DS}^{\text{or}}=P(D>d\cup S>s)=1-C(F_D(d),F_S(s)) \tag{2-19}$$

$$P_{DSA}^{\text{and}}=P(D>d\cap S>s\cap A>a)=1-F_D(d)-F_S(s)-F_A(a)+C(F_D(d),F_S(s))$$
$$+C(F_D(d),F_A(a))+C(F_S(s),F_A(a))-C(F_D(d),F_S(s),F_A(a)) \tag{2-20}$$

$$P_{DSA}^{\text{or}}=P(D>d\cup S>s\cup A>a)=1-C(F_D(d),F_S(s),F_A(a)) \tag{2-21}$$

干旱特征取极值的条件概率对水资源规划和管理具有重要价值，具体计算方法如下。给定条件 $A\ge a$ 时，干旱烈度 $S>s$ 的条件概率分布的表达式为

$$P(A\ge a\mid S>s)=\frac{P(A\ge a,S>s)}{P(S>s)}=\frac{1-F_A(a)-F_S(s)+C(F_A(a),F_S(s))}{1-F_S(s)} \tag{2-22}$$

类似的，给定条件 $S\ge s$ 且 $A\ge a$ 时，干旱历时 $D>d$ 的条件概率分布为

$$P(D>d\mid S\ge s,A\ge a)=\frac{P(D>d,S\ge s,A\ge a)}{P(S\ge s,A\ge a)}$$

$$=\frac{1-F_D(d)-F_S(s)-F_A(a)+C(F_D(d),F_S(s))}{1-F_S(s)-F_A(a)+C(F_S(s),F_A(a))}+$$

$$\frac{C(F_D(d),F_A(a))+C(F_S(s),F_A(a))-C(F_D(d),F_S(s),F_A(a))}{1-F_S(s)-F_A(a)+C(F_S(s),F_A(a))}$$

$$\tag{2-23}$$

2.2　多时间尺度气象干旱时空变化特征

2.2.1　不同时间尺度气象干旱时间演变特征

不同时间尺度 SPEI 的波动状况能够反映过去不同累积时段的干旱效应。1960～2018 年西北地区及其三个气候分区 1～12 个月尺度 SPEI 的时间变化特征如图 2-5 和图 2-6 所示。

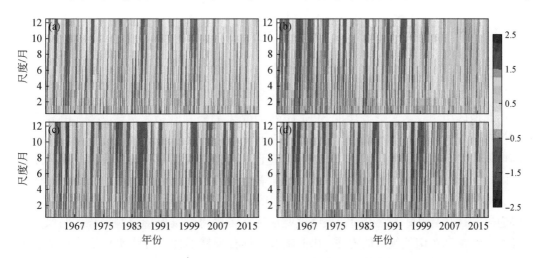

图 2-5　1960～2018 年西北地区多尺度 SPEI 序列时间演变特征
(a) 西北地区、(b) 高原气候区、(c) 西风气候区、(d) 东南气候区

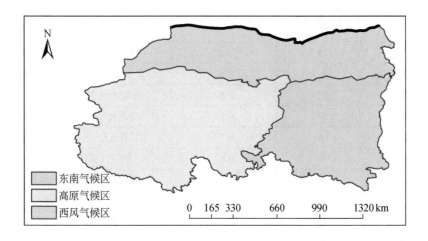

图 2-6　西北地区气候分区

由图 2-5 可知，气象干旱是一个渐变的过程，且随着时间尺度的增加，波动性不断降低，年际变化趋势更为明显，干旱和湿润周期显著增加，意味着气象干旱发生次数明显减少，而干旱历时和强度有所增加。不同时间尺度下，高原气候区、西风气候区及整个西北地区的 SPEI 均呈现上升趋势，即干旱呈现减缓趋势，而东南气候区 SPEI 则呈现下降趋势，表明干旱呈现增强趋势。西北地区和高原气候区的 SPEI 序列时间变化特征基本一致，在 1965 年前后发生了相对严重的气象干旱，20 世纪 70~90 年代出现频繁的旱涝交替，2005 年以后干旱事件明显减少，以湿润事件为主，张世虎等（2015）关于青海省的干旱研究结果也表明，1961~2013 年气候有变湿的趋势，1962 年发生了较为严重的干旱事件。

2.2.2 季节及年尺度气象干旱变化趋势时空特征

1. 气象干旱历史与未来变化趋势

西北地区历史及未来季节尺度 SPEI 序列的变化趋势判断结果见表 2-5。由表 2-5 可知，仅东南气候区的秋季 SPEI 呈现不显著的下降趋势，且未来依然保持下降趋势，干旱程度可能愈发严重。其他地区季节 SPEI 均呈上升趋势，西北地区的春季、夏季和东南气候区的冬季 SPEI 的上升趋势通过 $p=0.1$ 的显著性检验，西北地区的冬季和高原气候区的冬季 SPEI 的上升趋势通过 $p=0.05$ 的显著性检验，高原气候区的春季和夏季 SPEI 的上升趋势通过 $p=0.01$ 的显著性检验，表明这些地区在未来将继续保持湿润趋势。西风气候区的春季、冬季和东南气候区的春季 SPEI 在未来具有反持续性，可能出现下降趋势，未来存在干旱化的可能性，但干旱强度较低。

表 2-5 西北地区季节 SPEI 序列历史及未来变化趋势

SPEI 序列		趋势特征值	赫斯特指数	历史趋势	持续性及未来趋势
西北地区	春	1.73	0.54	显著上升	具有持续性；上升
	夏	1.75	0.52	显著上升	具有持续性；上升
	秋	0.90	0.62	上升	具有持续性；上升
	冬	2.09	0.59	显著上升	具有持续性；上升
高原气候区	春	2.99	0.63	显著上升	具有持续性；上升
	夏	3.06	0.57	显著上升	具有持续性；上升
	秋	1.49	0.60	上升	具有持续性；上升
	冬	2.19	0.64	显著上升	具有持续性；上升
西风气候区	春	0.18	0.48	上升	具有反持续性；下降
	夏	0.56	0.53	上升	具有持续性；上升
	秋	0.90	0.56	上升	具有持续性；上升
	冬	0.34	0.49	上升	具有反持续性；下降

SPEI 序列		趋势特征值	赫斯特指数	历史趋势	持续性及未来趋势
东南 气候区	春	0.10	0.47	上升	具有反持续性；下降
	夏	0.12	0.55	上升	具有持续性；上升
	秋	−0.86	0.65	下降	具有持续性；下降
	冬	1.77	0.53	显著上升	具有持续性；上升

2. 气象干旱变化趋势空间特征

西北地区各季节 SPEI 变化趋势检验特征值 Z 的空间分布如图 2-7 所示。春季 SPEI 在西北地区 73.7% 的区域表现出上升趋势且在青海南部具有显著上升特点，呈下降趋势的地区主要集中在陕西、宁夏、甘肃的西峰区和平凉市、内蒙古西北以及青海的西北部地区，但仅有 0.9% 的区域（青海西北部）干旱化趋势显著。

夏季 SPEI 呈上升趋势的区域占西北地区的 73.4%，主要集中在青海、甘肃中部和西部、内蒙古西部以及陕西南部，其中呈显著湿润化的区域面积占比为 28.6%，主要集中在青海；而内蒙古东部、陕西北部、甘肃南部以及青海南部部分区域呈现干旱化趋势，其中甘肃南部干旱增加程度相对较重。

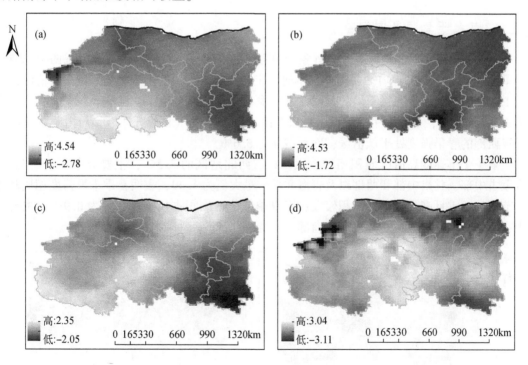

图 2-7 1960～2018 年西北地区季节 SPEI 序列变化趋势（Z 值）的空间分布特征
（a）春季、（b）夏季、（c）秋季、（d）冬季

秋季 SPEI 在空间上仍以湿润化趋势为主，主要集中在青海、内蒙古和甘肃部分区域，占西北地区的 71.1%，呈现显著湿润化的区域分布在内蒙古中部和青海南部；SPEI 在陕西、宁夏、甘肃部分区域呈现下降趋势，显著下降的区域集中在陕西南部，面积占比为 3.7%。

冬季 SPEI 呈现上升趋势的区域有所扩大，面积占比达 83.2%，且呈显著湿润化的区域也有所增加，主要集中在青海东部、甘肃中部、宁夏以及陕西中部；陕西汉中市和安康市、内蒙古中部、甘肃酒泉市西部、青海西北部分区域为主要的干旱化区域，但仅有 0.8% 的区域表现出显著干旱化趋势。

综上所述，季节干旱在西北地区西部以下降趋势为主，东部以上升趋势为主，说明干旱区呈现湿润化趋势，半干旱半湿润区呈现干旱化趋势，从春季到冬季表现出湿润化的面积不断向东部扩大，且呈显著湿润化的区域逐步向东部转移，这些结果表明从长期来看，西北地区干旱的空间分布趋于均匀化。Zhao 等（2019）关于 1961～2015 年西北地区季节和年度干旱指数的变化趋势的研究也表明干旱区大部分的站点正变得更加湿润，半湿润区的站点更倾向于干旱化。

2.2.3 气象干旱强度和频率空间变化特征

1. 气象干旱强度空间特征

图 2-8 展示了西北地区各季节气象干旱强度的空间分布特征。大部分区域四个季节的干旱强度主要集中在 1～1.2，因此，本研究定义气象干旱强度小于 1 的区域是低值区，大于 1.2 的区域是高值区，干旱的强度在不同季节表现出较大差异。春季干旱强度高值区面积占比为 7.5%，主要集中在陕西、甘肃东南部以及青海西北部分区域，而内蒙古中部和甘肃西部的春旱强度处于低值区，面积占比为 6.6%。

夏季干旱强度高值区面积相对较大，约占西北地区的 8.3%，主要分布在陕西北部、内蒙古中部、甘肃中部和西部以及青海北部，最大值为 1.49，表明夏季干旱强度相比其他季节更为严重且高强度干旱面积较大；而夏季低值区面积占比很小，仅为 0.9%，主要集中在内蒙古东部、宁夏北部、陕西南部以及青海北部。

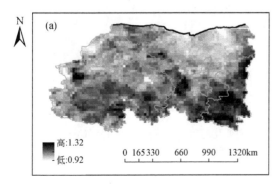
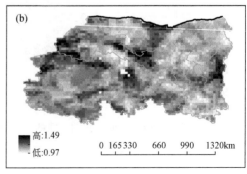

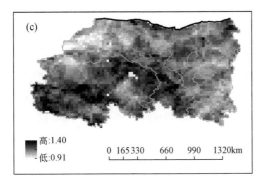
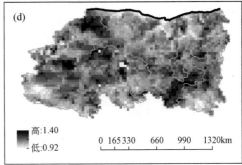

图 2-8　1960～2018 年西北地区季节干旱强度空间分布特征
（a）春季、（b）夏季、（c）秋季、（d）冬季

　　秋季干旱高强度区域面积占比较小，约为 4.1%，主要集中在青海西南和东北部以及甘肃东南部地区；低值区分布在陕西大部分地区、甘肃西北部以及青海西北部，面积占比为 6.6%，最低值为 0.91。

　　冬季干旱强度高值区和低值区面积占西北地区总面积的比例相当且相对较小，高值区集中在甘肃东南部和西北部以及青海北部，面积占比约为 4.4%；低值区分布在青海西南部、内蒙古北部以及陕西南部，面积占比约为 4.6%。

2. 气象干旱发生频率空间特征

　　图 2-9 展示了西北地区四季气象干旱发生频率的空间分布特征。大部分区域在四个季节的干旱频率主要保持在 20%～25%，因此，本章定义干旱频率小于 20% 的区域是低值区，大于 25% 的区域是高值区，而干旱发生的频率在四季表现出较大差异。具体来看，春季干旱发生的高值区主要集中在内蒙古中部、甘肃西北以及青海西南和东北部，频率均保持在 25% 以上；而陕西、甘肃东南部以及青海东南部的春旱频率处于较低水平，面积占西北地区的 15.9%。

　　夏季干旱高值区主要集中在内蒙古东部、甘肃南部以及青海南部，面积占比为 2.4%，干旱发生频率最大值为 28.4%；青海西北部、甘肃中部和西部以及陕西北部夏季干旱发生频率较低，最小值为 12.5%。

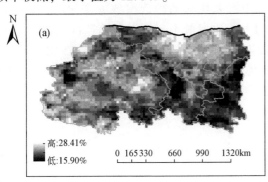
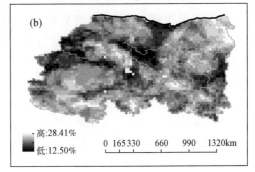

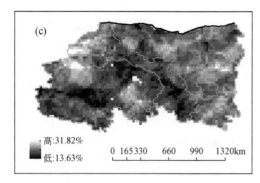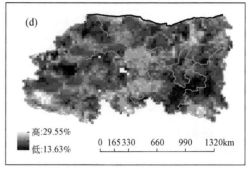

图 2-9 1960～2018 年西北地区季节干旱频率空间分布特征
(a) 春季、(b) 夏季、(c) 秋季、(d) 冬季

秋季干旱发生频率在四季中达到最大值，为 31.8%，高值区主要集中在甘肃西部、青海西北和东南部以及宁夏、内蒙古和陕西三省交界处；低值区主要分布在青海中部和东北部以及甘肃东南部。

冬季干旱高值区和低值区面积占比均为最小，青海南部以及陕西南部冬旱发生频率较高，面积仅占西北地区的 4.9%；而冬旱低值区主要集中在甘肃东南部和陕西中部，面积占比仅为 13.7%。

综合比较图 2-8 和图 2-9，西北地区在四个季节的气象干旱强度和干旱频率的空间分布特征正好呈相反状态，如西北地区东南部的春季干旱强度较高，干旱发生频率较低；西北地区东北部的夏季干旱强度较低，干旱发生频率较高；西北地区西北部的秋季干旱强度较低，干旱发生频率较高；西北地区西南部的冬季干旱强度较低，干旱发生频率较高。这表明西北地区同一区域发生高强度气象干旱事件的概率较小，而低强度气象干旱事件发生得比较频繁。

2.2.4 气象干旱周期特征

以西北地区年尺度 SPEI 序列为例，利用 ESMD 和快速傅里叶变换（fast Fourier transform，FFT）方法计算并分析气象干旱的年际、年代际周期变化特征。图 2-10 展示了西北地区年尺度 SPEI 序列 ESMD 分解过程中方差比率随筛选次数的变化特征，可以看出，当筛选次数为 14 时，趋势项 R 对应的方差比率最小，故最佳筛选次数为 14。此时模态 R 是数据的最佳自适应全局均线，相应的模态分解效果达到最优，ESMD 分解自动停止。最终，经 ESMD 分解得到 4 个固有模态分量（IMF1～IMF4）和一个趋势项 R（图 2-11）。

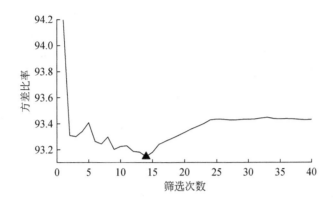

图 2-10 方差比率随筛选次数的变化特征

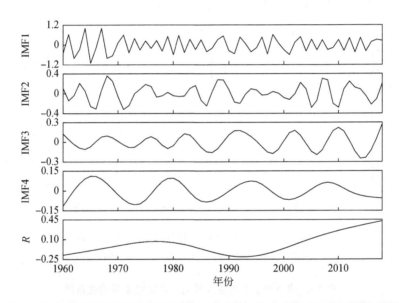

图 2-11 1960～2018 年西北地区年尺度 SPEI 序列 ESMD 分解的 IMF 分量及趋势项

由图 2-11 可知，分解得到的 4 个 IMF 分量各自具有物理意义且具有独立的代表性，在不同时间尺度上反映了原始序列固有的从高频到低频的振荡特征。趋势项 R 代表原始数据序列随时间的变化趋势，可以看出西北地区年尺度 SPEI 序列整体上呈现上升趋势，具体分析年代际变化特征可知，其大致经历了上升—下降—上升的趋势，1960～1977 年表现出缓慢增长趋势，1978～1993 年又呈现出小幅减小趋势，1994～2018 年呈现出明显的上升趋势，即西北地区 1960～2018 年大致经历了先湿润化后干旱化然后再湿润化的干湿交替变化趋势。

利用 FFT 方法计算各 IMF 分量的平均周期来解析 SPEI 序列中固有的不同特征尺度振荡。选取 IMF 分量中能量最大值所对应的周期作为该分量的平均周期，图 2-12 给出了西北地区年尺度 SPEI 序列 IMF 分量的周期–能量关系。在 $p = 0.05$ 的显著性水平下 IMF1 ～

IMF4 的主周期分别为 3.1 年、4.9 年、8.4 年和 14.8 年，由此判断西北地区气象干旱在年际尺度上具有准 3.1 年、4.9 年和 8.4 年的周期变化特征，年代际尺度上具有准 14.8 年的周期变化特征。同时，因为各 IMF 分量彼此独立，可以利用方差贡献率来反映每个 IMF 分量对原始 SPEI 系列波动性的贡献（表 2-6）。

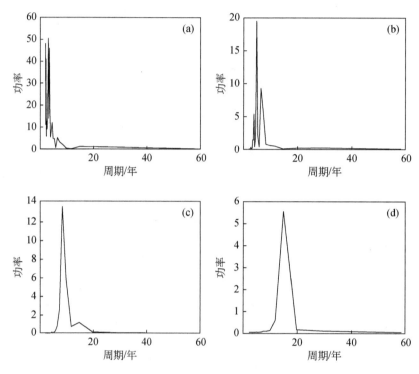

图 2-12　年尺度 SPEI 序列各分量周期–能量关系

（a）IMF1、（b）IMF2、（c）IMF3、（d）IMF4

表 2-6　年 SPEI 序列各分量的方差贡献率及相关系数

模态分量	周期/年	方差贡献率/%	相关系数
IMF1	3.1	74.1	0.87 **
IMF2	4.9	9.7	0.35 **
IMF3	8.4	4.9	0.21
IMF4	14.8	1.3	0.05
R	—	10.0	0.36 **

** 表示 $p=0.01$ 的显著性检验。

综合分析图 2-12 和表 2-6 可知，4 个模态分量中 IMF1 分量准 3.1 年主周期的方差贡献率最大，与原始 SPEI 序列的相关系数最大，通过 $p=0.01$ 的显著性检验，振动信号非常明显，SPEI 序列变幅呈现减小—增大—减小的趋势；IMF2 分量准 4.9 年主周期的方差贡献率为 9.7%，相关系数为 0.35，通过 $p=0.01$ 的显著性检验，基本反映了 1965 年西北地区发生严重干旱的事实；IMF3 分量准 8.4 年主周期的方差贡献率为 4.9%，相关系数为 0.21；IMF4 分量准 14.8 年主周期的方差贡献率为 1.3%，相关系数为 0.05，SPEI 序列在该时间尺度上变化幅度逐渐增大，不稳定性增强；而趋势项 R 的方差贡献率达到 10.0%，相关系数为 0.36，通过 $p=0.01$ 的显著性检验，表明西北地区 SPEI 整体上呈现显著的非线性上升变化趋势。通过方差贡献率大小可以看出，年际波动在 SPEI 变化中起主导作用，IMF1、IMF2 和 IMF3 决定着西北地区年尺度 SPEI 的变化趋势，周期主次排序依次为 3.1 年、4.9 年和 8.4 年。

2.3 基于三维识别方法的气象干旱事件动态演变规律

2.3.1 气象干旱事件识别结果

基于三维识别方法，1960～2018 年西北地区共识别出 344 场气象干旱事件，占研究时段总数的 48.6%，其中干旱历时持续 2 个月及以上的事件有 160 场。根据干旱烈度排序，最严重的前 10 场气象干旱事件及其特征变量见表 2-7，其中干旱编号代表每场干旱事件在 344 场事件中按照时间顺序确定的序号。由表 2-7 可知，这 10 场干旱事件的历时均大于等于 6 个月，并且干旱面积均超过研究区面积的 50%。其中，发生于 1962 年 2～10 月的第 9 场气象干旱事件最严重，烈度为 9.38×10^6 月·km²，面积为 1.54×10^6 km²，约占研究区面积的 82.4%，迁移距离为 1205.85km，迁移速度为 133.98km/月，迁移方向为东—中，迁移过程整体上表现出逆时针的旋转特征；第 150 场（1986 年 5 月～1987 年 3 月）和第 68 场（1972 年 5 月～1973 年 3 月）干旱事件的持续时间最长为 11 个月，分别排在第 4 位和第 6 位；第 142 场干旱事件开始于 1984 年 8 月结束于 1985 年 2 月，历时 7 个月，迁移方向表现为由南到西，呈现出顺时针的旋转特征。

表 2-7 1960～2018 年最严重的 10 场气象干旱事件

排序	干旱编号	开始时间/(年.月)	结束时间/(年.月)	历时 D/个月	干旱中心 C		面积 $A/10^6$ km²	烈度 $S/10^6$ 月·km²	迁移距离/km	迁移速度/(km/月)	迁移方向	迁移旋转
					经度/(°E)	纬度/(°N)						
1	9	1962.02	1962.10	9	102.78	37.67	1.54	9.38	1205.85	133.98	E-C	逆时针
2	201	1995.03	1995.08	6	101.62	37.08	1.61	8.53	1295.84	215.97	E-S	顺时针
3	28	1966.02	1966.10	9	98.26	36.05	1.35	7.33	1763.71	195.97	S-E	逆时针
4	150	1986.05	1987.03	11	102.05	37.23	1.62	7.31	1603.04	145.73	E-E	逆时针
5	233	2001.02	2001.09	8	99.43	38.58	1.34	7.15	1462.04	182.76	W-W	逆时针
6	68	1972.05	1973.03	11	103.23	37.51	1.49	6.81	2572.17	233.83	E-E	逆时针
7	22	1964.12	1965.05	6	97.90	37.01	1.51	6.77	1152.49	192.08	S-S	逆时针
8	214	1997.06	1997.12	7	104.25	36.30	1.32	6.55	1325.11	189.30	E-E	顺时针

排序	干旱编号	开始时间/(年.月)	结束时间/(年.月)	历时 D/个月	干旱中心 C 经度/(°E)	纬度/(°N)	面积 $A/10^6 km^2$	烈度 $S/10^6$ 月·km²	迁移距离/km	迁移速度/(km/月)	迁移方向	迁移旋转
9	218	1998.10	1999.03	6	105.92	37.35	0.99	5.69	1073.34	178.89	E-E	顺时针
10	142	1984.08	1985.02	7	96.44	36.88	1.00	5.52	1223.06	174.72	S-W	顺时针

注：E 表示东，W 表示西，S 表示南，N 表示北，C 表示研究区质心。

西北地区不同年代气象干旱特征变量的统计结果见表2-8。由表2-8可知，20世纪60年代的气象干旱事件数最少，但其干旱历时、面积及烈度年代均值均为最大，干旱历时大于等于2个月以及干旱面积大于等于50%的干旱事件占比分别为52.0%和8.0%，排序第一和第三，表明20世纪60年代为西北地区旱情最为严重的年代。其余各年代干旱严重程度排序依次为90年代、80年代、70年代、21世纪初。特别的，21世纪初干旱事件数最多，但干旱历时、面积、烈度以及迁移距离平均值均是最小，干旱面积大于等于50%的干旱事件占比仅为4.2%，表明近十几年来西北地区干旱严重程度相对较弱。整体上看，20世纪60年代至21世纪初西北地区气象干旱表现出历时逐渐变短，大面积干旱占比降低的趋势。

表2-8 不同年代气象干旱特征变量统计结果

干旱特征变量		20世纪60年代	20世纪70年代	20世纪80年代	20世纪90年代	21世纪初
干旱事件数/场		50	64	58	54	118
干旱历时	Mean/个月	2.66	2.58	2.26	2.30	2.05
	Max/个月	9	11	11	8	9
	SD/个月	2.26	2.30	2.07	1.84	1.61
	≥2个月占比/%	52.0	48.4	41.4	46.3	47.0
干旱面积	Mean/10⁶km²	0.34	0.30	0.31	0.33	0.25
	Max/10⁶km²	1.54	1.49	1.62	1.61	1.61
	SD/10⁶km²	0.38	0.31	0.39	0.35	0.29
	≥50%占比/%	8.0	6.3	10.3	9.3	4.2
干旱烈度	Mean/10⁶ 月·km²	1.21	0.77	0.90	0.98	0.62
	Max/10⁶ 月·km²	9.38	6.81	7.31	8.53	7.15
	Min/10⁶ 月·km²	0.04	0.04	0.03	0.03	0.03
	SD/10⁶ 月·km²	2.04	1.16	1.62	1.72	1.09
迁移距离	Mean/km	259.28	282.64	243.33	234.56	219.54
	Max/km	1763.71	2572.17	1685.60	1554.16	2115.55
	SD/km	398.34	473.57	436.02	396.07	393.10

注：Mean 表示平均值，Max 表示最大值，Min 表示最小值，SD 表示标准差。

2.3.2 近 60 年气象干旱事件的时空演变特征

1. 干旱历时等于 2 个月的气象干旱事件演变特征

1960～2018 年识别出的 344 场气象干旱事件中干旱历时等于 2 个月的有 53 场。这些气象干旱事件的干旱特征信息见表 2-9，其中 30 场（占比 56.6%）气象干旱事件发生在上半年，干旱面积平均值为 $2.6×10^5 km^2$，约占研究区总面积的 13.9%，干旱烈度平均值为 $4.0×10^5$ 月·km^2，迁移距离平均值为 164.90km；共包含 6 种迁移方向，其中场数最多的迁移方向为东—东（12 场），其余依次为南—南（8 场）、西—西（6 场）、西—东（2 场）、东—南（1 场）和东—西（1 场），其中 86.7%（26 场）的干旱开始和结束位置类似。有 23 场（占比 43.4%）气象干旱事件发生在下半年，干旱面积平均值为 $2.1×10^5 km^2$，约占研究区总面积的 11.2%，干旱烈度平均值为 $3.6×10^5$ 月·km^2，迁移距离平均值为 135.96km；共包含 5 种迁移方向，分别为东—东（14 场）、西—西（5 场）、南—南（2 场）、东—西（1 场）和西—东（1 场），其中 91.3%（21 场）的干旱开始和结束位置类似。

表 2-9　1960～2018 年历时 2 个月的气象干旱事件信息统计

时段	干旱事件数/场	干旱特征变量	Max	Min	Mean	SD	迁移方向	事件数/场	干旱开始、结束方向类似的事件数/场
上半年	30	烈度/10^6 月·km^2	1.76	0.07	0.49	0.40	E-E*	12	26
							S-S*	8	
		面积/$10^6 km^2$	0.66	0.04	0.26	0.18	W-W*	6	
							W-E	2	
		迁移距离/km	559.61	27.68	164.90	115.83	E-S	1	
							E-W	1	
下半年	23	烈度/10^6 月·km^2	0.98	0.08	0.36	0.21	E-E*	14	21
							W-W*	5	
		面积/$10^6 km^2$	0.57	0.04	0.21	0.12	S-S*	2	
							E-W	1	
		迁移距离/km	312.29	23.08	135.96	83.68	W-S	1	

注：Max 表示最大值，Min 表示最小值，Mean 表示平均值，SD 表示标准差，E 表示东，W 表示西，S 表示南，N 表示北。

*表示干旱开始和结束位置相似的事件。

整体上，西北地区历时 2 个月的气象干旱事件以东—东的迁移方向为主，其次是南—南和西—西，且上半年发生的气象干旱事件比下半年相对严重，迁移速率较快。

2. 历时大于 2 个月的气象干旱事件演变特征

1960~2018 年识别出干旱历时大于 2 个月的气象干旱事件有 107 场。根据干旱起止时间所在的年份是否相同，107 场干旱又可以分为两种类型：一种为年内干旱，即干旱开始和结束时间在同一年份；另一种为年际干旱，即干旱开始和结束时间在不同年份。两类干旱事件的时空演变特征具有明显差异。

任培贵等（2014）研究表明，西北地区气象干旱在 1980 年发生了突变。因此，本书将 1960~2018 年分为两个研究时段，即 1960~1980 年和 1981~2018 年。不同研究时段年内气象干旱事件的具体干旱特征统计见表 2-10。1960~1980 年和 1981~2018 年年内气象干旱事件数分别为 29 场和 47 场，1960~1980 年年内气象干旱事件的历时和烈度稍大于 1981~2018 年，表明 1960~1980 年年内气象干旱事件旱情相对严重，1981~2018 年旱情有所减弱，且两个研究时段内年内气象干旱的迁移旋转特征均以逆时针旋转为主，干旱迁移以东—东的迁移方向为主，其次为南—南，且同向迁移的干旱事件所占比例较高，1960~1980 年为 75.9%，1981~2018 年高达 80.9%，这说明干旱中心随着干旱影响面积的扩大而迁移，然后在保持干旱中心位于特定地点时干旱面积缩小。

表 2-10　1960~2018 年年内气象干旱事件信息统计

时段	干旱事件数/场	顺时针旋转事件数/场	逆时针旋转事件数/场	干旱特征变量	Max	Min	Mean	SD	迁移方向	事件数/场
1960~1980 年	29	11	18	历时/个月	9	3	4.62	1.79	E-E *	13
									S-S *	7
				烈度/10⁶ 月·km²	9.38	0.14	2.02	2.15	W-W *	2
									W-S	2
1960~1980 年	29	11	18	面积/10⁶km²	1.54	0.06	0.53	0.36	S-E	2
									E-S	1
				迁移距离/km	1763.71	116.72	567.42	379.87	S-W	1
									E-C	1
1981~2018 年	47	21	26	历时/个月	8	3	3.96	1.38	E-E *	27
									S-S *	8
				烈度/10⁶ 月·km²	8.53	0.18	1.75	1.82	W-W *	3
									S-E	2
				面积/10⁶km²	1.61	0.06	0.55	0.39	S-W	2
									W-E	2
				迁移距离/km	2115.55	46.43	581.11	424.17	E-W	2
									E-S	1

注：Max 表示最大值，Min 表示最小值，Mean 表示平均值，SD 表示标准差，E 表示东，W 表示西，S 表示南，N 表示北，C 表示研究区质心。

* 表示干旱开始和结束位置相似的事件。

根据识别出的气象干旱事件中心的经纬度坐标确定其地理位置，绘制西北地区 1960～
1980 年和 1981～2018 年两个时段干旱事件历时–烈度、迁移方向–旋转的空间分布，如
图 2-13 和图 2-14 所示，图中圆圈大小代表干旱烈度，色带颜色表示历时，上三角表示顺
时针旋转，下三角表示逆时针旋转。从图 2-13（a）中可以看出，1960～1980 年年内气象
干旱事件在研究区内大致呈西南–东北对角分布，长历时、强烈度的大规模气象干旱事件
主要集中在青海中北部以及内蒙古、甘肃、宁夏交汇处，表明这两个地区为 1960～1980
年西北地区两个重要的年内干旱中心，小规模气象干旱事件多集中在青海西南部以及内
蒙古西部。由图 2-13（b）可知，1960～1980 年年内干旱事件迁移方向、旋转特征也具有
明显的空间分布规律，分布于青海中南部的干旱事件迁移旋转特征主要表现为顺时针，而
呈逆时针旋转特征的气象干旱事件主要分布在内蒙古、青海北部以及甘肃、宁夏交汇处；
分布于研究区东部的气象干旱事件迁移方向全部表现为东—东，而西南部的气象干旱事件
迁移方向比较多样化，但以南—南和西—西的同向迁移为主。

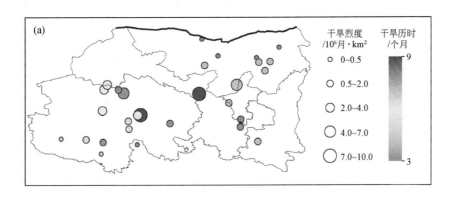

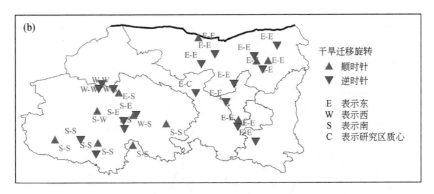

图 2-13　1960～1980 年西北地区年内气象干旱特征变量空间分布特征

（a）历时–烈度、（b）迁移方向–旋转

1981～2018 年年内气象干旱特征空间分布规律与 1960～1980 年相比具有明显差异，
干旱事件均匀地分布在整个研究区。由图 2-14（a）可知，甘肃中部为主干旱中心区，较
为严重的气象干旱事件多集中在此区，另外青海中部以及宁夏地区也是两个次干旱中心

区，多发生一些相对较弱的干旱事件，内蒙古中部、陕西西南部以及青海南部主要集中一些小规模干旱事件。从图 2-14（b）可以看出，1981～2018 年西北地区年内气象干旱迁移方向为顺时针旋转的事件大部分集中在研究区中部，表现为逆时针旋转的事件主要分布于研究区东、西两侧区域；干旱迁移方向的空间分布规律类似于 1960～1980 年，但迁移方向有所增加，东部的气象干旱事件全部表现为东—东，而西部仍以南—南和西—西的同向迁移为主。

表 2-11 展示了 1960～2018 年年际气象干旱事件的特征统计结果，1960～1980 年和 1981～2018 年分别发生了 15 场和 16 场年际气象干旱事件，两个时段的干旱历时、烈度、面积、迁移距离平均值相差无几，说明两个时段发生的年际气象干旱严重程度较为接近。1960～1980 年和 1981～2018 年表现出顺时针迁移旋转特征的年际气象干旱场次分别为 10 场和 11 场，均超过 60%。1960～1980 年年际气象干旱事件迁移方向为南—南的发生频次最高，其次为东—东，1981～2018 年年际气象干旱事件发生频次最高的迁移方向为东—东，其次为西—西，说明 1960～2018 年年际气象干旱事件主要表现为同向迁移规律。

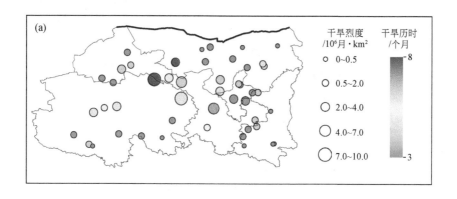

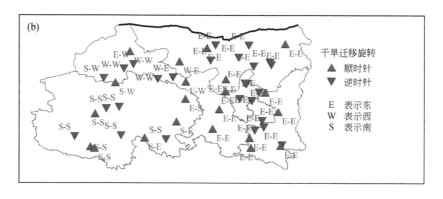

图 2-14　1981～2018 年西北地区年内气象干旱特征变量空间分布特征
（a）历时–烈度、（b）迁移方向–旋转

表 2-11   1960~2018 年年际气象干旱事件信息统计

时段	干旱事件数/场	顺时针旋转事件数/场	逆时针旋转事件数/场	干旱特征变量	Max	Min	Mean	SD	迁移方向	事件数/场
1960~1980 年	15	10	5	历时/个月	11	3	6	2.25	E-E*	3
									S-S*	6
				烈度/10⁶月·km²	6.81	0.53	2.77	1.87	E-W	2
									W-S	2
				面积/10⁶km²	1.51	0.31	0.83	0.37	S-E	1
									S-W	1
				迁移距离/km	2572.17	376.21	1006.29	545.98		
1981~2018 年	16	11	5	历时/个月	11	3	5.94	2.14	E-E*	6
									S-S*	2
				烈度/10⁶月·km²	7.31	0.27	3.47	2.04	W-W*	4
									S-E	1
				面积/10⁶km²	1.62	0.12	0.89	0.40	S-W	1
									E-S	1
				迁移距离/km	1901.33	230.59	1050.18	475.99	E-C	1

注：Max 表示最大值，Min 表示最小值，Mean 表示平均值，SD 表示标准差，E 表示东，W 表示西，S 表示南，C 表示研究区质心。

*表示干旱开始和结束位置相似的事件。

图 2-15 为 1960~1980 年西北地区年际气象干旱变量空间分布特征，该时段干旱事件发生在青海、甘肃、内蒙古，分别有 11 场、2 场、2 场，其中长历时、强烈度的干旱事件主要集中在青海中北部。15 场年际气象干旱事件中有 10 场干旱事件表现出顺时针旋转迁移特征，其中青海 8 场，内蒙古 2 场；5 场干旱表现出逆时针迁移特征，其中 3 场分布在青海，2 场分布在甘肃中部。此外，青海年际气象干旱迁移方向以南—南迁移为主，青海以外的干旱事件以东—东迁移方向为主。

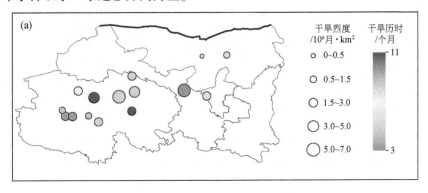

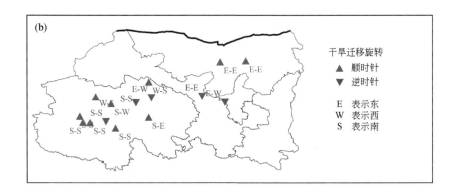

图 2-15　1960～1980 年西北地区年际气象干旱变量空间分布特征
（a）历时–烈度、（b）迁移方向–旋转

1981～2018 年年际气象干旱变量时空分布特征如图 2-16 所示，干旱事件主要集中在研究区中部，其中青海东北部和宁夏为两个主要的干旱中心区。16 场干旱事件中有 11 场干旱迁移旋转特征表现为顺时针，其中青海 5 场，甘肃和宁夏各 2 场，陕西和内蒙古各 1 场；5 场表现为逆时针旋转特征的干旱事件分布于内蒙古、甘肃以及青海。集中于东半部

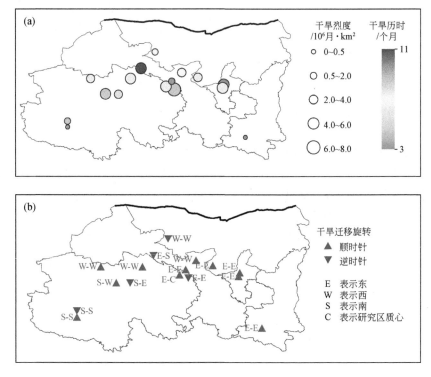

图 2-16　1981～2018 年西北地区年际气象干旱变量空间分布特征
（a）历时–烈度、（b）迁移方向–旋转

的气象干旱事件迁移方向全部表现为同向迁移，包括东—东和西—西，而西半部的干旱迁移方向较多，以南—南和西—西的同向迁移为主。

2.3.3　典型气象干旱事件的时空动态演变过程

以最严重的第 9 场气象干旱事件为例，图 2-17 和图 2-18 描绘了整场气象干旱事件的动态演变过程以及干旱中心迁移路径，图 2-18 中黑色箭头曲线表示干旱的迁移路径，箭头曲线长度表示干旱的迁移速度，紫色圆圈表示干旱中心，圆圈大小表示干旱强度。

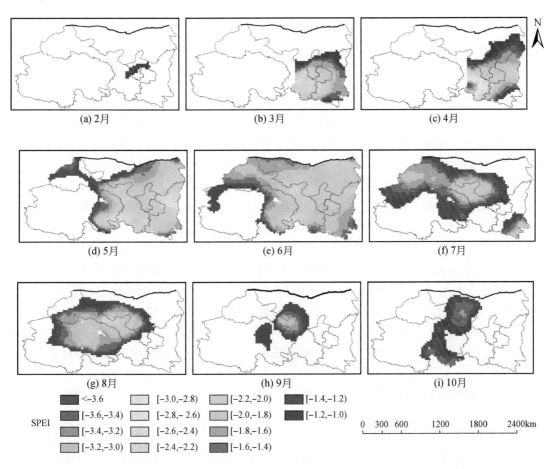

图 2-17　第 9 场（1962 年 2～10 月）气象干旱事件时空动态演变过程

由图 2-18 可知，本场气象干旱于 1962 年 2 月起源于宁夏固原市北部，干旱面积仅占研究区总面积的 1.65%，平均烈度为 $3×10^4$ 月·km^2；随后干旱迅速向东南方向蔓延，面积达到 $3.8×10^5 km^2$，烈度为 $6.8×10^5$ 月·km^2，干旱中心向东南方向迁移至甘肃西峰区西南部；4 月，干旱继续向北发展，烈度增加为 $8.6×10^5$ 月·km^2，中心位于甘肃西峰区北部；

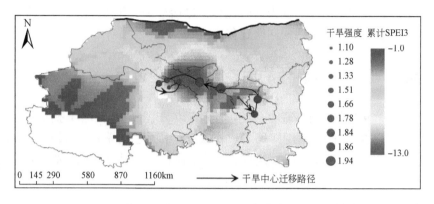

图 2-18　第 9 场（1962 年 2～10 月）气象干旱中心迁移路径

5 月，旱情持续增强，继续向西、向北扩大，烈度为 2×10^6 月·km²，干旱中心以 264.5km/月的速度向西北方向迁移至内蒙古阿拉善盟东南部；6 月，旱情最为严重，干旱面积覆盖了研究区 77% 以上区域，烈度高达 2.49×10^6 月·km²，中心位于武威市中部；7～8 月，干旱程度出现衰减，干旱面积占比为 42%～51%，烈度为 1.28×10^6 月·km²，中心集中在青海海北藏族自治州西北部；9 月，干旱面积继续缩小，主要集中在甘肃中部，中心位于甘肃张掖市东南部；10 月，干旱面积和烈度有所增加，但保持在较低水平，旱情较弱，干旱中心向西南方向迁移至青海海北藏族自治州中部，并最终消亡。综上所述，本次干旱事件发生于 1962 年 2～10 月，共历时 9 个月，旱情经历了发生—强化—峰值—衰减—消亡 5 个过程；干旱中心由东南向西北方向迁移，迁移路径大致为固原市—西峰区—阿拉善盟—武威市—海北藏族自治州西北部—张掖市东南部—海北藏族自治州中部。

据《甘肃省志·水利志》记载，1962 年全省发生了较为严重的干旱事件，中部和南部等地出现春夏连旱；翟禄新和冯起（2011）的研究表明，1962 年 6 月甘肃张掖、武威地区发生强度较大的干旱事件；任余龙等（2013）的研究表明，1962 年 4～5 月重旱区域集中在青海中东部及甘肃祁连山区，6 月特旱区集中在甘肃张掖附近，7～9 月重旱区分布在青海北部及甘肃中部和南部，这些记载和研究结论与图 2-18 中所示干旱范围基本一致。

2.3.4　季节气象干旱发展规律

较为严重的干旱事件一般历时较长，易发生季节连旱。据统计，研究区春夏秋 3 季连旱和夏秋冬 3 季连旱事件频发且发展规律较为明显。研究时段内发生春夏秋 3 季连旱的年份有 1968 年、1978 年和 1990 年，发生夏秋冬 3 季连旱的年份有 1961 年、1965 年、1973 年和 1994 年。各场连旱事件干旱中心逐月迁移路径如图 2-19 所示，图 2-19 中不同颜色的圆点代表不同年份的干旱中心，根据干旱中心的迁移路径探讨研究区季节连旱事件的发展规律。由图 2-19 可知，春夏秋连旱和夏秋冬连旱事件大都集中在青海，春夏秋连旱事件一般起源于青海东部，然后逐渐向西部迁移并消失，迁移路径大致呈东南–西北向的喇叭口状；而夏秋冬连旱事件一般起源于青海南部，然后逐渐向东北方向迁移并消亡，迁移路径大致呈西南–东北向的喇叭口状。同时，两种季节连旱事件在发展后期的迁移速率都相对较快。

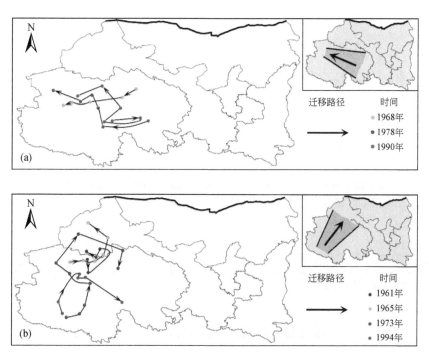

图 2-19　西北地区（a）春夏秋、（b）夏秋冬连续气象干旱发展规律

　　气象干旱迁移规律是由气候条件的地域差异造成的。青海地势总体呈现西高东低、南北高中部低的特征，降水量分布趋势为由东南向西北逐渐减少，且从春季到冬季也呈现由东南向西北逐渐减少的趋势（汪青春等，2007；徐慧等，2015），而平均气温总体表现出由南向北增加的趋势（郭素荣，2012）。

2.4　气象干旱多特征频率分析

2.4.1　气象干旱特征变量相关性分析

　　基于 Copula 函数进行干旱频率分析之前，需要分析各组合变量间的相关性。选取历时大于等于 2 个月的干旱事件（共 160 场）进行多特征频率分析。图 2-20 及表 2-12 为西北地区 1960～2018 年 160 场气象干旱历时、烈度、面积之间的散点图和相关显著性检验结果。可以看出，气象干旱变量间均具有较强的线性关系（R^2 均大于 0.6），且通过 $p=0.01$ 的显著性检验（表 2-12）。说明干旱特征变量之间的相互依赖性很强，采用 Copula 函数进行联合分布建模并进行频率分析是合理的。

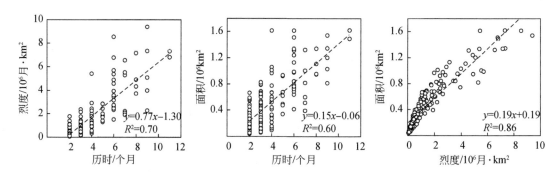

图 2-20　气象干旱历时、烈度以及面积间的相关性

表 2-12　气象干旱变量间的 **Pearson**、**Kendall** 和 **Spearman** 相关系数

干旱变量	Pearson 相关系数	Kendall 相关系数	Spearman 相关系数
历时–烈度	0.83**	0.67**	0.82**
历时–面积	0.77**	0.57**	0.72**
烈度–面积	0.93**	0.84**	0.97**

** 表示通过 $p = 0.01$ 显著性检验。

2.4.2　气象干旱特征变量边缘分布选择

确定干旱特征变量的边缘分布类型是基于 Copula 函数构建概率模型的前提。在 $p = 0.05$ 的显著性水平，如果结果通过 K-S 检验，选择 A-D 统计量最小的分布作为干旱特征变量的最优分布，如果未通过 K-S 检验，则直接舍弃。表 2-13 列出了气象干旱特征变量每种分布的拟合优度检验结果以及最优分布的参数，其中最优分布用黑色加粗字体标出。从表 2-13 中看出，干旱历时和干旱面积的最优边缘分布函数均为 GP，干旱烈度的最优边缘分布函数为 LogN。

表 2-13　气象干旱特征变量的最优边缘分布函数及参数

干旱变量	K-S 检验							A-D 统计量							最优分布	参数
	Gam	LogL	LogN	Wb	P-Ⅲ	GEV	GP	Gam	LogL	LogN	Wb	P-Ⅲ	GEV	GP		
历时	√	√	√	×	√	√	√	2.63	2.13	1.82	5.69	0.42	1.25	**0.35**	GP	$k = -0.077$; $\sigma = 2.438$; $\mu = 1.581$
烈度	√	√	√	×	√	×	√	2.39	1.08	**0.67**	2.92	5.24	2.19	1.10	LogN	$\sigma = 1.134$; $\mu = -0.114$
面积	√	√	√	√	√	√	√	0.64	1.50	1.12	0.81	0.31	1.13	**0.16**	GP	$k = -0.199$; $\sigma = 0.561$; $\mu = 0.034$

注：√表示通过 K-S 检验，×表示未通过 K-S 检验。

2.4.3　最优 Copula 函数选择

根据拟合优度检验结果，从备选的 6 种 Copula 函数（Gumbel、Clayton、Frank、Joe、Gaussian、Student t）中为每组干旱特征变量组合确定一种最优的 Copula 函数用于构造联合分布，优选结果见表 2-14，AIC、BIC 和 RMSE 值越小，拟合优度检验结果越优，最优 Copula 函数用黑色加粗字体标出。由表 2-14 可知，历时-烈度、历时-面积、烈度-面积、历时-烈度-面积的联合概率最优 Copula 构建模型分别为 Frank、Gumbel、Clayton、Gumbel。

表 2-14　Copula 函数的拟合优度检验及参数

Copula 函数		Gumbel	Clayton	Frank	Joe	Gaussian	Student t	最优 Copula	参数
历时-烈度	AIC	−1195.90	−1094.77	**−1235.56**	−1149.28	−1181.84	−1139.16	Frank	8.01
	BIC	−1192.82	−1091.70	**−1232.49**	−1146.20	−1178.76	−1136.09		
	RMSE	0.023	0.032	**0.021**	0.027	0.025	0.028		
历时-面积	AIC	**−1226.21**	−1050.26	−1205.33	−1215.57	−1174.88	−1150.98	Gumbel	2.04
	BIC	**−1223.14**	−1047.19	−1202.26	−1212.49	−1171.81	−1147.90		
	RMSE	**0.021**	0.037	0.023	0.022	0.025	0.027		
烈度-面积	AIC	−1231.89	**−1300.85**	−1270.51	−1061.98	−1266.06	−1259.59	Clayton	10.63
	BIC	−1228.82	**−1297.77**	−1267.43	−1058.90	−1262.99	−1256.51		
	RMSE	0.021	**0.017**	0.019	0.036	0.019	0.02		
历时-烈度-面积	AIC	**−1204.64**	−1056.04	−1202.06	−983.64	−1147.71	−1140.11	Gumbel	3.62
	BIC	**−1201.57**	−1052.97	−1198.99	−980.36	−1144.63	−1137.04		
	RMSE	**0.022**	0.037	0.023	0.046	0.028	0.029		

2.4.4　气象干旱联合发生概率

干旱特征变量之间的联合发生概率分两种情况，一种是干旱历时、烈度或面积中的一个变量大于等于某一特定值（简称"或"情况），如 $P(D \geq 5 \cup S \geq 2)$，$P(D \geq 5 \cup S \geq 2 \cup A \geq 1)$；另一种情况是干旱历时、烈度和面积同时大于等于某一特定值（简称"和"情况），如 $P(D \geq 5 \cap S \geq 2)$，$P(D \geq 5 \cap S \geq 2 \cap A \geq 1)$。气象干旱特征变量的二维和三维联合发生概率如图 2-21 所示。可以看出，"或"情况下联合发生概率较高的范围比"和"情况要大得多，相同干旱特征变量组合的联合发生概率在"或"情况下比"和"情况要高，如干旱历时和烈度分别大于等于4.09个月和$1.02×10^6$月·km^2，"或"情况下联合发生概率等于49.4%，"和"情况下联合发生概率等于30.2%。两种情况下，联合发生概率均随着干旱特征变量的减小呈增加趋势，如"或"情况下干旱历时和烈度分别大于等于6.65个月和$2.73×10^6$月·km^2，联合发生概率为20.1%，干旱历时和烈度分别大于等于3.30个月和$1.97×10^6$月·km^2，联合发生概率为49.8%。

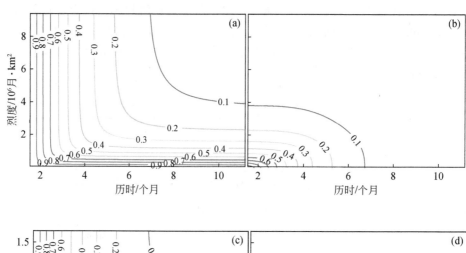

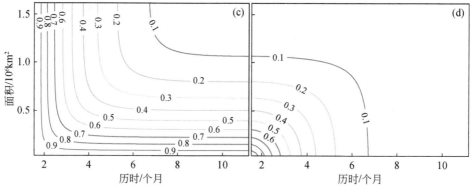

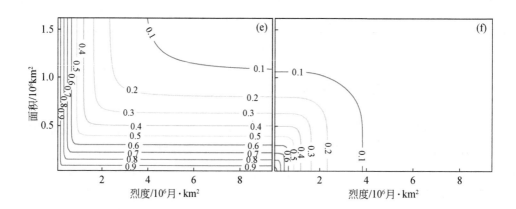

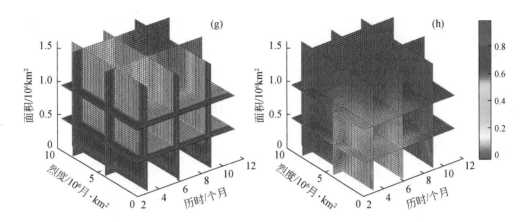

图 2-21　干旱历时、烈度、面积的双变量和三变量联合发生概率
(a)、(c)、(e)、(g) "或" 情况, (b)、(d)、(f)、(h) "和" 情况

综上所述,联合发生概率可以定量捕捉到干旱特征变量变化条件下气象干旱发生概率,能够为抗旱减灾及水资源管理提供重要信息,如干旱历时和烈度超过一定阈值的气象干旱发生概率可以作为识别特定供水系统和触发干旱应急计划的临界条件。需要注意的是,如果只考虑 "或" 情况下的干旱联合发生概率,气象干旱风险可能会被高估,而只考虑 "和" 情况下的干旱联合发生概率则可能低估气象干旱风险。因此,需要对两种情况综合分析,以保证准确评估气象干旱发生概率。

2.4.5　气象干旱条件发生概率

基于 Copula 函数的干旱事件联合概率很容易求得干旱事件的条件发生概率。西北地区气象干旱历时、烈度及面积间的二维条件概率如图 2-22 所示。

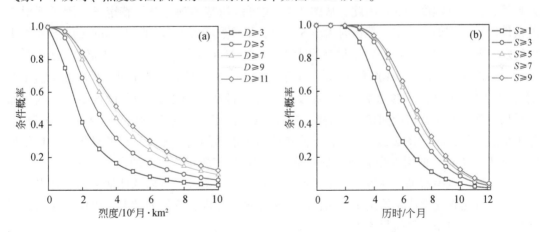

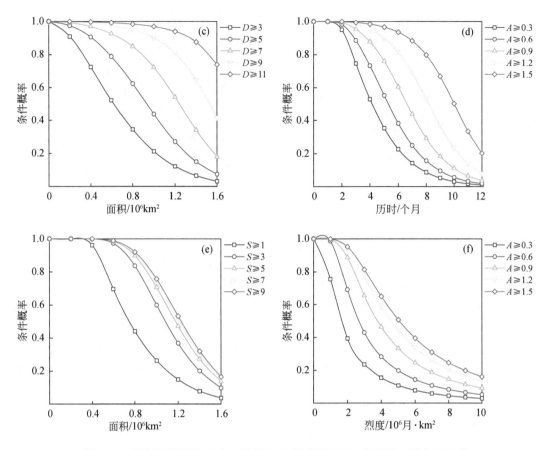

图 2-22   气象干旱历时（D）、烈度（S）及面积（A）之间的二维条件概率

由图 2-22 可知，随着条件因子值的增加，干旱烈度和干旱历时的条件概率均呈现上升趋势，且上升幅度增加。因此，从图 2-22 中可以清楚地确定某一特定条件因子下对应的条件概率。例如，给定干旱历时大于 5 个月，干旱烈度大于 1×10^{6} 月·km^{2} 的气象干旱事件的发生概率为 93.4%；给定干旱烈度大于 1×10^{6} 月·km^{2}、3×10^{6} 月·km^{2}、5×10^{6} 月·km^{2}、7×10^{6} 月·km^{2}、9×10^{6} 月·km^{2}，干旱历时大于 5 个月的气象干旱事件的发生概率分别为 46.2%、73.9%、79.8%、81.7% 及 82.6%。此外，图 2-22 中条件概率曲线的分布特征均表现为两头紧密中间稀疏，表明在不同条件因子水平上条件概率结果的差异程度，如干旱烈度较大时［图 2-22（a）］，不同条件因子水平的条件概率结果差异较小，且条件因子（干旱历时）的增加会显著提高中等干旱烈度的气象干旱事件的发生概率。

条件发生概率有助于在极端干旱条件下对水资源系统进行可靠的评估，为管理者判断水资源系统是否能够满足给定干旱条件的正常需水量提供有价值的信息，以便迅速确定所需辅助水资源量来缓解抗旱压力。

由图 2-23 所知，考虑三个特征变量条件的气象干旱发生条件概率要大于两个特征变量条件下的，如两个特征变量下给定条件为干旱烈度大于 5×10^{6} 月·km^{2}，则干旱历时大于 5 个月的气象干旱事件发生的条件概率为 79.8%，同时给定干旱面积大于 $1×10^6$ km^2 时，气象干旱事件发生的条件概率提高至 99.8%。结果表明，忽略任何一个干旱特征变量，越严重的气象干旱事件其发生概率越可能会被严重低估，这与 Xu 等（2015a）的研究结论一致。

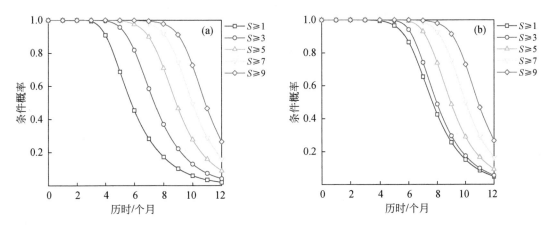

图 2-23 干旱烈度大于某一特定值且干旱面积大于（a）$6×10^5$ km^2、
（b）$1×10^6$ km^2 条件下干旱历时的条件概率

2.5 小 结

本章基于英国气候研究中心提供的高分辨率降水和蒸散发遥感数据，通过计算栅格 SPEI 研究了 1960~2018 年西北地区不同气候分区的气象干旱时空变化特征及周期特征；完善了干旱事件三维识别方法，分析了典型干旱事件的时空动态演变特征并总结了西北地区季节气象干旱发展规律；基于最优 Copula 函数对气象干旱进行了多变量干旱特征频率分析。得到的主要结论如下：

（1）1960~2018 年西北地区气象干旱整体上呈现减弱趋势，季节干旱在西部以下降趋势为主，东部以上升趋势为主；气象干旱具有准 3.1 年、4.9 年和 8.4 年的年际尺度周期特征，准 14.8 年的年代际尺度周期特征，且年际波动在 SPEI 序列变化中起主导作用。

（2）基于时空三维干旱识别方法提取气象干旱历时、烈度、面积、中心、迁移距离、迁移方向、迁移旋转特征 7 个干旱特征变量，根据历时长短对气象干旱事件进行分类并讨论了近 60 年来西北地区的气象干旱状况，1960~2018 年气象干旱呈现出历时逐渐变短、大面积干旱占比逐渐降低的趋势，大多数气象干旱事件表现出同向迁移规律，旱情严重的气象干旱事件集中在青海省北部和甘肃省中部。

（3）根据识别的气象干旱时空特征变量再现典型干旱事件的时空动态迁移过程，其中最严重的气象干旱事件发生在 1962 年 2~10 月共历时 9 个月，干旱面积为 $1.54×10^6$ km^2，约占研究区总面积的 82.4%，总迁移距离为 1205.85km，迁移路径方向为东—中，迁移过程整体上表现出逆时针的旋转特征，旱情经历了发生—强化—峰值—衰减—消亡 5 个过程，识别结果与实际旱情记载基本保持一致，为气象干旱动态演变的定量化研究提供了新思路。

（4）西北地区季节气象干旱事件大都集中在青海省，春夏秋连旱事件由东南向西北方向迁移，夏秋冬连旱事件由西南向东北方向迁移，且两种季节连旱事件在发展后期的迁移速率相对较快。这与青海省降水量从春季到冬季由东南向西北地区逐渐减少，平均气温总体分布为北高南低且表现出由南向北增加趋势有关。

（5）气象干旱特征变量间具有显著的相关关系，干旱历时、烈度和面积的最优边缘分布函数分别为 GP、LogN 和 GP，历时–烈度、历时–面积、烈度–面积和历时–烈度–面积组合的最优联合分布模型分别为 Frank、Gumbel、Clayton 和 Gumbel Copula。只考虑"或"情况下的干旱联合发生概率，干旱风险可能会被高估，而只考虑"和"情况下的干旱联合发生概率则可能低估干旱风险，进行气象干旱频率分析时有必要对"或"和"和"两种情况进行综合考虑。

第3章 | 西北地区农业干旱时空动态演变规律

农业干旱受到气象要素、地形地貌、土壤、植被、灌溉等多重因素影响，其形成演变过程更加复杂，从时空多角度研究农业干旱的时空动态演变特征对认识西北地区干旱的发展规律及其驱动因素具有重要意义。本章基于 GLDAS 模型的高分辨率长时间序列的土壤水遥感数据集计算的 SSMI 表征农业干旱，采用改进的 Mann-Kendall 检验、重标极差分析法（R/S 分析法）、极点对称模态分解法、干旱事件三维识别等方法研究西北地区农业干旱的时空演变特征及发展规律。

3.1 农业干旱评估方法

本章采用改进的 Mann-Kendall 检验、重标极差分析法（R/S 分析法）、极点对称模态分解法、干旱事件三维识别方法，具体步骤见第 2 章。

3.1.1 标准化土壤湿度指数

选用 SSMI 表征农业干旱，其计算步骤与 SPEI 类似，可参考 2.1.1 节，不同之处在于需要采用土壤含水量服从的最优分布函数对其进行拟合。根据相关文献（Mishra et al.，2015；周洪奎等，2019）可知，土壤含水量序列服从正态分布，因此，本研究采用正态分布对其进行拟合并求累积概率分布函数，最后将其转化为标准正态分布求得 SSMI 值，农业干旱等级划分与气象干旱等级划分一致，详见表 2-1。

3.1.2 重现期分析

干旱重现期指的是两次干旱事件重复发生的平均时间间隔，是干旱频率分析的重要环节，对水利工程设计等具有重要参考作用。干旱重现期可以根据第 2 章中干旱特征的单变量分布函数和多变量联合分布函数计算，由于干旱联合概率分布分为"和"（and）和"或"（or）两种情况，干旱重现期也包括同现重现期（"和"情况）和联合重现期（"或"情况）两种类型，式（2-18）~式（2-21）对应的重现期具体计算公式如下：

$$T_{DS}^{\text{and}} = \frac{\mu}{P(D \geq d \cap S \geq s)} = \frac{\mu}{1 - F_D(d) - F_S(s) + C(F_D(d), F_S(s))} \tag{3-1}$$

$$T_{DS}^{\text{or}} = \frac{\mu}{P(D \geq d \cup S \geq s)} = \frac{\mu}{1 - C(F_D(d), F_S(s))} \tag{3-2}$$

$$T_{DSA}^{and} = \frac{\mu}{P(D \geqslant d \cap S \geqslant s \cap A \geqslant a)} = \frac{\mu}{1 - F_D(d) - F_S(s) - F_A(a) + C(F_D(d), F_S(s)) + C(F_D(d),}{F_A(a)) + C(F_S(s), F_A(a)) - C(F_D(d), F_S(s), F_A(a))}$$

$$(3-3)$$

$$T_{DSA}^{or} = \frac{\mu}{P(D \geqslant d \cup S \geqslant s \cup A \geqslant a)} = \frac{\mu}{1 - C(F_D(d), F_S(s), F_A(a))} \qquad (3-4)$$

式中，μ 为干旱事件平均时间间隔，可通过干旱时间序列总年数与干旱事件数量的比值求得。

3.2 多时间尺度农业干旱时空变化特征

3.2.1 不同时间尺度农业干旱时间演变特征

图 3-1 为多时间尺度农业干旱指数的时间变化特征。1960~2018 年西北地区农业干旱大体上表现出 4 个阶段性特征，即 20 世纪 60 年代农业干旱加重、70~80 年代减弱、90 年代加重、2000~2018 年减弱，其中 1965 年和 1985 年左右发生了较为严重的农业干旱事件。高原气候区农业干旱则表现为持续减弱趋势，主要发生在 2000~2018 年以前，20 世纪 60 年代尤为严重，2000~2018 年以后呈现持续的湿润化特征；西风气候区整体上表现为旱涝交替特征，其中 20 世纪 60 年代和 80 年代以干旱事件为主，1955 年左右发生了强度较大、历时较长的干旱事件，2000~2018 年呈现旱涝波动变化，且干旱呈减弱趋势；东南气候区农业干旱整体上呈上升趋势，1990 年以前旱涝交替出现，且以湿润化为主，1990 年以后干旱趋势明显，长历时干旱事件明显增加。

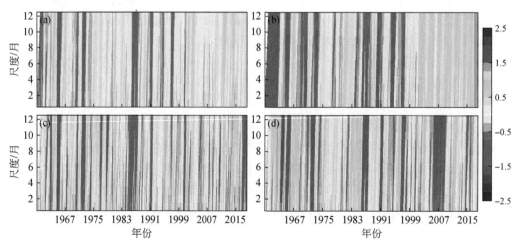

图 3-1 1960~2018 年西北地区多尺度 SSMI 序列时间演变特征

（a）西北地区、（b）高原气候区、（c）西风气候区、（d）东南气候区

3.2.2 季节及年尺度农业干旱变化趋势时空特征

1. 农业干旱历史及未来变化趋势分析

西北地区历史及未来时期季节 SSMI 序列变化趋势见表 3-1。由表 3-1 可知，西北地区和高原区春、夏、秋、冬四季的 SSMI 序列均呈显著上升趋势，表现出湿润化趋势，SSMI 序列未来依然保持上升趋势，且持续性强度较高，湿润化程度可能更加凸显。西风气候区的 SSMI 序列在春季和冬季呈现上升趋势，夏季和秋季呈下降趋势，且变化趋势均不显著，该区季节 SSMI 序列在未来会依然保持之前的变化趋势。东南气候区各季节 SSMI 序列均呈下降趋势，且秋季的下降趋势通过 $p=0.1$ 的显著性检验，该区季节 SSMI 序列在未来将依然保持下降趋势，即未来将继续保持干旱化趋势，且持续性强度较低。

表 3-1　西北地区季节 SSMI 序列历史及未来变化趋势

SSMI 序列		趋势特征值	赫斯特指数	历史趋势	持续性及未来趋势
西北地区	春	2.75	0.66	显著上升	具有持续性：上升
	夏	2.58	0.57	显著上升	具有持续性：上升
	秋	2.00	0.59	显著上升	具有持续性：上升
	冬	2.55	0.62	显著上升	具有持续性：上升
高原气候区	春	5.82	0.74	显著上升	具有持续性：上升
	夏	5.52	0.71	显著上升	具有持续性：上升
	秋	4.68	0.72	显著上升	具有持续性：上升
	冬	5.00	0.73	显著上升	具有持续性：上升
西风气候区	春	0.72	0.58	上升	具有持续性：上升
	夏	−0.65	0.57	下降	具有持续性：下降
	秋	−0.48	0.56	下降	具有持续性：下降
	冬	0.77	0.54	上升	具有持续性：上升
东南气候区	春	−1.61	0.60	下降	具有持续性：下降
	夏	−1.22	0.53	下降	具有持续性：下降
	秋	−1.92	0.55	显著下降	具有持续性：下降
	冬	−1.62	0.53	下降	具有持续性：下降

2. 农业干旱变化趋势空间特征

图 3-2 为 1960～2018 年西北地区季节 SSMI 序列变化趋势特征值 Z 的空间分布。整体上，西北地区四季的干旱变化趋势空间分布特征比较类似，SSMI 表现为上升趋势（即湿润化）的区域主要集中在青海，表现为下降趋势（即干旱化）的区域主要集中在研究区

东部。具体特征为：春季64.6%的区域SSMI呈上升趋势且在青海中北部呈显著上升趋势，说明这些区域具有湿润化趋势；17.1%的区域表现出显著干旱化特征，主要集中在宁夏吴忠市和内蒙古包头市。夏季59.0%的区域SSMI呈上升趋势，其中显著湿润化的区域面积占比为38.6%；宁夏及陕西北部呈现出干旱化趋势，其中13.9%的区域呈显著干旱化。秋季SSMI仍以湿润化趋势为主，面积占比为58.3%，呈显著湿润化的区域分布在青海东北部；呈显著下降趋势的区域主要集中在甘肃、宁夏、陕西交汇地带，面积占比为16.0%。冬季SSMI序列呈现上升趋势的区域有所扩大，面积占比为65.0%，13.2%的区域呈显著干旱化特征。

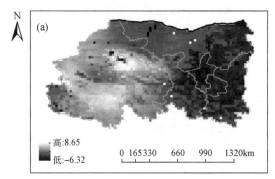
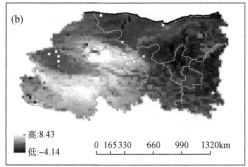
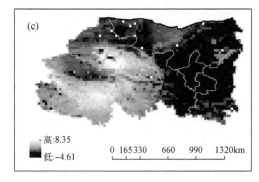
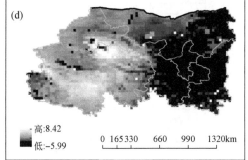

图3-2　1960～2018年西北地区季节SSMI序列变化趋势（Z值）的空间分布特征
（a）春季、（b）夏季、（c）秋季、（d）冬季

3.2.3　农业干旱强度和频率空间分布特征

1. 农业干旱强度空间变化特征

图3-3为1960～2018年西北地区季节农业干旱强度空间分布。四季的干旱强度均集中在0～2.2，且干旱强度大于1.8的栅格数量非常少（平均不超过10个栅格），因此，本研究定义农业干旱强度小于1的区域是低值区，大于1.4的区域是高值区，农业干旱的高强

度区和低强度区在不同季节有所差异。

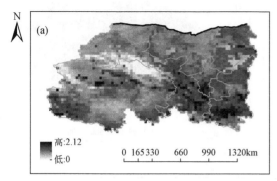 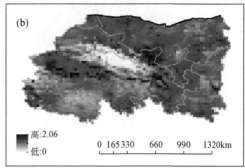
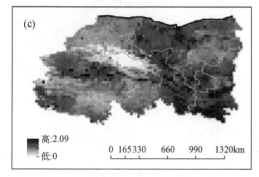 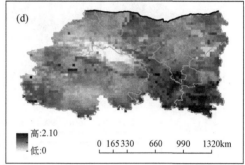

图 3-3　1960～2018 年西北地区季节农业干旱强度空间分布特征
（a）春季、（b）夏季、（c）秋季、（d）冬季

　　具体来看，春季农业干旱强度高值区的面积占比为 3.6%，主要集中在陕西西安以及宁夏固原，强度较低的春旱面积占比相对较高，为 41.0%，主要集中在青海西北部及甘肃西部。夏季农业干旱强度的高值区面积相对较小，约占 1.3%，主要分布于甘肃兰州和武威地区以及青海西北部；夏季农业干旱强度较低的区域集中在青海东北部和南部地区，面积占比为 26.9%。秋季农业干旱高强度面积有所扩大，占比为 3.2%，主要集中在陕西南部；低强度的秋季农业干旱面积也有所扩大，占比为 35.9%。冬季农业干旱高强度面积在四个季节中达到最大，占比为 8.8%，高强度区主要集中在陕西南部和甘肃东南部；而青海北部和甘肃西部处于冬季农业干旱强度低值区，面积占比约为 32.5%。

2. 农业干旱频率空间特征

　　图 3-4 展示了西北地区四季农业干旱频率的空间分布。从图 3-4 中可以看出，大部分区域四个季节的农业干旱频率主要在 20%～25%，因此，定义干旱频率小于 20% 的区域是低值区，大于 25% 的区域是高值区。

　　春季农业干旱频率的高值区面积占比为 14.4%，主要集中在青海东南部和甘肃西部；陕西南部和青海东北部的春季农业干旱频率处于低值区，面积占比为 28.2%。夏季农业干旱频

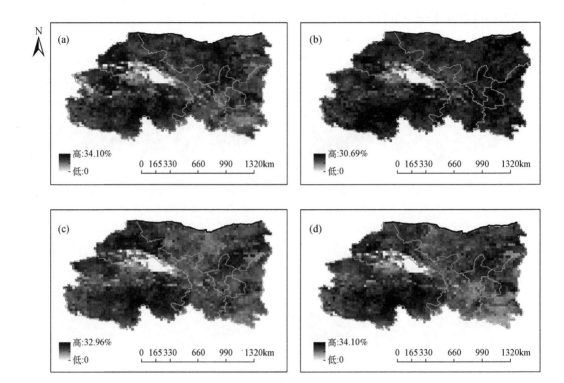

图3-4 1960~2018年西北地区季节农业干旱频率空间分布特征

（a）春季、（b）夏季、（c）秋季、（d）冬季

率较高的区域面积占比较小，为4.3%，主要集中在青海西南部和甘肃东部；夏旱频率低值区主要集中在青海东北部和甘肃中部，面积占比为30.9%。秋季农业干旱频率高值区和低值区的面积在四季干旱中均较大，高值区面积占比11.3%，主要集中在青海东南部和甘肃西部；低值区面积占比为34.9%，主要集中在陕西南部和青海东北部。冬季农业干旱频率的高值区面积占比有所减小，约为6.5%，主要集中在青海东北部和甘肃西部；冬季农业干旱频率低值区面积占比在四季中最大，为41.7%，主要集中在甘肃东南部以及陕西南部。

综上所述，西北地区四个季节的农业干旱强度和干旱频率的空间分布特征呈相反状态，如西北地区东南部的春季农业干旱强度较高，但干旱频率较低；西南部的夏季农业干旱强度较低，而干旱频率较高；东南部的秋季和冬季农业干旱强度较高，但干旱频率较低。同样地，西北地区同一区域发生高强度农业干旱事件的概率较低，而低强度农业干旱事件发生概率较高。

3.2.4 农业干旱周期特征

西北地区年尺度 SSMI 序列 ESMD 过程中方差比率随筛选次数的变化特征如图3-5所示，当筛选次数为11时，趋势项 R 对应的方差比率最小，此时模态 R 是数据的最佳自适应全局均线，相应的模态分解效果达到最优，ESMD 自动停止。最终，经 ESMD 分解得到 3 个固有模态分量（IMF1～IMF3）和一个趋势项 R，如图 3-6 所示。

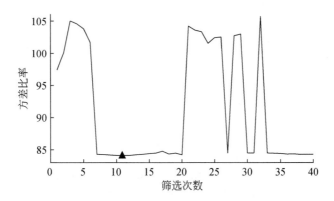

图 3-5　方差比率随筛选次数的变化特征

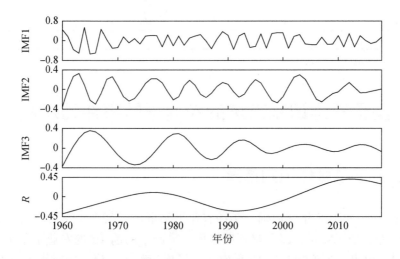

图 3-6　1960～2018 年西北地区年尺度 SSMI 序列 ESMD 分解的 IMF 分量及趋势项

从图 3-6 中的趋势项 R 可以看出，1960～2018 年西北地区年尺度 SSMI 序列呈现出波动上升趋势，具体表现为 1960～1977 年呈缓慢增长趋势，1978～1993 年呈小幅减小趋势，1994～2018 年呈明显上升趋势，这与西北地区 SPEI 序列的变化趋势特征相类似。

西北地区年尺度 SSMI 序列 IMF 分量的周期–能量关系如图 3-7 所示，IMF1～IMF3 在 $p=0.05$ 显著性水平下的主周期分别为 3.5 年、6.6 年和 13.5 年，由此判断西北地区农业干旱具有准 3.5 年和 6.6 年的年际周期特征和准 13.5 年的年代际周期特征。

表 3-2 为各分量对 SSMI 序列的方差贡献率以及与原始 SSMI 序列的相关系数，均通过 $p=0.01$ 的显著性检验。由表 3-2 中方差贡献率可知，西北地区年尺度 SSMI 的年际波动（主周期 3.5 年的 IMF1 分量）以及趋势项（R）在 SSMI 序列变化中方差贡献率较大，对西北地区农业干旱的变化趋势起到决定性作用。

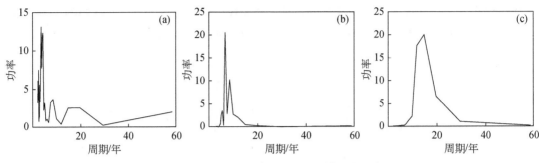

图 3-7 年尺度 SSMI 序列各分量周期-能量关系

（a）IMF1、（b）IMF2、（c）IMF3

表 3-2 年 SSMI 序列各分量的方差贡献率及相关系数

模态分量	周期/年	方差贡献率/%	相关系数
IMF1	3.5	38.3	0.53**
IMF2	6.6	15.2	0.41**
IMF3	13.5	16.1	0.34**
R		30.4	0.54**

** 表示通过 $p=0.01$ 的显著性检验。

3.3 基于三维识别方法的农业干旱事件动态演变规律

3.3.1 农业干旱事件识别结果

西北地区 1960～2018 年共识别 169 场农业干旱事件，其中干旱历时持续 2 个月及以上的农业干旱事件有 124 场，以干旱烈度排序，最严重的前 10 场农业干旱事件及其特征变量见表 3-3。由表 3-3 可知，这 10 场农业干旱均为跨年干旱，历时均大于 10 个月，最长可达 22 个月，如第 2 场（1961 年 1 月～1962 年 10 月）和第 12 场（1965 年 7 月～1967 年 4 月）农业干旱事件。最严重的农业干旱事件（第 2 场）烈度约为 $1.30×10^7$ 月·km^2，干旱面积为 $1.03×10^6km^2$，约占研究区总面积的 58.9%，迁移距离为 1411.98km，迁移速度为 64.18km/月，迁移方向南—东，迁移过程整体上表现出顺时针旋转特征。

表 3-3 1960～2018 年最严重的 10 场农业干旱事件

排序	干旱编号	开始时间/(年·月)	结束时间/(年·月)	历时 D/个月	干旱中心 C 经度/(°E)	干旱中心 C 纬度/(°N)	面积 $A/10^6km^2$	烈度 $S/10^6$ 月·km^2	迁移距离/km	迁移速度/(km/月)	迁移方向	迁移旋转
1	2	1961.01	1962.10	22	95.56	36.70	1.03	12.99	1411.98	64.18	S-E	顺时针
2	12	1965.07	1967.04	22	97.46	37.67	0.84	8.87	1955.28	88.88	W-E	顺时针

续表

排序	干旱编号	开始时间/(年.月)	结束时间/(年.月)	历时 D/个月	干旱中心 C 经度/(°E)	干旱中心 C 纬度/(°N)	面积 A/10⁶km²	烈度 S/10⁶ 月·km²	迁移距离/km	迁移速度/(km/月)	迁移方向	迁移旋转
3	92	1991.07	1992.07	13	104.97	37.45	0.73	8.20	758.15	58.32	E-E	顺时针
4	112	1997.07	1998.07	13	105.11	35.93	0.70	8.15	1119.76	86.14	E-E	顺时针
5	80	1987.09	1989.05	21	103.13	35.87	0.55	6.09	1014.12	48.29	E-S	顺时针
6	74	1986.10	1987.09	12	107.90	37.23	0.52	5.36	562.55	46.88	E-E	顺时针
7	13	1965.08	1966.08	13	108.13	39.55	0.44	5.14	685.37	52.72	E-E	逆时针
8	71	1985.08	1986.11	16	98.72	40.43	0.53	4.84	1019.14	63.70	W-W	逆时针
9	5	1962.06	1963.10	17	97.30	35.55	0.32	4.69	493.83	29.05	S-S	逆时针
10	33	1972.07	1974.08	26	96.41	34.03	0.34	4.54	815.50	31.37	S-S	逆时针

注：E 表示东，W 表示西，S 表示南。

不同年代农业干旱特征变量统计结果见表 3-4。由表 3-4 可知，20 世纪 60 年代的农业干旱事件数最少，但包含了最严重的前两场农业干旱事件，干旱历时、面积及烈度均值均为最大；其次为 90 年代，包含排名第 3、第 4 的两场干旱事件，导致干旱变量均值偏高，这与气象干旱特征变量的年代表现一致。

表 3-4　不同年代农业干旱特征变量统计结果

特征变量		20 世纪 60 年代	20 世纪 70 年代	20 世纪 80 年代	20 世纪 90 年代	21 世纪初
干旱事件数/场		23	30	33	33	50
干旱历时	Mean/个月	**7**	5	5.27	6.24	4.88
	Max/个月	22	26	21	24	21
	SD/个月	6.41	6.24	4.81	5.72	4.77
	≥2 个月占比/%	81.8	70	86.7	69.7	72
干旱面积	Mean/10⁶km²	**0.21**	0.11	0.14	0.14	0.13
	Max/10⁶km²	1.03	0.35	0.55	0.73	0.82
	SD/10⁶km²	0.26	0.09	0.15	0.17	0.14
干旱烈度	Mean/10⁶ 月·km²	**1.82**	0.59	0.87	1.13	0.70
	Max/10⁶ 月·km²	12.98	4.54	6.09	8.21	4.19
	Min/10⁶ 月·km²	0.03	0.03	0.04	0.04	0.03
	SD/10⁶ 月·km²	3.17	0.99	1.57	2.00	1.02
迁移距离	Mean/km	**341.45**	159.58	195.35	244.19	214.41
	Max/km	1955.27	965.70	1019.14	1188.27	1470.72
	SD/km	489.36	245.94	272.95	336.21	284.45

注：Mean 表示平均值，Max 表示最大值，Min 表示最小值，SD 表示标准差。

3.3.2 近60年农业干旱事件的时空演变特征

1. 历时等于2个月的农业干旱事件演变特征

对识别出来的169场农业干旱事件统计分析发现，历时大于等于2个月的干旱事件有124场，其中历时等于2个月的为28场，大于2个月的为96场。

表3-5为历时等于2个月的农业干旱事件的特征信息。由表3-5可知，历时2个月的干旱事件的面积较小，平均占研究区总面积的4%，发生在上半年和下半年的干旱事件数各占一半，面积均值分别为8万 km^2 和6万 km^2 ，烈度均值分别为 1.6×10^5 月·km^2 和 1.2×10^5 月·km^2 ，平均迁移距离分别为46.02km和38.33km。对比可知，上半年的农业干旱事件较下半年旱情严重程度高，迁移速度快。此外，干旱事件迁移方向以同向迁移为主，具体表现为东—东、西—西和南—南的迁移特征。

表3-5 1960~2018年历时2个月的农业干旱事件信息统计

时段	干旱事件数/场	干旱特征变量	Max	Min	Mean	SD	迁移方向	事件数/场	干旱开始、结束方向类似的事件数/场
上半年	14	烈度/10^6 月·km^2	0.35	0.07	0.16	0.09	E-E*	5	14
		面积/10^6km^2	0.22	0.03	0.08	0.05	W-W*	5	
		迁移距离/km	201.66	1.34	46.02	55.92	S-S*	4	
下半年	14	烈度/10^6 月·km^2	0.24	0.08	0.12	0.04	E-E*	6	14
		面积/10^6km^2	0.14	0.03	0.06	0.03	W-W*	3	
		迁移距离/km	170.16	3.54	38.33	44.16	S-S*	4	
							W-E	1	

注：Max表示最大值，Min表示最小值，Mean表示平均值，SD表示标准差，E表示东，W表示西，S表示南。
*表示干旱开始和结束位置相似的事件。

2. 历时大于2个月的农业干旱事件演变特征

从1960~1980年和1981~2018年两个时段对年内和年际农业干旱事件进行讨论。年内农业干旱事件的具体干旱特征统计见表3-6。1960~1980年和1981~2018年年内农业干旱事件数分别为9场和25场。总体上，两个时段的年内农业干旱严重程度相差不多，前一时段的年内干旱迁移以顺时针旋转特征为主，后一时段则以逆时针旋转特征为主，且两个时段的年内农业干旱迁移特征均以同向迁移为主，主要表现为东—东、南—南和西—西，这与同时段年内气象干旱迁移特征较为一致。

图3-8和图3-9分别为西北地区1960~1980年和1981~2018年年内农业干旱事件历时-烈度、迁移方向-旋转的空间分布。由图3-8可知，1960~1980年旱情相对严重的农业干旱事件主要集中在内蒙古阿拉善盟西部，可认为是西北地区的主干旱中心区，旱情较弱

表 3-6 1960～2018 年年内农业干旱事件信息统计

时段	干旱事件数/场	顺时针旋转事件数/场	逆时针旋转事件数/场	干旱特征变量	Max	Min	Mean	SD	迁移方向	事件数/场
1960～1980 年	9	6	3	历时/个月	6	3	3.67	0.94	E-E*	4
				烈度/10^6 月·km^2	1.15	0.12	0.34	0.30	S-S*	1
				面积/10^6 km^2	0.32	0.03	0.11	0.09	W-W*	2
				迁移距离/km	289.83	16.37	108.06	89.28	W-S	1
									E-W	1
1981～2018 年	25	8	17	历时/个月	6	3	4	1.17	E-E*	11
				烈度/10^6 月·km^2	1.45	0.12	0.48	0.34	S-S*	3
				面积/10^6 km^2	0.31	0.03	0.13	0.08	W-W*	7
				迁移距离/km	505.92	19.98	221.77	153.53	S-W	2
									W-S	1
									E-W	1

注：Max 表示最大值，Min 表示最小值，Mean 表示平均值，SD 表示标准差，E 表示东，W 表示西，S 表示南。
* 表示干旱开始和结束位置相似的事件。

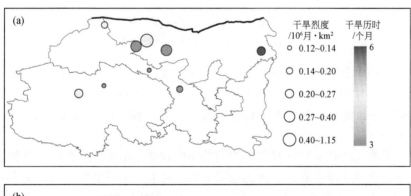

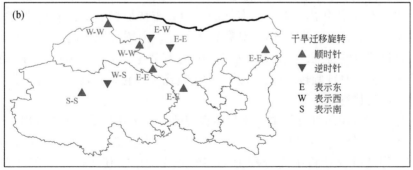

图 3-8 1960～1980 年西北地区年内农业干旱变量空间分布特征
（a）历时-烈度、（b）迁移方向-旋转

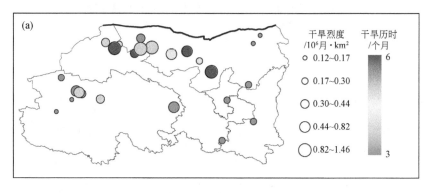

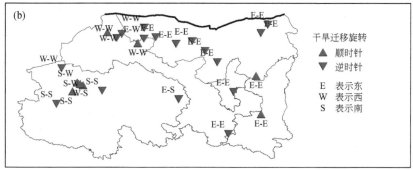

图 3-9 1981～2018 年西北地区年内干旱变量空间分布特征

（a）历时–烈度、（b）迁移方向–旋转

的农业干旱事件散落分布在甘肃和青海。有 6 场年内农业干旱事件迁移旋转特征为顺时针，其中 4 场沿甘肃呈西北–东南方向带状分布，且迁移方向均表现为同向迁移特征；3 场农业干旱事件表现出逆时针的迁移旋转特征，而迁移方向比较多样化，包括东—南、西—南和东—东。

由图 3-9 可知，1981～2018 年旱情严重的年内农业干旱事件多集中在内蒙古阿拉善盟和青海西北部，为主干旱中心区，西北地区东部多发生一些旱情较弱的农业干旱事件；整体上，与 1960～1980 年年内农业干旱事件的空间分布特征相类似，但与同时段年内气象干旱事件的空间分布特征（图 2-13）具有较大差异。内蒙古地区的年内农业干旱事件均表现出逆时针迁移旋转特征，且以东—东的同向迁移为主，青海旱情严重的年内农业干旱事件的迁移表现为顺时针旋转特征，迁移方向表现出多样化，其他区域的农业干旱事件多数也表现出同向迁移特征。

表 3-7 为 1960～2018 年年际农业干旱事件特征变量统计结果。可以看出，1960～1980 年和 1981～2018 年分别发生 22 场和 40 场年际农业干旱事件，两个时段的平均农业干旱历时、面积、烈度以及迁移距离分别为 11.95 个月、$2.7 \times 10^5 \mathrm{km}^2$、$2.56 \times 10^6$ 月·km^2、520.07km 和 10.95 个月、$2.4 \times 10^5 \mathrm{km}^2$、$2.06 \times 10^6$ 月·km^2、468.17km，表明 1960～1980 年年际农业干旱事件的旱情较 1981～2018 年更严重。两个时段内农业干旱迁移旋转特征呈顺时针和逆时针的事件数相等，且迁移方向均以同向迁移为主，出现频次最高的迁移

方向为东—东，其次为西—西和南—南。

表 3-7　1960～2018 年年际农业干旱事件信息统计

时段	干旱事件数/场	顺时针旋转事件数/场	逆时针旋转事件数/场	干旱特征变量	Max	Min	Mean	SD	迁移方向	事件数/场
1960～1980 年	22	11	11	历时/个月	26	4	11.95	6.21	E-E*	11
				烈度/10^6 月·km	12.99	0.19	2.56	3.04	S-S*	4
				面积/10^6 km²	1.03	0.04	0.27	0.24	W-W*	3
				迁移距离/km	1955.28	32.7	520.07	459.05	W-E	2
									S-E	1
									E-S	1
1981～2018 年	40	20	20	历时/个月	24	3	10.95	4.62	E-E*	21
				烈度/10^6 月·km	8.21	0.13	2.06	2.09	S-S*	7
				面积/10^6 km²	0.82	0.03	0.24	0.21	W-W*	4
				迁移距离/km	1470.72	2.88	468.17	355.57	E-S	2
									S-W	3
									E-W	2
									S-E	1

注：Max 表示最大值，Min 表示最小值，Mean 表示平均值，SD 表示标准差，E 表示东，W 表示西，S 表示南。
*表示干旱开始和结束位置相似的事件。

图 3-10 为西北地区 1960～1980 年年际农业干旱特征变量空间分布特征。整体上年际农业干旱事件分布在内蒙古、陕西、青海，分别为 6 场、5 场及 11 场，且旱情较为严重的事件集中在青海中部，为主干旱中心区；内蒙古阿拉善中部和陕西西南部为两个较弱的干旱中心，多发生一些规模较小的农业干旱事件。干旱迁移方向及旋转特征也具有明显空间分布规律，分布于内蒙古和陕西的 11 场农业干旱事件中有 10 场干旱迁移方向均表现为东—东，且有 7 场表现为逆时针旋转特征；青海的 11 场农业干旱事件中有 9 场表现为同向迁移，主要表现为西-西和南-南的迁移特征，且有 7 场表现为顺时针旋转特征。

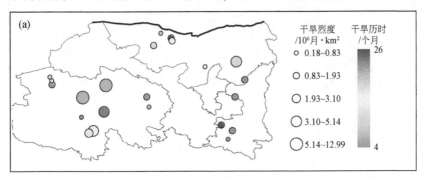

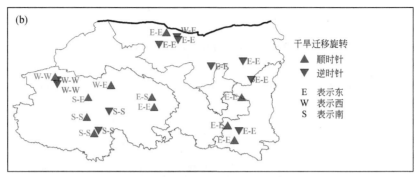

图 3-10　1960～1980 年西北地区年际农业干旱变量空间分布特征
（a）历时-烈度、（b）迁移方向-旋转

图 3-11 为 1981～2018 年年际农业干旱特征变量空间分布。由图 3-11 可知，1981～2018 年年际农业干旱事件在三个分区内具有明显规律，西风气候区和东南气候区多发生一些规模较大的农业干旱事件，而小规模的年际农业干旱事件多集中在高原气候区；与 1960～1980 年相比，高原气候区的旱情严重程度有所降低，西风气候区和东南气候区则面临更高的农业干旱风险。高原气候区和东南气候区干旱事件迁移旋转特征以顺时针为主，西风气候区以逆时针为主，研究区东部 95% 的干旱事件均表现出东—东的同向迁移规律，西部以西—西和南—南的同向迁移为主，这与 1960～1980 年年际农业干旱迁移特征空间分布（图 3-10）相类似。

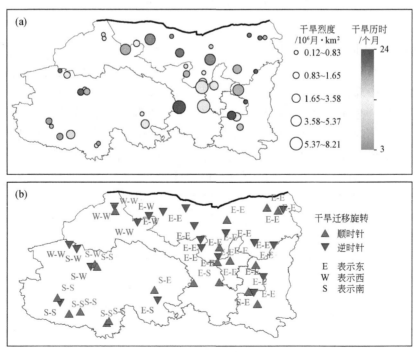

图 3-11　1981～2018 年西北地区年际农业干旱变量空间分布特征
（a）历时-烈度、（b）迁移方向-旋转

3.3.3 典型农业干旱事件的时空动态演变过程

选取最严重的农业干旱事件（第 2 场）为例再现其旱情从开始至结束的时空动态演变过程及干旱中心迁移路径，分别如图 3-12 和图 3-13 所示。从图 3-12 和图 3-13 中可以看出，本场农业干旱事件于 1961 年 1 月起源于青海，干旱面积为 $3.9\times10^5 km^2$，约占研究区的 22.3%，干旱烈度为 5.7×10^5 月·km^2；1961 年 2 ~ 9 月，干旱事件处于波动强化阶段，旱情在 7 月最严重，平均干旱面积为 $4.6\times10^5 km^2$，平均烈度为 6.7×10^5 月·km^2，干旱中心均集中在青海中部；1961 年 10 ~ 12 月，呈现出干旱衰减趋势，干旱面积主要集中在青海西部，占比约为 17.1%，平均烈度为 4.7×10^5 月·km^2，干旱中心向西北方向迁移；1962 年 1 ~ 7 月，干旱事件再次呈现出一个强化阶段，旱情在 7 月达到第二个峰值，同时也是本场农业干旱最严重状态，干旱烈度为 1.01×10^6 月·km^2，干旱中心向东北方向迁移至青海海西蒙古族藏族自治州与甘肃张掖市交汇处，平均干旱面积为 $4.3\times10^5 km^2$，并进一步向甘肃和内蒙古地区扩张，本场农业干旱事件在 5 ~ 7 月的时空表现与同时期的第 9 场气象干旱事件（2.3.3 节）具有较高的一致性，表明两者在时空上具有一定的响应关系；1962 年 8 ~ 10 月，干旱呈现出减弱趋势并逐渐消亡，干旱中心向东迁移 337.4km 至甘肃中部，本场农业干旱在这一时段的时空特征与第 9 场气象干旱也具有明显的对应关系。

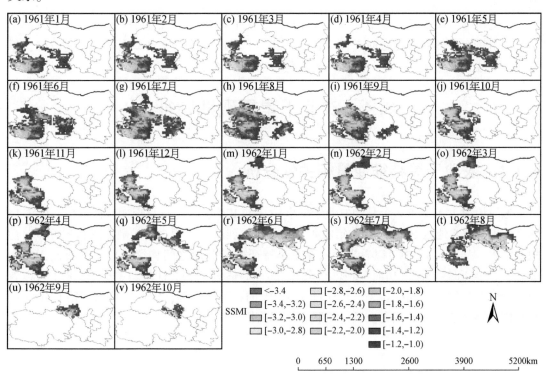

图 3-12 第 2 场（1961 年 1 月 ~ 1962 年 10 月）农业干旱事件时空动态演变过程

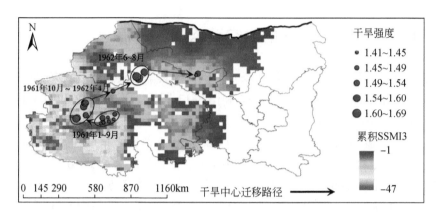

图3-13　第2场（1961年1月~1962年10月）农业干旱中心迁移路径

据《中国气象灾害大典（青海卷）》以及《中国水旱灾害》记载，1961年青海发生严重的春夏连旱事件，这是1949年以来该省发生的第二严重干旱年，全省农作物受灾面积16.1万 hm^2，粮食减产3460万kg，特别是3~7月黄南藏族自治州尖扎县旱情十分严重，农作物受旱面积占总播种面积的72.9%，海南藏族自治州全州遭受旱灾，农作物受灾面积0.504万 hm^2，海西蒙古族藏族自治州农作物受灾面积1.134万 hm^2；1962年青海和甘肃发生春夏连旱，内蒙古中西部发生春旱和夏旱，上述实际旱灾记录与本研究结果基本保持一致。

综上所述，第2场农业干旱发生于1961年1月~1962年10月，共历时22个月，干旱事件由青海中部向东北方向迁移至甘肃中部，干旱迁移路径大致呈西南—东北方向，旱情大致上经历了发生—强化—衰减—再强化—峰值—再衰减—消亡6个过程。

3.4　农业干旱重现期特征

3.4.1　农业干旱特征变量相关性分析

选取历时大于等于2个月的农业干旱事件（共124场）进行重现期特征分析。图3-14和表3-8为西北地区1960~2018年农业干旱历时、烈度、面积之间的散点图和相关显著性检验结果。从图3-14中可以看出，农业干旱特征变量两两之间均存在显著的线性正相关关系，干旱历时–烈度、历时–面积之间的尾部（高值区）相关性较弱。从表3-8中可以看出，干旱变量两两之间的相关性均通过 $p=0.01$ 的显著性检验，因此，可以利用 Copula 函数来构建特征变量间的耦合模型进行联合概率分析。

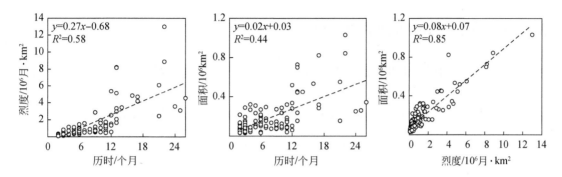

图 3-14　农业干旱历时、烈度以及面积间的相关性

表 3-8　农业干旱变量间的 Pearson、Kendall 和 Spearman 相关系数

干旱变量	Pearson 相关系数	Kendall 秩次相关	Spearman 相关系数
历时-烈度	0.76**	0.75**	0.90**
历时-面积	0.66**	0.51**	0.67**
烈度-面积	0.92**	0.71**	0.88**

**表示通过 $p=0.01$ 显著性检验。

3.4.2　农业干旱特征变量边缘分布选择

表 3-9 列出了农业干旱特征变量边缘分布的拟合优度检验结果以及最优分布的参数，最优分布以黑色加粗字体标注。由表 3-9 可知，农业干旱特征变量的最优边缘分布和气象干旱保持一致，其中干旱历时和干旱面积的最优边缘分布函数为 GP，干旱烈度的最优边缘分布函数为 LogN。

表 3-9　农业干旱特征变量的最优边缘分布函数及参数

干旱变量	K-S 检验							A-D 统计量							最优分布	参数
	Gam	LogL	LogN	Wb	P-Ⅲ	GEV	GP	Gam	LogL	LogN	Wb	P-Ⅲ	GEV	GP		
历时	√	√	√	×	√	√	√	1.81	2.12	1.75	2.94	1.09	2.17	**1.07**	GP	$k=-0.048$; $\sigma=6.339$; $\mu=1.103$
烈度	×	√	√	√	√	√	√	7.25	1.13	**1.03**	3.76	5.26	2.30	1.64	LogN	$\sigma=1.281$; $\mu=-0.611$
面积	×	√	√	√	√	√	√	3.75	0.95	0.85	3.52	0.44	0.94	**0.34**	GP	$k=0.227$; $\sigma=0.114$; $\mu=0.026$

注：√表示通过 K-S 检验，×表示未通过 K-S 检验。

3.4.3 最优 Copula 函数选择

Copula 函数的拟合优度检验结果以及最优 Copula 函数的参数见表 3-10,Frank Copula 函数对西北地区农业干旱历时-烈度、历时-面积、烈度-面积以及历时-烈度-面积的拟合误差均达到最小值,因此,Frank Copula 函数为各变量组合的最优联合分布函数。

表 3-10 Copula 函数的拟合优度检验及参数

Copula 函数		Gumbel	Clayton	Frank	Joe	Gaussion	Student t	最优 Copula	参数
历时-烈度	AIC	−821.37	−835.70	−858.31	−719.93	−830.37	−745.17	Frank	12.13
	BIC	−818.55	−832.88	−855.49	−717.11	−827.55	−742.35		
	RMSE	0.036	0.034	0.031	0.054	0.035	0.049		
历时-面积	AIC	−916.65	−858.70	−922.73	−844.61	−915.71	−910.42	Frank	5.33
	BIC	−913.82	−855.88	−919.91	−841.79	−912.89	−907.60		
	RMSE	0.024	0.031	0.023	0.033	0.025	0.025		
烈度-面积	AIC	−901.58	−882.46	−923.14	−822.91	−913.55	−889.58	Frank	11.47
	BIC	−898.76	−879.64	−920.32	−820.09	−910.73	−886.76		
	RMSE	0.026	0.028	0.024	0.036	0.025	0.027		
历时-烈度-面积	AIC	−862.39	−828.48	−893.45	−685.89	−866.48	−864.20	Frank	9.64
	BIC	−859.57	−825.66	−890.63	−683.07	−863.66	−861.38		
	RMSE	0.031	0.035	0.027	0.062	0.031	0.030		

3.4.4 农业干旱事件多变量重现期特征

基于最优 Copula 函数计算得到各农业干旱特征变量组合情况下的联合(or)和同现(and)重现期,计算得到农业干旱事件的平均时间间隔 $E = 0.48$,表 3-11 为西北地区单变量和多变量农业干旱特征值重现期对比结果。从表 3-11 中可以看出,随着设计重现期的增加,多变量农业干旱特征值的联合重现期和同现重现期均呈现增加趋势,且相应的多变量农业干旱特征值联合重现期小于单变量干旱特征值的重现期,多变量农业干旱特征值的同现重现期大于单变量农业干旱特征值的重现期。

表 3-11 农业干旱特征值单变量和多变量重现期对比

重现期 T/a	历时 /个月	烈度 /10^6 月·km²	面积 /10^6 km²	历时-烈度		历时-面积		烈度-面积		历时-烈度-面积	
				T^{or}/年	T^{and}/年	T^{or}/年	T^{and}/年	T^{or}/年	T^{and}/年	T^{or}/年	T^{and}/年
2	9.90	1.35	0.22	1.62	2.60	1.41	3.47	1.61	2.64	1.38	3.48
5	15.20	2.91	0.38	3.45	9.13	3.01	14.61	3.41	9.38	2.69	15.52

重现期 T/a	历时 /个月	烈度 /10^6 月·km^2	面积 /$10^5 km^2$	历时-烈度		历时-面积		烈度-面积		历时-烈度-面积	
				T^{or}/年	T^{and}/年	T^{or}/年	T^{and}/年	T^{or}/年	T^{and}/年	T^{or}/年	T^{and}/年
10	19.06	4.60	0.53	6.13	26.99	5.61	49.71	6.12	28.39	4.56	65.92
20	22.80	6.87	0.70	11.27	89.04	10.66	178.56	11.26	93.88	8.03	341.80
50	27.55	10.94	0.97	26.37	482.75	25.69	1 036.14	26.34	509.54	18.14	3 848.39
100	31.00	15.04	1.21	51.40	1 832.16	50.32	3 974.04	51.04	1 909.99	34.68	26 808.55

例如，当设计重现期为 5 年时，干旱历时、烈度以及面积分别为 15.20 个月、2.91×10^6 月·km^2 以及 3.8×$10^5 km^2$。对应的两变量农业干旱特征值的联合重现期分别为 3.45 年 (T_{DS}^{or})、3.01 年 (T_{DA}^{or}) 和 3.41 年 (T_{SA}^{or})，较单变量农业干旱重现期分别减少了 31.0%、39.8% 和 31.8%，农业干旱特征值的同现重现期分别为 9.13 年 (T_{DS}^{and})、14.61 年 (T_{DA}^{and}) 和 9.38 年 (T_{SA}^{and})，较单变量农业干旱重现期分别增加了 82.6%、192.2% 和 87.6%；对应的三变量农业干旱特征值的联合重现期和同现重现期分别为 2.69 年 (T_{DSA}^{or}) 和 15.52 年 (T_{DSA}^{and})，较单变量农业干旱重现期分别减少了 46.2% 和增加了 210.4%。

当设计重现期为 10 年时，干旱历时、烈度以及面积分别为 19.06 个月、4.60×10^6 月·km^2 以及 5.3×$10^5 km^2$，对应的两变量农业干旱特征值的联合重现期分别为 6.13 年 (T_{DS}^{or})、5.61 年 (T_{DA}^{or}) 和 6.12 年 (T_{SA}^{or})，较单变量农业干旱重现期分别减少了 38.7%、43.9% 和 38.8%，农业干旱特征值的同现重现期分别为 26.99 年 (T_{DS}^{and})、49.71 年 (T_{DA}^{and}) 和 28.39 年 (T_{SA}^{and})，较单变量农业干旱重现期分别增加了 169.9%、397.1% 和 183.9%；对应的三变量农业干旱特征值的联合重现期和同现重现期分别为 4.56 年 (T_{DSA}^{or}) 和 65.92 年 (T_{DSA}^{and})，较单变量农业干旱重现期分别减少了 54.4% 和增加了 559.2%。

对比两种干旱重现期可知，"和"情况下的农业干旱同现重现期有可能被高估，意味着农业干旱风险将被低估；而"或"情况下的农业干旱联合重现期有可能被低估，意味着农业干旱风险将被高估，导致防旱抗旱措施及技术等不能满足实际要求。

图 3-15 为西北地区各年代三变量农业干旱特征值的联合重现期空间分布特征。整体上，1960~2018 年农业干旱高风险区域由西向东迁移，具体表现为：20 世纪 60 年代联合重现期较大的农业干旱事件集中在青海中北部，重现期较小的农业干旱事件集中在内蒙古西部和甘肃西部，意味着青海中北部面临着较高的农业干旱风险；70 年代所有农业干旱事件的联合重现期均不超过 4 年，青海南部的农业干旱风险较高，内蒙古中西部和青海西北部的农业干旱风险较低；80 年代和 90 年代联合重现期较大的农业干旱事件有所增加，甘肃、宁夏以及陕西交汇处农业干旱风险较高，青海的农业干旱风险较低；21 世纪初农业干旱高风险区主要集中在内蒙古和宁夏交汇处，而农业干旱低风险区主要集中在内蒙古和青海西北部。

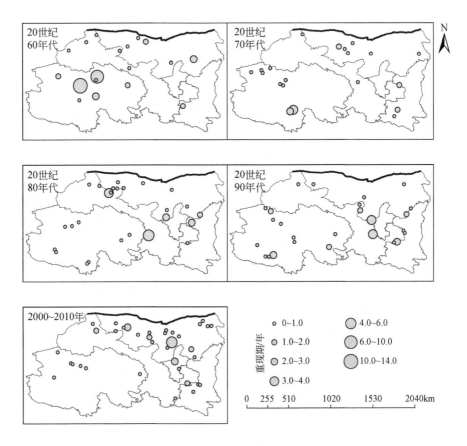

图 3-15　各年代农业干旱事件三变量（历时–烈度–面积）联合重现期空间特征

图 3-16 展示了 1960～2018 年西北地区最严重的 4 场农业干旱事件的多变量农业干旱特征值的同现重现期。由图 3-16 可知，1960～2018 年西北地区最严重的第 1 场农业干旱事件（发生于 1961 年 1 月～1962 年 10 月）的两变量同现重现期（T_{DS}、T_{DS}、T_{DS}）分别为 269 年、460 年和 860 年，三变量（历时-烈度-面积）同现重现期为 2636 年，该场农业干旱事件在历时、烈度、面积方面均呈现出世纪罕见特点。同时，还可以看出三变量农业干旱特征值的同现重现期大于两变量农业干旱特征值的同现重现期，如不考虑干旱面积时，第 2、第 3 和第 4 场农业干旱事件的两变量同现重现期（T_{DS}）分别为 125 年、56 年和 35 年；不考虑干旱烈度时，第 2、第 3 和第 4 场农业干旱事件的两变量同现重现期（T_{DA}）分别为 259 年、78 年和 43 年；不考虑干旱历时时，第 2、第 3 和第 4 场农业干旱事件的两变量同现重现期（T_{SA}）分别为 233 年、47 年和 140 年，均明显小于 739 年一遇、139 年一遇和 177 年一遇的三变量农业干旱特征值的同现重现期（T_{DSA}）。综上所述，进行干旱重现期分析时，忽略任何一个干旱时空特征变量就会造成干旱规模被严重低估，从而会严重影响到预设的干旱灾害风险管理对策及相关抗旱工程的规划设计，这与 Xu 等（2015b）的研究结果相一致。因此，准确合理的干旱重现期分析需要同时考虑多种时空干旱特征变量（如干旱历时、烈度；面积等）。

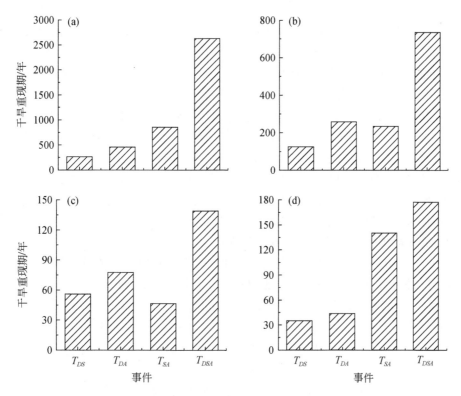

图 3-16   1960～2018 年最严重的 4 场农业干旱事件多变量重现期特征
（a）第1场、（b）第2场、（c）第3场、（d）第4场

3.5   小   结

本章以最新的 GLDAS 水文模型输出的土壤水栅格数据为基础，计算了 1960～2018 年西北地区的 SSMI 的栅格矩阵，采用 MMK、R/S、ESMD 等方法分析了 1960～2018 年西北地区农业干旱趋势、强度、频率的时空变化特征及周期特征；基于时空三维干旱识别结果讨论了西北地区近 60 年农业干旱事件的时空演变特征及典型干旱事件的时空动态演变规律；基于最优的农业干旱特征变量边缘分布和 Copula 函数构建了不同变量组合的联合分布函数并进行多变量重现期分析。主要结论如下：

（1）1960～2018 年西北地区季节 SSMI 序列呈显著上升趋势，气候特征表现出湿润化趋势，且未来 SSMI 序列依然保持较高的上升趋势，湿润化程度可能更加明显；西北地区季节 SSMI 变化趋势空间分布特征表明青海主要表现为上升趋势，研究区东部主要表现为下降趋势；西北地区的农业干旱具有准 3.47 年和 6.56 年的年际周期特征，准 14.75 年的年代际周期特征，分量 IMF1 和趋势项 R 对西北地区年尺度 SSMI 的变化趋势起到决定性作用。

（2）1960～1980 年和 1981～2018 年的年内农业干旱严重程度基本一致。1960～1980

年主干旱中心为内蒙古阿拉善盟西部，干旱迁移旋转特征主要表现为顺时针旋转；1981～2018 年内蒙古阿拉善盟和青海西北部为两个主干旱中心，干旱迁移以逆时针旋转特征为主，两个时段内农业干旱均以同向迁移为主。

（3）1960～1980 年的年际农业干旱旱情较 1981～2018 年更严重。1960～1980 年际农业干旱主干旱中心位于青海中部区域，内蒙古阿拉善中部和陕西西南部为两个次干旱中心；1981～2018 年际农业干旱主干旱中心位于西风气候区和东南气候区。两时段高原气候区和东南气候区干旱事件迁移旋转特征均以顺时为主，西风气候区则以逆时针为主，且干旱迁移特征均以同向迁移为主，研究区东部以东—东为主，西部以西—西和南—南为主。

（4）农业干旱事件三维识别结果展示了最严重的第 2 场农业干旱时空动态演变过程，其发生于 1961 年 1 月～1962 年 10 月，共历时 22 个月，干旱事件由青海中部向东北方向迁移至甘肃中部，干旱迁移路径大致呈西南—东北方向，旱情大致上经历了发生—强化—衰减—再强化—峰值—再衰减—消亡 6 个过程。

（5）1960～2018 年西北地区发生 1 场联合重现期大于 10 年的农业干旱事件，2 场 5～10 年一遇的农业干旱事件，2～5 年一遇的农业干旱事件有 15 场。

第4章 地下水干旱评估方法及应用

相比气象干旱、水文干旱等干旱类型，地下水干旱的概念提出较晚，但随着气候变化和人类活动的加剧，一些地区地下水位逐渐下降，诱发地下水干旱，从而引发了一系列经济社会和生态环境问题。研究地下水干旱的监测指标以及探索地下水干旱时空演变特征，对合理利用地下水以及区域水资源规划等，具有重要的指导意义。本章探索地下水干旱指数的参数化和非参数化构建方法，基于实测地下水位数据和 GRACE 卫星数据构建地下水干旱指数，并分别应用于典型区域及西北地区，揭示西北地区地下水干旱的演变特征。

4.1 地下水干旱评估方法

4.1.1 地下水干旱的内涵及监测方法

地下水作为水循环的重要组成部分，在全球水文和生物地球化学循环中起着关键作用（Sophocleous，2002；Frappart and Ramillien，2018；Su et al.，2020）。地下水有较好的水质和稳定的供水条件，是世界许多地区，尤其是干旱半干旱地区和人口稠密地区农业灌溉、工业和城市生活的重要淡水来源（Siebert et al.，2010；Taylor et al.，2013）。地下水供给了全球约50%的饮用水和40%的工业用水（Feng et al.，2018）。当地下水系统受到干旱影响后，地下水补给减少，导致地下水位下降、排泄减少，引发地下水干旱（Mishra and Singh，2010）。美国气象学会（American Meteorological Society，AMS）将干旱分为气象干旱、水文干旱、农业干旱及社会经济干旱 4 种类型（AMS，1997），地下水干旱往往归类为水文干旱，未被单独考虑。但是，随着气候变化和人类活动的加剧，全球气温急剧上升，水资源短缺现象日益突出（牛纪苹，2014），而地下水作为干旱半干旱地区生活、生产以及生态的重要甚至唯一水源，开采量迅速增加（MacDonald et al.，2019）。由于降水稀少，这些地区对地下水源更为依赖，而过量开采地下水又会导致干旱进一步加剧，从而出现恶性循环（王文科等，2018；王思佳等，2019）。Mishra 和 Singh（2010）指出，有必要将地下水干旱作为一类新的干旱类型进行单独研究，但由于实测地下水资料的匮乏，目前地下水干旱研究进展较为缓慢。

地下水干旱与其他干旱类似，通常由降水减少和蒸发增加引起，在干旱的逐级传递中，一般首先由降水亏缺或蒸发加剧引发气象干旱，并作用于下垫面，对土壤、植被、径流和地下水产生不同程度的影响，进而触发农业干旱、生态干旱、水文干旱与地下水干旱（吴志勇等，2021）。粟晓玲等（2022）认为，西北地区以气象条件为主导因素的地下水干旱面积比例在变小，表明人类活动、植被变化等其他因素对地下水干旱的影响程度在增大。艾启阳（2020）对石羊河流域、黑河中游和宝鸡峡灌区的地下水干旱分析发现，人类活动是地下水干旱的主导因素。作为干旱传递中的最后一环，地下水干旱很容易受到长期干旱的影响，因为地下水需要很长的时间才能得到补充和恢复（Bloomfield and Marchant，2013）。地下水干旱早期不易被察觉，只有在地下水干旱严重影响到人类生活时才会引起广泛的关注（Han et al.，2019）。地下水干旱持续发生会引起地面沉降、沿海地区海水入侵、土壤盐碱化、生态恶化和水质污染等一系列问题（张宗祜等，1997；Konikow and Kendy，2005；Famiglietti，2014），对自然环境以及经济社会产生威胁。

作为一种新提出的干旱类型，地下水干旱目前还处于探索阶段。许多学者利用实测地下水位数据对地下水干旱进行了研究。Bloomfield 和 Marchant（2013）依据地下水位数据，参考 SPI 的构建方法，构建了 SGI。艾启阳等（2019）通过构建 SGI 对我国黑河流域中游1985～2010 年的地下水干旱进行了分析研究，发现 Beta 分布是该地区的最优拟合分布。也有学者进一步探索了考虑多种因素的地下水干旱指数，如 Mendicino 等（2008）综合考虑气象、水文和农业多方面信息提出了地下水资源指数（groundwater resources index，GRI），认为该指数能更好地监测地下水资源；Li 和 Rodell（2015）通过建立地下水干旱指数（groundwater drought index，GWI），以美国中部和东北部地区的承压井和半承压井为研究对象，比较依据流域地表模型输出地下水的 GWI 与依据监测井实测地下水位计算的 GWI 结果的差异，发现二者有较强的相关性。Pathak 和 Dodamani（2019）利用地下水位数据构建了 SGI，并结合 M-K 检验和聚类分析法对印度地下水干旱进行了评价。

一些学者探讨了地下水干旱的驱动因素。例如，Rust 等（2019）发现大尺度的气候变化和小区域的降水、地下水干旱之间存在着复杂的非线性关系，其中英国地下水储量变化有 40% 和北大西洋涛动存在遥相关关系。Yeh 和 Hsu（2019）通过马尔可夫链模型结合 SPI 和 SGI 分析了中国台湾地区的干旱情况，并利用小波分析探讨了气象干旱和地下水干旱之间的传递关系，发现地下水干旱的平均时长大于气象干旱的平均时长。Halder 等（2020）调查了印度地下水退化情况，发现地下水位下降的主要因素是河床干涸和地下水超采，并利用地下水位构建标准化地下水指数（standardized groundwater index，SGWI），发现人口密集地区的地下水干旱更为严重。Shah 和 Mishra（2020）综合考虑气象干旱、水文干旱、农业干旱和地下水干旱，构建了综合干旱指数，对印度干旱监测工作提供了新的方法。

由于对地下水干旱发生机理认识不足，加之地下水位观测站点密度稀疏、数据缺测严重，限制了对缺乏地下水位资料地区地下水干旱的探索。遥感技术的出现为观测地下水提供了新的方法，其空间尺度大、观测时间连续、成本低等特点恰好弥补了传统地下水位观测方法的不足（鲁杨，2020）。而 GRACE 卫星适用于评估各种陆地水文条件下的地下水储量变化（Rodell et al.，2007），为研究大区域尺度的地下水提供了数据基础。Thomas 等（2017）基于 GRACE 数据反演地下水储量，构建了基于 GRACE 数据的地下水干旱指数（GRACE groundwater drought index，GGDI），监测地下水干旱演变规律。Wang S 等（2020）基于 GGDI 监测华北平原2003～2015 年地下水干旱的时空分布，研究得出2013 年8 月～2014 年6 月地下水干旱最为严重，GGDI 平均为–1.36，并进一步表明 GRACE 数据在干旱评价中的可靠性。Zhao 等（2017）提出了基于 GRACE 数据的干旱严重程度指数 GRACE-DSI，该指数能够比较不同地区和不同时期的干旱特征。Han 等（2020）基于 Zhao 等（2017）的构建思路，构建了地下水干旱指数 GWSA-DSI，探讨了黄土高原植被恢复对地下水干旱的影响，认为植被生长速度是影响黄土高原地下水干旱的主要因素。Seo 和 Lee（2019）基于 GRACE 数据、TRMM 降水数据、GLDAS 温度数据等，通过人工神经网络模型输出地下水储量预测数据，并以此计算了 SGI，提供了一种预测地下水干旱的新思路。

本章基于实测地下水位数据和 GRACE 数据，分别构建 SGI 和 GRACE-GDI，分析黑河中游及西北地区的地下水干旱时空演变规律，为西北地区地下水干旱的监测与评价提供依据。

4.1.2 数据来源

1. 实测地下水位数据

实测地下水位数据来自《甘肃省黑河流域平原区地下水动态观测年鉴》、《甘肃省石羊河流域平原区地下水动态观测年鉴》与《宝鸡峡灌区年报》，并将漏测、缺测以及中途换井等误差较明显、序列缺失较多的站点剔除。其中 4.2 节黑河中游实测地下水数据选取时段为 1985～2010 年，4.3 节黑河中游、石羊河流域和关中地区的选取时段均为 2002～2018 年。

2. GRACE 数据

采用美国得克萨斯大学奥斯汀分校（University of Texas at Austin）空间研究中心（Center for Space Research，CSR）（http://www2.csr.utexas.edu/grace/）与美国国家航空航天局（National Aeronautics and Space Administration，NASA）喷气推进实验室（Jet Propulsion Laboratory，JPL）（https://podaac.jpl.nasa.gov/dataset/TELLUS_GRAC-GRFO_MASCON_CRI_GRID_RL06_V2）提供的 CSR-Mascons 与 JPL-Mascons 解算数据。两套数据均已替换 C_{20} 项、地心改正项，扣除冰川均衡调整的影响，并以 2004 年 1 月～2009 年 12 月的均值为基准进行距平处理，具有高分辨率、高信噪比、泄露误差小等特点（Watkins et al.，2015；Save et al.，2016；Wiese et al.，2016），在水储量研究方面得到了广泛的应用（Bloomfield and Marchant，2013；Zhao et al.，2017；Han et al.，2020；Wang L et al.，2020）。其中 CSR-Mascons 与 JPL-Mascons 的空间分辨率分别为 0.25°×0.25° 和 0.5°×0.5°，但其原始分辨率分别约为 1°×1° 和 3°×3°。对于 Mascons 数据，GRACE 卫星数据的噪声信号在 2 级处理中可通过地球物理约束过滤掉，与常用的球谐系数法数据相比，Mascons 数据能够更好地处理质量泄漏，最大限度地减少泄漏误差（Chen et al.，2019；Su et al.，2020；Wang F et al.，2020c）。研究时段为 2002 年 4 月～2021 年 3 月，其中 GRACE 卫星与其后续卫星 GRACE-Follow On 之间的缺测时段（2017 年 7 月～2018 年 5 月）数据来源于 Zhong 等（2019，2020）的研究，其余因技术导致的数据缺失采用线性插值方法补充。因为 GRACE 集成数据在降噪方面较为有效，所以本研究将 JPL-Mascons 基于最邻近分配法重采样

至 0.25°×0.25°，取 JPL-Mascons 和 CSR-Mascons 数据两者均值为陆地水储量变化数据。

3. GLDAS 数据

GLDAS 模型（Rodell et al.，2004）中 Noah 陆地表面模型提供的 2002 年 4 月～2021 年 3 月逐月浅层地表水储量数据（0～10cm、10～40cm、40～100cm、100～200cm 的土壤水储量、雪水当量、冠层水储量）的空间分辨率为 0.25°×0.25°。为与 GRACE 数据保持一致，以 2004 年 1 月～2009 年 12 月的平均浅层地表水储量为基准，将逐月浅层地表水储量减去基准值，得到逐月浅层地表水储量变化。

4.1.3 参数化方法构建地下水干旱指数

1. SGI 的拟合计算

参数化方法计算 SGI 的步骤可以参照 SPI。首先依据月平均地下水位序列，选取合适的分布函数对其进行拟合，其次将地下水位累积频率分布转化为标准正态分布，最后通过逆标准化反求出 SGI。SPI 一般选用 Gam 分布，SPEI 一般选用 Logistic 分布，我国的径流序列常使用皮尔逊Ⅲ型分布等（鞠笑生等，1998；袁文平和周广胜，2004），这源于学者对特定水文序列特性的长期研究与总结。对于地下水位序列，由于其自身的复杂特性，鲜有研究探讨地下水位序列应采用何种拟合函数，所以使用参数化方法构建 SGI 时需对分布函数进行优选。因此，利用 Beta、Gam、LogN、GEV 分布分别对地下水位数据进行配线，优选合适的分布线型。这些分布都常见于水文领域且具有较强的适用性（Guttman，1998；吴绍飞等，2016），能较好适应不同情况下的地下水位序列累积频率计算。

首先假设 4 种拟合分布均适用于月地下水位序列 x_{1i}，按照式（4-1）对其进行归一化处理，得到新序列 x_{2i}，并将序列中的 1 和 0 分别用 0.999 和 0.001 替换，以便后续的 Beta 分布拟合。

$$x_{2i} = \frac{\max(x_{1i}) - x_{1i}}{\max(x_{1i}) - \min(x_{1i})} \tag{4-1}$$

归一化后分别进行拟合参数估计，得到 4 种拟合函数的概率密度函数 $f_{x,j}$，$j=1,2,3,4$。按照式（4-2）求得待选拟合函数的累积函数分布概率 $F_{x,j}$，$j=1,2,3,4$。

$$F_{x,j} = \int_{-\infty}^{x} f_{x,j}(t)\,\mathrm{d}t \,(j=1,2,3,4) \tag{4-2}$$

通过式（4-3）对 $F_{x,j}$ 逆标准化求得 SGI 值：

$$\mathrm{SGI}_j = \Phi^{-1}(F_{x,j}) \,(j=1,2,3,4) \tag{4-3}$$

重复上述步骤，即可求得基于 4 种拟合函数的参数化 SGI。

2. 拟合函数的 K-S 检验

K-S 检验（吴喜之和王兆军，1996）是一种拟合优度检验法，用于对样本是否服从假设的理论分布函数进行检验。通过将样本的累积分布曲线与假设的理论频率曲线进行比较并计算差值，若差值的绝对值在规定范围内，表示该样本服从该假设分布。

若以 H_1、H_2 分别表示某样本序列服从、不服从某假设理论分布，$F_1(x)$ 表示理论分布、$F_2(x)$ 表示实际累积分布，则构建统计量 D：

$$D = \max \left| F_1(x) - F_2(x) \right| \tag{4-4}$$

在选定的显著性水平 $\alpha(\alpha = 5\%)$ 下，当 $D > D(n, \alpha)$ 时（n 为样本容量）拒绝 H_1，接受 H_2；反之则接受 H_1，拒绝 H_2。

3. AIC

AIC（Akaike，1973）是一种常用的最优拟合函数选择方法，综合考虑了模型的复杂程度与计算精度，能寻找出最优适配数据且自由参数个数较少的拟合模型。AIC 的计算公式为

$$AIC = 2k - \ln L \tag{4-5}$$

式中，k 为模型自由参数个数；L 为拟合的极大似然函数。AIC 值越小，拟合效果越好。

4. 拟合函数的选取

分布拟合是逐月进行，所以对各月拟合函数的 K-S 检验通过情况进行统计，如果函数对某序列的 12 个月的 K-S 检验均通过，认为其全序列的 K-S 检验通过。若某序列通过 K-S 检验的拟合分布函数有多个，则进一步使用 AIC 选取最优分布函数，即取 AIC 值最小的拟合分布函数作为该井月地下水位的最优拟合分布。

4.1.4　非参数化方法构建地下水干旱指数

非参数化（董洁，2005）是构建 SGI 的另一种方法，与参数化方法相比，非参数化有以下优点：①可适用于各种数据序列，不对数据的平稳性和一致性做出要求；②对数据的概率分布没有限制，可很好的处理"双峰"或"多峰"的概率密度分布；③对数据序列长度要求较低。综上所述，非参数化方法相较于参数化方法有更宽泛的适用性。

当然，非参数化方法也存在一些缺陷：①计算结果可能过度拟合；②虽然计算样本长度要求较低，但序列较短时计算结果可靠性不佳；③计算效率有时会偏低。所以非参数化方法的使用也应该视情况而定。地下水位变化理论上较为平稳，但由于人类取用地下水会影响其一致性和平稳性，有必要使用非参数化方法构建地下水干旱指数。该方法可用于计算参数化 K-S 未通过的地下水位序列。采用方法如下：

首先，将序列 x_{1i} 排序，得到新序列 x_{3i}：

$$x_{31} \leqslant x_{32} \leqslant \cdots \leqslant x_{3i} \leqslant \cdots \leqslant x_{3n} \quad i = 1, 2, \cdots, n \tag{4-6}$$

其次，将序列 x_{3i} 在区间 $1/2n \sim (1 - 1/2n)$ 内等分并赋概率值 p_i（Bloomfield and Marchant，2013），即

$$P(i) = \frac{1}{2n} + \frac{i-1}{n} \quad i = 1, 2, \cdots, n \tag{4-7}$$

将得到的 p_i 值通过逆标准变化得到 SGI_i 值：

$$SGI_i = \varphi^{-1}(p_i) \quad i = 1, 2, \cdots, n \tag{4-8}$$

最后，将 SGI_i 重新按时间排序，得到非参数化的 SGI 值。

4.1.5　地下水干旱指数 GRACE-GDI 的构建

1. 地下水储量变化的计算与验证

陆地水储量包括地表水、地下水、土壤水、冰雪、生物水、冠层水等。其中生物水和地表水难以测量，且在干旱半干旱地区相对其他成分，变化量可忽略不计（Wang F et al.，2020c），因此由式（4-9）计算地下水储量变化：

$$GWSA = TWSA - SMSA - SWESA - CWSA \tag{4-9}$$

式中，GWSA 为地下水储量变化；TWSA 为陆地水储量变化；SMSA 为土壤水储量变化；SWESA 为雪水当量变化；CWSA 为冠层水储量变化，单位均为 cm。

选用黑河中游、石羊河流域、关中地区 3 个典型区一致性、连续性较好的实测地下水位数据，对基于 GRACE 和 GLDAS 二者结合反演得出的地下水储量变化进行验证。为与 GRACE 数据一致，对实测地下水位数据扣除了 2004 年 1 月～2009 年 12 月均值后进行比较。

2. Theil-Sen 斜率法

Theil-Sen 斜率法是由 Sen（1968）提出的一种非参数检验法，常用来估计时间序列的趋势变化，计算方法如下：

$$Q_i = \frac{x_j - x_k}{j - k} \quad i = 1, 2, \cdots, N \tag{4-10}$$

式中，x_j、x_k 分别为第 j 个、第 k 个样本的时间序列值（$j > k$），$N = \dfrac{n(n-1)}{2}$。

将 N 个 Q_i 值从小到大排列，则中值 Theil-Sen 斜率为

$$Q_{\mathrm{med}} = \begin{cases} Q_{[(N+1)/2]} & N \text{ 为奇数} \\ \dfrac{Q_{[(N+2)/2]} + Q_{[N/2]}}{2} & N \text{ 为偶数} \end{cases} \tag{4-11}$$

Q_{med} 反映了时间序列趋势的倾斜程度，大于 0 表示该样本有上升的趋势，小于 0 表示该样本有下降的趋势。

3. 地下水干旱指数 GRACE-GDI 的计算

Zhao 等（2017）提出了一种基于 GRACE 数据反演的陆地水储量变化的干旱指数 GRACE-DSI，为资料缺乏地区提供了评估区域干旱的新途径。应用该方法计算 GRACE-GDI 的公式如下：

$$GRACE\text{-}GDI_{i,j} = \frac{GWSA_{i,j} - \overline{GWSA_j}}{\sigma_j} \tag{4-12}$$

式中，i，j 分别为年份、月份；$GWSA_{i,j}$ 为 i 年 j 月的地下水储量变化；$\overline{GWSA_j}$、σ_j 分别为 j 月地下水储量变化的均值与标准差。参照 Liu X F 等（2020）的研究，考虑到地下水枯竭区，由于人类持续的开采地下水活动，研究期末的干旱程度比研究期初更加严重，在计算 GRACE-GDI 时去除 GWSA 的趋势项。地下水干旱相对气象干旱变幅较缓，在此认为 GRACE-GDI 小于−0.5 时即发生地下水干旱。该指数为无量纲值，在本研究中根据干旱严重程度划分为 9 种旱涝类型，见表 4-1。

表 4-1   地下水干旱指数 GRACE-GDI 的旱涝等级划分

GRACE-GDI	旱涝类型
<−2.0	极端干旱
−2.0 ~ −1.5	重度干旱
−1.5 ~ −1.0	中度干旱
−1.0 ~ −0.5	轻度干旱
−0.5 ~ 0.5	正常
0.5 ~ 1.0	轻度湿润
1.0 ~ 1.5	中度湿润
1.5 ~ 2.0	重度湿润
>2.0	极端湿润

4.2   基于地下水位的西北地区地下水干旱演变特征

研究区域为黑河中游地区，包括甘肃省临泽县、高台县和张掖市，具有连续观测资料的地下水观测井共 23 眼，具体分布如图 4-1 所示。

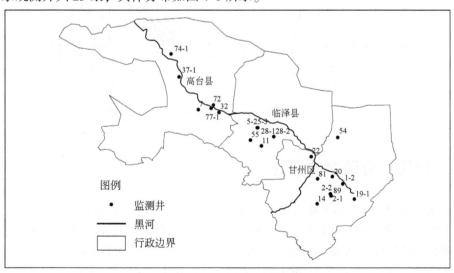

图 4-1   黑河流域中游地下水观测井分布

4.2.1 拟合分布对 SGI 拟合结果的影响

不同的拟合函数选取会对 SGI 的计算结果产生一定的影响，以 4 眼井为例，分别用 GEV、Gam、LogN 及 Beta 4 种函数拟合获得的 SGI 概率密度分布曲线如图 4-2 所示，可以发现，Gam 和 LogN 的计算结果偏向不发生干旱；SGI 的 GEV 分布和 Beta 分布的计算结果偏向发生干旱。拟合函数不同，基于 SGI 的评价结果不同，可见，选择合适的拟合函数是采用 SGI 评价地下水干旱的关键。

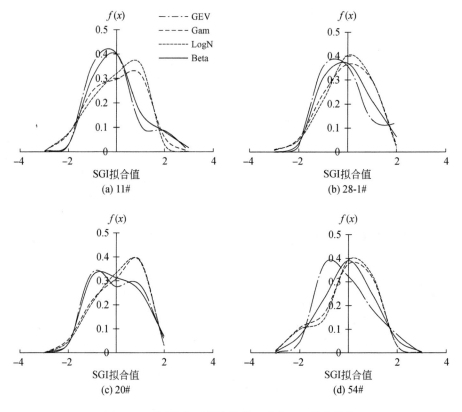

图 4-2　不同拟合函数计算的 4 眼井 SGI 分布曲线

4.2.2 最优拟合函数的选择

通过 K-S 检验可以判断各眼井的水位数据是否适合采用参数化方法计算 SGI，依据黑河流域中游 23 眼观测井的地下水位月序列，采用 4 种拟合函数后 K-S 检验通过率见表 4-2。月序列的拟合函数以 GEV 分布的通过率最大，其中有 6 个月达到 100%，其次是 Beta 分布，有 4 个月达到 100%；从全序列通过率看，Beta 分布最高（87%），其次是 GEV 分布（73.9%）。而 Gam 和 LogN 的通过率都低于 GEV 和 Beta 分布。由全年最高通过率可知，

Beta 分布更具优势。

表 4-2   地下水位序列拟合分布函数的 K-S 检验通过率　　　（单位：%）

分布函数	K-S 检验通过率												
	1 月	2 月	3 月	4 月	5 月	6 月	7 月	8 月	9 月	10 月	11 月	12 月	全年
GEV	95.7	100.0	100.0	95.7	95.7	100.0	100.0	91.3	100.0	95.7	95.7	100.0	73.9
Gam	87.0	87.0	91.3	87.0	82.6	95.7	87.0	69.6	95.7	95.7	73.9	91.3	56.5
LogN	95.7	87.0	87.0	87.0	78.3	91.3	87.0	73.9	82.6	91.3	73.9	87.0	47.8
Beta	95.7	95.7	91.3	95.7	95.7	100.0	95.7	100.0	100.0	95.7	95.7	100.0	87.0

各眼井地下水位月序列全年的 K-S 检验结果见表 4-3。有 21 眼井水位月序列全年至少通过了 1 个函数的 K-S 检验，对通过 AIC 优选拟合分布的井的地下水位序列，使用参数化方法计算 SGI；井 74-1 和井 7 未通过任何函数的 K-S 检验，直接使用非参数方法计算 SGI，不参与 AIC 计算。21 眼井的 AIC 优选结果表明，Beta 和 GEV 分布为最优拟合分布的井数目分别为 18（78%）眼和 3（13%）眼。综上，黑河流域中游总体上的最佳拟合函数是 Beta 分布，但存在少数井的最优拟合函数为 GEV 分布，且有 2 眼井需要采用非参数方法进行拟合。

表 4-3   黑河流域中游各井全年地下水位月序列 K-S 和 AIC 检验结果及 SGI 趋势

井号	通过 K-S 检验（1）或未通过（0）				AIC				最优拟合函数	SGI 趋势
	GEV	Gam	LogN	Beta	GEV	Gam	LogN	Beta		
1-2	0	0	0	1	2.2	10.5	15.8	−7.4	Beta	A
2-1	0	0	0	1	−11.3	−9.5	−5.7	−14.3	Beta	A
2-2	1	1	0	1	−22.4	−15.2	−11.1	−25.6	Beta	A
5-1	1	0	0	1	−4.0	0.6	4.1	−10.4	Beta	B
5-2	1	0	0	1	−28.3	−15.5	−10.5	−31.5	Beta	B
5-3	1	0	0	0	—	—	—	—	GEV	B
7	0	0	0	0	—	—	—	—	非参数	B
11	1	1	1	1	6.1	−3.6	−1.1	−4.2	Beta	B
14	1	1	1	1	−3.7	−0.1	5.6	−6.9	Beta	A
19-1	1	1	0	1	9.6	14.3	18.8	−4.6	Beta	B
20	1	1	1	1	−48.2	−44.7	−42.1	−51.5	Beta	A
22	0	1	1	1	−10.3	−12.2	−8.8	−16.3	Beta	A
28-1	1	1	1	1	3.7	−2.0	0.8	−4.5	Beta	A
28-2	1	1	1	1	5.7	0.5	3.2	−2.5	Beta	A
32	1	0	1	1	−19.4	−6.6	0	−18.8	GEV	B
37-1	0	0	0	1	−39.5	−32.1	−28.9	−41.5	Beta	B
54	1	1	1	1	3.5	4.7	9.4	−2.2	Beta	A

井号	通过 K-S 检验（1）或未通过（0）				AIC				最优拟合函数	SGI趋势
	GEV	Gam	LogN	Beta	GEV	Gam	LogN	Beta		
55	1	1	1	1	11.5	2.5	5.9	−1.0	Beta	A
72	1	1	1	1	0.2	5.6	10.2	−5.0	Beta	B
74-1	0	0	0	0	—	—	—	—	非参数	A
77-1	1	1	1	1	13.2	15.2	20.8	−0.3	Beta	B
81	1	0	0	1	−31.7	−24.1	−18.6	−27.0	GEV	A
89	1	1	1	1	−11.8	−10.6	−7.7	−14.9	Beta	A

注：A 指先下降后上升；B 指持续下降。

4.2.3 黑河流域中游 SGI 的变化趋势

根据 23 眼井在最优拟合函数下计算得到的 SGI 序列，发现 SGI 主要呈现两种变化趋势，即先下降后上升和持续下降。研究区有 10 眼井的干旱演变呈持续加重趋势；13 眼井呈先干旱后趋于湿润趋势（表 4-3）。综合参数化方法 Beta 分布、GEV 分布和非参数化方法 3 种方法，每种方法下的干旱指数 SGI 又分为两种趋势，因此将观测井分为 6 类，各类典型井 SGI 序列变化如图 4-3 所示。

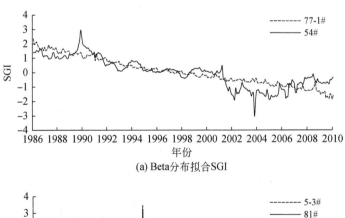

(a) Beta分布拟合SGI

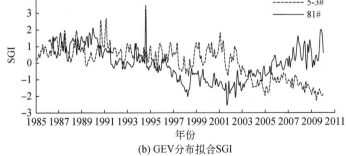

(b) GEV分布拟合SGI

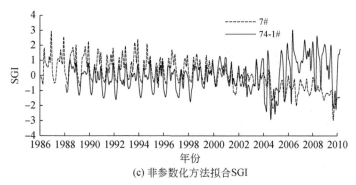

(c) 非参数化方法拟合SGI

图 4-3　3 种拟合下典型井 SGI 变化过程

　　SGI 持续下降的机井主要位于临泽和高台地区（图 4-1），说明其地下水干旱越来越严重，原因有两方面：①由于黑河流域 2000 年分水政策的实施，为保障下游生态需水，中游地表水不足，不得不大量抽取地下水所导致；②2000 年以来耕地面积扩大，灌溉需水增加，导致对地下水的开采量增加，造成地下水位下降。而下降-回升趋势的机井主要位于张掖地区的井渠混合灌区（图 4-1），其本身对地下水抽取力度偏小，且存在黑河径流对地下水的补给（米丽娜等，2015），导致 2003 年前后 SGI 呈上升趋势。同时，由于 2005～2010 年的连续丰水年（郝丽娜和粟晓玲，2015），SGI 整体都有所抬升。

4.3　基于 GRACE 数据的西北五省（自治区）
地下水干旱演变特征

　　以西北五省（自治区）为例，基于 GRACE 与 GLDAS 数据定量评估西北地区地下水储量变化，以实测地下水位数据进行验证，构建地下水干旱指数 GRACE-GDI，探究地下水干旱的时空演变特征，为地下水资源可持续利用提供科学依据。

4.3.1　地下水储量变化的验证

　　观测井实测地下水位与基于 GRACE 反演地下水储量变化的相关性检验以及典型井时间序列变化对比分别如图 4-4～图 4-7 所示。

(a) 石羊河流域　　　　(b) 黑河中上游　　　　(c) 关中地区

图 4-4　地下水储量变化与实测地下水位变化的相关关系显著性检验结果空间分布

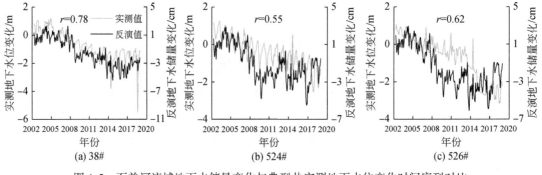

图 4-5　石羊河流域地下水储量变化与典型井实测地下水位变化时间序列对比

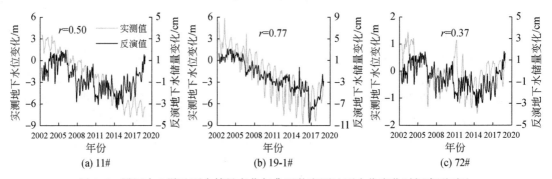

图 4-6　黑河中上游地下水储量变化与典型井实测地下水位变化时间序列对比

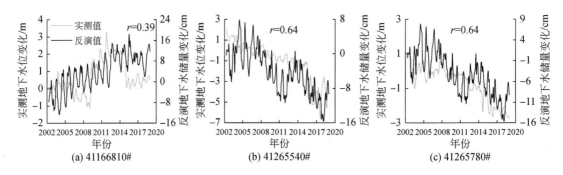

图 4-7　关中地区地下水储量变化与典型井实测地下水位变化时间序列对比

GRACE 数据的原始分辨率仅为 3°×3°，且地下水位变化应乘以土壤给水度才能计算得出等效水高，因此仅对两者之间的相关性进行分析。由图 4-4 可看出，大部分观测井通过了 $\alpha=1\%$ 时的相关系数（$r=0.18$）显著性检验，说明在这三个地区反演结果精度较高；石羊河流域、关中地区实测地下水位与反演的地下水储量变化的相关性较好，在黑河中上游的相关性相对稍差。图 4-5 ~ 图 4-7 为部分地下水位站点时间序列，可以看出 GRACE 反演的地下水储量变化与实测地下水位趋势基本一致，但在部分年份精度较差。参考其他学者（王洋，2018；Wang F et al.，2020c）的相关研究，GRACE 数据在小空间尺度精度较差，但在流域大尺度上精度较高。本书着重研究西北地区大尺度的地下水干旱情况，故

GRACE 数据的精度在西北地区满足要求。

4.3.2 地下水储量变化趋势分析

经分析，2002 年 4 月～2021 年 3 月，新疆天山山脉、准噶尔盆地、陕西关中地区、陕北地区的地下水储量下降较为严重，而柴达木盆地、昆仑山北麓、陕南地区、甘肃南部地下水储量变化有增加的趋势。

新疆和陕西关中地下水枯竭地区为人口稠密区，城镇化快速发展导致地下水过度抽取是地下水枯竭的主要原因；陕北地区由于治理水土流失和大规模植树造林，蒸发蒸腾增加、地下水补给变少，引起地下水储量下降（Han et al.，2020）；气候变暖使高海拔地区的冰雪加速融化，致使处于低海拔地区的柴达木盆地与昆仑山北麓水储量变化的重新分配（王洋，2018），地下水储量不断增加；陕西南部、甘肃南部地处秦岭南麓，属亚热带季风气候，降水充沛，且自 21 世纪以来降水量呈增加趋势（赵爱莉等，2020），从而导致地下水储量增加。

基于 Theil-Sen 斜率对西北五省（自治区）地下水储量变化速率进行定量计算，得出陕西、甘肃、宁夏、新疆的下降速率分别为 0.50cm/a、0.21cm/a、0.40cm/a、0.44cm/a，青海的地下水储量呈上升趋势，速率为 0.25cm/a。根据《青海省水资源公报》，2020 年地下水资源量为 437.3 亿 m³，较 2002 年增加了 202.8 亿 m³，而地下水开采量基本维持在 5 亿 m³ 左右，说明地下水储量是增加的，与本研究结论一致。西北地区地下水储量总体上为下降趋势，约以 0.25cm/a 的速率减少，折合等效水量约减少 $7.61×10^9 m^3/a$。许多学者认为西北地区呈现"暖湿化"的趋势（Yang P et al.，2017），但由于地下水超采，部分区域地下水储量在不断减少。河西走廊、六盘山区、青海南部地下水干旱发生频率较高，而陕南地区、柴达木盆地、青海湖流域、新疆等地下水干旱发生频率较低。河西走廊为西北地区农业发达、人口密集的区域，由于人口快速增长、绿洲扩张和城市化，日益增加的需水要求导致地下水超采（Wang F et al.，2020c），进而引起地下水干旱频发；陕南地区、柴达木盆地等地下水位有回升的趋势，地下水干旱发生频率较低。

4.3.3 地下水干旱的时间演变特征

图 4-8 为西北地区及五省（自治区）GRACE-GDI 与地下水干旱面积比例的 7 个月滑动平均值变化过程，图 4-8 中 GRACE-GDI 低于干旱阈值－0.5 即认为发生地下水干旱事件。由图 4-8 可知，西北地区在 2002 年 4 月～2003 年 5 月、2008 年 7 月～2010 年 6 月、2014 年 11 月～2015 年 6 月、2016 年 1 月～2017 年 5 月、2020 年 7 月～2021 年 3 月发生了较为严重的地下水干旱，其中 GRACE-GDI 最小值出现在 2008 年 12 月，为－1.32，对应的干旱面积比例为 48.3%，在 2015 年 3 月干旱发生面积比例最高，达到 56.6%。西北地区多年平均地下水干旱面积比例为 29.0%。宁夏、甘肃地下水干旱呈现频次高、烈度小的特征，而陕西、青海、新疆呈现出频次低、烈度大、干旱面积广的特征。由于降水稀少，

各省（自治区）在2007年之后GRACE-GDI均有不同程度的下降，其中甘肃、青海、新疆发生了历时2~3年的地下水干旱。

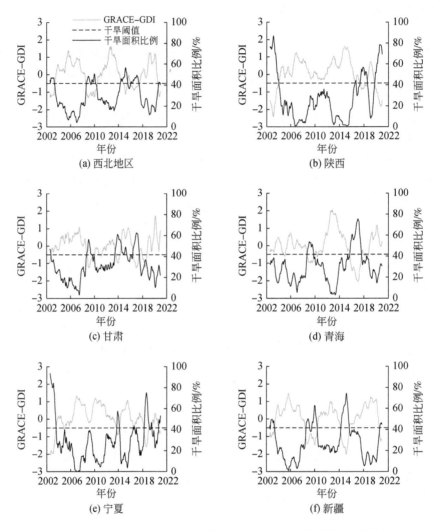

图4-8　西北地区及各省（自治区）GRACE-GDI及干旱面积比例

4.4　小　　结

本章分别基于实测地下水位数据和GRACE卫星数据构建了地下水干旱指数，并分别应用于黑河中游地区和西北地区。

（1）基于黑河中游地区23眼井的实测地下水位数据构建SGI，多数井的最优拟合函数为Beta，3眼井为GEV，另有2眼井为非参数方法；研究区有10眼井的干旱演变呈干旱持续加重趋势；13眼井呈先干旱后趋于湿润趋势。

作为标准化降水指数 SPI 的衍生，SGI 有着和 SPI 相似的优缺点，但因为地下水位序列固有的特性，二者又有所差别。SGI 的值受拟合分布函数的影响，拟合函数的选择更为多样化，而不同的拟合函数则会使干旱分级情况发生变化。

目前，非参数拟合估计已在水文领域应用，其优点在于可以始终通过 K-S 检验，该方法同样具有局限性：过度拟合，会导致模型只能与该组数据相匹配，适用于数据长度发生变化时的情况；对于适合参数化方法的特定问题，若使用非参数化方法，效率较低。有必要探索其他的分布函数对不符合本研究 4 种分布的数据进行参数化拟合。进一步研究可对 SGI 在其他地区的适应性进行评估，不同于降水序列和径流量等水文序列，地下水位序列与其衍生的 SGI 序列不仅受到气象要素的驱动作用，还受到当地特定的补给排泄影响。因此使用 SGI 进行地下水干旱的空间分析时，要结合当地的水文地质条件。

（2）基于 GRACE 和 GLDAS 数据计算的地下水储量变化在西北五省（自治区）具有可靠性；除青海地下水储量以 0.25cm/a 的速率上升外，陕西、甘肃、宁夏、新疆地下水储量分别以 0.50cm/a、0.21cm/a、0.40cm/a、0.44cm/a 的速率下降；西北五省（自治区）地下水储量总体上为下降趋势，约以 0.25cm/a 的速率减少，折合等效水量减少约 $7.61×10^9 m^3/a$。

构建的地下水干旱指数 GRACE-GDI 识别出西北五省（自治区）在 2002 年 4 月 ~2003 年 5 月、2008 年 7 月 ~2010 年 6 月、2014 年 11 月 ~2015 年 6 月、2016 年 1 月 ~2017 年 5 月、2020 年 7 月 ~2021 年 3 月发生了地下水干旱。河西走廊、六盘山区、青海南部地下水干旱发生频率较高，而陕南地区、柴达木盆地、青海湖流域、新疆等地下水干旱发生频率较低；西北地区多年平均地下水干旱面积比例为 29.0%。

由于西北地区地下水位观测站点密度稀疏，且缺测漏测现象严重，这限制了对地下水干旱的研究和探索，而 GRACE 卫星数据提供了一个大尺度观测地下水储量变化的新视角。诚然，基于 GRACE 数据反演地下水储量变化也有诸多不足。

GRACE 数据空间分辨率较粗，如 JPL-Mascons、CSR-Mascons 的空间分辨率分别为 0.5°×0.5°、0.25°×0.25°，但原始分辨率分别为 3°×3° 和 1°×1°，加之遥感数据的测量误差、仪器误差等因素，导致在小流域尺度上反演结果可能不佳，需以典型区域实测地下水位数据加以对比验证，必要时需结合多源水文数据进行精度校正。

GRACE 数据的时间分辨率为逐月，这难以监测日尺度、周尺度等极端干旱事件的发生。欧空局和 NASA 联合提出的下一代卫星重力任务（NGGM）和我国的天琴计划等新一代重力卫星，在关键载荷上精度水平进一步提高，可提供更高精度和时空分辨率的重力场模型和水储量数据，这有助于进一步了解全球和区域水文情况。

第 5 章 | 生态干旱评估方法及应用

由降水不足引起的气象干旱随着时间的推移演变为农业干旱和水文干旱，导致流入湿地和地下含水层的水量减少，加上干旱期人类需水的增加进一步加剧了干旱程度，使得生态系统可获得的水量低于生态需水阈值，发生生态干旱。持续的生态干旱改变水文生态过程，并以各种形式影响水域和陆地生态系统，导致依赖生态系统提供资源和服务的人类社会发生连锁反应。本章提出了一种新的生态干旱指数构建方法，监测西北地区生态干旱，并探讨西北地区生态干旱的时空演变规律以及典型生态干旱事件的三维动态演变过程，为应对生态干旱以及生态保护提供技术支撑。

5.1 生态干旱评估方法

5.1.1 数据来源及预处理

本研究所用的气象数据为欧洲中期尺度气象预报中心（European Centre for Medium-Range Weather Forecasts，ECMWF）发布的 ERA 陆面再分析数据（https://cds. climate. copernicus. eu），包括地表反射、温度、相对湿度、大气压力、短波辐射、风速、长波辐射，空间精度为 0.1°×0.1°，时间范围为 1981~2021 年。根区土壤水分数据由全球陆面同化系统（https://ldas. gsfc. nasa. gov/gldas）发布，空间精度为 0.25°×0.25°，时间范围为 1948~2021 年。NDVI 数据来源于国家科技资源共享服务平台（http://date. tpdc. ac. cn/en/），空间精度为 0.0833°×0.0833°，时间范围为 1982~2015 年。土地利用类型数据来源于中国科学院资源环境科学与数据中心（http://www. resdc. cn），包括 1980 年、1990 年、1995 年、2000 年、2005 年、2010 年、2015 年、2018 年及 2020 年共 9 期数据，空间精度为 1km×1km。为充分利用高精度数据所含的信息、保持数据的时空一致性，利用双线性差值法将所有数据集重采样至 0.0833°×0.0833°，时间范围为 1982~2015 年。

5.1.2 生态干旱指数的构建方法

长期干旱会导致生态系统缺水，造成植被群落发生不可逆转的退化（O'Connor et al.，2020），因此本研究通过植被的生态缺水量来构建生态干旱指数。已有研究（Chi et al.，2018；Feng and Su，2020）大都使用有效降水量和生态需水量之差来表征生态缺水量。然而这种方法将降水量视作来水量，忽略了植被生长过程中的其他水资源供给，如地下水。因此 Vicente-Serrano 等（2018）认为，相较于降水亏缺，蒸散发亏缺能更好地表征生态系统角度的水量亏缺，即生态缺水量（EWD）。其计算式为

$$EWD = EWC - EWR \tag{5-1}$$

式中，EWC 为生态耗水量；EWR 为生态需水量。

1. 生态耗水量的计算方法

随着遥感数据的多元化，计算机性能的提升，许多用于估算植被实际蒸散发的复杂算法得以推广，如地表能量平衡（SEB）模型、Penman-Monteith 法（Monteith，1965）、Priestley-Taylor 法（Priestley and Taylor，1972）、Shuttleworth-Wallace 法（Zheng et al.，2016）、水量平衡法（Zeng et al.，2014）、土壤–植被–大气迁移模型（Ghilain et al.，2011）、统计模型（Alemohammad et al.，2017）。其中，SEB 模型运行虽然相对复杂，通过推求潜热通量来估算蒸散发，但在评估不同环境下的植被耗水量时表现出更强的鲁棒性和更高的精度（Chen et al.，2021），表达式为

$$R_n = (1-\alpha)R_{swd} + \varepsilon R_{twd} - \varepsilon \sigma T_0^4 \tag{5-2}$$

$$G_0 = R_n [\Gamma_c + (1-f)(\Gamma_s - \Gamma_c)] \tag{5-3}$$

$$H = \rho C_p \frac{(\theta_0 - \theta_a)}{r_{ac}} \tag{5-4}$$

$$r_{ac} = \{\ln[(z-d_0)/z_0]\}^2 / (k^2 \mu) \tag{5-5}$$

$$u = \frac{u_*}{k}\left[\ln\left(\frac{z-d_0}{z_{0m}}\right) - \Psi_m\left(\frac{z-d_0}{z_{0m}}\right) + \Psi_m\left(\frac{z_{0m}}{L}\right)\right] \tag{5-6}$$

$$\theta_0 - \theta_a = \frac{H}{ku_* \rho C_p}\left[\ln\left(\frac{z-d_0}{z_{0h}}\right) - \Psi_h\left(\frac{z-d_0}{L}\right) + \Psi_h\left(\frac{z_{0h}}{L}\right)\right] \tag{5-7}$$

$$\lambda E = R_n - G_0 - H \tag{5-8}$$

式中，R_n 为地表净辐射；α 为地表反射率；R_{swd} 和 R_{twd} 分别为下行太阳辐射和下行长波辐射；ε 为地表辐射率；T_0^4 为传感器测得的辐射地表温度；σ 为 Stephen-Boltzmann 常数；Γ_c 为区域中植被完全覆盖地区的参数，通常取 0.05；Γ_s 为区域中无植被覆盖时的参数，通常为 0.315；ρ 为空气密度；C_p 为空气热容；r_{ac} 为空气动力学阻抗；z 为参考高度（通常为 2m）；d_0 为水平面高度；k 为 Karman 常数，取 0.4；z_0 为表面粗糙度长度，通常受到植被高度和郁闭度的影响；μ 为参考高度处的风速；u 为平均风速；u_* 为摩擦风速；z_{0m} 为动力学粗糙长度；z_{0h} 为热传导相对粗糙度；Ψ_m 与 Ψ_h 分别为地表动量与热传输的 MOS 稳定度修订函数；θ_0 为地表位温，θ_a 为参考高度 z 处的空气位温；H 为感热通量；L 为 Obukhov 长度。将以上公式，利用计算机反复迭代，即可求得 u_*、H、L，进而得到潜热通量 λE。代入下式即可求得蒸散发量：

$$H_d = R_n - G_0 \tag{5-9}$$

$$\lambda E_w = R_n - G_0 - H_w \tag{5-10}$$

$$\Lambda_r = \frac{\lambda E}{\lambda E_w} = 1 - \frac{\lambda E_w - \lambda E}{\lambda E_w} = 1 - \frac{H - H_w}{H_d - H_w} \tag{5-11}$$

$$\Lambda = \frac{\lambda E}{R_n - G_0} = \frac{\Lambda_r \lambda E_w}{R_n - G_0} \tag{5-12}$$

$$\mathrm{EWC} = \Lambda \frac{R_n - G_0}{\lambda \rho_w} \tag{5-13}$$

式中，H_w 和 H_d 分别为极端干燥和湿润状况下的感热通量；Λ_r 为相对蒸发比；Λ 为蒸发比；λ 为气化潜热；ρ_w 为水密度。

2. 生态需水量的计算方法

生态需水量反映了维持生态系统健康和功能所需的水资源量（Deb et al.，2019）。植被需水量等于在无水分、盐分、病虫害胁迫的理想条件下的植被蒸散发量，常用 FAO 推荐的单作物系数法计算。该法已广泛应用于林地和草地的需水量估算（Zhang et al.，2010；Chi et al.，2018），计算公式为

$$\mathrm{EWR} = K_c \times \mathrm{ET}_0 \tag{5-14}$$

式中，K_c 为不同时期的植被系数，划分为初始、发展、生长中期和生长后期四个阶段；ET_0 为参考作物蒸散发，由 Penman-Monteith 公式计算（Monteith，1965）。

西北地区空间跨度大，植被种类复杂，植被生长期存在明显的空间异质性，如西北地区南部的草地生长中期为 5～8 月，而西北部为 6～9 月，因此用相同的生长期划分必然造成生态需水估算结果误差较大（姜田亮等，2021）。植被 NDVI 通常在生长中期达到最大值（Chen et al.，2018），据此提出生长期的划分规则：计算研究时段内 1～12 月 NDVI 均值并排序，生长中期为 NDVI 最大值对应月份及其相邻的前后两月，发展期和生长后期分别为中期的前一个月和后两个月，其余月份按初始阶段计算。例如，NDVI 最大值对应6 月，生长中期为 5～7 月，发展期为 4 月，生长后期为 8～9 月。不同生长阶段的植被系数的计算公式为

$$K_{c,\mathrm{ini}} = K_{c,\mathrm{ini}(\sim 10)} \tag{5-15}$$

$$K_{c,\mathrm{mid}} = K_{c,\mathrm{min}} + (K_{c,\mathrm{full}} - K_{c,\mathrm{min}}) \left\{ \min\left[1, 2f_p, (f_{\mathrm{peff}}) \right]^{\left(\frac{1}{1+h}\right)} \right\} \tag{5-16}$$

$$K_{c,\mathrm{dev}} = \frac{K_{c,\mathrm{mid}} - K_{c,\mathrm{ini}}}{2} t + K_{c,\mathrm{ini}} \tag{5-17}$$

$$K_{c,\mathrm{end}} = K_{c,\mathrm{min}} + (K_{c,\mathrm{full}} - K_{c,\mathrm{min}}) \left\{ \min\left[1, 2f_p, (f_{\mathrm{peff}}) \right]^{\left(\frac{1}{1+h}\right)} \right\} \tag{5-18}$$

$$f_{\mathrm{peff}} = \frac{f_p}{\sin(\eta)} \tag{5-19}$$

$$f_p = \frac{\mathrm{NDVI} - \mathrm{NDVI}_{\min}}{\mathrm{NDVI}_{\max} - \mathrm{NDVI}_{\min}} \tag{5-20}$$

式中，$K_{c,\mathrm{ini}(\sim 10)}$ 为植被生长初始阶段降水浸润深度小于 10 mm 的植被系数，通过 FAO-56 手册中图 29 得到（Allen et al.，1998）；$K_{c,\mathrm{min}}$ 为植被盖度最小时对应的植被系数（$0.15 < K_{c,\mathrm{min}} < 0.20$）；$K_{c,\mathrm{full}}$ 为植被完全覆盖时对应的植被系数；h 为植被高度；f_p 为植被实际盖度（$0.01 < f_p < 1$），利用基于遥感的经验公式计算；$\sin(\eta)$ 为日偏角均值的正弦值；$\mathrm{NDVI}_{\min}$

和 NDVI$_{max}$ 分别为各年 NDVI 的最小值和最大值。

3. 生态缺水量的标准化

首先，对生态缺水量序列 x_{1i} 进行归一化处理，得到新的序列 x_{2i}，分别用 0.999 和 0.001 代替 1 和 0 以便于拟合分布。选用三种常用分布：Gam 分布、LogN 分布以及 P-Ⅲ型分布，对 x_{2i} 进行拟合求参，得到概率密度方程 $f_{x2i}(t)$，并利用 AIC 做最优分布选择。其次，对最优分布函数的概率密度函数进行积分，获得相应的累积分布 $F_{x2i}(t)$。最后，对 $F_{x2i}(t)$ 做逆标准化处理得到标准化生态缺水指数（SEWDI），即生态干旱指数。表达式为

$$x_{2i} = \frac{\max(x_{1i}) - x_{1i}}{\max(x_{1i}) - \min(x_{1i})} \tag{5-21}$$

$$F_{x2i}(x) = \int_{-\infty}^{x} f_{x2i}(t)\,\mathrm{d}t \tag{5-22}$$

$$\mathrm{SEWDI} = \Phi^{-1}(F_{x2i}) \tag{5-23}$$

式中，SEWDI 越小，表明生态干旱程度越高。参照《气象干旱等级》（GB/T 20481—2017）中 SPI 的划分方法，将生态干旱等级划分为无旱（SEWDI>-0.5）、轻旱（-1<SEWDI<-0.5）、中旱（-1.5<SEWDI<-1）和重旱（SEWDI≤-1.5）。

5.2 西北地区生态干旱时空变化特征

5.2.1 生态干旱空间特征

为分析西北地区生态干旱的空间特征，对 1982～2015 年 12 月尺度的 SEWDI 进行经验正交分解，结果表明排名前十的特征向量累积方差贡献率超过 67%。将所得特征向量进行正交旋转，使相似的变化特征集中在同一区域，提取排名前四的旋转后特征向量。在第一空间模态中，较大的特征向量值占总体方差的 13.3%，主要分布在中温带和暖温带区域，如吐鲁番盆地、塔里木盆地、柴达木盆地、甘肃东部的高原区、陕西中部盆地地区、河西走廊、祁连山区，表明这些区域的生态干旱对累积温度的响应更加敏感。在第二空间模态中，特征向量高值区主要集中在西北地区北部的高纬度地区，包括昆仑山北部，青海南部高原区。在这些区域，生态干旱变化受高原热力条件和东亚亚热带季风的交互作用影响较大（Feng W et al.，2020）。第三空间模态主要分布在干旱区植被覆盖较高的区域，包括伊犁盆地、阿尔泰山脉。在第四空间模态中，低值区分布在河西走廊、吐鲁番盆地、塔里木盆地、祁连山东侧等干旱半干旱区，高值区分布在陕西南部和中部的湿润半湿润区，说明该模态中生态干旱变化对水分的响应更为敏感。

根据上述特征向量的空间分布，可将西北地区划分为东南（SE）区、东北（NE）区、中部（CT）区、西北（NW）区和西南（SW）区。SE、NE 和 CT 区的划分根据第一和第四空间模态，其中，SE 区表征西北区中的湿润区，即第四空间模态中的高值区，常

绿–阔叶混交林为该区的主要植被类型；NE 区表征西北区中的半湿润区，即第一空间模态中的高值区，草地为该区的主要植被类型。SW 和 NW 区为第二和第三空间模态中的高值区，主要植被类型分别为高原草甸和针叶林。CT 区为西北地区中温带的干旱区，主要植被类型为荒漠草地。2000 年以前生态干旱区主要集中在 NW、SW 和 NE 区，2000 年以后转移至 CT 和 SE 区。

分别以 SEWDI<−1 和 SEWDI<−1.5 为阈值提取研究区的生态干旱事件特征，包括烈度、历时及干旱事件数目（图 5-1）。总体来看，生态干旱事件主要集中在生态需水和耗水均较大的植被生长期，即 4~10 月。SEWDI<−1 的条件下，3 月尺度生态干旱起止时间均值最早的区域分别为 CT 区（6.50）和 SE 区（6.57），最晚的区域分别为 SW 区（6.57）和 NE 区（6.95）；而 12 月尺度生态干旱起止时间均值最早的区域分别为 CT 区（6.19）和 SE 区（6.26），最晚的区域均为 NE 区（6.87 和 6.67）。生态干旱历时均值随时间尺度增加和阈值减小而增加，五个子区历时排序为 SE 区<NE 区<SW 区<NW 区<CT 区。同样，在长时间尺度和低阈值条件下，生态干旱烈度更大，五个子区烈度均值排序为 CT 区<SW 区<NE 区<SE 区<NW 区。干旱次数排序为 NW 区<SW 区<CT 区<NE 区<SE 区。

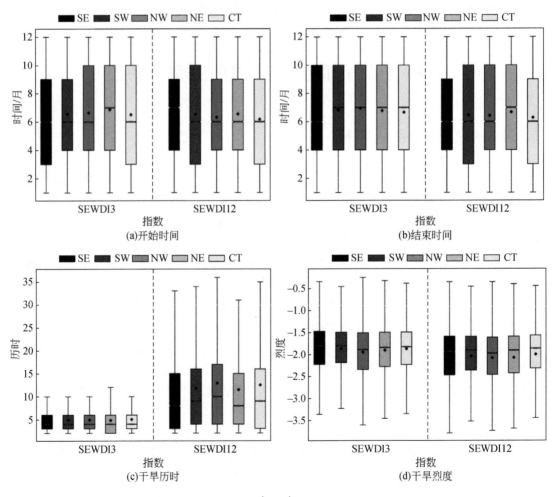

(a)开始时间

(b)结束时间

(c)干旱历时

(d)干旱烈度

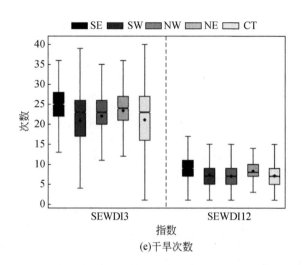

(e)干旱次数

图 5-1　3 月和 12 月尺度下，五个子区 SEWDI<-1 时的生态干旱历时、烈度及频率箱线图

通过上述分析可得，五个子区中，SE 区的烈度更大，频率更高，同时具有更早的开始时间和较短的历时；SW 区烈度较小，频率较低，开始时间较晚，历时长；NW 区具有较大的强度，较低的频率和较长的历时；NE 区表现为较大强度，较高频率，开始时间较晚且历时较短；CT 区强度较小，频率较低，开始时间较早，历时较长。

5.2.2　生态干旱的时间变化

图 5-2 展示了 1982～2015 年 1～48 月尺度下 SEWDI 在西北地区及其五个子区域的时间变化。SEWDI 序列随时间尺度的增加变得更加平滑，干湿期的时间区间更加分明。总体来看，西北地区生态干旱主要集中在 1982～1986 年的 SE、SW 和 CT 区，1990～1996 年的 SW、NE 和 NW 区，以及 2005～2010 年的 NW、NE 和 CT 区。在五个子区中，湿润度较高的 SE 和 NE 区，生态干旱指数的波动具有更明显的年代际特征；在湿润度较低的 SW、NW 和 CT 区，生态干旱指数的波动较为平缓，其中 SW 区仅有一个明显的波动期。尽管有大量文献报道 21 世纪以来西北地区降水量显著提升，但植被盖度和温度的增加使 SE、SW 和 CT 区的生态缺水量变大，导致生态干旱程度加剧。同时可以看到，2013 年以后西北大部分地区显示湿润化特征。

运用小波分析分别提取西北地区及其五个子区的小波方差，结果表明西北地区 SEWDI 的回归周期为 9 年（图 5-3）。其中，较为干燥的 SW、NW 和 CT 区的第一周期均超过 15 年，高于更加湿润的 SE 和 NE 区。对比同时间尺度的 SPEI、SPI、SSI 和 scPDSI，发现以荒漠区为主的 NW 和 CT 区，SEWDI 的波形与 SPI 和 SPEI 相似，表明这些区域的生态干旱受气象干旱的影响较大；而湿润度较高的区域，SEWDI 的波形与各类指数的差别较大，表明影响这些区域植被生长的水资源因素更加复杂。

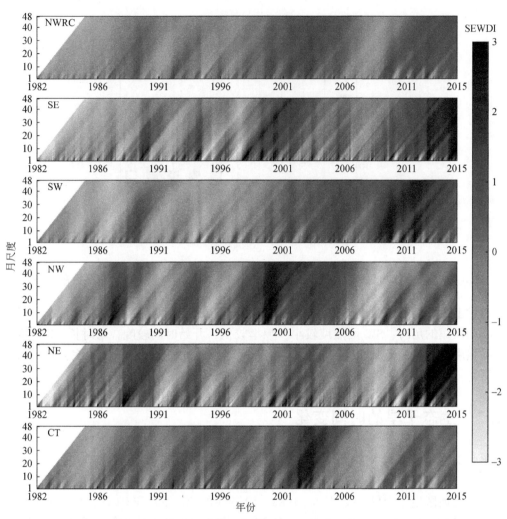

图 5-2　西北地区及其五个子区域 1～48 月尺度 SEWDI

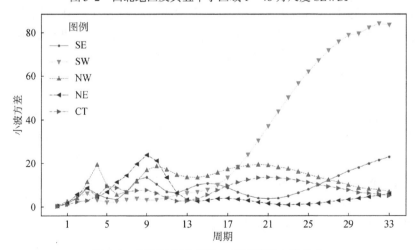

图 5-3　西北地区及其五个子区域的小波方差

5.3 基于三维识别方法的生态干旱事件动态演变规律

5.3.1 生态干旱事件的三维识别结果

利用干旱事件的三维识别方法，共识别出 168 场生态干旱事件。烈度排名前十的生态干旱事件历时均超过一年，表现出向西北或向东迁移的特点（表 5-1）。其中烈度最大的干旱事件（第 2 场）在 1982 年 4 月开始于甘肃省东部，向西北方向迁移，于 1984 年 4 月结束于青海省北部，历时 25 个月，影响面积 390 824.2km²。这场生态干旱事件是由 1980～1982 年长期的气象干旱引发的（http://sls.iwhr.com）。相较于气象干旱（Liu et al.，2019），生态干旱事件表现出更长的历时，说明生态干旱具有更长的恢复期。

表 5-1 1982～2015 年烈度排名前十的生态干旱事件

事件编号	影响面积 /km²	干旱烈度 /月·km²	历时 /个月	开始时间 /（年.月）	结束时间 /（年.月）	强度	迁移方向	干旱中心纬度 /（°N），经度/（°E）
2	390 824.2	4 461 612	25	1982.04	1984.04	-1.27	NW	35.08，105.20
50	407 626.7	4 146 819	30	1990.06	1992.11	-1.18	NW	35.29，102.58
37	348 522.9	4 125 131	21	1986.10	1988.06	-1.40	E	34.02，97.73
35	347 893.4	4 120 951	24	1986.07	1988.06	-1.33	E	33.91，96.77
49	399 717.3	3 748 143	27	1990.06	1992.08	-1.21	NW	35.23，100.83
3	371 975.6	3 704 448	18	1982.04	1983.09	-1.30	E	35.41，107.30
59	407 626.7	3 562 570	21	1991.03	1992.11	-1.18	E	36.07，103.81
56	391 178.4	3 287 989	23	1991.01	1992.11	-1.17	W	36.30，105.47
58	399 638.6	3 180 977	18	1991.03	1992.08	-1.21	N	36.30，105.47
55	120 839.9	2 892 945	20	1991.01	1992.12	-1.20	NW	36.16，105.68

5.3.2 生态干旱事件的时变特征

根据图 5-4 所示的生态干旱历时、烈度、频率和影响面积的时变特征，可将 1982～2015 年的生态干旱事件分为 1982～2000 年和 2001～2020 年两个阶段，生态干旱事件频次分别为 5.7 次/a 和 3.9 次/a，烈度分别为 110 月·万 km² 和 12 月·万 km²，影响面积分别为 88 135km² 和 33 906km²。数据立方图可以有效表征不同干旱事件的动态演变过程（Gatalsky et al.，2004；Lewis et al.，2017），分别提取两个时期历时超过 7 个月的生态干旱事件，构建数据立方图（图 5-5），21 世纪前后的生态干旱事件分别为 41 场和 14 场，始于 SE 和 NE 的干旱事件由 21 世纪以前的 26.3% 上升至 39.1%。由此可见，21 世纪以来生态干旱表现出更小的频次、烈度和影响面积，对生态系统的植被影响显著减小，这也是西北地区植被盖度增加的主要原因之一。

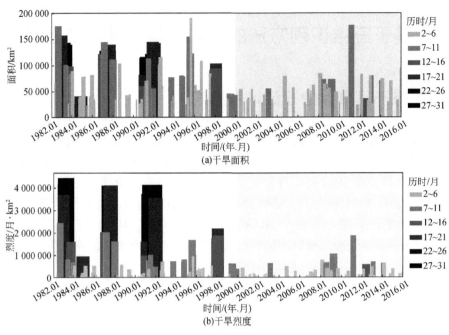

图 5-4　生态干旱事件的时变特征

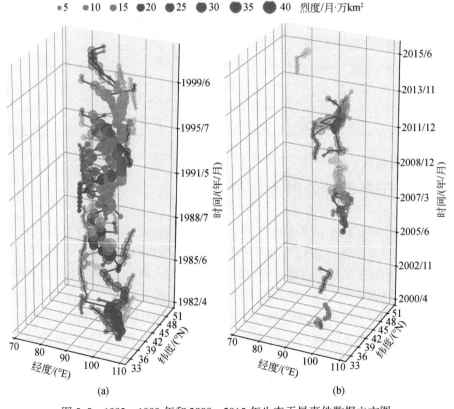

图 5-5　1982～1999 年和 2000～2015 年生态干旱事件数据立方图

从不同干旱事件的迁移方向来看，大部分干旱事件向东（52 场）和向西（43 场）迁移，向北和东南方向迁移的干旱事件最少，分别为 10 场和 9 场（图 5-6）。67.0% 的生态干旱事件历时 2~6 个月，仅有两场干旱事件历时大于 27 个月，均朝西北方向迁移。与其他方向相比，西北方向迁移的生态干旱事件大都表现出较大的烈度和影响面积。

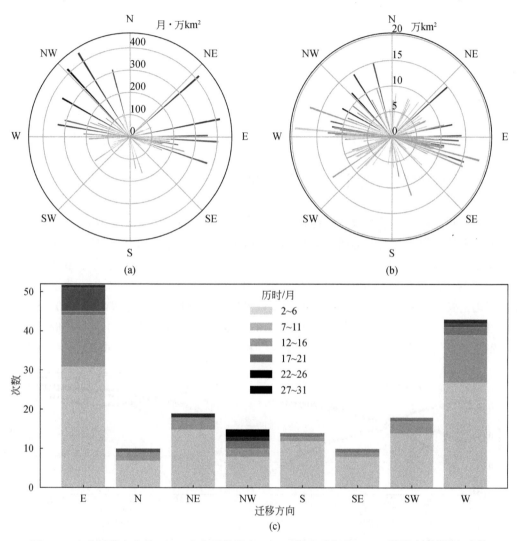

图 5-6　八个迁移方向的（a）生态干旱烈度、（b）影响面积和（c）不同历时的发生次数

除 SE 和 NE 区外，大部分地区的生态干旱的时空变化特征与气象干旱相似，如 SPEI（Wang et al., 2019）、scPDSI（Wang et al., 2017）和 SPI（Yao et al., 2018）的评估结果均表明，21 世纪以来，西北地区的气象干旱表现为减缓趋势。NW、SW 和 CT 区的主要植被类型为草地，需水量变化受风速、降水、温度以及相对湿度等气象要素影响较大，气象干旱指数与 SEWDI 表现为正相关（姜田亮等，2021）；而 SE 和 NE 区中，林地占比相对较大，需水量大小由植被盖度主导（姜田亮等，2021）。21 世纪以来植被盖度的增加使

NE 和 SE 区的需水量大幅增长，造成生态干旱与气象干旱趋势不同，干旱事件占比从 26.3% 上升至 39.1%。

5.4　生态干旱指数的适用性评估

虽然下垫面植被变化是气候变化和人类活动共同作用的结果，但从较长时间尺度来看，植被的变化主要与长期缺水量累积、不同区域的湿润条件以及植被水分利用效率（water use efficiency，WUE）有关（Lin et al., 2020；Jiang et al., 2021）。分别选取反映气象要素的 SPI、SPEI，反映土壤水分变化特点的 SSI，反映多种水量平衡过程的 scPDSI，以及本文构建的 SEWDI，计算不同时间尺度、不同湿润度（$WI = P/ET_0$）以及不同水分利用效率条件下与标准化 NDVI（SNDVI）的相关性，评估各类指数对生态干旱的监测能力。

5.4.1　不同时间尺度下的适用性评估

不同时间尺度的干旱指数能够体现缺水的累积效应（Zhou et al., 2020），因此，分别计算 1~48 月尺度下五类干旱指数与 SNDVI 的 Pearson 相关系数（图5-7）。总体来看，在湿润度相对较高的 SE（WI=0.81）和 NE（WI=0.54）区，不同时间尺度下，相关系数大小排序为 SEWDI>SPEI>SSI>SPI>scPDSI，且相关性随时间尺度的增加而增加，表明湿润区植被的变化主要受长期缺水的影响；在湿润度较低的 SW（WI=0.31）、NW（WI=0.23）以及 CT（WI=0.18）区，相关系数由大到小为 SEWDI>scPDSI>SSI>SPI>SPEI，且随时间尺度增加呈先增后减的趋势，表明在干旱半干旱区，植被在短时间尺度就会对缺水产生较为敏感

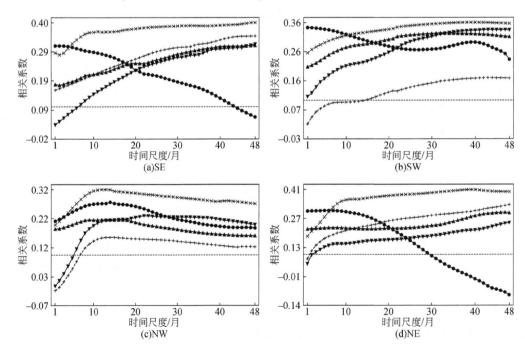

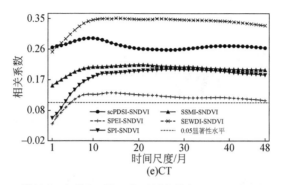

图 5-7　1~48 月尺度下不同区域五类干旱指数与 SNDVI 的 Pearson 相关系数

的响应。相较于其他干旱指数，虽然 scPDSI 与短时间尺度的 SNDVI 相关性较高，尤其是湿润区，但基于生态缺水量构建的 SEWDI 在大多数时间尺度下与 SNDVI 的相关性最高，能更加客观地评估生态干旱。

5.4.2　不同湿润条件下 SEWDI 的适用性

湿润度是区域气候特征最直观的反映，对干旱指数的评估能力有较大影响（Ayantobo and Wei, 2019; Zhang et al., 2015）。本研究对比了不同湿润条件下，各类干旱指数与 SNDVI 的相关性。结果表明，SEWDI、scPDSI 与 SNDVI 的相关性对湿润度的变化敏感性较低。在水分限制区（湿润度较低），SPI、SSMI 与 SNDVI 的相关性高于 SPEI；而在能量限制区（湿润度较高）SPEI 与 SNDVI 的相关性相对较高。总体来看，SEWDI 与 SNDVI 相关系数均值均高于其他四类干旱指数，即在不同湿润条件下对生态干旱具有较好的监测能力（图 5-8）。

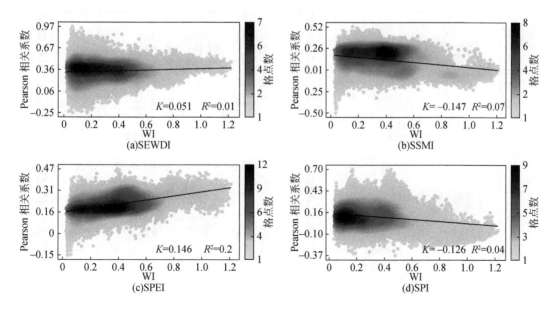

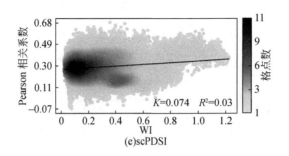

图 5-8　不同湿润度下各类干旱指数与 SNDVI 的 Pearson 相关系数

5.4.3　不同水分利用效率影响下 SEWDI 的适用性

植被 WUE 是植被抗旱能力的体现。通常，WUE 越高，抗旱能力越强（Liu Y et al.，2020；Liu et al.，2016a，2016b）。例如，西北地区东南部，植被的水分利用效率较高，对短期干旱的响应不敏感（Liu et al.，2015；Zhang et al.，2019b）。本研究所得结果也表明，不同干旱指数与 SNDVI 的相关性随 WUE 的增加而减小，这种规律在单因素干旱指数 SPI、SSMI 中表现得更加明显，而 SEWDI 在不同的 WUE 下始终表现出较高的相关性，表明 SEWDI 能较好地评估不同的水分利用效率影响下的生态干旱（图 5-9）。

5.4.4　SEWDI 能较好地表征生态干旱的原因

植被不仅能通过截留降水减少水土流失，还可以调节区域的水文循环。当气象、水文

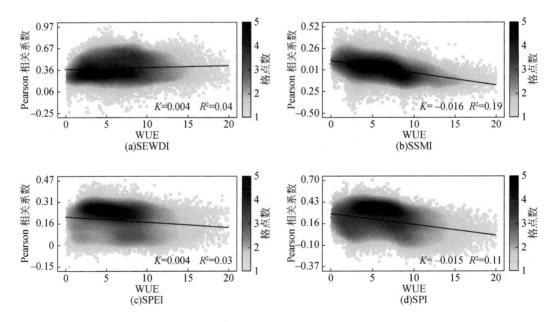

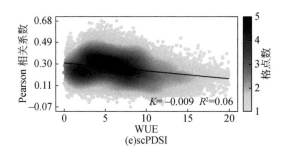

图 5-9　不同水分利用效率下各类干旱指数与 SNDVI 的 Pearson 相关系数

要素和陆面植被随时间变化时，植被需水量和耗水量的平衡关系会不断发生变化。Kim 和 Rhee（2016）将植被比作水泵，在能量充足的地区，水泵越多，将更多的土壤水分"抽"向大气，而在能量有限的地区，抽取的土壤水分更多受到能量供给而非水泵数量的限制。将净辐射视为植被蒸散发的能量供给，耗水量为植被实际"抽"出的水量，则西北地区中部沙漠区、河西走廊等地表现为能量充足、水量受限，而陕西南部汉中盆地表现为水量充足、能量受限，两种平衡的共同作用导致了不同程度的干旱。本研究基于生态缺水量构建的生态干旱指数，考虑了气候变化过程中的陆面水文要素以及植被要素，以生态系统中的植被为中心，研究其生长过程中的能量平衡和水量平衡动态，能在机理上更好地解释生态干旱过程。同时，SEWDI 在不同的时间尺度、干湿度和水分利用效率影响下均有较好的表现；标准化方法也能体现生态干旱的多时间尺度特征，便于与其他标准化干旱指数结合，研究不同干旱之间的关系，是一种较为理想的生态干旱评估指数。

5.5　小　　结

本章根据植被的生态需水和耗水特点，构建标准化生态缺水指数评估生态干旱。以西北地区为研究区，采用旋转经验正交分解法和游程理论，探究生态干旱的时空演变规律；采用小波分析方法，分析生态干旱的演变周期。采用干旱事件三维识别方法，提取并分析生态干旱事件的时变特征。最后，将标准化生态缺水指数与考虑单一因子和综合因素的干旱指数进行对比，评估各类指数对西北地区生态干旱的评估能力。得到主要结论如下：

（1）西北地区的生态干旱具有明显的时空异质性，可划分为 5 个生态干旱分区。其中东南区的干旱期主要集中在 1983 年、1988～1990 年、1997 年和 2020 年；西南区的干旱期集中在 1982～1983 年、1989 年、1993 年和 1995 年；西北区的干旱期集中在 1982～1983 年、1987～1989 年、1993 年以及 2010 年；东北区的干旱期集中 2010 年，2010 年以后进入湿润期；中部区的干旱期主要集中在 1982～1997 年和 2005～2008 年。

（2）三维时空聚类识别方法能有效提取西北地区的生态干旱事件，提供更加详细的生态干旱事件的特征信息。1982～2020 年西北地区共发生 184 场生态干旱事件，21 世纪以前的生态干旱事件具有更长的历时、更高的干旱频率和更强的烈度，且主要向西北方向迁移。

（3）相较于其他干旱指数，SEWDI 能更好地表征不同时间尺度的生态干旱，受湿润度和水分利用效率的影响较小，能够更加客观地监测生态干旱状况。在其他干旱指数中，SPI、SSMI 能较好地反映水量受限区的生态干旱趋势，SPEI 能更好地表征能量受限区的生态干旱，scPDSI 与短时间尺度的 SNDVI 相关性更高。此外，SPI、SSMI、SPEI 和 scPDSI 与植被指数的相关性随水分利用效率的提高而降低。

第6章 | 综合干旱评估方法及应用

气候变化和人类活动共同影响水循环过程，导致不同类型的干旱演变特征不同。从不同角度定义的气象干旱、水文干旱、农业干旱等单一干旱类型，往往结论不一致，影响抗旱决策。综合干旱的研究有助于更全面有效地理解干旱演变及其驱动因素。本章综合气象干旱和高温两种极端气候事件，构建混合干热事件指数监测全球陆地干热复合事件；构建考虑多种类型干旱事件的综合干旱指数，探讨综合干旱指数在西北地区石羊河流域和黑河流域的适用性，并揭示综合干旱时空演变特征。

6.1 基于混合干热事件指数的全球陆地区域干热复合事件监测

在气候变化的影响下，极端天气气候事件（如干旱、热浪和暴雨）在区域和全球范围内呈增加趋势（Manning et al., 2019；AghaKouchak et al., 2020；Alizadeh et al., 2020）。近几十年来，复合极端事件的频率及其影响范围等均有所增加（Hao et al., 2018；He and Sheffield, 2020；Mukherjee and Mishra, 2021），特别是同时发生的气象干旱和高温极端事件（干热事件或干热复合事件）对水安全、作物产量、生态系统、人类健康和能源消耗的影响越来越大，因此受到国内外研究学者的广泛关注（Coffel et al., 2019；AghaKouchak et al., 2020；Zscheischler et al., 2020）。近年来全球许多地区遭受了干热事件的侵袭，如2012年夏季美国爆发的干旱和异常高温造成了约340亿美元的经济损失（AghaKouchak et al., 2020；Kam et al., 2021）；2018年5~7月，欧洲发生的极端干热事件造成了严重的农作物减产及生态系统退化（Liu X B et al., 2020；Pfleiderer et al., 2019；Zscheischler and Fischer, 2020）。

现有的降水和温度数据集的时空分辨率较粗，因此通常使用较长时间尺度（如月时间尺度）的监测指标表征干热事件，如标准化复合事件指数（standardized compound event indicator, SCEI）和标准化干热指数（standardized dry and hot index, SDHI）（Hao et al., 2018, 2019；Wu et al., 2020）。然而，SCEI只考虑了降水和温度序列之间的全局依赖性，SDHI本质上反映的是降水和温度的比值（Wu et al., 2021a）。因此，这些指标忽略或没有充分考虑到各种干/湿-热/冷组合条件（包括干/热、干/冷、湿/热、湿/冷条件），导致监测误差可能较大。根据气候态，降水（温度）序列可分为干、湿（冷、热）子序列。为了更加合理地监测干热事件，有必要研究这些子序列之间的相关性并提出一种新的综合考虑各种干/湿-热/冷条件的干热事件指数（Wu et al., 2021a）。

陆气之间的反馈机制受复杂的水量和能量平衡的控制（AghaKouchak et al., 2020；He

and Sheffield，2020），因此，降水和气温异常之间存在着紧密的联系。大量的研究结果表明，无论是在历史时期还是在未来时期，全球干热事件的严重程度和频率均呈增加趋势（AghaKouchak et al.，2020；Alizadeh et al.，2020；Coffel et al.，2019）。尽管在干热事件的严重性、频率和影响面积等方面已开展了大量的研究，但仍缺乏关于全球尺度干热事件的转折点以及气象干旱和高温对干热事件的相对贡献分析（Wu et al.，2020；Wu et al.，2021a）。

本节主要关注的时期是夏季（6~8月，JJA）和冬季（12月至次年2月，DJF），目的是评估所提出的混合干热事件指数（BDHI）对选取的典型干热事件的监测能力，研究气象干旱和高温对干热事件严重程度的相对贡献是否随区域和季节的不同而变化，确定全球陆地区域干热事件的转折点。

6.1.1　数据来源

降水量和2m气温的月值数据来自欧洲中期天气预报中心 ERA5 再分析数据集（https：//cds. climate. copernicus. eu/cdsapp#! /home），空间分辨率为 0.25°×0.25°，研究时段为 1950~2019 年。该数据集被广泛应用于干旱和热浪的监测以及气候模式校正研究（Liu X B et al.，2020；Mukherjee and Mishra，2021；Wu et al.，2021b）。

6.1.2　研究方法

1. 混合干热事件指数构建

使用3个月时间尺度的 SPI（McKee et al.，1993）和标准化温度指数（standardized temperature index，STI）（Zscheischler et al.，2014）来表征 1950~2019 年夏季和冬季的气象干旱（干事件）和高温（热事件）。其中，使用经验 Gringorten 位置划分公式（Gringorten，1963）计算 SPI 和 STI 的累积概率。设 SPI 和 STI 分别为连续随机变量 X 和 Y，则混合干热事件的概率表达式 $P(X \leq x \vee Y > y)$ 为（Wu et al.，2021a）：

$$P(X \leq x \vee Y > y) = 1 - P(X > x \wedge Y \leq y) = 1 - P(Y \leq y) + P(X \leq x \wedge Y \leq y) = 1 - v + C(u,v)$$

$$(6-1)$$

式中，$u = P(X \leq x)$，$v = P(Y \leq y)$，$C(u, v) = P(X \leq x \wedge Y \leq y)$，$C$ 表示 Copula 函数。

以阈值0将干事件和热事件划分为不同的干、热子序列。鉴于干事件和热事件各子序列之间存在的相关关系，X 和 Y 序列之间可以分为正相关序列（$X \leq 0 \wedge Y > 0$）和（$X > 0 \wedge Y \leq 0$），即干/热和湿/冷条件，以及负相关序列（$X \leq 0 \wedge Y \leq 0$）和（$X > 0 \wedge Y > 0$），即干/冷和湿/热条件。根据上述条件分别选取划分后的序列样本计算 $C(u, v)$。

混合干热事件 $P(X \leq x \wedge Y > y)$ 的概率表达式为（Hao et al.，2019）：

$$P(X \leq x \wedge Y > y) = P(X \leq x) - P(X \leq x \wedge Y \leq y) = u - C(u,v) \qquad (6-2)$$

使用 VineCopula R 包中的 BiCopCDF 函数（Nagler et al.，2021）计算联合概率 $C(u, v)$。最后通过正态分位数转换（normal quantile transformation，NQT）得到 BDHI $= \Phi^{-1}\left[F(P\right.$

$(X \leqslant x \lor Y > y))$] (Wu et al., 2021a) 和 $SCEI = \Phi^{-1}[F(P(X \leqslant x \land Y > y))]$ (Hao et al., 2019)。SCEI 只考虑了气象干旱和高温之间的全局依赖性来描述干热复合事件，而 BDHI 则可以通过考虑各种干热条件来综合表征干热混合事件（Wu et al., 2021a）。

2. 相对贡献率分析

不同等级的气象干旱和高温事件对干热事件的严重程度可能产生不同的影响，即气象干旱和高温对干热事件的相对贡献存在差异（Wu et al., 2021a）。采用多元线性回归（multiple linear regression，MLR）方法分析 SPI 和 STI 的变化对干热事件严重程度变化的相对贡献率（Wu et al., 2020；Wu et al., 2021a）。以 BDHI 为例，对于每一个网格点，通过 MLR 建立 SPI、STI 和 BDHI 严重程度之间的关系为

$$S_{BDHI} = a_1 \times SPI + b_1 \times STI + c_1 \tag{6-3}$$

式中，S_{BDHI} 为干热事件的严重程度；a_1 和 b_1 为线性回归系数；c_1 为常数。

SPI 和 STI 的变化对干热事件严重程度（以 BDHI 为例）变化的贡献分别为

$$C_{BDHI}^{SPI} = (a_1 \times \Delta SPI) / \Delta S_{BDHI} \tag{6-4}$$

$$C_{BDHI}^{STI} = (b_1 \times \Delta STI) / \Delta S_{BDHI} \tag{6-5}$$

式中，C_{BDHI}^{SPI} 和 C_{BDHI}^{STI} 分别表示 SPI 和 STI 的变化对 BDHI 变化程度的贡献；ΔSPI、ΔSTI 和 ΔS_{BDHI} 分别表示前 20 年（1950~1969 年）和后 20 年（2000~2019 年）SPI、STI 和 BDHI 的平均变化。

SPI 和 STI 的变化对 BDHI 表征的干热事件严重程度变化的相对贡献的表达式分别为

$$RC_{BDHI}^{SPI} = |C_{BDHI}^{SPI}| / (|C_{BDHI}^{SPI}| + |C_{BDHI}^{STI}|) \tag{6-6}$$

$$RC_{BDHI}^{STI} = |C_{BDHI}^{STI}| / (|C_{BDHI}^{SPI}| + |C_{BDHI}^{STI}|) \tag{6-7}$$

以上方法同样适用于确定 SPI 和 STI 的变化对 SCEI 表征的干热事件严重程度变化的相对贡献。通过以上分析，可以确定气象干旱和高温变化导致干热事件严重程度变化的相对重要性（Wu et al., 2021a）。

6.1.3 干热事件之间的相关性

由于 SPI 序列包含干状态和湿状态，STI 序列包含热状态和冷状态，干事件和热事件并非严格地同时发生或连续发生（Wu et al., 2021a）。为了克服这一局限，以 0 作为 SPI 和 STI 的共同临界阈值，主要涵盖了以下四种组合情景：干/热条件（SPI ≤ 0 和 STI > 0）、干/冷条件（SPI ≤ 0 和 STI ≤ 0）、湿/热条件（SPI > 0 和 STI > 0）以及湿/冷条件（SPI > 0 和 STI ≤ 0）（Feng and Hao, 2020）。此外，干/热、湿/冷条件主要表现为正相关，干/冷、湿/热条件主要表现为负相关（Wu et al., 2021）。图 6-1 给出了这两种相关性情况下，夏季和冬季全球陆地区域 SPI 和 STI 之间的 Pearson 相关系数（$p < 0.05$）。夏季和冬季，全球陆地区域的大部分地区在干/热和湿/冷组合条件下表现为显著的负相关关系[图 6-1（a）和图 6-1（c）]，而干/冷和湿/热组合条件下的相关系数的空间格局则相反[图 6-1（b）和图 6-1（d）]。

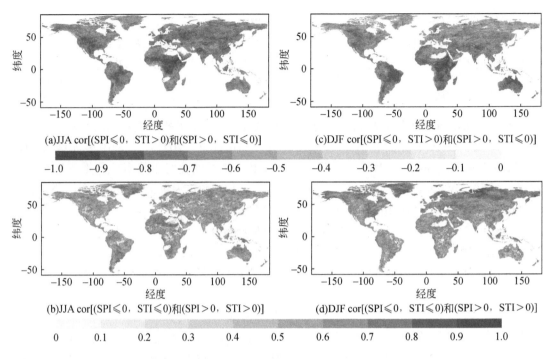

图6-1　夏季（JJA）和冬季（DJF）全球陆地区域不同
干热组合条件下相关系数（$p<0.05$的显著性水平）的空间分布
横坐标负值表示西经，正值表示东经；纵坐标负值表示南纬，正值表示北纬

在$p=0.05$的显著性水平下，SPI和STI整个序列之间的相关系数的空间分布如图6-2所示。除了北半球高纬度地区、非洲的南部和北部以及澳大利亚的北部，夏季全球陆地区域的大多数地区SPI和STI之间表现为显著负相关［图6-2（a）］。相比之下，冬季北半球高纬度地区的空间格局则呈现为显著正相关［图6-2（b）］。这些现象可以解释为温带气旋的暖湿平流促使降水增多，以及寒冷条件下在北半球高纬度地区，较低的大气持水能力限制了降水的产生（Trenberth and Shea，2005）。

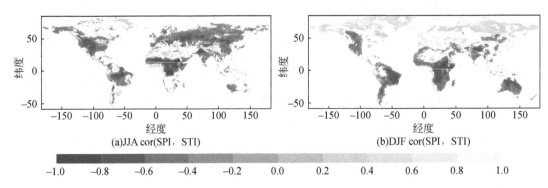

图6-2　夏季（JJA）和冬季（DJF）全球陆地区域
整个SPI和STI序列之间相关系数（$p<0.05$的显著水平）的空间分布

6.1.4 混合干热事件指数的适用性分析

以夏季的干热事件为例，评估 BDHI 的监测性能。图 6-3 显示了 2012 年和 2018 年夏季全球陆地区域 SPI、STI、SCEI 和 BDHI 的空间分布。在 2012 年夏季，SPI 表征的气象干旱主要分布在美国、俄罗斯中部、澳大利亚西部、中国东部和巴西 [图 6-3（a）]。除澳大利亚东部、俄罗斯南部和欧洲西北部等少数区域外，高温（STI>0）几乎覆盖了全球的陆地区域 [图 6-3（b）]。在 2018 年夏季，极端气象干旱主要发生在美国西部、巴西、阿根廷、非洲中部、俄罗斯中北部、欧洲、澳大利亚和中国南部 [图 6-3（e）]。同时，除

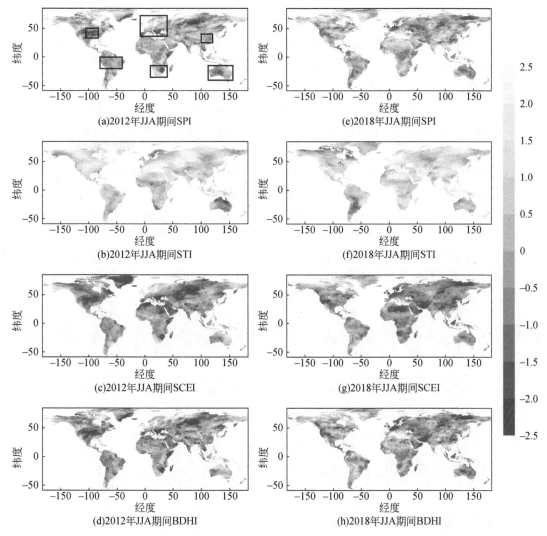

图 6-3 2012 年和 2018 年夏季（JJA）全球陆地区域 SPI、STI、SCEI 和 BDHI 的空间分布
图（a）中黑色矩形框表示选定的 6 个典型区域

南美洲南部和加拿大北部外，大多数陆地区域都观测到了高温现象［图6-3（f）］。在极端气象干旱和高温事件中，高压系统异常和急流的持续存在减少了大气中的水分输送，导致降水和大气中的可利用水分减少（Liu X B et al.，2020）。在某些地区，如澳大利亚西部、东欧、中国的西北部和东部以及格陵兰岛，SCEI与BDHI在表征干热事件的严重程度时存在较大偏差［图6-3（c）和图6-3（d）］。这可能是由于丰富的降水和/或较低的温度对干热事件有一定的缓解作用，反之亦然（Wu et al.，2021a）。对于气象干旱和高温同时发生（未发生）的网格点，负（正）的BDHI或SCEI值表示干热（非干热）状态。对于仅发生气象干旱或高温的情形，SCEI仅反映SPI和STI序列之间负相关关系，存在高估干热事件严重程度的现象，而BDHI考虑了SPI和STI之间存在的正或负相关关系，可以客观反映干热事件的真实状态（见6.1.2.1节）（Wu et al.，2021a）。在2018年夏季，SCEI和BDHI监测的干热事件严重程度不一致的地区主要位于美国东部、格陵兰、俄罗斯中部、北非、中国西部和澳大利亚等区域［图6-3（e）和图6-3（g）］。

基于上述分析，在全球陆地区域进一步选择了6个典型区域［图6-3（a）中的黑色矩形框］进行分析，包括南非（Hao et al.，2019）、美国大平原（DeAngelis et al.，2020）、东欧（Manning et al.，2019）、中国的中部（Wang and Yuan，2021）、澳大利亚（Lim et al.，2019）、南美洲（Geirinhas et al.，2021）。通过计算某一典型区域逐年夏季SPI、STI、SCEI和BDHI的网络点均值得到该区域各指数的均值。1950～2019年夏季SPI、STI、SCEI和BDHI的时间序列如图6-4所示，SCEI和BDHI时间序列的变化趋势基本一致。然而，SCEI和BDHI描述的干热事件的严重程度在某些年份存在较大差异。例如，1985年夏季在南非地区，与SCEI（-0.25）监测的干热事件的严重程度相比，BDHI（-0.61）监测的干热事件表现为更干燥和更温暖的状态［图6-4（a）］。这种变化是由降水不足和高温加剧干热事件的严重程度导致的（Wu et al.，2021a）。此外，与SCEI相比，BDHI显示2010年夏季东欧地区干热事件的严重程度较低（SCEI＝-0.77、BDHI＝-0.23）［图6-4（c）］。这

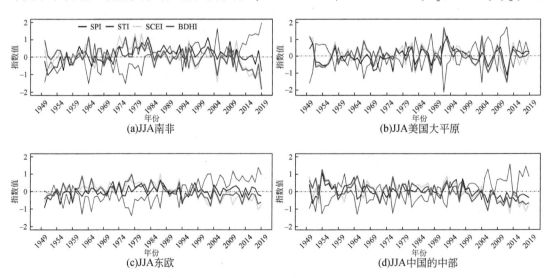

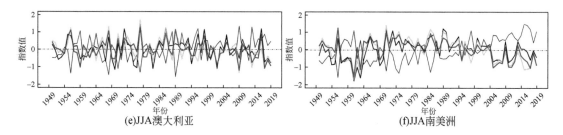

图 6-4　1950～2019 年夏季（JJA）在选取的 6 个典型区域 SPI、STI、SCEI 和 BDHI 的时间序列

是由于丰富的降水加上温暖的气温可以降低干热事件的严重程度（Wu et al.，2021a）。在其他地区和季节也可以观察到 SCEI 与 BDHI 序列中存在的这些现象。综上所述，BDHI 通过考虑气象干旱与高温之间的正或负相关关系以综合表征干热事件，可以有效地避免在某些情况下出现的不恰当的或误导性的结果（Wu et al.，2021a）。

6.1.5　SPI 和 STI 的变化对干热事件严重程度变化的相对贡献分析

SPI 和 STI 变化对于热事件严重程度的相对贡献大小可以反映气象干旱和高温事件在确定干热事件严重程度方面的重要性。图 6-5 展示了 1950～2019 年夏季（JJA）和冬季（DJF）SPI 和 STI 的变化对 SCEI 和 BDHI 监测的干热事件严重程度变化的相对贡献。总体而言，SPI（STI）对 SCEI 和 BDHI 变化趋势相对贡献的空间格局基本一致（图 6-5）。在北半球夏季，STI 对干热事件的相对贡献一般大于 SPI［图 6-5（b）和图 6-5（d）］，而 SPI 对南半球干热事件的相对贡献则大于 STI［图 6-5（a）和图 6-5（c）］。在冬季，赤道以北区域 SPI 比 STI 对干热事件严重程度变化的相对贡献更大［图 6-5（e）～（h）］。这可能是由北极放大效应（北极变暖加速）驱动的，尤其是 20 世纪 90 年代以来变暖加速，导致北半球降水增加（Cohen et al.，2021）。在夏季，SPI 和 STI 对 SCEI 和 BDHI 表征的干热事件的相对贡献差异较大的地区主要分布在中国南部、美国中部、哈萨克斯坦、南非中北部和巴西南部［图 6-5（a）～（d）］。在冬季，SCEI 和 BDHI 监测的干热事件差异较大的区域主要集中在格陵兰、巴西西部、南非中北部、哈萨克斯坦和澳大利亚［图 6-5（e）～（h）］。因此，无论是 SCEI 还是 BDHI，SPI 和 STI 的变化对干热事件严重程度变化的相对贡献均表现出明显的季节和区域差异（Wu et al.，2021a）。

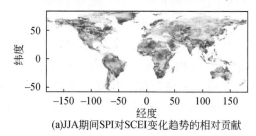

(a)JJA期间SPI对SCEI变化趋势的相对贡献

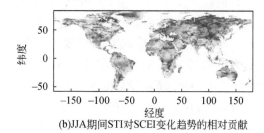

(b)JJA期间STI对SCEI变化趋势的相对贡献

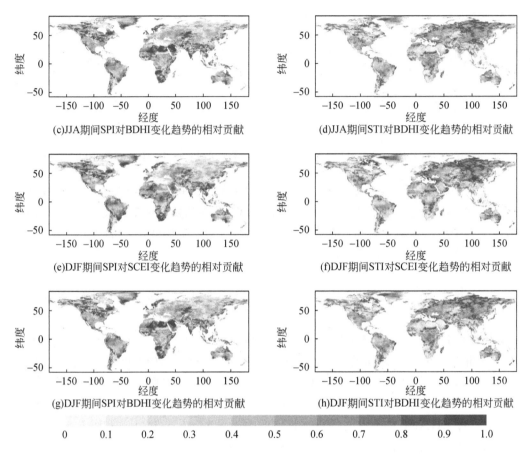

图6-5　1950~2019年夏季（JJA）和冬季（DJF）SPI和STI的变化对SCEI和BDHI
表征的干热事件趋势的相对贡献

6.1.6　干热事件严重程度和空间范围的时间变化

为了研究干热事件严重程度的时间变化趋势，本节采用changepoint R 语言包（Killick et al.，2016）检测和识别1950~2019年夏季和冬季SCEI和BDHI序列在全球陆地区域的潜在转折点（图6-6）。BDHI和SCEI序列的空间均值在1997年前后（夏季）和1994年前后（冬季）显著下降［图6-6（a）和图6-6（c）］，这与Yuan W P等（2019）识别出的全球海洋蒸发转折点的时间一致。自20世纪90年代后期以来，全球海洋蒸发显著减少，导致向陆地区域输送的水分减少，从而增加了饱和水汽压差（Yuan W P et al.，2019）。由于用于蒸发冷却的水分减少，增加的水汽压亏缺通过陆气相互作用进一步导致气温升高（Zhou et al.，2019）。换言之，这些互馈过程增加了20世纪90年代后期全球陆地区域干热事件的严重性，如1997~2019年夏季，SCEI和BDHI随时间的线性拟合曲线分别为 $y = -0.0294x + 58.5686$（$R^2 = 0.6779$，$p < 0.05$）、$y = -0.0180x + 35.7904$（$R^2 =$

0.6732，$p<0.05$）［图 6-6（a）］。总之，SCEI 和 BDHI 的变化趋势基本一致。夏季，BDHI 监测的 20 世纪 90 年代之前的干热事件的严重程度（$-0.031/10a$）明显低于 SCEI（$0.002/10a$），但这种情况在 20 世纪 90 年代之后发生了逆转（BDHI 为$-0.180/10a$，SCEI 为$-0.294/10a$），特别是在 2010 年之后［图 6-6（a）］。图 6-6（c）也反映了这种现象。20 世纪 90 年代之后，SCEI 和 BDHI 不同等级（-0.5、-0.8、-1.3 分别对应轻度、中度、重度干热状态）（Wu et al., 2020）的面积覆盖百分比显著提高［图 6-6（b）］。例如，1997～2019 年夏季 BDHI（SCEI）在轻度、中度、重度等级下的面积覆盖百分比对应的斜率分别为 $0.08/10a$（$0.14/10a$）、$0.07/10a$（$0.13/10a$）和 $0.05/10a$（$0.08/10a$）［图 6-6（b）］。这表明全球干热事件的严重程度和空间范围正在逐渐增加。

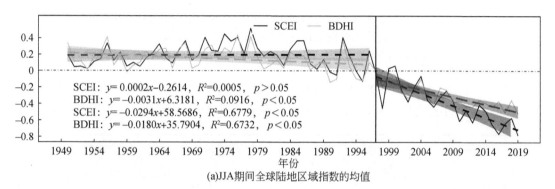

SCEI: $y=0.0002x-0.2614$, $R^2=0.0005$, $p>0.05$
BDHI: $y=-0.0031x+6.3181$, $R^2=0.0916$, $p<0.05$
SCEI: $y=-0.0294x+58.5686$, $R^2=0.6779$, $p<0.05$
BDHI: $y=-0.0180x+35.7904$, $R^2=0.6732$, $p<0.05$

(a)JJA期间全球陆地区域指数的均值

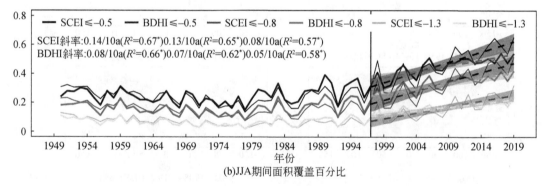

SCEI斜率:0.14/10a($R^2=0.67^*$)0.13/10a($R^2=0.65^*$)0.08/10a($R^2=0.57^*$)
BDHI斜率:0.08/10a($R^2=0.66^*$)0.07/10a($R^2=0.62^*$)0.05/10a($R^2=0.58^*$)

(b)JJA期间面积覆盖百分比

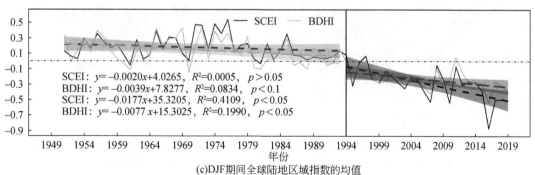

SCEI: $y=-0.0020x+4.0265$, $R^2=0.0005$, $p>0.05$
BDHI: $y=-0.0039x+7.8277$, $R^2=0.0834$, $p<0.1$
SCEI: $y=-0.0177x+35.3205$, $R^2=0.4109$, $p<0.05$
BDHI: $y=-0.0077x+15.3025$, $R^2=0.1990$, $p<0.05$

(c)DJF期间全球陆地区域指数的均值

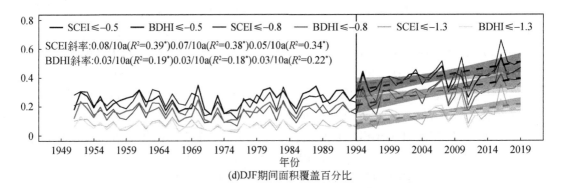

(d)DJF期间面积覆盖百分比

图 6-6　1950～2019 年夏季（JJA）和冬季（DJF）全球陆地 SCEI 和 BDHI 均值以及
不同等级的干热事件面积覆盖百分比的时间序列

（b）和（d）中的 * 表示线性趋势通过 $p<0.05$ 的显著性水平；垂线表示转折点

图 6-7 展示了 1950～1997 年和 1998～2019 年夏季 SCEI 和 BDHI 趋势的空间分布状况。20 世纪 90 年代之后，SCEI 在全球 84% 的陆地面积表现出下降趋势（23% 的区域面积

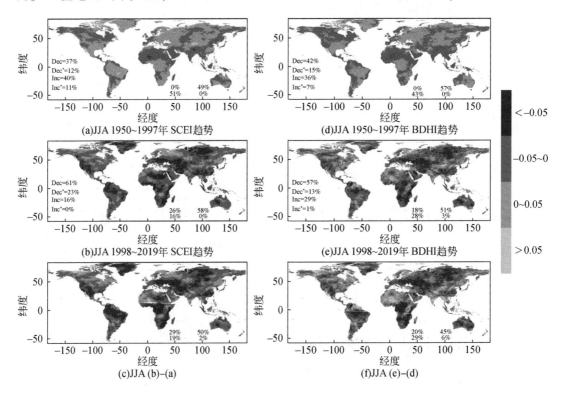

图 6-7　1950～1997 年和 1998～2019 年夏季（JJA）全球陆地区域 SCEI 和 BDHI 的趋势比较

Dec、Dec *、Inc、Inc * 分别表示减小、显著减小、增加、显著增加的面积百分比；

每个子图底部的数字从左至右、从上至下分别与图例中的 4 种灰度颜色对应，表示其相应的面积占比表现为显著下降）［图 6-7（b）］。同一时段，BDHI 在全球 70% 的陆地区域表现为下降趋势（13% 的区域面积表现为显著下降）［图 6-7（e）］。此外，从 1998～2019 年和 1950～1997 年夏季 BDHI（SCEI）的趋势差异来看，约 65%（79%）的陆地区域呈下降趋势［图 6-7（c）和图 6-7（f）］，揭示了北半球的夏季将趋向于更干燥、更温暖的状态。与 1950～1997 年夏季相比，1998～2019 年夏季全球许多地区遭受了更严重的干热事件，尤其是在俄罗斯、美国、中国、澳大利亚、南非、欧洲和南美洲［图 6-7（c）和图 6-7（f）］。

6.2　综合干旱评估方法

6.2.1　熵权法

熵权法是一种客观的赋权法，在土地利用功能分类、环境评价、生态评价等诸多方面应用广泛（张露洋等，2020；Li et al.，2020）。在进行干旱评价时同样可以根据各个指标间的差异程度来确定各自的权重（雷江群等，2014）。基于熵权法，结合 SPEI、SSMI 和 SRI 构建标准化综合干旱指数 SMDI_ew（standardized multivariate drought index，SMDI_ew）。计算步骤如下。

（1）对原始数据进行标准化处理。设有 m 个待评项目，n 个评价指标，则可以得到原始数据矩阵 $X=(x_{ij})_{m \times n}$，采用离差标准化法对 X 矩阵标准化处理，得到矩阵 $Y=(y_{ij})_{m \times n}$，$y_{ij} \in [0,1]$，公式如下：

$$y_{ij} = \frac{x_{ij} - \min_j\{x_{ij}\}}{\max x_j\{x_{ij}\} - \min_j\{x_{ij}\}} \tag{6-8}$$

（2）计算比重 P_{ij}：

$$P_{ij} = \frac{y_{ij}}{\sum\limits_{i=1}^{m} y_{ij}} \tag{6-9}$$

（3）计算第 j 个指标的熵值 e_j：

$$e_j = -k \sum\limits_{i=1}^{m} (P_{ij} \cdot \ln P_{ij}) \tag{6-10}$$

式中，$k=1/\ln m$，当 $P_{ij}=0$ 时，令 $P_{ij} \cdot \ln P_{ij}=0$。

（4）计算第 j 个指标的熵权 W_j：

$$W_j = e_j / \sum\limits_{j=1}^{n} e_j \tag{6-11}$$

6.2.2　主成分分析法

PCA 法是一种降维处理方法，在尽可能保留原始信息的同时，将原有的多个变量转换为少数新的变量（黄垒等，2019），被广泛应用于水资源、生态评估等多个领域。通常把转化后的少数综合变量称为主成分，各个主成分之间相互独立且都是原始变量线性组合的结果（王颖慧和苏怀智，2020）。本研究采用 PCA 法，结合 SPEI、SSMI 和 SRI 构建标准化综合干旱指数 SMDI_pca（standardized multivariate drought index，SMDI_pca）。PCA 法计算步骤如下：

（1）计算 m 个变量的相关系数矩阵 $\boldsymbol{R}$。

（2）对矩阵 $\boldsymbol{R}$ 特征值分解，得到特征值构成的对角线矩阵 $\boldsymbol{D}=\mathrm{diag}(\lambda_1,\lambda_2,\cdots,\lambda_m)$ 及相应的特征向量矩阵 $\boldsymbol{E}=[\alpha_1,\alpha_2,\cdots,\alpha_m]$，其中 λ 和 α 均为按特征值降序排列的结果。

（3）计算主成分累积贡献率 θ 并根据其大小选取前 k 个主成分：

$$\theta = \sum_{i=1}^{k}\lambda_i \Big/ \sum_{i=1}^{m}\lambda_i \tag{6-12}$$

θ 值越大，说明该主成分所包含的原始变量的信息越多。一般要求累积贡献率需要大于 80%，这样才能保证选择的主成分包括原始变量的绝大部分信息。

（4）计算综合变量系数权重矩阵 $\boldsymbol{K}$，$\boldsymbol{K}=[\xi_1,\xi_2,\cdots,\xi_k]$，矩阵元素求解如下：

$$\xi_i = \lambda_i \Big/ \sum_{i=1}^{k}\lambda_i \tag{6-13}$$

（5）计算综合评估结果：

$$F = \sum_{i=1}^{m}\xi_i\alpha_i X \tag{6-14}$$

式中，F 表示综合评估结果，即 SMDI_pca。

6.2.3 Copula 函数法

Copula 函数可连接多个不同边缘分布的变量构造联合分布函数，能够有效地表征各变量间非线性关系，且在转换过程中不会造成信息失真（王红瑞等，2017），具有很强的灵活性和良好的适用性，在降雨、洪水、干旱等诸多水文相关领域有着广泛应用（Li et al.，2019；Ayantobo et al.，2018）。

嵌套 Archimedean 构造是 Archimedean Copula 的补充函数，使用时仅限于 Archimedean Copula 函数族。嵌套 Archimedean 构造又分为完全嵌套 Archimedean 构造（fully nested Archimedean construction，FNAC）与部分嵌套 Archimedean 构造（partially nested Archimedean construction，PNAC）。本节仅联合三个干旱变量，故采用 FNAC 方法构建综合干旱指数，FNAC 的构造形式如图 6-8 所示。节点 u_1 与 u_2 先是通过 Copula 函数连接形成 $C_1(u_1, u_2)$，之后 $C_1(u_1, u_2)$ 和 u_3 再次通过 Copula 函数连接形成 $C_2(u_3, C_1(u_1, u_2))$，即三维 Copula 函数由二维 Copula 函数 C_1 与 C_2 组成。两次连接的生成函数分别为 φ_1 和 φ_2，对应 Copula 函数的参数分别为 θ_1 和 θ_2。表达式为

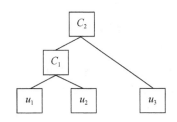

图 6-8 完全嵌套 Archimedean 构造形式

$$C(u_1, u_2, u_3) = C_2(u_3, C_1(u_1, u_2))$$
$$= \varphi_1^{-1}\{\varphi_1(u_3) + \varphi_1(\varphi_2^{-1}\{\varphi_2(u_2) + \varphi_2(u_1)\})\} \quad (6\text{-}15)$$
$$= \varphi_1^{-1}(\varphi_1(u_3) + \varphi_1 \circ \varphi_2^{-1}(\varphi_2(u_2) + \varphi_2(u_1)))$$

式中，"。"表示函数的复合，即前两个变量连接形成一个二维 Copula 函数，这个二维 Copula 函数同另一个变量形成第二个 Copula 函数，在连接过程中需满足参数 $\theta_1 > \theta_2$。

Copula 函数联合 SPEI、SSMI 及 SRI 三种单类型干旱指数的组合树型共有 3 种（图 6-9）。当第一种树型不满足参数大小要求时，需更换其他树型。Gumbel Copula、Clayton Copula 和 Frank Copula 为最常用的 Copula 函数类型，具体表达式见表 2-3。Frank Copula 函数对两变量之间的相关性没有限制，故采用 Frank Copula 函数联合 3 个干旱变量，得出参数化的三维变量联合累计概率，最后逆标准化得到综合干旱指数。采用 Copula 函数方法构建的综合干旱指数命名为 SMDI_cop。

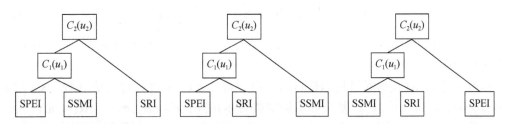

图 6-9 基于 Copula 函数联合 3 种类型干旱的树型结构

6.2.4 主成分分析-Copula 函数法（PCA-Copula）

PCA 法通过降维得到几个主成分后，求各主成分的权重，并将其线性组合，得到综合评价值。而 PCA-Copula 函数法则是对降维得到的主成分使用 Copula 函数进行连接，主成分因子是新的互相独立的变量，因此使用 Copula 函数计算简便。本节尝试使用 PCA-Copula 函数法构建综合干旱指数。采用 Gumbel Copula、Clayton Copula 和 Frank Copula 3 种 Copula 函数联合，通过 AIC 从中选取最优的 Copula 函数。采用 PCA-Copula 函数法构建的综合干旱指数命名为 SMDI_pcacop。

6.2.5 核熵成分分析法（KECA）

PCA 法适用于线性数据处理，Scholkopf 等（1998）在 PCA 法的基础上扩展了核主成分分析（kernel principal component analysis，KPCA）法，该法通过映射函数将原始数据映射至高维空间，使得原始非线性数据变得线性可分。核熵成分分析（KECA）是对 KPCA 的进一步改进，通过在特征空间进行熵成分分析以实现数据变换，具有良好的非线性处理能力。KECA 通过构造数据的 Renyi（雷尼）熵，以高维特征空间能最大程度保持原始空间 Renyi 熵的坐标轴为投影方向（Jenssen，2010）。KECA 法的步骤如下。

给定 N 维样本 x，其概率密度函数为 $p(x)$，则 $p(x)$ 的 Renyi 熵可表示为

$$H(p) = -\lg \int p^2(x)\,\mathrm{d}x \tag{6-16}$$

由于对数函数具有单调性，只需关注实数部分，实数部分用 $V(p)$ 表示：

$$V(p) = \int p^2(x)\,\mathrm{d}x \tag{6-17}$$

引入 Parzen 窗函数 $K_\sigma(x, x_i)$ 估计 $V(p)$ 值，表达式如下：

$$\hat{p}(x) = \frac{1}{N} \sum_{x_i \subset D} K_\sigma(x, x_i) \tag{6-18}$$

式中，x_i 为中心；σ 为宽度参数。

进一步可以获得 $V(p)$ 的估计值：

$$V(p) = \frac{1}{N^2} \sum_{i=1}^{N} \sum_{j=1}^{N} K_{\sqrt{2}\sigma}(x_i, x_j) = \frac{1}{N^2} \mathbf{1} \boldsymbol{K} \mathbf{1}^{\mathrm{T}} \tag{6-19}$$

式中，$\boldsymbol{K}$ 是一个 N 阶的核矩阵，$K(i,j) = K_\sigma(x_j, x_i)$；$\mathbf{1}$ 是一个 $N \times 1$ 的单位向量（向量中的每个元素均为 1）。

样本集的 Renyi 熵可通过核函数进行估计。将核矩阵 $\boldsymbol{K}$ 进行特征值分解：$\boldsymbol{K} = \boldsymbol{EDE}^{\mathrm{T}}$，其中 $\boldsymbol{D} = \mathrm{diag}(\lambda_1, \lambda_2, \cdots, \lambda_N)$ 是特征值构成的对角矩阵，$\boldsymbol{E} = [\boldsymbol{\alpha}_1, \boldsymbol{\alpha}_2, \cdots, \boldsymbol{\alpha}_N]$ 是由相应的特征向量组成的特征矩阵，$\boldsymbol{\lambda}$ 和 $\boldsymbol{\alpha}$ 为 Renyi 熵的估计值按降序排列后的特征值和特征向量。将 $\boldsymbol{D}$ 和 $\boldsymbol{E}$ 代入式（6-19）可得到 Renyi 熵值 $V(p)$，表达式如下：

$$V(p) = \frac{1}{N^2} \sum_{i=1}^{N} (\sqrt{\lambda_i} \boldsymbol{\alpha}_i^{\mathrm{T}} \mathbf{1})^2 \tag{6-20}$$

优先选取对 $V(p)$ 贡献大的前 d 个最大的特征值及对应特征向量，产生 KECA 映射 $\boldsymbol{\Phi}_{\mathrm{eca}} = \boldsymbol{D}_d^{0.5} \boldsymbol{E}_d^{\mathrm{T}}$。假设降到 d 维，则 d 根据累积贡献率 ζ 接近 1 的程度来确定表达式，为

$$\zeta = \sum_{i=1}^{d} (\sqrt{\lambda_i} \boldsymbol{\alpha}_i^{\mathrm{T}} \mathbf{1})^2 \bigg/ \sum_{i=1}^{N} (\sqrt{\lambda_i} \boldsymbol{\alpha}_i^{\mathrm{T}} \mathbf{1})^2 \tag{6-21}$$

目前，常用的核函数包括径向基（radial basis function，RBF）核函数、多项式核函数、感知器核函数等。其中 RBF 核函数应用广泛且具有良好的适用性（殷勇等，2014），故选用 RBF 核函数，表达式如下：

$$k(x_i, x_j) = \exp\left(\frac{-\|x_i - x_j\|^2}{2\theta^2}\right) \tag{6-22}$$

式中，$k(x_i, x_j)$ 为核矩阵元素；θ 为宽度参数；$\| \cdot \|$ 为 2 范数。θ 的选取原则是使用较少的主成分达到显著的降维效果，以使 ζ 值较大。通过比较不同的参数进行择优，基于 KECA 将 3 种单类型干旱指数联合后，即可得到综合干旱指数 SMDI_keca。

6.3 综合干旱指数的适用性分析

6.3.1 黑河流域综合干旱指数适用性分析

根据《中国气象灾害大典（甘肃卷）》、《中国气象灾害大典（青海卷）》以及《中国水旱灾害公报》记录，摘录出相关历史典型旱情事件：1969 年甘肃全省大部分地区旱灾严重，春夏连旱，重旱灾涉及 16 个县，同年青海海南、海西发生严重干旱。1997 年甘肃全省均发生不同程度的干旱，是近 60 年来干旱范围最大、旱情最重的一年；同年青海的祁连、野牛沟地区旱灾严重。2009 年冬季西北大部区域发生干旱（温克刚和董安祥，2005；温克刚和王梓，2007）。

选取 1969 年春、1997 年秋和 2009 年冬的 5 种不同综合干旱指数的干旱监测情况与同时期的 3 种单类型干旱指数的干旱监测情况进行比较。由图 6-10 可知，在黑河流域，1969 年春，SPEI 和 SRI 均未监测到干旱，而 SSMI 监测到干旱发生，熵权法、PCA 法和 PCA-Copula 函数法对应的综合干旱指数均未捕获到干旱，而 Copula 函数法和 KECA 法对应的综合干旱指数能捕捉到干旱，比较之下 Copula 函数法对应的综合干旱指数捕获的干旱区域更为广泛。1997 年秋，3 种单变量干旱指数和 5 种综合干旱指数都表现为干旱，Copula 函数法得到的综合干旱指数在黑河流域中上游监测到旱情表现更为严重，与 1997 年秋历史旱情记载情况更为相符。2009 年冬，SSMI 和 SRI 未监测到旱情，而 SPEI 则能监测到旱情。其他 5 种综合干旱指数中，熵权法和 PCA 法构建结果均未表现出干旱，PCA-Copula 函数法和 KECA 法构建的综合干旱指数都能监测到一定区域的干旱，同时 KECA 法监测到的干旱强度更大，而 Copula 函数法结果则表现出比这两种方法监测到更大的干旱发生区域。

从干旱监测范围大小及干旱严重程度两个维度进行衡量，综合与历史旱情验证结果看，5 种综合干旱指数构建方法验证最优排序为：Copula 函数法>KECA 法>PCA-Copula 函数法>PCA 法>熵权法。同时 KECA 法和历史旱情事件相比也有着较好的验证结果。考虑到联合多种变量时计算方法的复杂性，当考虑更多的变量构建综合干旱指数时，也可以考虑使用 KECA 法。PCA-Copula 函数法综合了 PCA 法降维以及 Copula 函数法联合不同分布变量的优点，尽管在 5 种综合干旱指数验证结果中要弱于 Copula 函数法和 KECA 法，但比 PCA 法和熵权法结果更好，因此在联合更多变量构建综合干旱指数时，也可以考虑使用该方法。

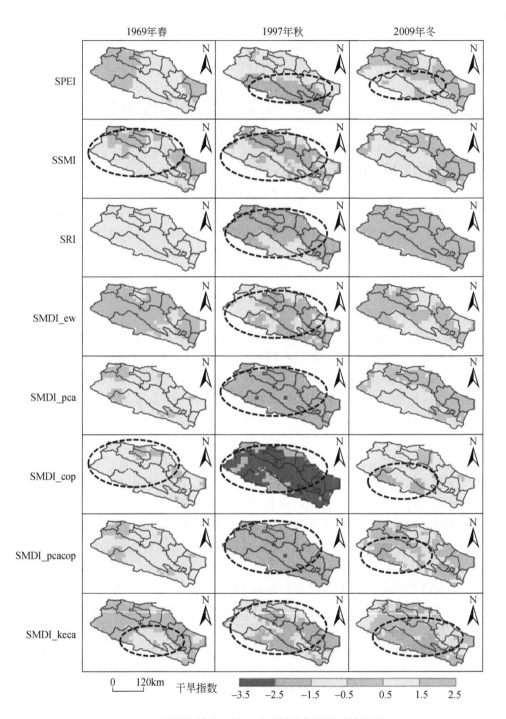

图 6-10　黑河流域中上游 8 种干旱指数历史旱情验证

6.3.2 石羊河流域多变量综合干旱指数适用性分析

基于嵌套 Archimedean 构造函数联结降水与蒸散发的差值、土壤湿度与径流 3 个干旱变量，构建石羊河上游西大河、东大河、西营河、金塔河与杂木河流域不同时间尺度的气象–农业–水文综合干旱指数（Comprehensive drought index，CDI），并分析其适用性。本节降水资料来源于美国地质勘探局（United States Geological Survey，USGS）和加利福尼亚大学气候灾害小组开发的 CHIRPS 数据集（Climate Harzards Group Infrared Precipitation with Station Data，https://www.chc.ucsb.edu/data/chirps/），蒸散发、土壤湿度与径流数据来源于 SWAT 模型模拟结果。综合干旱等级划分为 5 级，CDI>−0.84，−1.28<CDI≤−0.84，−1.64<CDI≤−1.28，−2.05<CDI≤−1.64，CDI≤−2.05，分别表示无旱、轻旱、中旱、重旱、特旱。

1. 历史干旱事件验证

石羊河上游五大流域 1983～2017 年月尺度的 CDI 变化趋势如图 6-11 所示。从图 6-11 中可以看出，五大流域的月尺度 CDI 随时间变化规律基本一致，极端干旱月份多集中于 1984 年 8 月～1985 年 1 月、1991 年 8 月～1992 年 3 月以及 2013 年 3 月～2014 年 5 月，各流域 CDI 最低值出现的月份也多集中于 1991 年 8 月～1992 年 2 月。

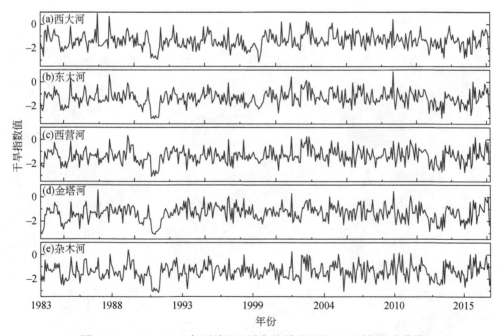

图 6-11 1983～2017 年石羊河上游各流域月尺度 CDI 时间变化曲线

据《中国气象灾害大典（甘肃卷）》记载，1990 年春夏连旱，干旱持续时间较长。1991 年 6 月中下旬以后，持续高温少雨，夏、秋连续干旱，受灾状况严重。1992 年的干旱受 1991 年干旱影响，直到 5 月结束，干旱持续时间较长，危害程度较大。据《2013 年石羊河流域水资源公报》记载，2013 年石羊河流域降水量比多年平均值减少 20.5%，属于枯水年份。故所构建的 CDI 能够监测到历史干旱事件，具有较高的准确性。

2. 典型干旱年份验证

石羊河上游各流域 1991 年秋、1992 年春与 2013 年的 SPEI、SSMI、SRI 以及 CDI 的空间分布特征如图 6-12 所示。由图 6-12 可以看出，1991 年秋季大部分区域气象干旱（SPEI）达到了重旱等级，特旱等级主要分布在东大河、西营河（2 号）、金塔河（13 号）及杂木河（3 号）等部分子流域。农业干旱（SSMI）程度比气象干旱轻，在海拔较高的西南部主要为无旱，在海拔较低的东北部主要为特旱。水文干旱（SRI）程度重于气象与农业干旱，大部分区域均为特旱，部分子流域为重旱。综合干旱（CDI）均达到了特旱等级。1992 年春季气象干旱除西营河 1 号、4 号子流域为轻旱外，其余均是无旱。经查阅降水资料，该地区 1992 年 5 月降水量较大，缓解了当地的干旱状况。农业干旱仅发生在海拔较低的东北部，包括中旱、重旱和特旱；海拔较高的西南部均为无旱。水文干旱在大部分区域均为轻旱或无旱，仅东大河部分子流域为特旱（4 号、13 号、20 号）、重旱（14 号、21 号、27 号）、中旱（1~3 号、5 号、7~12 号、15~19 号）；金塔河仅 1 号子流域为特旱，2 号、3 号子流域为重旱，7 号子流域为中旱；杂木河仅 4 号子流域为中旱。综合干旱在海拔较高的西南部为轻旱或无旱，海拔较低的东北部为重旱和特旱。

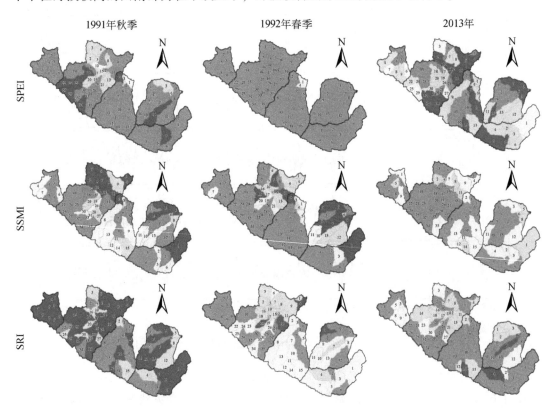

图 6-12 石羊河上游各流域 1991 年秋、1992 年春及 2013 年的 SPEI、SSMI、SRI 与 CDI 分布
图中数字表示各子流域的编号

2013 年研究区气象干旱（SPEI）程度要重于农业干旱与水文干旱，主要表现为全流域干旱，且大部分为中旱、重旱、特旱。农业干旱（SSMI）主要表现为无旱和轻旱。水文干旱（SRI）仅西大河流域为轻旱，其余流域主要呈现出重旱。研究区综合干旱（CDI）主要表现为特旱。

综上所述，研究区 1991 年秋季干旱严重程度从高到低排序为水文干旱、气象干旱、农业干旱，且海拔较高的西南部干旱程度明显低于较低的东北部；1992 年春季气象干旱程度最低，农业、水文与综合干旱均呈现出海拔较高的西南部干旱程度低于东北部的现象；2013 年气象干旱程度最重，其次是水文干旱、农业干旱。3 个典型干旱年份综合干旱均主要表现为特旱。不同单变量干旱指数在同一区域表征的干旱程度不同，表明单变量干旱指数不能完全反映流域的全部干旱特征，且不同程度干旱的空间分布也有差别。由于三变量联合分布概率并不等于其中任意一个变量的边缘分布概率，综合干旱指数 CDI 表征的干旱程度与单变量干旱指数 SPEI、SSMI、SRI 并不完全相同，CDI 可以监测到任意一个单变量干旱指数所监测到的干旱区域，表明该指数能够同时表征气象、农业和水文干旱，可从多个角度描述区域的干旱特性，具有一定的综合性。

6.4 基于综合干旱指数的黑河中上游干旱时空演变特征

由 6.3.1 节可知，基于 Copula 函数法构建的综合干旱指数 SMDI_cop 监测干旱能力最优，本节基于 SMDI_cop 分析黑河中上游综合干旱的时空演变特征。

6.4.1 综合干旱周期特征

采用小波函数对黑河流域中上游 SMDI_cop 序列进行周期分析，得到 SMDI_cop 在季节和年尺度下的小波方差，结果如图 6-13 所示。

根据图 6-13 将小波方差图中的峰值从高到低排序，可以得到黑河流域中上游 SMDI_cop 在季节和年尺度下的主周期值（表 6-1）。由表 6-1 可知，年尺度下，综合干旱第一主周期为中长周期和长周期，其中上游为 28 年的中长周期，中游为 33 年的长周期；第二主周期上游和中游相同，均为 6 年的短周期；第三主周期上游和中游相近，均为短周期，其中上游为 4 年，中游为 3 年。

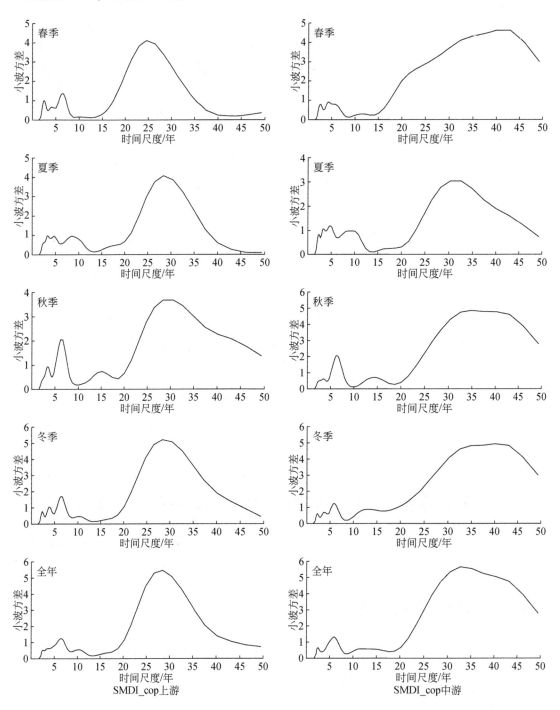

图 6-13　黑河流域中上游 SMDI_cop 小波方差

表 6-1　黑河流域中上游 SMDI_cop 主周期值　　　　（单位：年）

区域	季节	第一主周期	第二主周期	第三主周期	区域	季节	第一主周期	第二主周期	第三主周期
上游	春季	25	7	3	中游	春季	40	4	3
	夏季	28	4	5		夏季	30	5	4
	秋季	28	6	4		秋季	35	6	14
	冬季	28	6	4		冬季	40	6	14
	全年	28	6	4		全年	33	6	3

四季周期演变中，综合干旱第一主周期为中长周期及长周期，上游四季皆为中长周期，其中春季最短为 25 年，而夏、秋、冬三个季节周期均为 28 年；中游四季为中长周期和长周期，除夏季为 30 年的中长周期外，其他三个季节皆为长周期。第二主周期为短周期，其中上游为 4~7 年的短周期，中游为 4~6 年的短周期。第三主周期为短周期和中周期，在春、夏两季上游和中游均为短周期，上游春、夏两季分别为 3 年和 5 年，而中游春、夏两季分别为 3 年和 4 年。秋、冬两季上游均为 4 年的短周期，而中游均为 14 年的中周期。整体来看，黑河流域中上游综合干旱第一主周期为 25~30 年的中长周期和 33~40 年的长周期；第二主周期为 4~7 年的短周期；第三主周期为 3~5 年的短周期和 14 年的中周期。

6.4.2　综合干旱时间演变特征

黑河流域中上游年尺度综合干旱不同时期的干旱发生频率空间分布如图 6-14 所示。由图 6-14 可知，研究区综合干旱在 20 世纪 90 年代旱情最为严重，除中游肃南裕固族自治县部分区域干旱发生频率为 60%~70% 外，其他大部区域大于 80%。夏季除祁连县、山丹县、嘉峪关市等极少区域干旱发生频率为 60%~70%，肃南裕固族自治县部分区域干旱发生频率为 80%~90% 外，大部分区域干旱发生频率为 70%~80%；秋季整个流域干旱发生频率为 80%~90%；而春、冬两季除冬季山丹县和甘州区部分区域干旱发生频率为 80%~90% 外，大部分区域干旱发生频率为 90%~100%。20 世纪 70 年代，上游祁连县和中游肃南裕固族自治县干旱发生频率以 70%~80% 和 80%~90% 为主，而中游大部分区域小于 60%。四个季节中，春、夏、秋三季干旱发生频率仍然较高，但要低于 90 年代。20 世纪 80 年代旱情严重程度低于 70 年代，年尺度下干旱发生频率均小于 80%，以 40%~60% 为主。春、冬两季干旱发生频率情况和 20 世纪 70 年代类似，但是夏、秋两季比 20 世纪 70 年代要低；21 世纪初旱情最轻，上游较大区域干旱发生频率小于 30%，春、冬两季干旱发生频率和 20 世纪 80 年代相似，但夏、秋两季有较大减轻。相比 3 种单类型干旱年代演变规律，尽管综合干旱在 21 世纪初监测到的旱情相对最轻，但在 80%~90% 的区域干旱发生频率仍然较高，同时各个季节及年尺度下均无干旱发生频率低于 10% 的区域。整体来看，黑河流域中上游以 SMDI_cop 表征的综合干旱在 4 个不同时期旱情严重程度表现为 20 世纪 90 年代>20 世纪 70 年代>20 世纪 80 年代>21 世纪初。

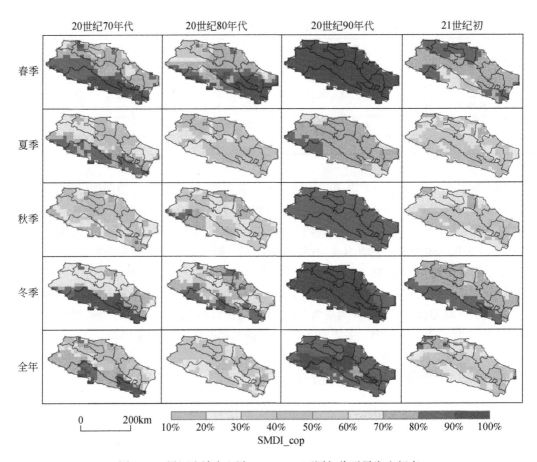

图 6-14   黑河流域中上游 SMDI_cop 不同年代干旱发生频率

6.4.3   综合干旱空间演变特征

统计黑河流域中上游 SMDI_cop 在不同季节及年尺度下轻中旱和重特旱的干旱频率。由图 6-15 可知，在综合干旱中，轻中旱和重特旱的发生频率高于单类型干旱。单类型干旱监测到的重特旱发生频率不超过 10%，综合干旱监测到的重特旱发生频率不低于 10%。同时综合干旱监测到的轻中旱发生频率不低于 25%，也比 3 种单类型干旱结果要高。这是因为综合干旱联合了 3 种单类型干旱，所以干旱发生频率高于 3 种单类型干旱。综合干旱监测到的轻中旱发生频率高于 40% 的区域集中在肃南裕固族自治县、嘉峪关市、肃州区、临泽县和山丹县，而重特旱发生频率高于 45% 的区域集中在祁连县、肃南裕固族自治县和民乐县，且春季重特旱发生频率较高。

由表 6-2 可知，SMDI_cop 监测到的春、夏、秋、冬及全年轻中旱发生频率在 45% ~ 50% 区间的面积占比分别为 43%、10%、44%、44% 和 34%；大于 50%（50% ~ 55% 以及 55% ~ 60%）的面积占比仅分别为 20%、4%、2%、13% 和 3%。重特旱发生频率相对较分散，集中在 15% ~ 40%，且面积占比在各个频率区间分布较为均匀，发生频率为

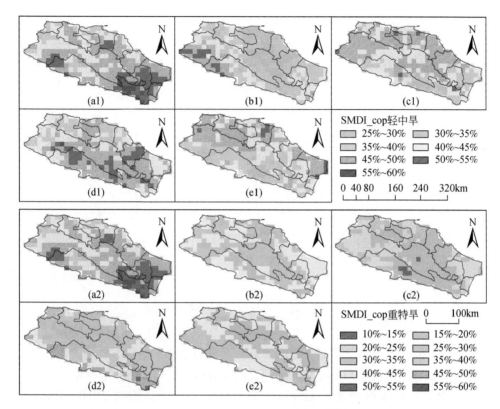

图 6-15 黑河流域中上游 SMDI_cop 发生频率空间分布

(a) 春季、(b) 夏季、(c) 秋季、(d) 冬季、(e) 全年

25% ~30% 的面积占比略高，夏、冬两季都是在这一区间面积占比最大。秋季发生频率在 15% ~20% 的面积占比最大，达到了 51%，春季发生频率在 45% ~50% 的面积占比最大，达到了 59%。整体来看，黑河流域中上游综合干旱四个季节及年尺度下，春季发生轻中旱和重特旱的频率和面积占比都是最大的。

表 6-2 黑河流域中上游 SMDI_cop 监测的不同程度干旱发生频率的区域占比

(单位:%)

干旱程度	发生频率	春季	夏季	秋季	冬季	全年
轻中旱	25 ~30	0	5	0	0	0
	30 ~35	1	19	3	0	6
	35 ~40	10	40	17	14	29
	40 ~45	26	22	34	29	28
	45 ~50	43	10	44	44	34
	50 ~55	17	4	2	12	3
	55 ~60	3	0	0	1	0

续表

干旱程度	发生频率	春季	夏季	秋季	冬季	全年
重特旱	10 ~ 15	0	0	2	0	0
	15 ~ 20	0	8	51	0	28
	20 ~ 25	0	41	35	3	37
	25 ~ 30	0	47	12	30	24
	30 ~ 35	0	4	0	22	9
	35 ~ 40	1	0	0	18	2
	40 ~ 45	17	0	0	16	0
	45 ~ 50	59	0	0	11	0
	50 ~ 55	18	0	0	0	0
	55 ~ 60	5	0	0	0	0

6.5 小　　结

本章提出了混合干热事件指数、考虑多类型干旱的综合干旱指数构建方法，并分别在全球陆地区域、石羊河流域和黑河流域进行适用性分析。获得以下主要结论。

（1）提出了一种监测全球陆地区域干热事件的混合干热指数 BDHI。以 2012 年和 2018 年夏季干热事件为典型案例，验证了 BDHI 对全球陆地区域干热事件的监测能力。与 SCEI 相比，BDHI 考虑了多种干热组合条件，能够客观描述干热事件的严重程度，获得更可靠的监测结果。SPI 和 STI 对混合干热事件的相对贡献存在区域和季节差异，如在北半球夏季，STI 的相对贡献大于 SPI，而冬季则相反。在 20 世纪 90 年代以后，全球陆地干热事件的严重程度和空间范围明显增加。

（2）基于熵权法、PCA 法、Copula 函数法、PCA-Copula 函数法以及核熵成分分析法构建了考虑气象干旱、水文干旱、农业干旱等多类型干旱的综合干旱指数，并将其应用于黑河流域，发现基于 Copula 函数法构建的综合干旱指数 SMDI_cop 监测干旱能力最优，其次是核熵成分分析法和 PCA-Copula 函数法。

（3）基于嵌套 Archimedean Copula 函数构建了气象农业水文综合干旱指数 CDI，在石羊河流域的应用表明，CDI 可以监测到任意单变量干旱指数（SPEI、SSMI、SRI）所监测到的干旱区域，说明该指数能够同时表征气象、农业和水文干旱，可从多个角度描述区域的干旱特性，具有一定的综合性和适用性。

|第7章| 西北地区气象干旱对大气环流的响应机制

在区域和全球尺度上,干旱与大气–海洋环流异常存在潜在联系。受限于目前对潜在机制的有限认识,通常使用统计相关法来描述这种响应关系,难以揭示大尺度气候信号剧烈振荡时对干旱的影响机制。本章以西北地区为研究对象。以 SPEI 表征气象干旱,采用 EOF/REOF 对气象干旱的区域变化特征进行分区,基于 ArcGIS 平台,采用 EEMD 法分析干旱的时间变化及空间分布特征;利用相关分析、交叉小波变换以及随机森林法研究各分区气象干旱对多个环流指数的响应关系以及驱动气象干旱的主要环流指数;采用非参数核密度估计拟合主要环流指数的极端相位,并基于 Copula 函数对极端环流相位下的干旱事件特征变量拟合联合分布,分析不同分区的极端相位下的气象干旱风险。为干旱早期预警及降低干旱影响提供决策支持,同时为干旱特性的识别和分析提供新思路。

7.1 研究方法

7.1.1 EOF/REOF

气候数据具有非线性和高维性的特点,因此需要将气候数据降维(Hannachi et al.,2007)。EOF 是目前应用较为广泛的降维方法,由 Karl 和 Koscielny 在分析美国多尺度PDSI 干旱指数时引入,是诊断大尺度海洋大气预测因子和全球遥相关模式对干旱演化影响的一个有效工具(Montazerolghaem et al., 2016)。

EOF 通过一系列的矩阵变换分离出两个正交矩阵。分离后的矩阵一个是空间阵,包含地域信息,且不会变化,另一个矩阵是时间函数,称为主分量。原理如下:

对于一个包含 m 个空间点的 n 维气象场 X,场中任意一点可以看成由 m 个空间函数 v_{ik} 和时间函数 $z_{ki}(k=1,2,\cdots,m)$ 的线性组合,表现形式为

$$X = VZ \tag{7-1}$$

式中,V、Z 分别称为空间函数阵和时间函数阵,分解函数没有固定形式,但 V、Z 必须为正交函数,根据实对称阵的原理有

$$XX^{\mathrm{T}} = VZZ^{\mathrm{T}}V^{\mathrm{T}} = V \wedge V^{\mathrm{T}} \tag{7-2}$$

令 $H = XX^{\mathrm{T}}$,则

$$H \cdot V = V\Lambda \tag{7-3}$$

式中,Λ 是 $m \times m$ 维对角阵,即

$$\Lambda = \begin{pmatrix} \lambda_1 & \cdots & 0 \\ \vdots & \ddots & \vdots \\ 0 & \cdots & \lambda_m \end{pmatrix} \tag{7-4}$$

一般将特征值按从大到小的顺序排列，则与每个非零特征值对应的每列特征向量可以从矩阵 V 中得到，称为 EOF。

主成分（时间系数）则是由 EOF 投影到原矩阵 X 上：

$$Z = V^{\mathrm{T}}X \tag{7-5}$$

式中，Z 中每行数据就是每个特征向量的时间系数。

至此分解完毕，其第 k 个模态方差贡献则是

$$r_k = \frac{\lambda_k}{\sum\limits_{i=1}^{m}\lambda_i} \times 100\% \tag{7-6}$$

针对 EOF 存在过于强调整体结构而掩盖了重要的局部特性的问题，可对载荷矩阵进行最大方差旋转，即 REOF，将特征向量高载荷集中于某一较小区域上，代表该区域的气候变量变化一致，可以很好地揭示局部结构特征。

显著性检验：EOF 方法不受数据缺失的影响，因此在使用 EOF 后需要对分解的矩阵进行统计检验，以确保分解的合理性（魏凤英，2007）。

在 95% 的置信水平下的特征根误差为

$$\Delta\lambda_j = \lambda_j \sqrt{\frac{2}{N^*}} \tag{7-7}$$

式中，λ 是特征根；N^* 是样本量。当 λ_{j+1} 满足式（7-8）时，两个特征值对应的经验正交函数是有价值的信号。

$$\lambda_{j+1} - \lambda_j \geq \Delta\lambda_j \tag{7-8}$$

本章基于标准化降水蒸散发指数 SPEI，采用 REOF 方法，进行干旱分区。

7.1.2　随机森林法

随机森林法是利用多棵分类回归树对样本进行训练和预测的一种机器学习方法，可以处理非线性问题，且不需要对数据进行预处理，这里用来分析气象干旱的主要驱动力。

RF 是一个由一组决策分类器 $\{h(x,\theta_k), k=1,2,3,\cdots,K\}$ 组成的集成分类器，其中 $\{\theta_k\}$ 是服从独立同分布的随机变量，K 表示随机森林中决策树的个数，给定自变量 X，每个决策树分类器通过投票决定最优分类结果（姚登举等，2014），基本思想如下：

（1）应用 Bootstrap 方法从实测样本中有放回地随机抽取 K 个样本。

（2）根据 K 个样本构建 K 棵分类回归树 $\{h_1(x), h_2(x), \cdots, h_K(x)\}$。每次未被抽取到的样本组成 K 个袋外数据（out of bag，OOB）。

（3）根据 K 种分类结果采用票选法对每个记录进行投票表决决定其最终分类（许凯，2015）。

$$H(x) = \arg \max_Y \sum_{i=1}^{k} I(h_i(x) = Y) \tag{7-9}$$

式中，$H(x)$ 为组合分类模型；h_i 为单个决策树分类模型；Y 为输出变量；I 为示性函数。式（7-9）说明了使用票选法决定最终的分类。

因采用 OOB 法生成训练样本，有接近 37% 的样本不会被抽取到，采用 OOB 数据不仅可以用来计算泛化误差，也可以用来衡量因子的重要程度。同时有学者指出，OOB 误差是无偏估计，其结果相对于交叉验证无显著差异，且更高效。因此随机森林法在其他领域应用颇多，如利用 OOB 评估变量的重要性，优选影响变量等（方匡南等，2011）。

评估变量重要性是随机森林算法中常用的一项功能（凌俐等，2015）。随机森林通过训练样本的某个变量进行随机重排加入扰动，通过观察所有决策树上的 OOB 样本扰动前后的分类准确率的改变，衡量该变量的重要性，具体步骤如下（彭漂，2017）。

设训练样本集为 $Z = \{(x_1, y_1), \cdots, (x_n, y_n)\}$，生成的随机森林为 $f = \{h_1, h_2, \cdots, h_m\}$，第 i 棵树上的 OOB 数据集的准确率为 A_i，对任意变量 v：

（1）随机重排训练集中变量 v 的值，得到新的训练集 Z_v，重新计算在决策树 h_i 上 OOB 的分类准确率 A_i^v，$i = 1, \cdots, m$。

（2）计算决策树 h_i 在扰动前后的 OOB 的分类准确率之差。

$$\text{VI}_i^v = A_i - A_i^v, i = 1, \cdots, m \tag{7-10}$$

（3）变量 v 的重要性得分。

$$\text{VI}^v = \frac{1}{m} \sum_{i=1}^{m} \text{VI}_i^v \tag{7-11}$$

7.1.3 交叉小波变换

根据交叉小波功率谱定义，对两个时间序列 X、Y，有

$$W_{XY} = W_X W_Y^* \tag{7-12}$$

式中，W_X 和 W_Y^* 分别是时间序列 X 的小波系数和 Y 的复共轭小波系数，对应的交叉小波功率谱密度为 $|W_{XY}|$，可以揭示两序列在不同时频域上相互作用的显著性。

W_{XY} 的复角可以描述两时间序列 X 和 Y 在时域频域中的局部相对位相关系，即得到周期的先后关系。在能量谱上其超前滞后关系将以位相角的方式展现出来。

对于小波功率谱中的低能量区，通过交叉小波相干谱来判别其密切程度，基本公式如下：

$$R_n^2(s) = \frac{|S(s^{-1} W_{XY})|^2}{S(s^{-1}|W_X(s)|^2) \times S(s^{-1}|W_Y(s)|^2)} \tag{7-13}$$

小波相干谱分析弥补了交叉小波变换的不足。小波功率谱主要反映整体间的关系，而相干谱则以局部为主。

7.1.4 极端环流相位下的干旱特征分析

由于许多环流指数或以强弱表示，或没有明确的定义界定，如青藏高原指数等，为了进一步分析干旱对环流的响应关系，参考水文频率计算以及 Hao 等（2018，2019）的拟合环流指数的步骤，对环流指数样本进行分布拟合，以类似水文频率计算的方法，选定分位数对环流指数进行分析。具体做法是首先对环流指数样本绘出经验点距，然后根据原数据拟合分布、绘制曲线，根据 27.5% 和 72.5% 分位数为高低相位阈值，用以区分环流的强弱。

由于优选环流指数区间不同，且参数法对于样本有一定要求，采用非参数核密度估计法拟合环流指数样本。

参考 Wong 等（2010）、Hao 等（2018）提出的方法，根据不同环流相位干旱事件出现的时间，将各分区的干旱事件分为不同环流相位下的干旱事件。如果一个干旱事件从一个相位持续到另一个相位，则干旱事件可以归类在一个持续时间更长、绝对值更大的相位内。

7.2 气象干旱对环流指数的响应关系

7.2.1 数据资料收集及预处理

本研究气象数据来源于国家气象科学数据中心（http://data.cma.cn/）提供的地面气候资料月值数据集。对收集到的数据资料首先进行审查处理，保证研究区内各气象站点的历史观测数据的连续性和数据质量，将长期缺测的气象站点排除，将个别缺测的数据采用空间线性内插法补齐。收集了西北地区 1960～2018 年 101 个地面气象观测站点的逐月降水、气温等要素资料。

3 项海洋环流数据来自美国国家海洋和大气管理局（National Oceanic and Atmospheric Administrantion，NOAA）地球系统研究实验室（https://www.ncdc.noaa.gov/teleconnections/，https://www.esrl.noaa.gov/psd/enso/），包括北极涛动（Arctic Oscillation，AO）、太平洋十年际振荡（Pacific decadal oscillation，PDO）、海洋尼诺指数（ONI）；130 项环流特征量月值数据来自中国国家气象科学数据中心气候系统诊断预测室（https://cmdp.ncc-cma.net/cn/download.htm），为保证数据的连续性和数据质量，将长期缺测的环流指数排除，通过审查处理，最终保留 54 项环流数据。因此，共采用 57 项环流特征量月值数据进行分析，详见表 7-1。

表 7-1　环流指数名称

名称	简称		名称	简称
亚洲区极涡面积指数	APVA		极地–欧亚遥相关型指数	POL
太平洋区极涡面积指数	PPVA		斯堪的纳维亚遥相关型指数	SCA
北美区极涡面积指数	NAPVA		30hPa 纬向风指数	30ZW
大西洋欧洲区极涡面积指数	AEPVA		50hPa 纬向风指数	50ZW
北半球极涡面积指数	NHPVA		赤道中东太平洋 200hPa 纬向风指数	MPZW
亚洲区极涡强度指数	APVI	大气类	850hPa 西太平洋信风指数	WPTW
太平洋区极涡强度指数	PPVI		850hPa 中太平洋信风指数	CPTW
北美区极涡强度指数	NAPVI		850hPa 东太平洋信风指数	EPTA
北大西洋–欧洲区极涡强度指数	AEPVI		北大西洋–欧洲环流 W 型指数	ACWP
北半球极涡强度指数	NPVI		北大西洋–欧洲环流型 C 型指数	ACCP
北半球极涡中心经向位置指数	NPVCO		北大西洋–欧洲环流 E 型指数	ACEP
北半球极涡中心纬向位置指数	NPVCA		热带北大西洋海温指数	TNA
北半球极涡中心强度指数	NPVCI		热带南大西洋海温指数	TSA
欧亚纬向环流指数	EZC		西半球暖池指数	WHWP
欧亚经向环流指数	EMC		印度洋暖池面积指数	IOWPA
亚洲纬向环流指数	AZC		印度洋暖池强度指数	IOWPS
亚洲经向环流指数	AMC		西太平洋暖池面积指数	WPWPA
东亚槽位置指数	EATP		西太平洋暖池强度指数	WPWPS
东亚槽强度指数	EATI	海温类	大西洋多年代际振荡指数	AMOI
西藏高原-1 指数	TPR1		亲潮区海温指数	OC
西藏高原-2 指数	TPR2		西风漂流区海温指数	WWDC
印缅槽强度指数	IBTI		黑潮区海温指数	KC
北极涛动指数	AOI		热带印度洋全区一致海温模态指数	IOBW
南极涛动指数	AAO		热带印度洋海温偶极子指数	TIOD
北大西洋涛动指数	NAOI		副热带南印度洋偶极子指数	SIOD
太平洋–北美遥相关型指数	PNA		太平洋十年际振荡指数	PDOI
东大西洋遥相关型指数	EA		海洋尼诺指数	ONI
西太平洋遥相关型指数	WP	其他类	太阳黑子指数	TSN
东大西洋–西俄罗斯遥相关型指数	EA-WR			

（左侧"大气类"纵向标签贯穿左半部分全部行）

7.2.2　西北地区气象干旱分区

　　采用 EOF 对西北地区 12 月尺度 SPEI 进行分解，提取站点间的内在关系。由 EOF 可以显著分离并通过 North 显著性检验的有 7 个模态。根据对应模态的累积方差贡献率可知，前 6 个模态的累积方差贡献率达 64.49%，表明分解的模态函数均是有价值的信号，可解释西北地区大部分干旱变化（齐乐秦等，2020）。但 EOF 空间模态仅能反映整体区域的一致性和内部对比的反相性，难以对该结构进行物理解释，也难以反映区域的内在变化规律。因此，在 EOF 的基础上采用 REOF，可以将研究区分解为较小的区域，分解后的空间分布更具代表性。模态中载荷值反映了空间相关程度，可将相关程度高的作为同一区域，将 6 个模态以载荷值绝对值大于 0.8 进行划分，将西北地区划分为 6 个子区域，分别为中部（Ⅰ区）、东部北端（Ⅱ区）、东部南端（Ⅲ区）、北疆（Ⅳ区）、高原（Ⅴ区）和南疆（Ⅵ区）。

7.2.3 月尺度干旱与环流间的响应分析

利用相关统计方法分析 SPEI 与 57 项环流指数的月特征值之间的相关系数。以月尺度和年尺度为例，筛选通过显著性检验的环流指数，以相关显著性水平确定影响干旱的关键环流因子。基于随机森林法，对各区影响干旱的环流因子进行重要性排序。

月尺度上，西北地区共有 39 项环流指数与 SPEI 的相关关系通过了显著性检验。环流指数与各分区干旱指数的月尺度同期相关系数及重要性排序见表 7-2。表 7-2 中仅显示通过显著性检验且排序为前 5 的指数。

由表 7-2 可知，1960~2018 年西北各分区因地理位置不同受到的环流影响程度有所差异。由于遥相关是一种潜在的相关关系，相关系数较低，显著性检验通过则表示两者之间确有联系，不同的环流指数与干旱的相关性的覆盖范围不同。

大气类环流指数可以分为极涡类、经纬向类、地形槽类、遥相关型类、北大西洋-欧洲环流型类、信风类、涛动类，共有 23 项大气类环流指数与干旱区存在联系。

极涡类指数中，与分区气象干旱相关性范围较大的是大西洋欧洲区极涡面积指数，覆盖东部北端（Ⅱ区）、东部南端（Ⅲ区）、高原（Ⅴ区）、南疆（Ⅵ区），其余指数只影响个别区域。经纬向类指数中，与分区气象干旱存在相关性的有欧亚和亚洲经纬向环流指数，且均不影响高原（Ⅴ区），相关性范围较大的是亚洲纬向环流指数，覆盖除高原（Ⅴ区）以外的西北其余 5 区。地形槽类指数中，与分区气象干旱存在相关性的有 2 类西藏高原指数、东亚槽位置指数和印缅槽强度指数。其中，印缅槽强度指数与中部（Ⅰ区）、东部南端（Ⅲ区）、北疆（Ⅳ区）的干旱指数有较高的相关性，且通过了 $p=0.01$ 的显著性检验。遥相关型类指数中，与分区气象干旱存在相关性的有东大西洋、西太平洋、斯堪的纳维亚、太平洋-北美和极地-欧亚遥相关型指数，但仅有极地-欧亚遥相关型指数与高原（Ⅴ区）气象干旱存在相关性，与其他指数相比，相关性较小，为 0.087。斯堪的纳维亚遥相关型指数与除高原（Ⅴ区）以外的西北其余 5 区气象干旱存在相关性。极地-欧亚遥相关型指数与除中部（Ⅰ区）以外的西北其余 5 区存在相关性。信风类指数中，与分区存在相关性的有 850hPa 中、东太平洋信风指数，二者均不能对北疆（Ⅳ区）、高原（Ⅴ区）、南疆（Ⅵ区）产生影响，同时 850hPa 东太平洋信风指数影响范围较大，与中部（Ⅰ区）、东部北端（Ⅱ区）、东部南端（Ⅲ区）气象干旱存在相关性。北大西洋-欧洲环流型指数中，与分区存在相关性的有 E 型和 W 型。二者均影响 4 个分区，其中 E 型影响中部（Ⅰ区）、东部北端（Ⅱ区）、东部南端（Ⅲ区）、南疆（Ⅵ区），W 型影响东部北端（Ⅱ区）、东部南端（Ⅲ区）、高原（Ⅴ区）、南疆（Ⅵ区）。涛动类指数中，与分区气象干旱存在相关性的有北大西洋涛动指数、南极涛动指数、北极涛动指数，其中北大西洋涛动指数影响除北疆（Ⅳ区）以外的西北其余 5 区，南极涛动指数影响中部（Ⅰ区）、东部南端（Ⅲ区）、高原（Ⅴ区），而北极涛动指数影响整个西北地区，覆盖范围最大。

表 7-2 环流指数与各区干旱指数 SPEI 的月尺度同期相关系数及重要性排序

环流指数		分区（代表站）					
		Ⅰ区（吐鲁番）	Ⅱ区（海源）	Ⅲ区（宝鸡）	Ⅳ区（哈巴河）	Ⅴ区（兴海）	Ⅵ区（皮山）
大气类	亚洲区极涡面积指数	0.165**			0.193**		
	大西洋欧洲区极涡面积指数		-0.076*	-0.079*		-0.096*	-0.146**/2
	北大西洋-欧洲区极涡强度指数				-0.085*/4		
	欧亚纬向环流指数	-0.141**	-0.087*/3	-0.091*			-0.105**
	欧亚经向环流指数		0.077*	0.111**			0.117**
	亚洲纬向环流指数	-0.108**	-0.108**/4	-0.100**/4	0.085*/3		-0.123**/4
	亚洲经向环流指数	0.097**	0.105**	0.127**			0.140**
	西藏高原-1 指数						-0.076*
	东亚槽位置指数					0.102**	
	印缅槽强度指数	-0.129**		-0.105**	0.124**		
	东大西洋遥相关型指数	-0.282**/3			0.105**		-0.109**
	西太平洋遥相关型指数				0.139**		
	斯堪的纳维亚遥相关型指数	0.254**/4	0.096*/2	0.115**	0.172**		0.118**
	太平洋-北美遥相关型指数			-0.144**/3	0.110**		
	极地-欧亚遥相关型指数		0.109**	0.161**/2	-0.136**	0.087*	0.148**/3
	850hPa 东太平洋信风指数	0.149**	0.111**	0.115**			
	850hPa 中太平洋信风指数		0.089*				
	北大西洋-欧洲环流 E 型指数	0.137**	0.150**	0.168**			0.172**
	北大西洋-欧洲环流 W 型指数		-0.136**	-0.144**		-0.084*	-0.135**
	北大西洋涛动指数	0.080*	0.185**/1	0.161**		0.153**/5	0.178**
	南极涛动指数	-0.115**		-0.082*		0.094*/3	
	北极涛动指数	-0.079*	0.164**/5	0.152**	-0.100**	0.180**/2	0.087*

续表

环流指数		分区（代表站）					
		I区 （吐鲁番）	II区 （海源）	III区 （宝鸡）	IV区 （哈巴河）	V区 （兴海）	VI区 （皮山）
海温类	海洋尼诺指数				0.087*/5		
	热带北大西洋海温指数	−0.204**	−0.113**	−0.142**	0.092*/2		−0.121**
	热带南大西洋海温指数	−0.138**					
	西半球暖池指数	−0.285**/2					−0.139**
	印度洋暖池面积指数	−0.110**			0.085*/1		
	印度洋暖池强度指数	−0.105**					
	西太平洋暖池面积指数	−0.142**					−0.094*
	西太平洋暖池强度指数	−0.257**		−0.130**			−0.128**
	大西洋多年代际振荡指数	−0.345**/1	−0.109**	−0.160**/1			−0.188**/1
	亲潮区海温指数	−0.121**					
	西风漂流区海温指数	−0.160**				0.077*	
	黑潮区海温指数	−0.235**					−0.160**/5
	热带印度洋全区一致海温模态指数	−0.222**/5		−0.101**	0.119**		−0.095*
	副热带南印度洋偶极子指数					0.081*/4	
	太平洋十年际振荡指数	0.111**		−0.084*/5			0.077*
其他类	太阳黑子指数	0.087*				−0.088*/1	

注：“/”前为相关系数，之后为重要性排序（仅列前5）。

*表示通过0.05的显著性检验，**表示通过0.01的显著性检验。

总之，以月尺度干旱指数为对象，大气类环流指数中影响最广的是北极涛动指数，影响范围覆盖整个西北地区。由相关性数值可知，东大西洋遥相关型指数与中部（I区）相关性最大，呈负相关；北大西洋涛动指数与东部北端（II区）的相关性最大，呈正相关；北大西洋–欧洲环流E型指数与东部南端（III区）相关性最大，呈正相关；亚洲区极涡面积指数与北疆（IV区）的相关性最大，呈正相关；北极涛动指数与高原（V区）干旱相关性最大，呈正相关；北大西洋涛动指数与南疆（VI区）的相关性最大，呈正相关。

海温类环流指数以海表温度为主，共有15项与西北地区干旱存在联系。常见的几个海温类环流指数与西北地区干旱相关性并不大。仅北疆（IV区）干旱与海洋尼诺指数存在相关性。与太平洋十年际振荡指数存在相关性的有中部（I区）、东部南端（III区）和南疆（VI区）。南疆（VI区）干旱与印度洋偶极子指数存在相关性。与大西洋多年代际振荡指数存在相关性的有中部（I区）、东部北端（II区）、东部南端（III区）、南疆（VI区）。说明常见的海温类环流指数与西北区的潜在联系有限，且局限在某一区域。

以月尺度干旱指数为对象，海温类环流指数影响最广的是热带北大西洋海温指数，覆盖范围为除高原（V区）以外的西北其余5区。其中中部（I区）与海温类环流指数相关性明显较其他区域更高。由相关性数值可知，大西洋多年代际振荡指数与中部（I区）、东部南端（Ⅲ区）、南疆（Ⅵ区）存在最大的相关性，均呈负相关；热带北大西洋海温指数与东部北端（Ⅱ区）存在最大的相关性，呈负相关；热带印度洋全区一致海温模态指数与北疆（Ⅳ区）相关性最大，呈正相关；副热带南印度洋偶极子指数与高原（Ⅴ区）相关性最大，呈正相关。

作为外部输入能量的太阳活动，以太阳黑子指数为对象，可发现西北地区月时间尺度上的干旱与太阳黑子活动相关性不高，仅有中部（Ⅰ区）、高原（Ⅴ区）与其存在相关性。

总之，大西洋多年代际振荡指数与中部（Ⅰ区）、南疆（Ⅵ区）相关性最高，北大西洋–欧洲环流 E 型指数与东部北端（Ⅱ区）相关性最高，热带北大西洋海温指数与东部南端（Ⅲ区）相关性最高，亚洲区极涡面积指数与北疆（Ⅳ区）相关性最高，北极涛动指数与高原（Ⅴ区）相关性最高。北极涛动指数与西北地区整个区域都存在相关性。高原（Ⅴ区）的干旱与环流间的相关性是六个分区中最小的，只有 10 项环流指数与其存在相关性。海温类环流指数与中部（Ⅰ区）的相关性比其他区域更加明显。常见的海温类环流指数与西北区的相关性局限在某一区域而非整个区域。太阳黑子指数与月尺度 SPEI 的相关性不高，可以理解为短时间尺度的干旱指数受太阳活动的影响较小。同时通过显著性检验的环流指数中，大气类环流指数远多于海温类环流指数，表明短时间尺度的干旱受大气类的环流影响更加复杂。一个区域的干旱与多个环流指数间存在显著的相关性，表明干旱受多种环流指数并发的影响，因此需要进一步分析干旱的主要驱动力。

从表 7-2 的重要性排序可以看出，月尺度上对西北地区影响最主要的环流指数有北大西洋涛动指数、大西洋多年代际振荡指数、印度洋暖池面积指数和太阳黑子指数，多为海温类环流指数。其中大西洋多年代际振荡指数的影响对于中部（Ⅰ区）、东部南端（Ⅲ区）、北疆（Ⅵ区）最明显，北大西洋涛动指数对东部北端（Ⅱ区）的影响最明显，印度洋暖池面积指数对北疆（Ⅳ区）影响最明显，太阳黑子指数对高原（Ⅴ区）影响最明显。次要影响的环流指数有西半球暖池指数、斯堪的纳维亚遥相关型指数、极地–欧亚遥相关型指数、热带北大西洋海温指数、北极涛动指数和大西洋欧洲区极涡面积指数。影响局部区域的环流指数，多为大气类环流指数。其中西半球暖池指数影响中部（Ⅰ区），斯堪的纳维亚遥相关型指数影响东部北端（Ⅱ区），极地–欧亚遥相关型指数影响东部南端（Ⅲ区），热带北大西洋海温指数影响北疆（Ⅵ区），北极涛动指数影响高原（Ⅴ区），大西洋欧洲区极涡面积指数影响北疆（Ⅵ区）。

对比相关性最高的指数，可以看出相关性和重要性排序结果并不一致。在相关程度上，大气类和海温类环流指数都存在对干旱明显的影响，而在重要性上，干旱所受影响以海温类环流指数为主，其次才是大气类环流指数。

7.2.4 年尺度干旱与环流间的响应分析

由西北地区年尺度 SPEI 与环流指数间的相关系数（表 7-3）可知，共有 45 项环流指数对西北地区干旱存在潜在影响。与月尺度干旱指数不同，当干旱指数时间尺度变长，所受到的环流影响更加复杂。与干旱存在相关性的有 29 项大气类环流指数和 15 项海温类指数，比月尺度的干旱指数多了 6 项大气类的环流指数，具体的相关性大小也存在差异。

表 7-3 环流指数与 SPEI 的年尺度同期相关系数

环流指数		分区（代表站）					
		Ⅰ区（吐鲁番）	Ⅱ区（海源）	Ⅲ区（宝鸡）	Ⅳ区（哈巴河）	Ⅴ区（兴海）	Ⅵ区（皮山）
大气类	亚洲区极涡面积指数	0.148**		0.097*			0.082*
	北美区极涡强度指数						0.082*
	北美区极涡面积指数	0.076*					
	太平洋区极涡面积指数	0.139**					
	太平洋区极涡强度指数	0.096*					
	大西洋欧洲区极涡面积指数	0.136**	0.088*			−0.096*	
	北半球极涡面积指数	0.156**					
	北半球极涡强度指数	0.081*					
	欧亚经向环流指数						0.085*
	亚洲纬向环流指数			−0.084*			
	西藏高原-1 指数	−0.087*					
	西藏高原-2 指数	−0.076*					
	印缅槽强度指数	−0.233**	−0.262**	−0.224**	0.076*		−0.098**
	太平洋–北美遥相关型指数	−0.102**	−0.141**	−0.128**			−0.098**
	东大西洋遥相关型指数	−0.350**	−0.186**	−0.229**			−0.166**
	东大西洋–西俄罗斯遥相关型指数	0.179**		0.086*	−0.116**		
	西太平洋遥相关型指数	0.099**					
	极地–欧亚遥相关型指数	0.078*					0.112**
	斯堪的纳维亚遥相关型指数	0.217**	0.075*				0.112**
	30hPa 纬向风指数		−0.131**		0.107**	−0.078*	
	50hPa 纬向风指数		−0.137**				−0.106**
	赤道中东太平洋200hPa 纬向风指数		0.127**	0.147**	0.078*		
	850hPa 西太平洋信风指数	−0.200**					−0.168**
	850hPa 中太平洋信风指数	0.084*	0.182**	0.224**	0.176**		−0.076*
	850hPa 东太平洋信风指数	0.291**	0.266**	0.258**	0.131**		0.141**
	北大西洋–欧洲环流 W 型指数						−0.102**
	北大西洋–欧洲环流 E 型指数						0.114**
	南极涛动指数	−0.174**			0.100**		−0.146**
	北大西洋涛动指数	0.088*					0.169**

续表

环流指数		分区（代表站）					
		Ⅰ区（吐鲁番）	Ⅱ区（海源）	Ⅲ区（宝鸡）	Ⅳ区（哈巴河）	Ⅴ区（兴海）	Ⅵ区（皮山）
海温类	热带北大西洋海温指数	-0.398**	-0.272**	-0.254**	0.109**		-0.202**
	热带南大西洋海温指数	-0.251**	-0.237**	-0.231**	0.193**		-0.164**
	西半球暖池指数	-0.413**	-0.228**	-0.188**	0.082*		-0.193**
	印度洋暖池面积指数	-0.217**	-0.171**	-0.140**			-0.112**
	印度洋暖池强度指数	-0.226**	-0.197**	-0.173**			-0.140**
	西太平洋暖池面积指数	-0.299**		-0.161**			-0.175**
	西太平洋暖池强度指数	-0.490**	-0.125**	-0.323**	0.098**		-0.240**
	亲潮区海温指数	-0.187**	0.090*		-0.103**		-0.083*
	西风漂流区海温指数	-0.299**	0.122**	0.094*	-0.094*		-0.113**
	黑潮区海温指数	-0.365**	-0.235**	-0.244**		-0.132**	-0.302**
	热带印度洋全区一致海温模态指数	-0.454**	-0.397**	-0.335**	0.075*	-0.081*	-0.270**
	热带印度洋海温偶极子指数	-0.081*					-0.088*
	大西洋多年代际振荡指数	-0.617**	-0.263**	-0.282**			-0.322**
	海洋尼诺指数		-0.200**	-0.165**	-0.113**		
	太平洋十年际振荡指数	0.154**		-0.153**	0.075*		0.168**
其他类	太阳黑子指数	0.141**	0.077*	0.122**	-0.130**	-0.340**	

＊表示通过 0.05 的显著性检验，＊＊表示通过 0.01 的显著性检验。

由表 7-3 中大气类环流指数与干旱的相关性可知，极涡类多了 5 项环流指数，相关性区域集中在中部（Ⅰ区）；地形槽类指数中，东亚槽位置指数不再对西北区产生影响，西藏高原两类指数仅对中部（Ⅰ区）产生影响，印缅槽强度指数对除高原（Ⅴ区）以外的西北 5 区均能产生影响，相较于月尺度干旱，影响的范围更广，相关系数也更大；环流型指数中多了东大西洋–西俄罗斯遥相关型指数，影响中部（Ⅰ区）、东部南端（Ⅲ区）、北疆（Ⅳ区）；东大西洋遥相关型指数影响区域更大，和太平洋–北美遥相关型指数共同影响中部（Ⅰ区）、东部北端（Ⅱ区）、东部南端（Ⅲ区）、南疆（Ⅵ区），但是相关性高于后者；信风类指数中，多了 850hPa 西太平洋信风指数，但该指数仅影响中部（Ⅰ区）、南疆（Ⅵ区），850hPa 中、东太平洋信风指数可影响除高原（Ⅴ区）以外的西北 5 区；环流型指数项无变化，但是仅能影响南疆（Ⅵ区）；涛动类指数中，与月尺度干旱存在密切联系的北极涛动指数，对年尺度干旱没有显著的相关性，同时其他涛动指数覆盖的影响范围更小。

与年尺度干旱指数相关性最大的依旧是东大西洋遥相关型指数与中部（Ⅰ区），呈负相关；850hPa 东太平洋信风指数与东部北端（Ⅱ区）和东部南端（Ⅲ区）呈正相关；850hPa 中太平洋信风指数与北疆（Ⅳ区）呈正相关；大西洋欧洲区极涡面积指数与高原（Ⅴ区）呈负相关；北大西洋涛动指数与南疆（Ⅵ区）呈正相关。

相较于月尺度干旱与环流指数仅有部分程度的联系，年尺度干旱与海温之间的关系更为密切，除了高原（Ⅴ区）没有变化，其他区域与干旱之间的相关性都有不同程度的增大，东部北端（Ⅱ区）、东部南端（Ⅲ区）、北疆（Ⅳ区）、南疆（Ⅵ区）增长的相关性更为明显。此外，常见的几个海温类环流指数与西北区的干旱相关性要比月尺度干旱更好。与海洋尼诺指数存在相关性的有东部北端（Ⅱ区）、东部南端（Ⅲ区）、北疆（Ⅳ区）。与太平洋十年际振荡指数存在相关性的有中部（Ⅰ区）、东部南端（Ⅲ区）、北疆（Ⅳ区）、南疆（Ⅵ区）。与大西洋多年代际振荡指数存在相关性的有中部（Ⅰ区）、东部北端（Ⅱ区）、东部南端（Ⅲ区）、南疆（Ⅵ区），且相关性明显比月尺度上的更大。说明在长时间尺度的干旱上，海温类环流指数对干旱的影响更显著，但是同样影响不到高原（Ⅴ区）。

以年尺度干旱指数为对象，海温类环流指数影响最广的是热带印度洋全区一致海温模态指数，影响范围为中部（Ⅰ区）—南疆（Ⅵ区）。其中中部（Ⅰ区）与海温类环流指数相关性明显较其他区域更高。从相关性数值来看，大西洋多年代际振荡指数与中部（Ⅰ区）、南疆（Ⅵ区）存在最大的相关性，均呈负相关；热带印度洋全区一致海温模态指数与东部北端（Ⅱ区）、东部南端（Ⅲ区）存在最大的相关性，呈负相关；热带南大西洋海温指数与北疆（Ⅳ区）相关性最大，呈正相关；黑潮区海温指数与高原（Ⅴ区）相关性最大，呈负相关。

太阳黑子活动与年尺度的干旱存在紧密联系，其中与高原区的相关性显著高于其他区域。

总之，环流指数对各区干旱的影响程度在年月尺度上存在明显差异。海温类环流指数对各区年尺度干旱的影响程度明显高于月尺度，而大气类环流指数则相反，且影响集中在中部（Ⅰ区）。与月尺度干旱存在密切联系的北极涛动指数对年尺度干旱没有产生显著的相关性。与高原（Ⅴ区）存在相关性的环流指数很少。年尺度干旱与太阳黑子的相关区域更多，表明多时间尺度干旱受环流影响更为复杂，需进一步分析气象干旱的主要驱动力。

各区环流指数对年尺度干旱的重要性排序（仅列前5名）见表7-4。由表7-4可知，西北地区年际干旱受太阳黑子指数、海洋尼诺指数、太平洋十年际振荡指数、热带北大西洋海温指数和热带印度洋海温偶极子指数影响最为明显。其中太阳黑子影响中部（Ⅰ区）、高原（Ⅴ区），海洋尼诺指数影响东部北端（Ⅱ区），太平洋十年际振荡指数影响东部南端（Ⅲ区），热带北大西洋海温指数影响北疆（Ⅳ区），热带印度洋海温偶极子指数影响南疆（Ⅵ区）。次要影响为热带印度洋全区一致海温模态指数、太阳黑子指数和黑潮区海温指数，其中热带印度洋全区一致海温模态指数影响中部（Ⅰ区）和高原（Ⅴ区），太阳黑子指数影响东部北端（Ⅱ区）、东部南端（Ⅲ区）和北疆（Ⅳ区），黑潮区海温指数影响南疆（Ⅵ区）。

年代际干旱中，前5个分区受太阳黑子指数影响最大，南疆（Ⅵ区）则受大西洋多年代际振荡指数的影响最大。次要影响为大西洋多年代际振荡指数、热带印度洋全区一致海温模态指数、热带南大西洋海温指数和西太平洋暖池强度指数，其中大西洋多年代际振荡指数影响中部（Ⅰ区）和东部北端（Ⅱ区），热带印度洋全区一致海温模态指数影响东部南端（Ⅲ区）和高原（Ⅴ区），热带南大西洋海温指数影响北疆（Ⅳ区），西太平洋暖池强度指数影响南疆（Ⅵ区）。

表 7-4 各区环流指数对年尺度干旱的重要性排序

环流指数		年际						年代际					
		I区	II区	III区	IV区	V区	VI区	I区	II区	III区	IV区	V区	VI区
大气类	大西洋欧洲区极涡面积指数					5						5	
	30hPa 纬向风指数		3		5	3						4	
	50hPa 纬向风指数						3						
	850hPa 中太平洋信风指数	3	5		3								
	850hPa 东太平洋信风指数							5				5	
海温类	热带北大西洋海温指数			1		4							3
	热带南大西洋海温指数	4		3	4						2		
	西太平洋暖池强度指数								3	4	4	2	
	大西洋多年代际振荡指数							2	2	5			1
	西风漂流区海温指数			5									
	黑潮区海温指数					4	2			3		3	
	热带印度洋全区一致海温模态指数	2	4		2	5		4	4	2	3	2	4
	热带印度洋海温偶极子指数	5				1							
	海洋尼诺指数		1	4					5				
	太平洋十年际振荡指数				1			3					5
其他类	太阳黑子指数	1	2	2	2	1		1	1	1	1	1	

可见，当干旱的尺度从年际扩展到年代际，相较于月尺度，大气类环流指数的影响消失，海温类指数对干旱的影响进一步缩小，太阳黑子指数的影响最强。

7.3 气象干旱演变的环流驱动机制

西北地区 6 个子区 1960～2018 年月、年尺度干旱指数与对应的环流指数交叉小波相关分析如图 7-1 和图 7-2 所示。交叉小波变换（XWT）重点突出两组时间序列数据间的相依关系。图 7-2 分别为各分区与对应的环流指数的交叉小波能量谱。图 7-1 和图 7-2 中，色谱表示小波功率谱值，谱值越高，表明信号振荡越强，所在周期置信度检验越显著；黑色细实线为小波影响锥线的边界，为有效谱值区，下方锥形区域为小波变换数据边缘效应影响较大的区域；黑色粗实线圈闭合的区域通过了 95% 置信水平检验。

由图 7-2 中可以看出，六个子区代表站的月尺度干旱与环流指数的共振周期主要集中在 16 个月以下。交叉小波能量强度时有通过显著性检验，但维持时间过短，仅出现了峰值，表明共振周期是一种间歇性振荡，以 16 个月以下为主，在 8 个月周期以下尤为明显。在 8～16 个月的共振周期内谱能量更高，二者关系相对更明显。东部北端（II区，代表站海源）-北大西洋涛动指数二者存在 32 个、128 个月的共振周期，该周期下的共振时间段明显更大，谱能量更高，关系也更密切。高原（V区，代表站兴海）-太阳黑子指数二者在 128 个月的共振周

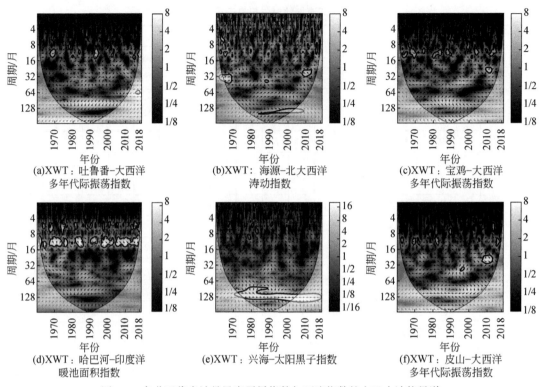

图7-1　各分区代表站月尺度干旱指数与环流指数的交叉小波能量谱

期内具有稳定的负相关关系，共振时间段为 1970 ~ 2018 年，该周期与太阳黑子活动周期吻合。

　　由图7-2 中可以看出，六个子区的年尺度干旱与环流指数的共振周期比月尺度（图7-1）更大。图7-2 中，8 个月周期以下的交叉小波能量强度时通过显著性检验，但维持时间过短，仅出现了峰值且较为频繁，表明间歇性振荡的共振周期在 8 个月以下时，有短暂且密集的相关关系。在 8 ~ 16 个月的共振周期内谱能量更高，二者关系相对更明显。相较于月尺度干旱，年尺度干旱与环流指数间具有更长更稳定的共振周期。主要在集中在 16 ~ 64 个月和 128 个月的周期内。

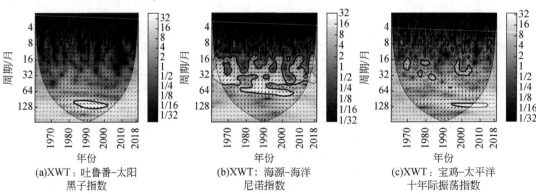

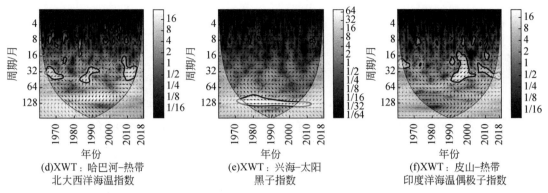

图7-2　各分区代表站年尺度干旱指数与环流指数的交叉小波能量谱

各交叉小波变换的年份、周期不同，说明在整个时间段内，环流指数很大程度上主导了其与干旱的遥相关。各区域年、月尺度干旱共振周期的不同，表示干旱指数的累积变化受环流指数的影响更明显，环流指数与干旱指数的遥相关是由二者共同决定的。

7.4　基于大气环流的气象干旱风险量化分析

7.4.1　极端环流相位下干旱事件划分

首先需要明确环流的相位，以及该相位下的干旱事件的特征。由7.3节可知，在月尺度上，对干旱影响最大的环流指数为大西洋多年代际振荡指数、太阳黑子指数、北大西洋涛动指数、印度洋暖池面积指数。为进一步明确不同相位干旱事件与环流指数的相关关系，需要划分环流的相位。根据非参数化方法拟合4项环流指数，结果见表7-5。

表7-5　环流相位划分阈值

分位数	状态	大西洋多年代际振荡指数	太阳黑子指数	北大西洋涛动指数	印度洋暖池面积指数
0.275	低相位	−0.280	33.546	−0.229	12.805
0.725	高相位	0.160	129.257	0.241	19.905

表7-5为区分环流相位的阈值，低于27.5%的分位数的值判断为低相位，高于72.5%的分位数则视为高相位，进而根据干旱事件发生时间归属分类。采用月尺度SPEI，应用游程理论进行干旱识别，阈值为0、−0.2、−0.5。计算获得的所有干旱事件的特征值，将其归类在不同环流相位下，结果如图7-3所示。然后分析不同相位下干旱特征的区别，结果见表7-6。图7-3为极端相位下干旱事件发生的点以及区域相应的环流指数累积量，其中上侧点和下侧点分别代表发生在高相位和低相位下的干旱事件。可以看出，随着环流指数趋向于极端（极大或极小），均有大量的干旱事件发生在两个相反相位下，且不同环流相位下，干旱的密集程度不同，对应的环流指数变化区间也有所区别。

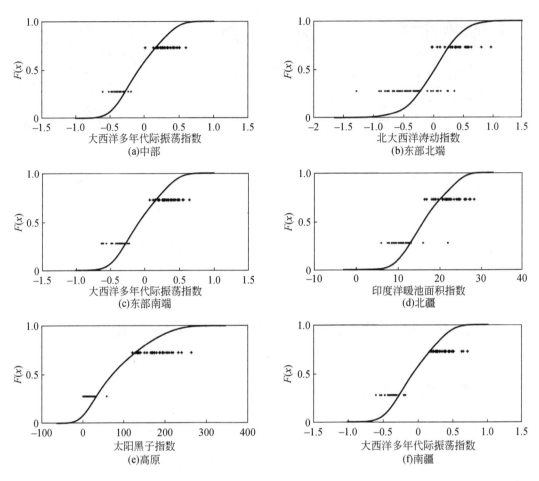

图 7-3 西北地区分区极端环流相位干旱事件点

表 7-6 不同环流相位下的干旱特征

区域	环流相位	事件次数/场	最长历时/个月	历时均值/个月	最大烈度	烈度均值	最大峰值	峰值均值
中部	低相位	25	3.930	1.788	1.731	0.892	1.274	0.641
(吐鲁番)	高相位	31	21.489	4.806	33.606	3.977	4.012	1.167
东部北端	低相位	53	7.709	1.893	7.650	1.495	3.281	1.001
(海源)	高相位	28	5.065	1.954	3.964	1.398	1.979	0.944
东部南端	低相位	40	3.967	1.661	4.045	1.215	1.749	0.869
(宝鸡)	高相位	41	7.236	2.522	9.889	2.081	3.205	1.174
北疆	低相位	34	9.103	2.940	7.435	2.178	2.395	1.087
(哈巴河)	高相位	33	5.154	2.031	4.041	1.365	1.995	0.865
高原	低相位	41	5.223	1.965	3.557	1.319	1.789	0.793
(兴海)	高相位	40	9.654	2.373	7.352	1.685	1.889	0.920

区域	环流相位	事件 次数/场	最长历时 /个月	历时均值 /个月	最大烈度	烈度均值	最大峰值	峰值均值
南疆 （皮山）	低相位	34	5.958	1.963	3.914	1.061	1.879	0.789
	高相位	44	7.681	2.385	9.264	2.074	3.062	1.163

从表 7-6 中可以看出，高、低相位下的干旱特征具有明显差异。中部、东部南端、高原和南疆在高相位下的干旱事件的各项表征值明显大于低相位下的值。东部北端和北疆在低环流相位下的干旱事件各项表征值明显大于高相位下的值。

7.4.2　干旱特征边缘分布拟合

根据分布函数公式，对极端环流相位下的三个干旱事件特征量进行拟合，利用极大似然法进行参数估计，通过 K-S 检验统计量最小的原则优选出最佳分布函数，见表 7-7。

表 7-7　西北地区各分区高低相位下的干旱特征边缘分布拟合函数

区域	特征变量	低相位	高相位
西北中部（吐鲁番）	峰值 M	GEV	Gam
	历时 D	Wb	GEV
	烈度 S	Gaussian	GEV
东部北端（海源）	峰值 M	GEV	GEV
	历时 D	LogN	GEV
	烈度 S	GEV	Gam
东部南端（宝鸡）	峰值 M	Wb	Logistic
	历时 D	LogN	GEV
	烈度 S	LogN	Wb
北疆（哈巴河）	峰值 M	GEV	Logistic
	历时 D	GEV	LogN
	烈度 S	LogN	GEV
高原（兴海）	峰值 M	Logistic	GEV
	历时 D	Gam	GEV
	烈度 S	Gam	GEV
南疆（皮山）	峰值 M	GEV	GEV
	历时 D	GEV	GEV
	烈度 S	GEV	GEV

除过低相位下的西北中部和南疆的峰值历时（M-D）未通过显著性检验，大部分干旱变量间存在较强的相关性，具有显著的相关性，且大部分通过 99% 的显著性检验。

7.4.3　干旱特征二维联合分布

1. 二维联合分布参数估计及拟合优度评价

根据六个子区干旱特征变量最优拟合分布计算累积概率，进行二维分布建模。采用极大似然法进行参数估计，并根据公式计算相应的 RMSE 值、AIC 值、BIC 值，由此选出最佳的 Copula 函数，见表7-8。

表7-8　不同环流相位下干旱特征变量二维联合拟合优度

区域	低相位			高相位		
	M-D	M-S	D-S	M-D	M-S	D-S
中部（吐鲁番）	Student t	Frank	Gaussion	Gaussion	Clayton	Gaussion
东部北端（海源）	Student t	Student t	Frank	Clayton	Clayton	Clayton
东部南端（宝鸡）	Frank	Clayton	Frank	Student t	Gumbel	Gumbel
北疆（哈巴河）	Clayton	Clayton	Frank	Frank	Clayton	Frank
高原（兴海）	Frank	Gaussion	Frank	Gumbel	Frank	Student t
南疆（皮山）	Gumbel	Frank	Gumbel	Clayton	Clayton	Gaussion

2. 联合概率

Copula 联合累积概率分布包含要素的综合信息，根据联合分布等值线图可以得知任意取值组合时的联合概率值。高/低相位下干旱特征二维联合概率如图7-4 和图7-5 所示。由等值线图可知，随着干旱特征变量值的增加，累积概率终将趋向一个定值，同时两干旱特征同时增加时，干旱发生的概率高于单干旱特征增加的概率。

同相位不同区域联合概率对比可知，联合发生概率等值线的密集程度不同，表明同一相位下西北地区的干旱发生概率存在区域性差异，干旱情况复杂。此外，同一地区在极端相位下的干旱概率等值线图变化也不尽相同。以干旱联合发生概率在0.9 以上作为高概率事件点，发现该类干旱事件的干旱联合特征也存在差异。下面以西北地区东部北端和东部南端为例分别分析。

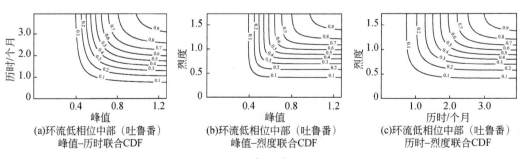

(a)环流低相位中部（吐鲁番）峰值-历时联合CDF　(b)环流低相位中部（吐鲁番）峰值-烈度联合CDF　(c)环流低相位中部（吐鲁番）历时-烈度联合CDF

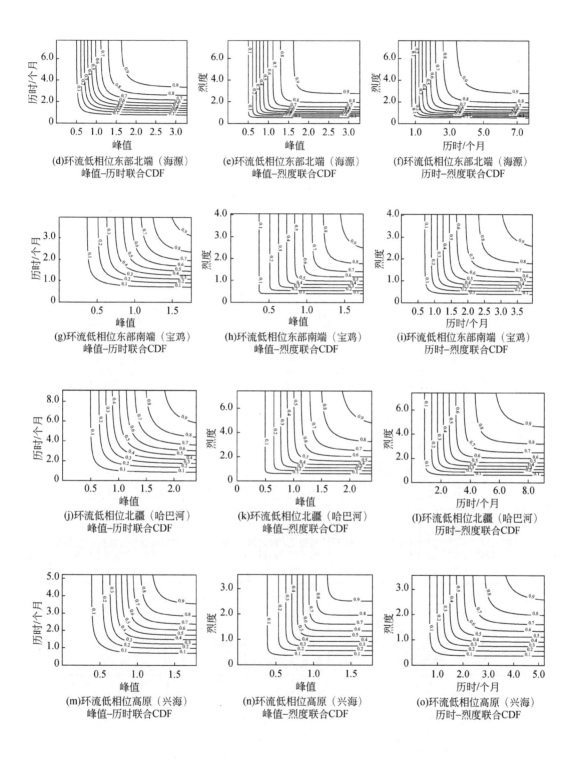

(d)环流低相位东部北端（海源）
峰值–历时联合CDF

(e)环流低相位东部北端（海源）
峰值–烈度联合CDF

(f)环流低相位东部北端（海源）
历时–烈度联合CDF

(g)环流低相位东部南端（宝鸡）
峰值–历时联合CDF

(h)环流低相位东部南端（宝鸡）
峰值–烈度联合CDF

(i)环流低相位东部南端（宝鸡）
历时–烈度联合CDF

(j)环流低相位北疆（哈巴河）
峰值–历时联合CDF

(k)环流低相位北疆（哈巴河）
峰值–烈度联合CDF

(l)环流低相位北疆（哈巴河）
历时–烈度联合CDF

(m)环流低相位高原（兴海）
峰值–历时联合CDF

(n)环流低相位高原（兴海）
峰值–烈度联合CDF

(o)环流低相位高原（兴海）
历时–烈度联合CDF

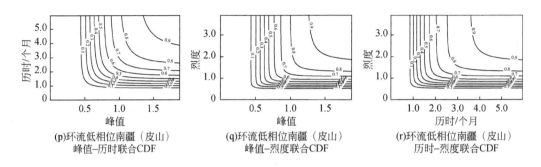

(p)环流低相位南疆（皮山）
峰值-历时联合CDF

(q)环流低相位南疆（皮山）
峰值-烈度联合CDF

(r)环流低相位南疆（皮山）
历时-烈度联合CDF

图7-4 低相位下干旱特征二维联合概率分布等值线图

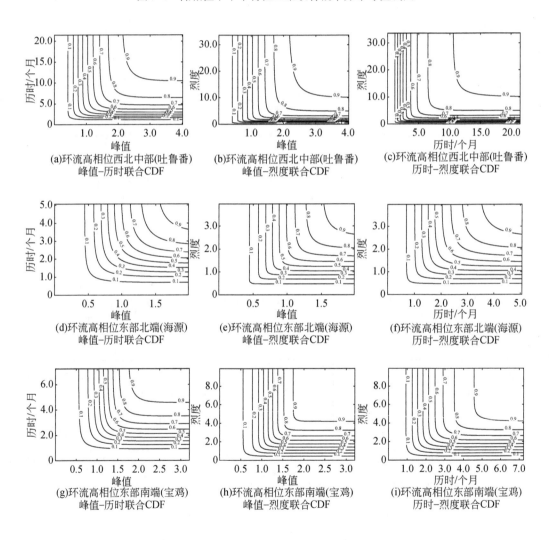

(a)环流高相位西北中部(吐鲁番)
峰值-历时联合CDF

(b)环流高相位西北中部(吐鲁番)
峰值-烈度联合CDF

(c)环流高相位西北中部(吐鲁番)
历时-烈度联合CDF

(d)环流高相位东部北端(海源)
峰值-历时联合CDF

(e)环流高相位东部北端(海源)
峰值-烈度联合CDF

(f)环流高相位东部北端(海源)
历时-烈度联合CDF

(g)环流高相位东部南端(宝鸡)
峰值-历时联合CDF

(h)环流高相位东部南端(宝鸡)
峰值-烈度联合CDF

(i)环流高相位东部南端(宝鸡)
历时-烈度联合CDF

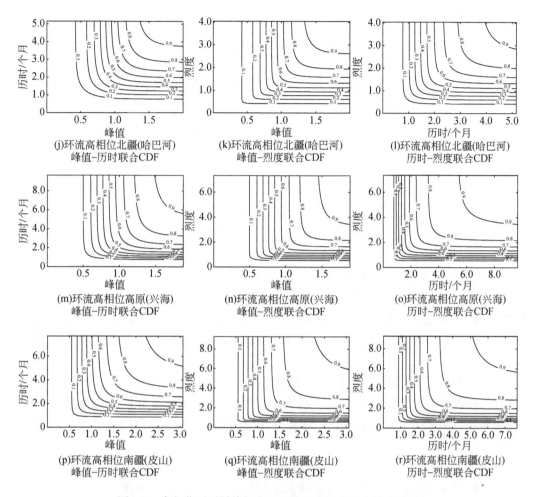

图 7-5　高相位下干旱特征变量二维联合概率分布等值线图

1）西北地区东部北端低相位下二维干旱联合特征

由图 7-5（d），低相位下峰值 M 与历时 D 的联合分布中，以 $M = 1.3$ 为分段点，当超过该值时，随着 D 增大，累积概率迅速增大。同样，以 $D = 2$ 为分段点，当超过该值时，累积概率随着 M 的增大而迅速增大。联合分布中高概率干旱事件发生在高峰值–短历时、低峰值–长历时的情况下。

由图 7-4（e），低相位下峰值 M 与烈度 S 的联合分布中，以 $M = 1.3$ 为分段点，当超过该值时，随着 S 增大，累积概率迅速增大。同样，以 $S = 2$ 为分段点，当超过该值时，累积概率随着 M 的增大而迅速增大。联合分布中高概率干旱事件发生在高峰值–弱烈度、低峰值–高烈度的情况下。

由图 7-4（f），低相位下历时 D 与烈度 S 的联合分布中，以 $D = 2$ 为分段点，当超过该值时，随着 S 增大，累积概率迅速增大。同样，以 $S = 2$ 为分段点，当超过该值时，累积概率随着 D 的增大而迅速增大。联合分布中高概率干旱事件发生在长历时–弱烈度、短历时–高烈度的情况下。

2）西北地区东部北端高相位下二维干旱联合特征

由图 7-5（d），高相位下峰值 M 与历时 D 的联合分布中，以 $M=1$ 为分段点，当超过该值时，随着 D 增大，累积概率迅速增大。同样，以 $D=2$ 为分段点，当超过该值时，累积概率随着 M 的增大而迅速增大。联合分布中高概率干旱事件发生在高峰值-长历时的情况下。

由图 7-5（e），高相位下峰值 M 与烈度 S 的联合分布中，以 $M=1$ 为分段点，当超过该值时，随着 S 增大，累积概率迅速增大。同样，以 $S=1.5$ 为分段点，当超过该值时，累积概率随着 M 的增大而迅速增大。联合分布中高概率干旱事件发生在高峰值-高烈度的情况下。

由图 7-5（f），高相位下历时 D 与烈度 S 的联合分布中，以 $D=2$ 为分段点，当超过该值时，随着 S 增大，累积概率迅速增大。同样，以 $S=1.5$ 为分段点，当超过该值时，累积概率随着 D 的增大而迅速增大。联合分布中高概率干旱事件发生在长历时-高烈度的情况下。

3）西北地区东部南端低相位下二维干旱联合特征

由图 7-4（g），低相位下峰值 M 与历时 D 的联合分布中，以 $M=1$ 为分段点，当超过该值时，随着 D 增大，累积概率迅速增大。同样，以 $D=1.5$ 为分段点，当超过该值时，累积概率随着 M 的增大而迅速增大。联合分布中高概率干旱事件发生在高峰值-长历时的情况下。

由图 7-4（h），低相位下峰值 M 与烈度 S 的联合分布中，以 $M=1$ 为分段点，当超过该值时，随着 S 增大，累积概率迅速增大。同样，以 $S=1.2$ 为分段点，当超过该值时，累积概率随着 M 的增大而迅速增大。联合分布中高概率干旱事件发生在高峰值-高烈度的情况下。

由图 7-4（i），低相位下历时 D 与烈度 S 的联合分布中，以 $D=1.5$ 为分段点，当超过该值时，随着 S 增大，累积概率迅速增大。同样，以 $S=1.2$ 为分段点，当超过该值时，累积概率随着 D 的增大而迅速增大。联合分布中高概率干旱事件发生在长历时-高烈度的情况下。

4）西北地区东部南端高相位下二维干旱联合特征

由图 7-5（g），高相位下峰值 M 与历时 D 的联合分布中，以 $M=1.5$ 为分段点，当超过该值时，随着 D 增大，累积概率迅速增大。同样，以 $D=2.5$ 为分段点，当超过该值时，累积概率随着 M 的增大而迅速增大。联合分布中高概率干旱事件发生在高峰值-短历时和低峰值-长历时的情况下。

由图 7-5（h），高相位下峰值 M 与烈度 S 的联合分布中，以 $M=1.5$ 为分段点，当超过该值时，随着 S 增大，累积概率迅速增大。同样，以 $S=2$ 为分段点，当超过该值时，累积概率随着 M 的增大而迅速增大。联合分布中高概率干旱事件发生在高峰值-弱烈度和低峰值-高烈度的情况下。

由图 7-5（i），高相位下历时 D 与烈度 S 的联合分布中，以 $D=2.5$ 为分段点，当超过该值时，随着 S 增大，累积概率迅速增大。同样，以 $S=2$ 为分段点，当超过该值时，累积概率随着 D 的增大而迅速增大。联合分布中高概率干旱事件发生在长历时-弱烈度和短历时-高烈度的情况下。

总体而言，西北地区各分区的高概率干旱事件发生的二维联合主要为高峰值-短历时、低峰值-长历时、高峰值-弱烈度、低峰值-高烈度、长历时-弱烈度、短历时-高烈度、高峰值-长历时、高峰值-高烈度、长历时-高烈度，整体干旱情况复杂，即相同联合分布，在不同环流相位下，干旱的高概率事件发生点对应干旱特征值的联合不同，存在强强联合和强弱联合的情况。该项结果也证实前述极端环流相位下，同一地区的干旱表征存在差异的结论。

7.5 小　　结

本章以西北地区为研究区，以 SPEI 表征气象干旱，采用 EOF 和 REOF 法对气象干旱进行分区，通过相关分析、交叉小波变换、随机森林法等方法研究干旱的时空演变特征及其对环流指数的响应关系；采用非参数核密度估计和 Copula 函数分析极端相位下干旱事件的概率与重现期特征。获得以下主要结论：

（1）西北地区可分为 6 个具有不同干旱特征的分区，分别为中部、东部北端、东部南端、北疆、高原和南疆。

（2）月尺度上，环流指数与西北地区气象干旱的相关性和重要性排序结果并不一致。月尺度干旱多与大气类环流指数相关；对干旱影响最主要的环流指数排序为北大西洋涛动指数、大西洋多年代际振荡指数、印度洋暖池面积指数和太阳黑子指数，多为海温类的环流指数。其中大西洋多年代际振荡指数对于中部（Ⅰ区）、东部南端（Ⅲ区）、北疆（Ⅵ区）的影响最明显，北大西洋涛动指数对东部北端（Ⅱ区）的影响最明显，印度洋暖池面积指数对北疆（Ⅳ区）影响最明显，太阳黑子指数对高原（Ⅴ区）影响最明显。

（3）环流指数与各区干旱的相关性在年月尺度上存在明显差异。年尺度干旱多与海温类环流指数相关，海温类指数对各区年尺度干旱的相关性明显高于月尺度，而大气类指数则相反，且相关性高的区域集中在中部（Ⅰ区）。与月尺度干旱存在密切联系的北极涛动指数对年尺度干旱没有产生显著的相关性。与高原（Ⅴ区）存在相关性的环流指数很少。年尺度干旱与太阳黑子指数的相关区域更多。

（4）年代际尺度干旱受太阳黑子指数和大西洋多年代际振荡指数的影响最大。

（5）六个子区的月尺度干旱与环流指数的共振周期主要集中在 16 个月以下，是一种间歇性振荡，东部北端干旱与北大西洋涛动指数二者存在 32 个月、128 个月的共振周期；高原干旱与太阳黑子指数存在 128 个月的共振周期；年尺度干旱与环流指数的共振周期比月尺度更大，与环流指数间具有更长更稳定的共振周期，主要在集中 16～64 个月和 128 个月的周期内。

（6）高、低相位下的干旱特征具有明显差异，中部、东部南端、高原和南疆在高相位下的干旱事件的各项表征值明显大于低相位下的值，东部北端和北疆在低环流相位下的干旱事件特征值明显大于高相位下的值；相同联合分布，在不同环流相位下，干旱的高概率事件发生点对应的干旱特征值的联合不同，表现为强强联合与强弱联合。

|第8章| 西北地区气象-农业 干旱的传递机制

不同类型干旱间存在一定的内在联系，通常情况下气象干旱最先发生，当其发展到一定阶段就会造成土壤含水量不能满足作物生长需求，此时便会引发农业干旱。干旱作为一种规模较大的自然灾害事件，其发展过程在时间和空间上都具有一定的持续性，因此，农业干旱对气象干旱的响应关系也具有时空特征。本章在第2章和第3章对气象干旱和农业干旱特征变量提取的基础上，采用相关系数、交叉小波及小波互相关等方法全面分析气象和农业干旱间的响应滞时特征；提出基于时空尺度的气象-农业干旱事件对匹配准则，分析不同响应类型中气象-农业干旱事件的时空响应特征，基于匹配结果构建气象干旱和农业干旱在历时、烈度、面积、迁移距离四个干旱特征间的线性和非线性响应关系模型，并对比模型的模拟性能；基于贝叶斯网络模型推求农业干旱对气象干旱的响应概率计算公式，定量研究干旱传递机制，为干旱预测提供参考。

8.1 研究方法

8.1.1 灰色关联分析法

灰色关联分析法是一种基于系统各因素序列曲线间的相似程度以衡量关联度的定量化方法，用来描述各影响因素与响应滞时之间的顺序以及强弱关系。具体计算步骤如下。

（1）对原始数据消除量纲，转换为可以进行比较的序列，本研究采用均值化变换，即将各数据序列除以各自的平均值。

（2）计算参考序列和比较序列间的关联系数 L：

$$L(k) = \frac{\Delta_{\min} + \rho \Delta_{\max}}{\Delta(k) + \rho \Delta_{\max}} \tag{8-1}$$

式中，$\Delta(k)$ 为 k 时刻参考序列和各比较序列的绝对差值；$\Delta_{\max}$ 和 $\Delta_{\min}$ 分别为各时刻所有比较序列和参考序列绝对差值的最大值和最小值；ρ 为分辨系数，一般取 0.5。

（3）计算各因素序列间关联性大小的衡量指标——关联度 R：

$$R = \frac{1}{N} \sum_{k=1}^{N} L(k) \tag{8-2}$$

式中，N 为比较序列的长度。

8.1.2 气象–农业干旱事件对匹配准则

气象和农业干旱间具有内在联系，基于干旱响应关系类型及其发展条件，从时空尺度将具有成因联系的气象、农业干旱事件进行匹配，可以从多个层面更加形象地描述干旱响应特征。具体匹配过程如下。

（1）气象、农业干旱事件排序。基于气象和农业干旱事件三维识别结果（假设有 m 场气象干旱事件和 n 场农业干旱事件），按照发生时间将气象和农业干旱事件排序形成一个 $m×n$ 的矩阵 $\boldsymbol{X}$，矩阵中的每个元素（X_{mn}）代表一对待检测的干旱事件对。

（2）判断待检测的气象–农业干旱事件对是否存在时间上的交集，这是二者匹配成功的前提条件。若时间上存在交集，矩阵对应的位置标记为 1，否则标记为 0。时间尺度上是否匹配成功的判别公式如下：

$$X_{mn} = \begin{cases} 1, D_{\text{overlap}} \neq \Phi \text{ 如果} \begin{cases} \text{MBT} \leqslant \text{ABT} \leqslant \text{MET} \\ \text{或} \\ \text{ABT} \leqslant \text{MBT} \leqslant \text{AET 且 } D_{\text{overlap}} \geqslant \min(\text{DM}/3, \text{DA}/3) \end{cases} \\ 0, D_{\text{overlap}} = \Phi \text{ 如果} \begin{cases} \text{ABT} > \text{MET} \\ \text{或} \\ \text{AET} > \text{MBT} \end{cases} \end{cases} \quad (8\text{-}3)$$

式中，D_{overlap} 代表持续时间的交集；Φ 代表空集；MBT 和 MET 分别代表气象干旱的开始时间和结束时间；ABT 和 AET 分别代表农业干旱的开始时间和结束时间；DM 和 DA 分别代表气象干旱和农业干旱历时。如果气象干旱和农业干旱历时存在交集，但气象干旱发生晚于农业干旱（ABT≤MBT≤AET），则需进一步判断。若气象干旱和农业干旱只是时间上存在偶然的交集，并无实质的对应关系，应当舍弃；若存在多场气象干旱事件引发一场农业干旱事件的现象，且干旱历时交集大于二者中最小干旱历时的 1/3，应当保留。

（3）对上一步形成的 $\boldsymbol{X}$ 矩阵中标记 1 位置的气象–农业干旱事件对判断是否存在空间上的交集。通过判断存在时间交集的对应干旱斑块重合面积的大小来判定它们是否属于一次干旱事件对，空间上存在交集且大于干旱面积阈值 A，认为干旱事件对匹配成功，对应位置仍标记为 1，否则修改为 0。空间尺度上是否匹配成功的判别公式如下：

$$X_{mn} = \begin{cases} 1, \text{Area}_{\text{overlap}} \neq \Phi \text{ 如果} (\text{AM} \cap \text{AA}) \geqslant A \\ 0, \text{Area}_{\text{overlap}} = \Phi \text{ 如果} (\text{AM} \cap \text{AA}) < A \end{cases} \quad (8\text{-}4)$$

式中，$\text{Area}_{\text{overlap}}$ 代表气象–农业干旱斑块面积交集；AM 和 AA 分别代表气象、农业干旱斑块面积（km^2）；A 代表干旱三维识别方法中预先设定的最小干旱面积阈值。

（4）将匹配成功的气象–农业干旱事件对进行编码。在步骤（3）形成的矩阵基础上，按照气象、农业干旱事件编号顺序进行判断后，对匹配成功的干旱事件对进行编码，最简单的情况是一行一列只有一个有效的编码，即一场气象干旱事件引发一场农业干旱（记为 C1）；如果同一行与多列存在若干个相同的编码，即表示一场气象干旱事件引发多场农业干旱（记为 C2）；如果同一列与多行存在若干个相同的编码，即表示多场气象干旱事件引发一场农业干旱（记为 C3）；如果多行与多列存在若干个相同的编码，即表示多场气象干旱事件引发多场农业干旱（记为 C4），如图 8-1 所示。

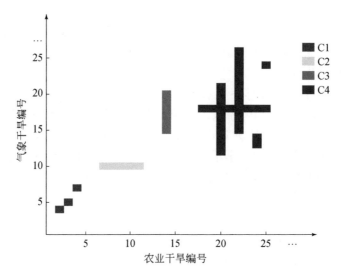

图 8-1　简单及复杂干旱事件对编码示意

整合后新生成的气象（农业）干旱历时定义为第一场干旱事件开始至最后一场干旱事件结束所经历的时间长度；干旱烈度为每场干旱事件相应干旱烈度值的总和；干旱面积为每场干旱事件各自对应的干旱面积在经纬度平面上的投影并集；干旱迁移距离为所有干旱事件迁移距离之和。

8.1.3　基于 Copula 函数的非线性关系模拟

借鉴条件概率的思想，建立气象干旱特征变量与农业干旱特征变量间的非线性耦合关系，得到给定气象干旱历时、烈度、面积、迁移距离等于某一特定值时对应的农业干旱特征变量的条件概率分布。分别用 X 和 Y 表示气象、农业干旱对应的某一特征变量（历时、烈度、面积、迁移距离），$F_X(x)$ 和 $F_Y(y)$ 分别为 X、Y 的边缘分布函数，令 $u=F_X(x)$、$v=F_Y(y)$，则 X 和 Y 的联合分布函数和概率密度函数可表示为

$$F(x,y)=C\big[F_X(x),F_Y(y)\big]=C(u,v) \tag{8-5}$$

$$f(x,y)=c(u,v)\cdot f_X(x)f_Y(y) \tag{8-6}$$

式中，C 为 Copula 函数；$c(u,v)$ 为联合函数 C 的密度函数；$f_X(x)$、$f_Y(y)$ 分别为 X、Y 的边缘概率密度函数。

本节采用的条件概率为一个等量事件发生的概率，即给定气象干旱特征 $X=x$ 条件下，农业干旱特征变量 Y 发生的条件概率分布函数，表达式为

$$F_{Y/X}(y)=P(Y\leqslant y/X=x)=\frac{\partial F(x,y)/\partial x}{\mathrm{d}F_X(x)/\mathrm{d}x}=\frac{\partial C(x,y)}{\partial u} \tag{8-7}$$

相应的条件概率密度表达式为

$$f_{Y/X}(y) = \frac{f(x,y)}{f_X(x)} = \frac{c(u,v) \cdot f_X(x) \cdot f_Y(y)}{f_X(x)} = c(u,v)f_Y(y) \tag{8-8}$$

根据 Zhu 等（2019）的研究结果可知，可以将条件概率密度函数最大值对应的农业干旱特征变量值作为预测值，可通过 $\mathrm{d}f_{Y/X}(y)/\mathrm{d}y = 0$ 求得。图 8-2 为农业干旱变量条件概率累积分布函数及概率密度函数示意。

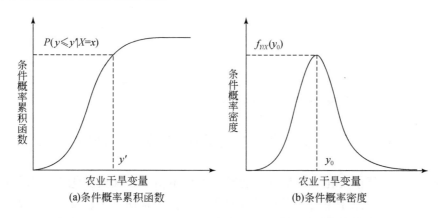

图 8-2　农业干旱变量条件概率累积分布函数及概率密度函数示意

8.1.4　贝叶斯网络概率模型

贝叶斯网络是一种概率图形模型，可以通过条件概率方法来估计随机变量之间的关系（Sattar et al.，2019），可将定量和定性研究方法有效地融合在一起，定性成分指的就是网络结构，定量成分指的是每个随机变量的概率特征（Sattar and Kim，2018）。本研究采用贝叶斯网络条件概率模型来求解农业干旱对气象干旱的响应概率问题，分别从干旱历时、烈度、面积和迁移距离 4 个干旱特征来分析。由于只涉及气象干旱和农业干旱特征两种随机变量，采用一阶贝叶斯网络模型求解，其一般表达式为

$$P(X_2/X_1) = \frac{P(X_1, X_2)}{P(X_1)} \tag{8-9}$$

式（8-9）表达的是在事件 X_1 发生情况下，事件 X_2 的发生概率，文氏图形式如图 8-3 所示。其中，$P(X_1, X_2)$ 表示的是随机变量 X_1 和 X_2 的联合概率，可以通过 Copula 函数来确定，$P(X_1)$ 可以通过随机变量 X_1 的边缘分布函数求得。

实际生产活动中人们更加关注气象干旱特征变量大于某一特定值条件下，相应农业干旱特征变量的响应概率。因此，对式（8-9）进行变形可以得到气象干旱特征变量大于某一特征值条件下，农业干旱特征变量对气象干旱特征变量的响应概率公式：

$$P(Y > y \mid X > x) = \frac{P(X > x, Y > y)}{P(X > x)} \tag{8-10}$$

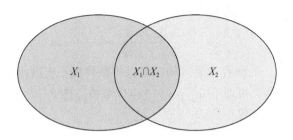

图 8-3   基于一阶贝叶斯网络的条件概率文氏图

式中，X 和 Y 分别表示气象、农业干旱对应的某一时空特征变量（历时、烈度、面积、迁移距离）；$P(Y>y，X>x)$ 表示 X 和 Y 的联合发生概率。

8.2   气象–农业干旱响应关系及分类

自然条件下，气候变化是干旱发生的唯一外在驱动力。气候变化导致水分收支不平衡引发气象干旱，气象干旱持续发展诱发农业干旱，二者在发生、发展机制方面存在密切联系。实际上，干旱的演进过程受到地形条件、水文地质条件、植被类型以及土壤类型等多因素的影响，具有较强的空间变异性，因此，农业干旱对气象干旱的响应特征十分复杂。农业干旱对气象干旱的响应一般需要气象干旱达到一定程度，如一场长历时、强烈度的气象干旱或多场短历时、小烈度的气象干旱事件共同作用，该过程中存在气象干旱事件合并现象。农业干旱的发生发展过程在一定程度上受到多种条件因子的调节作用，造成农业干旱发生时间往往会滞后于气象干旱，且农业干旱的旱情会持续较长时间（图 8-4）。Van Loon 和 Van Lanen（2012）、Liu 等（2019）关于流域尺度的干旱传递过程研究结果也表明，干旱在传递过程中会呈现出干旱合并、延长、滞时、衰减等特点。

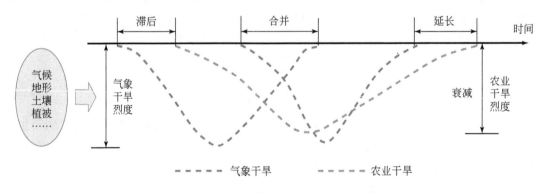

图 8-4   农业干旱对气象干旱的响应过程特征

由图 8-4 可知，由于气候、地形、植被条件等因素的综合作用，农业干旱对气象干旱的响应关系十分复杂，并不是简单的一一对应关系。在研究农业干旱对气象干旱的响应关系之前，需要厘清它们之间存在的响应类型，根据朱烨（2017）关于黄河流域干旱传递特性的研究，气象干旱和农业干旱间的响应关系大体可分为4类：①一场连续的气象干旱引发一场农业干旱事件（记为 C1）；②一场气象干旱引发多场农业干旱（记为 C2）；③多场气象干旱引发一场农业干旱（记为 C3）；④较为复杂的多场气象干旱引发多场农业干旱（记为 C4）。因此，下文主要从上述4类响应关系来分析西北地区农业干旱对气象干旱的时空响应特征。

8.3 气象–农业干旱间响应滞时特征及影响因素分析

8.3.1 气象–农业干旱间响应滞时特征

在第2章计算的气象干旱指数 SPEI 和第3章计算的农业干旱指数 SSMI 基础上，通过计算 SSMI 和不同时间尺度 SPEI（1~12个月）之间的相关系数并根据最大相关系数所对应的时间尺度来确定响应滞时，根据计算结果定量讨论不同月份农业干旱对气象干旱的响应滞时特征。西北地区不同分区月尺度 SSMI 与不同时间尺度 SPEI（1~12个月）的逐月相关系数如图8-5所示，计算得到的最大相关系数均通过 $p=0.05$ 显著性检验。

从图8-5中可以看出，不同分区农业干旱对气象干旱的响应滞时表现出明显的季节特征，湿润季节（6~11月）相对较长，干燥季节（12月至次年5月）相对较短。如图8-5（a）所示，高原气候区 SSMI 和 SPEI 之间的相关系数在夏季（6~8月）和秋季（9~11月）达到最大（>0.7），依据各月最大相关系数对应的滞后时间可得夏季和秋季的平均滞时分别为4个月和6.3个月，冬季（12月至次年2月）和春季（3~5月）的最大相关系数多集中在0.6~0.7，平均滞时分别为10个月和12个月，相比于夏季和秋季有所延长。西风气候区 [图8-5（b）] 1~12月的最大相关系数分别为0.82、0.84、0.78、0.76、

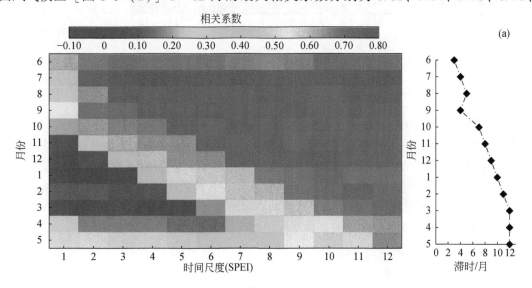

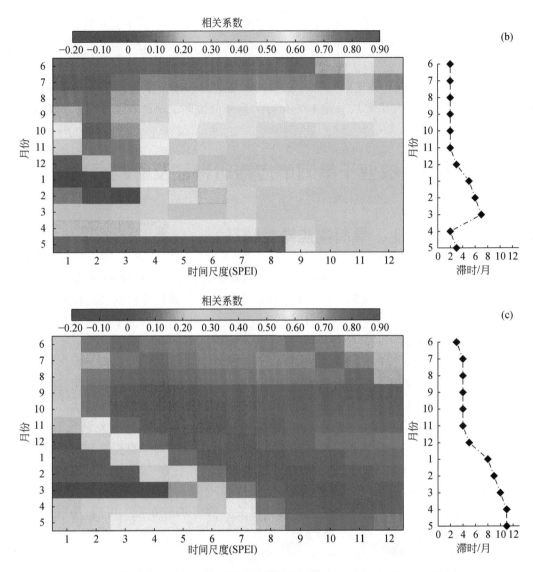

图 8-5 不同分区月尺度 SSMI 与不同时间尺度 SPEI（1~12 个月）的相关系数
(a) 高原气候区、(b) 西风气候区、(c) 东南气候区

0.83、0.75、0.73、0.66、0.65、0.51、0.66、0.87，对应的滞后时间分别为 2 个月、2 个月、2 个月、2 个月、2 个月、2 个月、3 个月、5 个月、6 个月、7 个月、2 个月、3 个月，其中夏季和秋季的平均滞时较短均为 2 个月，冬季和春季的平均滞时相对较长，为 4~5 个月。东南气候区［图 8-5（c）］6 月至次年 5 月的农业干旱对气象干旱的响应滞时从 3 个月增加至 11 个月，其中 6~11 月的响应滞时最短为 3~4 个月，12 月至次年 5 月的响应滞时有所增加，为 5~11 个月。

8.3.2　干旱响应滞时的影响因素分析

由前文可知，西北地区农业干旱对气象干旱的响应滞时在夏季最短，秋季次之，冬季和春季较长，说明夏季和秋季农业干旱对气象干旱的响应更敏感。由于夏季气温达到全年最高，土壤蒸散及作物蒸腾作用均达到最大，夏季的降水量大且集中，而西北地区属于干旱、半干旱地区，夏季产流以超渗模式为主，降水更容易直接形成径流，对土壤水的补充不足（Feng W et al., 2020），这种状况也加速了水循环过程，土壤、大气的水汽交换较为频繁，导致一旦发生气象干旱，土壤中的水分会迅速耗散，如果得不到及时补充很快就会引发农业干旱，因此夏季农业干旱对气象干旱的响应时间最短（Yang et al., 2012）。秋季气温逐步降低，蒸发蒸腾量随之下降，而降水量相对较大，补充到土壤中的水分有所增加，所以秋季干旱响应时间相比于夏季有所增加。而冬季和春季降水减少，气温降低，土壤、作物的蒸腾蒸发作用最弱，水循环过程缓慢，同时研究区冬季会出现降雪并且在春季发生融化，一定程度补充了土壤水分，土壤抵抗农业干旱的能力较强，导致干旱的响应时间有所延长（Huang et al., 2017）。

此外，不同分区的响应滞后时间也存在差异，高原气候区和东南气候区的 SSMI 和 SPEI 之间的平均相关系数比西风气候区高，高原气候区不同季节农业干旱对气象干旱的平均响应时间比东南气候区和西风气候区要长，东南气候区次之，西风气候区最短。这与不同分区的地形、地貌特征、土地覆被类型等有密切关系（Yang Y T et al., 2017），高原气候区海拔较高，常年积雪，气温升高形成的融雪入渗到土壤，对农业干旱的发生起到一定的减缓作用，高原气候区主要的土地利用类型为草地，东南气候区主要的土地利用类型为耕地和林地，而西风气候区大部分覆盖着沙漠，只有东部有少量的草地植被（图 8-6），

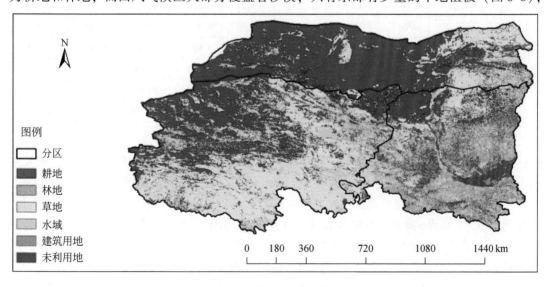

图 8-6　不同分区土地利用类型

风沙天气较为严重，这就导致西风气候区的蒸散发要远远大于高原气候区和东南气候区，同时林地的蒸散发比耕地和草地更高一些（Sterling et al.，2013），结果造成高原气候区的农业干旱响应时间比西风气候区和东南气候区长。

为进一步探讨西北地区不同影响因子对农业干旱和气象干旱间响应滞时的影响程度，采用相关系数法和灰色关联分析法计算不同分区干旱响应滞时与各影响因子之间的相关系数及关联度，结果见表8-1。从表8-1中可以看出，高原气候区的春季、夏季和秋季降水、潜在蒸散发、土壤水、高程对干旱响应滞时均具有显著影响，干旱滞时与土壤水和高程之间存在较强的正相关关系，与潜在蒸散发之间存在显著的负相关关系，冬季干旱响应滞时与高程之间表现出最强的相关性，其次为土壤水，相关系数分别为 0.64 和 0.63，均通过 $p=0.01$ 显著性检验；根据关联度可知各季节的影响因子排序，春季为土壤水>潜在蒸散发>降水>高程，夏季为土壤水>降水>高程>潜在蒸散发，秋季为土壤水>降水>高程>潜在蒸散发，冬季为土壤水>降水>高程>潜在蒸散发。

表 8-1　各分区干旱响应滞时与影响因子之间的相关系数（r）及关联度（R）

分区	影响因子	春季		夏季		秋季		冬季	
		r	R	r	R	r	R	r	R
高原气候区	降水	0.16 **	0.640	0.79 **	0.729	0.53 **	0.755	0.13 *	0.655
	潜在蒸散发	-0.66 **	0.657	-0.73 **	0.531	-0.47 **	0.618	-0.005	0.602
	土壤水	0.69 **	0.693	0.85 **	0.817	0.71 **	0.759	0.63 **	0.695
	高程	0.55 **	0.630	0.47 **	0.641	0.57 **	0.641	0.64 **	0.638
东南气候区	降水	-0.04	0.755	-0.10 *	0.624	0.37 **	0.749	0.26 **	0.826
	潜在蒸散发	-0.02	0.744	0.14 **	0.615	-0.27 **	0.723	0.32 **	0.751
	土壤水	0.20 **	0.792	0.15 **	0.727	0.51 **	0.823	0.52 **	0.931
	高程	0.09 *	0.681	0.20 **	0.649	0.52 **	0.845	0.21 **	0.541
西风气候区	降水	0.68 **	0.753	0.72 **	0.683	0.67 **	0.744	0.39 **	0.806
	潜在蒸散发	0.09 **	0.615	-0.31 **	0.687	0.03	0.756	0.35 **	0.681
	土壤水	0.89 **	0.813	0.92 **	0.806	0.84 **	0.758	0.75 **	0.737
	高程	0.10 *	0.789	0.02	0.477	0.12 **	0.749	0.07	0.733

*和 ** 分别表示通过 $p=0.05$ 和 $p=0.01$ 的显著性检验。

东南气候区春季干旱响应滞时与土壤水和高程之间表现出显著的正相关关系，相关系数分别为 0.20 和 0.09，影响因子排序为土壤水>降水>潜在蒸散发>高程；夏季各影响因子对干旱响应滞时均具有显著影响，其中高程的影响程度最大，其次为土壤水，影响因子排序为土壤水>高程>降水>潜在蒸散发；秋季各影响因子对干旱响应滞时均具有显著影响，其中干旱滞时与土壤水、高程及降水之间存在较强的正相关关系，与潜在蒸散发之间存在显著的负相关关系，影响因子排序为高程>土壤水>降水>潜在蒸散发；冬季农业干旱对气象干旱的响应时间受土壤水的影响较大，其次为潜在蒸散发，相关系数分别为 0.52 和 0.32，均通过 $p=0.01$ 显著性检验，影响因子排序为土壤水>降水>潜在蒸散发>高程。

西风气候区春、夏、秋、冬四季干旱响应滞时均与土壤水之间表现出最强的正相关关系，相关系数分别为 0.89、0.92、0.84 和 0.75，其次为降水，相关系数分别为 0.68、0.72、0.67 和 0.39，均通过 $p=0.01$ 显著性检验。各季节的影响因子排序，春季为土壤水>高程>降水>潜在蒸散发，夏季为土壤水>潜在蒸散发>降水>高程，秋季为土壤水>潜在蒸散发>高程>降水，冬季为降水>土壤水>高程>潜在蒸散发。

综上所述，西北地区农业干旱对气象干旱的响应时间受各因子的影响程度有所差异，其中受土壤水影响最大，其次为高程和降水，潜在蒸散发的影响相对较弱。

8.4 气象–农业干旱事件对匹配结果

基于 8.1.2 节的干旱事件时空尺度匹配准则，对 1960～2018 年研究区内 344 场气象干旱和 169 场农业干旱进行时空匹配后，共成功匹配气象–农业干旱事件对 53 场，如图 8-7 所示。

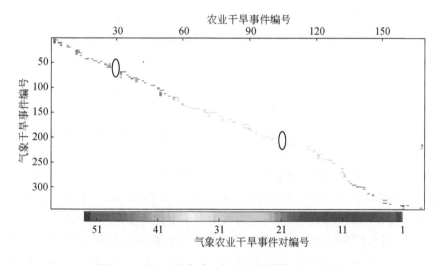

图 8-7 时空尺度气象–农业干旱事件对匹配结果

图 8-7 中颜色相同的位置表示对应位置上的气象、农业干旱事件属于同一场干旱事件对，椭圆表示对应位置上的气象、农业干旱事件匹配失败。从图 8-7 中可以看出，匹配成功的干旱事件对沿对角线均匀分布，表明匹配之前的气象、农业干旱事件在时间上具有较高的一致性。同时，图 8-7 中出现较多的沿轴持续的条带，表明基于三维视角的气象–农业干旱对应关系中，经常发生一场气象干旱引发多场农业干旱或多场气象干旱引发一场农业干旱的复杂事件。

图 8-8 展示了匹配前后气象–农业干旱历时、烈度、面积、迁移距离四个干旱特征变量的分布状况，图中红色圆圈表示匹配失败的干旱事件，绿色圆圈表示匹配成合并后的干旱事件，圆圈的大小表示干旱历时长短。从图 8-8 中可以看出，匹配前后气象、农业干旱特征变量分布特征发生了明显变化，匹配前气象、农业干旱事件的特征变量分布相对比

较均匀，而经过时空尺度匹配后出现较多复杂的响应类型干旱事件对（即 C2、C3 和 C4 响应类型），需要对匹配成功的气象-农业干旱事件对的特征变量进行合并。

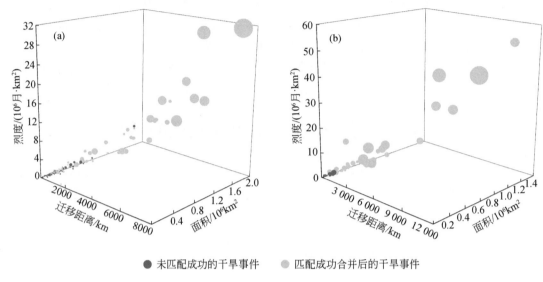

● 未匹配成功的干旱事件　　● 匹配成功合并后的干旱事件

图 8-8　匹配前后气象-农业干旱事件特征变量分布
（a）气象干旱、（b）农业干旱；图中圆圈的大小表示干旱历时长短

匹配成功合并后的气象、农业干旱事件规模有所增强，即表现出干旱历时延长、干旱面积增加、干旱烈度增大、迁移距离变长的特点，匹配成功合并后的气象、农业干旱事件的平均干旱历时、烈度、面积、迁移距离分别为 9.42 个月、5.17×10^6 月·km²、8.5×10^5 km²、1475.85km 和 10.96 个月、5.46×10^6 月·km²、3.3×10^5 km²、1190.78km。此外，在三维气象-农业干旱的对应关系中，匹配失败的干旱事件大多是一些历时较短、烈度较小、影响面积较小、迁移距离较短的小规模干旱事件，匹配失败的气象、农业干旱事件的平均干旱历时、烈度、面积、迁移距离分别为 1.58 个月、3.1×10^5 月·km²、1.6×10^5 km²、90.77km 和 2.17 个月、1.5×10^5 月·km²、5×10^4 km²、40.09km。

8.5　气象-农业干旱事件时空响应特征

鉴于 C1 响应类型所涉及的气象、农业干旱事件在时空上的响应特征较为简单，因此，下文分别以 C2 响应类型、C3 响应类型和 C4 响应类型为例详细分析气象-农业干旱事件复杂的时空响应特征。

8.5.1　C2 类型农业干旱对气象干旱的时空响应特征

以匹配成功的第 24 场干旱事件对为例，其由第 140 场（1983 年 12 月~1984 年 5 月）

气象干旱匹配第64场（1984年4~5月）和第65场（1984年5月）2场农业干旱事件，如图8-9所示。由图8-9可知，发生于1983年12月~1984年5月的第140场气象干旱覆盖了西北地区75%以上的区域，主要集中在研究区中西部且内蒙古阿拉善盟中西部、甘肃酒泉市东部以及青海海西蒙古族藏族自治州中部旱情较为严重，第140场气象干旱事件在发展后期（1984年4~5月）相继引发了覆盖内蒙古阿拉善盟西部、甘肃酒泉市的第64场和位于青海海西蒙古族藏族自治州中北部的第65场农业干旱事件，旱情的空间分布具有较好的一致性。

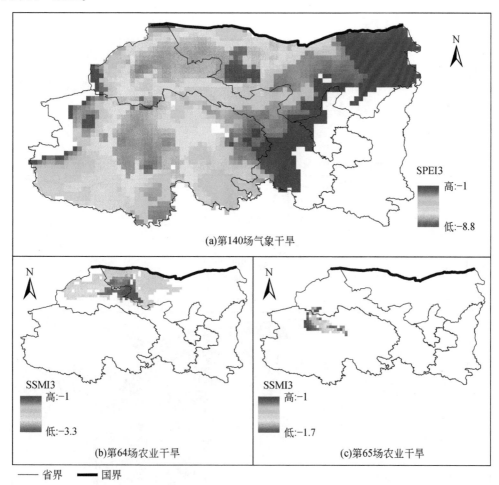

图 8-9　第 64 和第 65 场农业干旱对第 140 场气象干旱的时空响应特征

8.5.2　C3 类型农业干旱对气象干旱的时空响应特征

以匹配成功的第 22 场干旱事件对为例，其由第 132（1982 年 5~10 月）、第 133（1982 年 12 月）、第 134（1982 年 12 月）和第 135（1983 年 2 月）场气象干旱匹配第 61

场（1982 年 5 月~1983 年 5 月）农业干旱事件，如图 8-10 所示。从图 8-10 中可以看出，该次气象–农业干旱事件对的时空响应特征主要表现为：1982 年 5 月~10 月发生在研究区东部的第 132 场气象干旱，1982 年 12 月发生在内蒙古阿拉善盟、甘肃酒泉市东部的第 133 场气象干旱，1982 年 12 月发生在甘肃东南部、陕西南部的第 134 场气象干旱和 1983 年 2 月发生在甘肃平凉市和西峰市（现为西峰区）、陕西中北部的第 135 场气象干旱共同作用引发了 1982 年 5 月~1983 年 5 月集中在研究区中部的第 61 场农业干旱事件，整个响应过程表现出明显的气象干旱事件合并效应以及农业干旱事件的历时延长、面积衰减的特征。

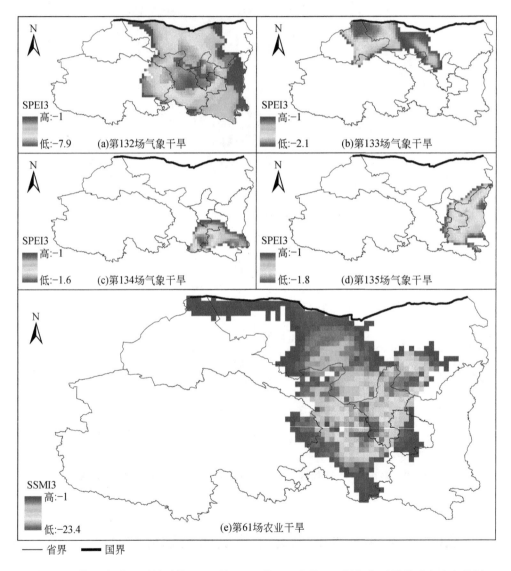

图 8-10　第 61 场农业干旱对第 132、第 133、第 133 和第 135 场气象干旱的时空响应特征

8.5.3 C4 类型农业干旱对气象干旱的时空响应特征

以匹配成功的第 26 场干旱事件对为例分析多场农业干旱对多场气象干旱的时空响应特征，第 26 场干旱事件对包含的气象、农业干旱事件的时间变化特征如图 8-11 所示。由图 8-11 可知，第 26 场干旱事件对中包含 11 场气象干旱 [图 8-11（a）]，起止时间为 1985 年 7 月~1989 年 1 月，第 150 场气象干旱事件持续时间最长，旱情最为严重（历时为 11 个月，干旱烈度为 7.31×10^6 月·km^2），其次为第 158 场气象干旱，历时为 6 个月，干旱烈度为 4.88×10^6 月·km^2。第 26 场干旱事件对中包含 9 场农业干旱 [图 8-11（b）]，起止时间为 1985 年 8 月~1989 年 5 月，由于受到多场气象干旱事件的连续影响，相应的农业干旱事件历时均较长，表现出明显的延长效应，而干旱严重程度有所减弱，其中第 180 场农业干旱事件规模最大，持续时间为 21 个月，干旱烈度为 6.09×10^6 月·km^2。

根据第 26 场干旱事件对中农业干旱事件的发展过程可知，其中包含的 9 场农业干旱事件对 11 场气象干旱事件的时空响应特征可分为 3 个阶段，如图 8-12 所示。第一阶段为 1985 年 7 月~1986 年 8 月，整体上，不同区域的 5 场气象干旱诱发同一场农业干旱，具体表现为发生于青海北部、甘肃西部、内蒙古西部的第 144 场气象干旱（1985 年 7~10 月），发生于内蒙古东部的第 145 场气象干旱（1985 年 11~12 月），发生于甘肃、内蒙古、宁夏、陕西的第 146 场气象干旱（1985 年 12 月~1986 年 4 月），发生于甘肃中南部、内蒙古中部的第 148 场气象干旱（1986 年 4 月）和发展前期的第 150 场气象干旱（1986 年 5~8 月）共同作用下引发了分布于青海西北部、甘肃中西部、内蒙古中西部的第 71 场

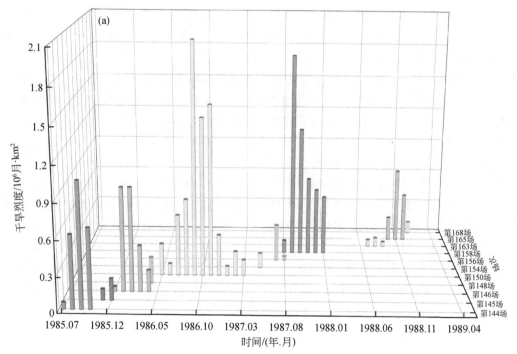

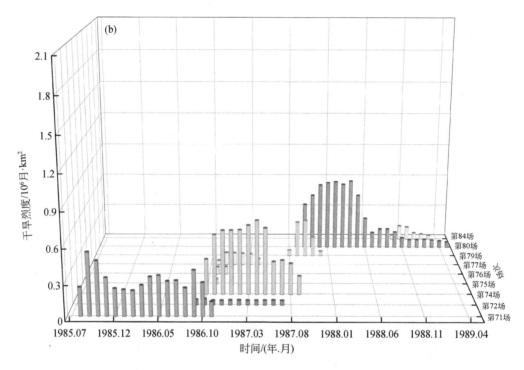

图 8-11　第 26 场干旱事件对包含的（a）11 场气象、（b）9 场农业干旱事件时间变化特征

农业干旱事件（1985 年 8 月~1986 年 8 月），其干旱面积有所衰减。

　　第二阶段为 1986 年 9 月~1988 年 6 月，该阶段包含 4 场气象干旱和 8 场农业干旱，相应的时空响应特征较为复杂。发展后期的第 150 场气象干旱（1986 年 9 月~1987 年 3 月，干旱覆盖面积占比 90.1%）对第一阶段原本即将消亡的第 71 场农业干旱产生持续影响，致使其 1986 年 9~11 月继续保持在甘肃北部和内蒙古西部区域，但干旱规模有所下降；发展后期的第 150 场气象干旱还相继引发了分布于青海南部的第 72 场农业干旱（1986 年 9 月~1987 年 7 月）、分布于甘肃中部的第 75 场农业干旱（1986 年 11 月）、分布于青海海西蒙古族藏族自治州中部的第 76 场农业干旱（1986 年 11~12 月）、分布于青海西南部的第 77 场农业干旱（1986 年 11 月~1987 年 4 月），同时，在发展后期的第 150 场气象干旱、分布于内蒙古中部的第 154 场气象干旱（1987 年 5 月）和分布于内蒙古西北部的第 156 场气象干旱（1987 年 7~8 月）共同作用下，集中于研究区西部的第 74 场农业干旱（1986 年 10 月~1987 年 9 月）被触发；此外，干旱影响面积占比 71.6% 的第 158 场气象干旱（1987 年 8 月~1988 年 1 月）引发了 1987 年 7 月~1987 年 12 月集中在内蒙古西部、甘肃酒泉市东部的第 79 场农业干旱事件和处于旱情严重阶段（1987 年 9 月~1988 年 6 月）的第 80 场农业干旱（图 8-10），旱情严重区域的空间分布特征具有较好的一致性。

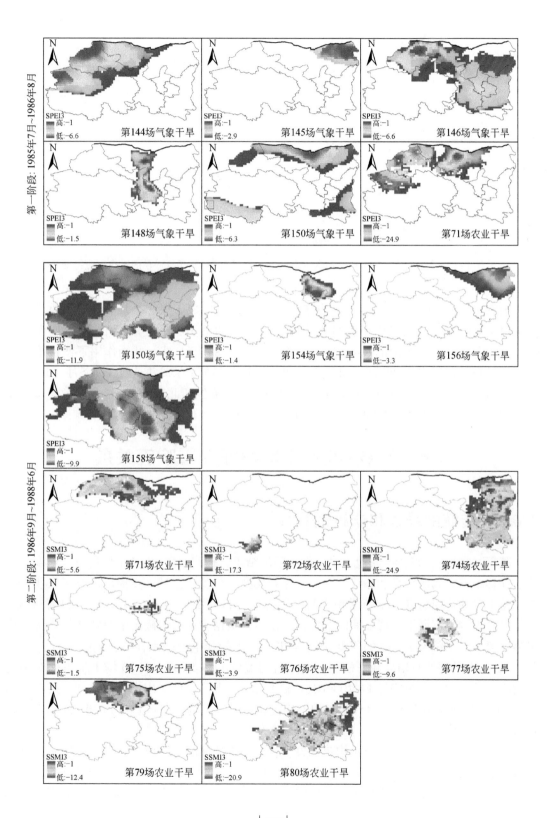

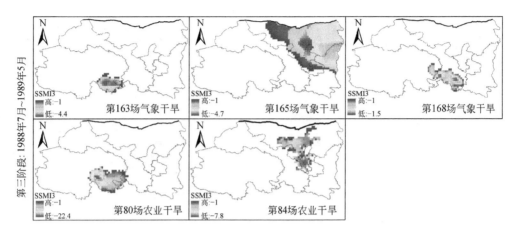

图 8-12　第 26 场干旱事件对包含的 9 场农业干旱对 11 场气象干旱的时空响应特征

第三阶段为 1988 年 7 月～1989 年 5 月，包含 3 场气象干旱和 2 场农业干旱事件，具体的时空响应特征为：发生于青海果洛藏族自治州的第 163 场气象干旱（1988 年 7～9 月）和发生于研究区中南部的第 168 场气象干旱（1989 年 1 月）共同作用下使得第二阶段旱情呈减弱趋势的第 80 场农业干旱出现小幅增强随后衰减并持续 11 个月（1988 年 7 月～1989 年 5 月），同时 1988 年 10～12 月发生于研究区西北部的第 165 场气象干旱引发了集中于内蒙古中部、宁夏的第 84 场农业干旱（1988 年 10 月～1989 年 3 月）。

8.6　气象-农业干旱特征变量响应关系

8.6.1　传统的线性和非线性关系

基于时空尺度的气象-农业干旱事件对匹配结果，构建气象-农业干旱历时、烈度、面积、迁移距离之间的线性和非线性关系，并对模型进行验证，进一步揭示研究区农业干旱对气象干旱的响应特征。本节采用交叉验证方法，将匹配成功的 53 场干旱事件对分为 3 组样本分别构建不同干旱特征间的响应关系模型，根据验证结果确定干旱特征的最优响应模型。第一组用编号 1～30 的前 30 场干旱事件对来构建响应关系模型，剩余编号 31～53 的后 23 场干旱事件对用来验证模型；第二组用编号 11～40 的中间 30 场干旱事件对来构建响应关系模型，剩余编号 1～10 和 41～53 的 23 场干旱事件对用来验证模型；第三组用编号 24～53 的后 30 场干旱事件对来构建响应关系模型，剩余编号 1～23 的前 23 场干旱事件对用来验证模型。

首先基于上述 3 组样本分别构建气象、农业干旱特征间的响应关系模型，然后将剩余样本中的气象干旱特征变量代入响应关系模型中，求得对应条件下的农业干旱特征变量模拟值，最后利用精度评价指标来评价响应模型的优度，气象与农业干旱特征响应模型及验证结果见表8-2,其中 x 代表气象干旱特征变量,$f(x)$ 代表农业干旱特征变量。由表8-2可知,干旱历时响应关系模型中决定系数,R^2 的最大值为0.927,最小值为0.904;干旱烈度响应关系模型中决定系数最大值为0.881,最小值为0.708;干旱面积响应关系模型中决定系数最大值为0.794,最小值为0.501;干旱迁移距离响应关系模型中决定系数最大值为0.806,最小值为0.566;所有结果均通过 $p=0.05$ 的显著性检验,表明研究区农业干旱对气象干旱具有密切的响应关系。

表8-2 气象–农业干旱特征响应模型及验证结果

类型	干旱特征	响应模型	决定系数 R^2	模型验证		
				RMSE	AIC	BIC
第一组	历时	$f_1(x)=0.95x+2.07$	0.913	3.285	56.715	57.851
		$f_2(x)=0.006x^2+0.73x+3.02$	0.918	**3.143**	**55.818**	**54.682**
		$f_3(x)=\exp(-8.82\times10^{-4}x^2+0.09x+1.48)$	0.913	3.667	61.775	62.910
	烈度	$f_1(x)=1.28x-1.38$	0.708	4.330	71.42	70.55
		$f_2(x)=0.008x^2+1.05x-0.89$	0.712	**4.324**	**70.48**	**69.35**
		$f_3(x)=\exp(-0.02x^2+0.98x-7.31)$	0.881	5.825	83.06	84.19
	面积	$f_1(x)=0.43x-0.006$	0.587	0.216	-68.56	-67.42
		$f_2(x)=0.39x^2-0.29x+0.15$	0.651	0.196	-71.82	-72.96
		$f_3(x)=\exp(1.14x^2-0.91x-1.99)$	0.712	**0.190**	**-74.50**	**-73.36**
	迁移距离	$f_1(x)=0.83x-80.44$	0.566	**897.2**	**314.8**	**315.9**
		$f_2(x)=1.37\times10^{-5}x^2+0.75x-40.24$	0.567	897.8	315.9	316.8
		$f_3(x)=\exp(-6.13\times10^{-8}x^2+8.89\times10^{-4}x+5.49)$	0.567	949.7	317.4	318.5
第二组	历时	$f_1(x)=0.99x+1.46$	0.926	3.361	57.76	58.90
		$f_2(x)=0.002x^2+0.92x+1.81$	0.927	3.367	58.98	57.85
		$f_3(x)=\exp(-0.001x^2+0.10x+1.40)$	0.909	3.596	60.87	62.01
	烈度	$f_1(x)=1.14x-0.92$	0.799	7.943	97.32	98.46
		$f_2(x)=0.008x^2+0.94x-0.47$	0.804	7.921	98.33	97.20
		$f_3(x)=\exp(-0.007x^2+0.37x-0.86)$	0.842	7.344	93.72	94.86
	面积	$f_1(x)=0.43x-0.04$	0.574	0.227	-66.23	-65.10
		$f_2(x)=0.51x^2-0.50x+0.19$	0.700	0.244	-61.67	-62.81
		$f_3(x)=\exp(1.62x^2-1.71x-1.91)$	0.794	0.610	-20.72	-19.58
	迁移距离	$f_1(x)=0.83x-68.00$	0.803	1759	345.7	346.8
		$f_2(x)=1.9\times10^{-5}x^2+0.72x-5.69$	0.806	1761	346.9	345.8
		$f_3(x)=\exp(-5.9\times10^{-8}x^2+8.8\times10^{-4}x+5.54)$	0.801	1790	346.5	347.7
第三组	历时	$f_1(x)=1.09x+0.51$	0.917	3.418	58.54	59.68
		$f_2(x)=-0.003x^2+1.22x-0.15$	0.919	3.661	62.83	61.69
		$f_3(x)=\exp(-0.002x^2+0.13x+1.22)$	0.904	3.225	55.86	56.99

续表

类型	干旱特征	响应模型	决定系数 R^2	模型验证		
				RMSE	AIC	BIC
第三组	烈度	$f_1(x) = 1.18x - 0.64$	0.758	7.591	95.24	96.37
		$f_2(x) = 0.002x^2 + 1.12x - 0.49$	0.759	7.582	96.32	95.19
		$f_3(x) = \exp(-0.006x^2 + 0.29x - 0.05)$	0.781	7.164	92.58	93.71
	面积	$f_1(x) = 0.45x - 0.07$	0.501	0.217	-68.33	-67.19
		$f_2(x) = 0.42x^2 - 0.34x + 0.19$	0.601	0.210	-68.73	-69.87
		$f_3(x) = \exp(1.24x^2 - 1.21x - 1.65)$	0.686	0.211	-69.50	-68.37
	迁移距离	$f_1(x) = 0.87x - 47.27$	0.723	1674	343.5	344.6
		$f_2(x) = 1.26 \times 10^{-5}x^2 + 0.79x + 8.62$	0.724	1672	344.5	343.4
		$f_3(x) = \exp(-6.6 \times 10^{-8}x^2 + 9.13 \times 10^{-4}x + 5.67)$	0.742	1767	345.9	347.1

依据表 8-2 中的模型优度评价指标可知，干旱历时、烈度、面积和迁移距离的最优响应模型均集中在第一组样本中（表 8-2 中黑色加粗字体），且干旱历时和烈度的最优响应关系模型均为二次多项式函数，表达式分别为 $f_2(x) = 0.006x^2 + 0.73x + 3.02$ 和 $f_2(x) = 0.008x^2 + 1.05x - 0.89$，干旱面积的最优响应关系模型为指数函数，表达式为 $f_3(x) = \exp(1.14x^2 - 0.91x - 1.99)$，干旱迁移距离的最优响应关系模型为线性函数，表达式为 $f_1(x) = 0.83x - 80.44$。

8.6.2 基于 Copula 函数的非线性关系

本节基于匹配成功合并后的前 30 场气象-农业干旱事件对的特征变量序列对单变量特征的边缘分布函数以及构建联合分布的 Copula 函数进行优选。由表 8-3 和表 8-4 所列的 Copula 函数和干旱特征变量边缘分布的拟合优度检验结果可知，气象干旱历时、烈度、面积和迁移距的最优边缘分布分别为 Gam、Wb、Wb 和 GP，而对于农业干旱历时、烈度、面积和迁移距离 4 个特征变量，分别是 GP、LogL、GP、GP 的拟合效果最佳（表 8-3 中黑色加粗字体）。气象-农业干旱历时-历时的最优联合分布为 Clayton Copula 函数，气象-农业干旱烈度-烈度、面积-面积、迁移距离-迁移距离的最优联合分布均为 Frank Copula 函数（表 8-4 中黑色加粗字体）。

表 8-3 匹配成功的前 30 场气象、农业干旱特征变量的最优边缘分布函数及参数

类型	干旱变量	K-S 检验							A-D 统计量							最优分布	参数
		Gam	LogL	LogN	Wb	P-Ⅲ	GEV	GP	Gam	LogL	LogN	Wb	P-Ⅲ	GEV	GP		
气象干旱	历时	√	√	√	√	√	√	√	**0.31**	0.53	0.47	0.36	4.09	0.42	0.32	Gam	$\alpha = 0.945$, $\beta = 10.943$

续表

类型	干旱变量	K-S 检验							A-D 统计量							最优分布	参数
		Gam	LogL	LogN	Wb	P-Ⅲ	GEV	GP	Gam	LogL	LogN	Wb	P-Ⅲ	GEV	GP		
气象干旱	烈度	√	√	√	√	√	√	√	0.58	0.59	0.56	**0.39**	4.01	1.13	0.90	Wb	$\alpha=0.591$, $\beta=4.086$
	面积	√	√	√	√	√	√	√	2.25	1.13	1.23	**0.95**	1.99	1.54	1.05	Wb	$\alpha=0.937$, $\beta=0.861$
	迁移距离	×	×	×	×	√	√	√	10.56	10.68	10.62	13.48	6.15	1.32	**1.07**	GP	$k=0.120$, $\sigma=1838.4$, $\mu=-360.5$
农业干旱	历时	√	√	√	√	√	√	√	0.56	0.89	0.81	0.63	4.77	0.65	**0.53**	GP	$k=-0.037$, $\sigma=11.637$, $\mu=0.717$
	烈度	√	√	√	√	√	√	√	1.70	**0.36**	0.40	0.95	4.53	1.29	1.20	LogL	$\alpha=0.882$, $\beta=1.202$
	面积	√	√	√	√	√	√	√	0.87	0.66	0.72	1.02	4.49	0.84	**0.65**	GP	$k=0.210$, $\sigma=0.270$, $\mu=0.015$
	迁移距离	√	√	√	√	√	√	√	2.55	2.21	2.20	2.19	2.31	1.03	**0.87**	GP	$k=0.523$, $\sigma=705.96$, $\mu=-125.13$

表 8-4　Copula 函数的拟合优度检验及参数

Copula 函数		Gumbel	Clayton	Frank	Joe	Gaussian	Student t	最优 Copula	参数
历时–历时	AIC	−165.1	**−167.3**	−163.9	−159.6	−167.0	−163.8	Clayton	4.82
	BIC	−163.7	**−165.9**	−162.5	−158.1	−165.6	−162.3		
	RMSE	0.062	**0.059**	0.063	0.068	0.060	0.063		
烈度–烈度	AIC	−156.9	−155.7	**−157.6**	−141.2	−157.5	−151.8	Frank	12.86
	BIC	−155.5	−154.3	**−156.2**	−139.8	−156.1	−150.4		
	RMSE	0.071	0.072	**0.069**	0.092	0.070	0.077		
面积–面积	AIC	−172.3	−175.4	**−176.5**	−165.1	−174.8	−173.3	Frank	9.10
	BIC	−170.9	−174.1	**−175.1**	−163.7	−173.4	−171.9		
	RMSE	0.055	0.052	**0.051**	0.062	0.052	0.0534		
迁移距离–迁移距离	AIC	−160.2	−161.4	**−165.8**	−150.6	−160.8	−160.7	Frank	11.09
	BIC	−158.8	−160.0	**−164.4**	−149.2	−159.3	−159.3		
	RMSE	0.070	0.066	**0.060**	0.079	0.066	0.066		

8.6.3　响应关系模拟效果对比

图 8-13 为不同响应模型的农业干旱特征模拟值和实测值的泰勒指数图，图 8-13 中方位角的余弦表示模型模拟值和实测值之间的相关系数，模拟值与原点之间的距离表示其相对于实测值的标准差，模拟值到参考点 REF 的距离表示其与实测值之间的均方根误差。模拟值和实测值之间的相关系数越高，均方根误差越小，模拟值与实测值标准差之比越接近于 1，说明模型的模拟效果越好（张凯锋等，2019）。

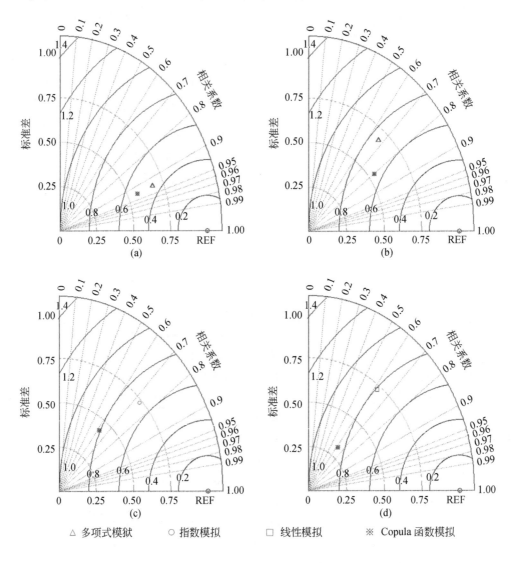

△ 多项式模狱　　○ 指数模拟　　□ 线性模拟　　※ Copula 函数模拟

图 8-13　不同响应关系模型的农业干旱特征变量模拟值和实测值的泰勒指数图
（a）历时、（b）烈度、（c）面积、（d）迁移距离

从图 8-13 中可以看出，对于农业干旱历时，基于 Copula 函数的非线性关系模型和多项式模型的模拟值和实测值之间的相关系数均集中在 0.9 ~ 0.95，而多项式模拟结果与实测值之间的均方根误差较小且标准差之比更接近于 1，说明多项式模型对干旱历时的模拟效果更好；对于农业干旱烈度，基于 Copula 函数的非线性关系模型模拟值和实测值之间的相关系数为 0.8，多项式模型的模拟值和实测值之间的相关系数小于 0.7，且基于 Copula 函数的非线性关系模型模拟结果与实测值之间的均方根误差更小，因此干旱烈度的最优响应模型为基于 Frank Copula 函数的非线性关系模型；对于农业干旱面积，基于 Copula 函数的非线性关系模型模拟值和实测值之间的相关系数为 0.6 ~ 0.7，指数模型的模拟值和实测值之间的相关系数为 0.7 ~ 0.8，且指数模型的模拟结果与实测值之间的均方根误差小于基于 Copula 函数的非线性关系模型，而指数模型的模拟结果与实测值标准差之比大于基于 Copula 函数的非线性关系模型，因此干旱面积的最优响应模型为指数模型；对于农业干旱迁移距离，基于 Copula 函数的非线性关系模型和线性模型的模拟值和实测值之间的相关系数均集中在 0.6 ~ 0.7，而线性模型模拟值与实测值之间的均方根误差较小且标准差之比更接近于 1，说明线性模型对干旱迁移距离的模拟效果更好。综上所述，研究区气象–农业干旱历时、烈度、面积和迁移距离的最优响应关系模型分别为多项式模型、基于 Frank Copula 函数的非线性关系模型、指数模型和线性模型。

8.7 基于贝叶斯网络的气象–农业干旱变量响应概率特征

计算响应概率之前，需要先对匹配成功合并后的气象–农业干旱特征变量的边缘分布函数以及它们之间的联合函数进行优选。气象、农业干旱特征变量边缘分布的拟合优度检验结果以及最优分布的参数见表 8-5，最优分布用黑色加粗字体标注。从表 8-5 中可以看出，匹配成功合并后的气象、农业干旱历时的最优边缘分布函数分别为 GEV 和 GP，干旱烈度的最优边缘分布函数分别 Wb 和 LogN，干旱面积和干旱迁移距离的最优边缘分布函数一样，均为 GP。

表 8-5 匹配成功的气象、农业干旱特征变量的最优边缘分布函数及参数

类型	干旱变量	K-S 检验							A-D 统计量							最优分布	参数
		Gam	LogL	LogN	Wb	P-Ⅲ	GEV	GP	Gam	LogL	LogN	Wb	P-Ⅲ	GEV	GP		
气象干旱	历时	√	√	√	√	√	√	√	0.30	0.57	0.51	0.36	4.35	**0.30**	0.39	GEV	$k = 0.254$, $\sigma = 4.819$, $\mu = 5.175$
	烈度	√	√	√	√	√	√	√	0.38	0.63	0.56	**0.26**	4.08	0.77	0.48	Wb	$\alpha = 0.752$, $\beta = 4.068$

类型	干旱变量	K-S 检验							A-D 统计量							最优分布	参数
		Gam	LogL	LogN	Wb	P-Ⅲ	GEV	GP	Gam	LogL	LogN	Wb	P-Ⅲ	GEV	GP		
气象干旱	面积	√	√	√	√	√	√	√	2.15	1.72	1.73	0.83	1.17	0.98	**0.54**	GP	$k=-0.697$, $\sigma=1.539$, $\mu=-0.058$
	迁移距离	×	×	×	×	√	√	√	14.11	14.56	14.47	13.39	9.69	1.01	**0.68**	GP	$k=0.118$, $\sigma=1475.9$, $\mu=-198.27$
农业干旱	历时	√	√	√	√	√	√	√	0.44	0.93	0.79	0.54	4.51	0.59	**0.37**	GP	$k=-0.122$, $\sigma=11.62$, $\mu=0.745$
	烈度	×	√	√	√	√	√	√	3.13	0.39	**0.36**	0.31	4.91	1.76	1.52	LogN	$\sigma=1.732$, $\mu=0.289$
	面积	√	√	√	√	√	√	√	1.19	0.80	0.77	1.45	4.24	0.99	**0.65**	GP	$k=0.173$, $\sigma=0.251$, $\mu=0.024$
	迁移距离	×	√	√	√	√	√	√	4.81	4.30	4.29	4.31	4.44	1.79	**1.27**	GP	$k=0.438$, $\sigma=722.67$, $\mu=-95.41$

表 8-6 为不同干旱特征变量组合的联合分布函数拟合优度检验结果以及最优 Copula 函数的参数，最优分布用黑色加粗字体标注。由表 8-6 可知，气象、农业干旱历时的最优联合分布函数为 Gumbel Copula 函数，气象、农业干旱烈度、面积和迁移距离的联合概率分布最优构建模型均为 Frank Copula 函数。每组干旱特征变量最优 Copula 函数的理论累积概率与样本联合经验概率之间均具有较好的拟合效果，确定的联合分布函数能够较好地表达它们之间的联合概率特征。

表 8-6 **Copula 函数的拟合优度检验及参数**

Copula 函数		Gumbel	Clayton	Frank	Joe	Gaussian	Student t	最优 Copula	参数
历时-历时	AIC	**−344.2**	−331.3	−337.5	−321.1	−343.4	−343.2	Gumbel	3.63
	BIC	**−342.2**	−329.3	−335.6	−319.1	−341.5	−341.2		
	RMSE	**0.037**	0.043	0.041	0.047	0.038	0.039		
烈度-烈度	AIC	−379.58	−388.1	**−392.3**	−334.6	−389.7	−387.1	Frank	8.74
	BIC	−377.6	−386.1	**−390.4**	−332.6	−387.7	−385.1		
	RMSE	0.027	0.025	**0.024**	0.042	0.025	0.026		

续表

Copula 函数		Gumbel	Clayton	Frank	Joe	Gaussian	Student t	最优 Copula	参数
面积–面积	AIC	−226.8	−224.7	**−227.8**	−213.7	−227.0	−219.2	Frank	6.98
	BIC	−224.9	−222.8	**−225.8**	−211.7	−225.1	−217.3		
	RMSE	0.115	0.118	**0.114**	0.131	0.115	0.124		
迁移距离– 迁移距离	AIC	−319.7	−317.0	**−330.4**	−298.4	−322.1	−321.1	Frank	7.56
	BIC	−317.7	−315.0	**−328.5**	−296.4	−320.1	−319.1		
	RMSE	0.048	0.049	**0.043**	0.059	0.047	0.048		

气象–农业干旱历时、烈度、面积和迁移距离之间的响应概率如图 8-14 所示。整体上，农业干旱特征变量（历时、烈度、面积、迁移距离）对相应的气象干旱特征变量的响应概率随着气象干旱特征变量的增加而增加。例如，当气象干旱历时分别大于 2 个月、5 个月、10 个月和 15 个月时，发生历时大于 10 个月的农业干旱的概率分别为 49.5%、65.4%、92.8% 和 98.9%，当气象干旱烈度大于 $3×10^6$ 月·km^2、$6×10^6$ 月·km^2、$9×10^6$ 月·km^2、$1.2×10^7$ 月·km^2、$1.5×10^7$ 月·km^2、$1.8×10^7$ 月·km^2、$2.1×10^7$ 月·km^2 时，发生烈度大于 $5×10^6$ 月·km^2 的农业干旱事件的概率分别为 46.6%、64.3%、73.9%、78.9%、81.5%、83.1% 和 83.9%。可以看出，农业干旱烈度对气象干旱烈度的响应概率在气象干旱烈度大于某一值时达到一个相对稳定的概率水平，如当气象干旱烈度大于 $2.0×10^7$ 月·km^2 时，发生烈度大于 $1.0×10^7$ 月·km^2 的农业干旱的概率保持在 60% 左右；当气象干旱烈度大于 $2.5×10^7$ 月·km^2 时，发生烈度大于 $2.5×10^7$ 月·km^2 的农业干旱的概率保持在 30% 左右；当农业干旱烈度大于 $3.5×10^7$ 月·km^2 时，其对任意烈度的气象干旱事件的响应概率均小于 20%。

农业干旱面积对气象干旱面积的响应概率特征与干旱历时类似，但不同概率水平等值线的斜率有所减小且它们之间的距离有所增加，表明随着气象干旱面积的增加，农业干旱面积对其的响应概率变得相对平缓一些，如当气象干旱面积分别大于 $2×10^5$ km^2、$4×10^5$ km^2、$6×10^5$ km^2、$8×10^5$ km^2、$1.0×10^6$ km^2、$1.2×10^6$ km^2、$1.4×10^6$ km^2 时，发生面积大于

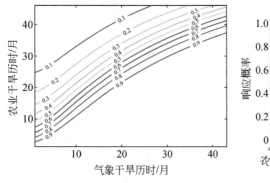
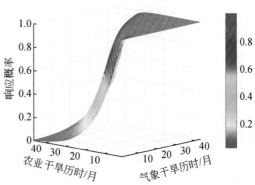

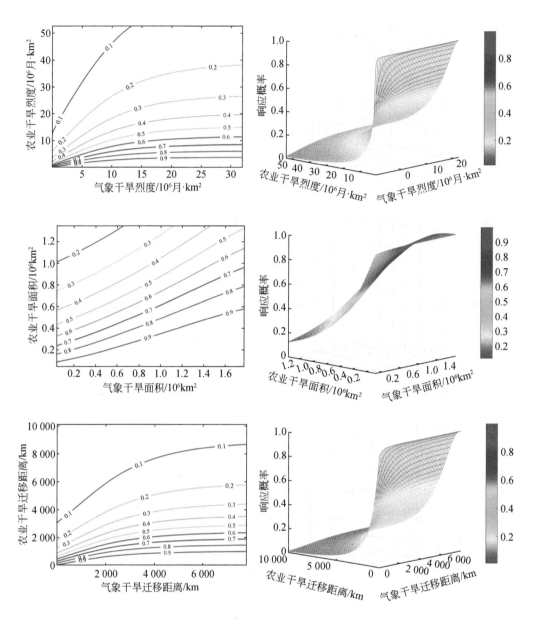

图 8-14　气象-农业干旱特征间的响应概率

$4\times10^5 km^2$ 的农业干旱的响应概率分别为 58.7%、66.4%、74.2%、81.3%、86.9%、90.9%、93.5%，且干旱面积小于 $1\times10^5 km^2$ 的农业干旱事件对任意面积的气象干旱事件的响应概率均大于 90%。农业干旱迁移距离对气象干旱迁移距离的响应特征与干旱烈度响应特征基本一致，不同的是干旱迁移距离响应概率较小的区域包含的气象-农业干旱事件对相对较多，如当农业干旱迁移距离大于 5500km 时，其对任意迁移距离的气象干旱事件的响应概率均小于 20%。

上述讨论明确了西北地区农业干旱对气象干旱变量的响应概率特征曲线，可进一步将其与 8.6.3 节建立的气象–农业干旱特征变量间的最优响应关系模型相结合，构建农业干旱预警系统。例如，将研究区发生的气象干旱特征值作为输入，通过最优响应关系模型可以推求出对应的农业干旱特征值，再通过它们之间的响应概率特征曲线便可获知相应程度农业干旱的发生概率。该结果能够回答不同程度的气象干旱引发农业干旱的概率，对农业干旱的预警具有一定的参考价值，为水行政管理部门对干旱条件下的水资源系统评估提供有价值的信息，同时能够为实际的农业生产活动及抗旱减灾方案制定等提供理论参考。

8.8 小　结

本章探讨了农业干旱对气象干旱的响应时间特征及其影响因素，提出了基于时空尺度的不同类型干旱事件对匹配准则，对第 2、第 3 章识别出来的气象、农业干旱事件进行匹配，将匹配成功的干旱事件对整合并计算相应的气象、农业干旱事件特征变量，依据匹配结果分析农业干旱特征变量对气象干旱对应特征变量的时空响应特征，确定了不同干旱特征变量间的最优响应关系模型，并获得了气象干旱向农业干旱传递的概率曲线。得到的主要结论如下：

（1）西北地区农业干旱对气象干旱的平均响应滞时为 6 个月且具有明显的季节特征，夏季最短，秋季次之，冬季和春季滞时较长，且响应滞时受土壤水影响最大，其次为高程和降水，潜在蒸散发的影响相对较弱；长时间尺度上，气象–农业干旱间呈现出相对稳定的显著正相关关系，而短时间尺度上两者间表现为正负波动的相关关系特征；西北地区 SSMI 和不同时间尺度 SPEI 之间较强的互相关关系均集中在 0~3 个月的滞时，且滞时等于 0 时互相关关系最为显著。

（2）提出的基于时空尺度的干旱事件对匹配准则能够有效识别具有时空联系的气象、农业干旱事件，可确保干旱响应关系研究结果的可靠性，匹配合并后的气象、农业干旱事件规模有所增强，成功匹配后的干旱事件之间的联系比较复杂，如一场气象干旱引发不同位置的农业干旱或多场气象干旱引发一场农业干旱，且旱情轻微的气象干旱不容易引发农业干旱，旱情严重的气象干旱经常引发时空格局复杂的多场农业干旱，该时空匹配准则为定量研究不同类型干旱间的时空响应特征提供了新思路。

（3）基于干旱事件对匹配结果建立了气象–农业干旱在历时、烈度、面积、迁移距离四个特征变量的最优响应关系模型，分别为多项式模型 $f(x) = 0.006x^2 + 0.73x + 3.02$、基于 Frank Copula 函数的非线性关系模型（参数为 12.86）、指数模型 $f(x) = \exp(1.14x^2 - 0.91x - 1.99)$ 和线性模型 $f(x) = 0.83x - 80.44$。

（4）匹配成功合并后的气象–农业干旱历时的最优边缘分布函数分别为 GEV 和 GP，干旱烈度的最优边缘分布函数分别 Wb 和 LogN，干旱面积和干旱迁移距离的最优边缘分布函数均为 GP；明确了农业干旱特征变量（历时、烈度、面积、迁移距离）对相应气象干旱特征变量的响应概率曲线，响应概率随着气象干旱特征变量的增加而增加，结果可为实际的农业生产活动及防旱抗旱方案制定等提供理论参考。

第9章 变化环境对气象水文干旱传递的影响

变化环境破坏了气象、水文要素的一致性，进而影响干旱传递关系及干旱评估方法的有效性。在全球气候变化和人类活动加剧的背景下，迫切需要揭示变化环境对干旱传递过程的影响并提出适用于变化环境下的干旱评估方法。本章以渭河流域为研究对象，利用分布式水文模型模拟天然径流，对比分析人类活动对渭河流域水文干旱演变的影响，并从干旱传递时间、阈值和概率等方面系统地量化人类活动对气象–水文干旱传递的影响。基于 GAMLSS 模型和时变 Copula 函数构建考虑非平稳性的综合干旱指数，并评估综合干旱指数在变化环境下的适用性。

9.1 研究方法

9.1.1 基于 VIC 模型的天然径流模拟

1. VIC 模型

VIC 模型是由华盛顿大学、加利福尼亚大学伯克利分校及普林斯顿大学共同开发的一个基于物理机制的大尺度分布式陆面水文模型。VIC 模型从最初的单一土壤层模型发展到后续改进的两层土壤的 VIC-2L 以及考虑表层土壤水分运动的 VIC-3L，模型考虑了大气–植被–土壤间的物理机制，能模拟水量、能量交换过程（Liang et al., 1994）。由于 VIC 模型的物理机制明确，已被广泛应用于流域水文过程的模拟研究（张林燕等，2019；吴立钰等，2020；鲍振鑫等，2021）。

2. 天然径流模拟

根据径流突变特征将研究期划分为天然时期和人类活动干扰时期，假定天然时期的径流不受人类活动影响，并采用天然时期降水径流数据对模型参数进行率定。根据率定的模型参数，采用干扰期气象数据驱动模型，模拟干扰期的天然径流。

遗传算法能高效率寻求模型参数的全局最优解，目前在水文模型参数优化问题中有着广泛应用（林榕杰等，2017；王妍等，2020；钟栗等，2020），故本章采用遗传算法对模型参数进行优选，在此基础上结合手动率定，以提高模型模拟精度。

9.1.2 干旱指数计算

采用 SPI 和 SSI 分别表征气象干旱和水文干旱。天然 SSI 序列采用原始方法计算,即采用天然径流进行分布拟合,并对累积概率密度进行标准化。

人类活动影响下的 SSI 序列则采用参数迁移法进行计算(Jiang et al., 2018),其步骤为:①采用模拟的天然径流计算分布参数;②保持分布参数不变,输入实测径流计算人类活动影响后的 SSI 序列。人类活动对水文干旱的影响可通过比较两种 SSI 序列的差异体现,本研究中 SSI 的时间尺度为 1 个月。

9.1.3 基于 Copula 的干旱传递模型

气象干旱向水文干旱的传递可以通过三个特征要素表征,即干旱传递时间、干旱传递概率以及干旱传递阈值。各要素的计算方法如下。

1. 干旱传递时间

采用相关系数法确定干旱传递时间,即通过多时间尺度 SPI_n 和 SSI 间的相关性来确定干旱传递时间(n),当相关性达到最高时,SPI 所对应的时间尺度即干旱传递时间,本研究中 n 的范围为 1~12。

2. 干旱传递概率

干旱传递概率定义为在一定气象干旱严重程度下引起水文干旱的可能性。本研究基于 Copula 函数构建了 SPI_n 和 SSI 间的联合分布,进而计算不同 SPI 情景下引起水文干旱(SSI<-1)的条件概率,可以表示为

$$P(\text{SSI} \leq v \mid \text{SPI} \leq u) = \frac{P(\text{SPI} \leq u, \text{SSI} \leq v)}{P(\text{SPI} \leq u)} \tag{9-1}$$

考虑到标准化干旱指数的计算原理,采用正态分布作为其边缘分布。Clayton 函数对下尾部变化较为敏感,更适用于分析干旱问题,故采用 Clayton 函数建立联合分布(Guo et al., 2020b),其函数表达式见表 2-3。

3. 干旱传递阈值

干旱传递阈值定义为最可能引起水文干旱的气象干旱严重程度,即 SPI 临界阈值。以 0.01 为间隔,计算 SPI 在-3~3 区间内各情景下的条件概率密度,当条件概率密度最大点所对应的 SSI 为-1、-1.5 或-2 时,此时的 SPI 值即为分别触发中度、严重和极端水文干旱的气象干旱阈值。

9.1.4 综合干旱指数构建

基于 Copula 函数构建综合干旱指数，其构建步骤如下。

（1）基于 Copula 分布建立降水、径流序列的联合分布，如式（9-2）所示：

$$F_{X,Y}(x \leqslant X, y \leqslant Y) = C[F_X(x;\theta_X), F_Y(y;\theta_Y) \mid \theta_C] \tag{9-2}$$

式中，θ_X 和 θ_Y 为边缘分布的参数；θ_C 为 Copula 函数的参数。

（2）对累积概率密度进行逆标准化，即可计算 MHDI：

$$\text{MHDI} = \varphi^{-1}(p) \tag{9-3}$$

式中，φ^{-1} 为标准正态分布；p 为累积概率。

9.1.5 非平稳联合分布构建

非平稳综合干旱指数与传统综合干旱指数的构建方法相似，都是建立在联合分布的基础上。对于非平稳综合干旱指数，需要采用非平稳联合分布计算累积概率密度，其计算公式如下：

$$F_{X,Y}(x \leqslant X, y \leqslant Y) = C[F_X(x_t;\theta_X^t), F_Y(y_t;\theta_Y^t) \mid \theta_C^t] \tag{9-4}$$

式中，θ_X^t 和 θ_Y^t 为边缘分布的时变参数；θ_C^t 为 Copula 函数的时变参数，故非平稳联合分布中共有三个时变参数需要估计。本研究采用逐步极大似然法计算分布参数，首先估算边缘分布参数，进而估算联合分布参数。非平稳联合分布函数的构建方法如下。

1. GAMLSS 模型

Rigby 和 Stasinopoulos（2005）提出的 GAMLSS 模型能够建立分布参数和协变量之间的关系，被广泛应用于水文气象要素的非一致性研究（顾西辉等，2015；孙鹏等，2018；高洁和杨龙，2020）。在 GAMLSS 模型中，概率密度函数 $f_X(x_t, \theta_t)$ 的参数随协变量的变化而变化，本研究假定位置参数和尺度参数与协变量之间存在线性关系，计算公式如下：

$$\mu_t = a_0 + a_1 \text{Cov}_t^1 + a_2 \text{Cov}_t^2 + \cdots + a_n \text{Cov}_t^n \tag{9-5}$$

式中，μ_t 为时变位置参数；Cov_t^n 为第 n 个协变量；a_n 为第 n 个协变量的系数。

由于协变量的选择对于揭示水文要素的变化和非平稳模拟至关重要，本研究选择六个大尺度气候指数作为影响降水变化的潜在协变量。本研究基于 3 个月尺度进行干旱评估，则采用 3 个月的滑动窗口计算气候指数的滑动平均序列。考虑到降水对气候指数的滞后响应，采用每月前 0~12 个月的气候指数序列和当月降水序列进行相关分析，通过 Kendall 相关性检验（95% 置信水平）确定潜在的气候协变量，用于拟合降水的非平稳分布模型。假定径流序列的潜在协变量为气候指数、水库指数、有效灌溉面积和水土保持面积。

为充分考虑协变量对序列的潜在影响，共构建三种非平稳模型（M1、M2和M3），平稳模型M0的位置参数和尺度参数都是不变的，而其他模型则有一个或两个参数是时变的。模型的详细说明见表9-1，不同模型的拟合度通过AIC进行评估（Akaike，1973）。

表9-1 模型参数设置

模型	平稳性	位置参数	尺度参数
M0	平稳	$\mu = g(1)$	$\sigma = g(1)$
M1	非平稳	$\mu = g(1)$	$\sigma = g(t)$
M2	非平稳	$\mu = g(t)$	$\sigma = g(1)$
M3	非平稳	$\mu = g(t)$	$\sigma = g(t)$

2. 时变 Copula 函数

采用 Copula 函数建立降水、径流的联合分布。考虑到变量间的相关关系也可能存在非一致性，构建了包含重要气候指数、水库指数、有效灌溉面积和水土保持工程面积作为协变量的时变 Copula 函数来阐明变化环境中降水和径流之间的动态相依性。考虑了 Gumbel、Clayton 和 Frank 三种类型的 Copula 作为备选函数，参数和协变量之间的关系假定为线性关系，计算公式为

$$\theta_t = b_0 + b_1 \text{Cov}_t^1 + b_2 \text{Cov}_t^2 + \cdots + b_n \text{Cov}_t^n \tag{9-6}$$

式中，θ_t 和 b_n 分别为时变参数和第 n 个协变量的系数。

9.2 VIC 模型构建及验证

9.2.1 研究区概况

渭河流域位于中国西北部，发源于甘肃渭源县鸟鼠山，全长818km，是黄河最大的支流，流域面积约13.5万km²，海拔由西北向东南逐渐降低（图9-1）。流域内有泾河和北洛河两大支流，流域年平均降水量和气温约610mm和10.6℃。受大陆季风的影响，降水呈现出时空不均的特点，导致旱涝灾害频繁发生。

渭河流域水文过程受到人类活动的高度影响，灌溉、水库调节、水土保持工程显著影响了径流变化（Chang et al.，2015）。流域内有宝鸡峡灌区、泾惠渠灌区等大型灌区，灌溉用水是河道流量大幅减少的主要原因之一（Liu et al.，2019）。自20世纪70年代以来，渭河流域实施了一系列水土保持项目和退耕还林生态恢复计划，以减少水土流失，使植被覆盖率显著增加（Deng et al.，2020）。到2005年，泾河流域和北洛河流域分别有40座和45座水库，总库容分别达到1.67亿m³和1.39亿m³。在人类活动和气候变化的复杂相互

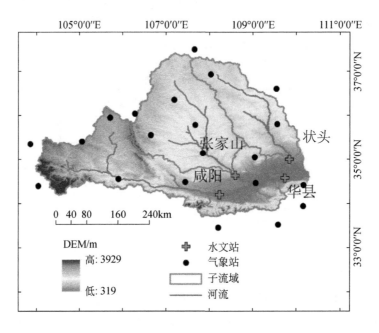

图 9-1　研究区概况与站点分布

作用下，渭河流域的年径流呈现出明显的下降趋势。

9.2.2　模型构建与验证

选择渭河流域中上游、泾河和北洛河流域为研究对象，其控制水文站分别为咸阳、张家山和状头。采用 1955 ~ 1960 年和 1961 ~ 1965 年的气象水文数据对模型参数进行率定和验证。图 9-2 为三个站的月径流模拟结果，可见 VIC 模型能有效模拟渭河流域径流变化过程。表 9-2 为模型在率定期和验证期的精度评价指标。对于咸阳站，率定期的纳什效率系数（Nash-Sutcliffe efficiency coefficient，NSE）、R^2 和百分比偏差（percentage bias，PBIAS）值分别为 0.87、0.88 和 1.95%，验证期为 0.82、0.83 和 -6.16%。张家山站的 NSE 值在率定和验证期分别为 0.85 和 0.80；R^2 值分别为 0.86 和 0.83；PBIAS 值分别为 0.21% 和 -7.14%。状头站率定期的 NSE、R^2 和 PBIAS 值分别为 0.82、0.84 和 15.73%，验证期的 NSE、R^2 和 PBIAS 值分别为 0.81、0.82 和 -8.78%。根据 Moriasi 等（2007）推荐的评价准则，VIC 模型能有效模拟研究区月径流量。同时，天然径流与实测径流的差异从 1966 年开始逐渐显现，自 1990 年后变得更加明显，进一步证实了天然径流模拟的可靠性。

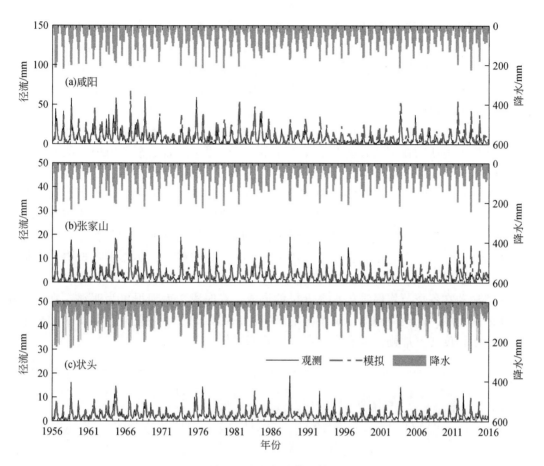

图 9-2 天然径流模拟结果

表 9-2 VIC 模型模拟精度评价

站点	率定期（1956~1960 年）			验证期（1961~1965 年）		
	NSE	R^2	PBIAS/%	NSE	R^2	PBIAS/%
咸阳	0.87	0.88	1.95	0.82	0.83	−6.16
张家山	0.85	0.86	0.21	0.80	0.83	−7.14
状头	0.82	0.84	15.73	0.81	0.82	−8.78

9.3 人类活动对渭河流域水文干旱传递的影响

9.3.1 水文干旱演变规律

图 9-3（a）~（c）分别显示了 1966~2015 年咸阳、张家山和状头站的天然与观测

的 SSI 时间序列，两种序列间的差异可以揭示人类活动对水文干旱变化的影响。天然 SSI 值介于−3 ~ 3，而人类活动则导致更频繁和更严重的干旱状况。对于渭河流域中上游而言，实测 SSI 值普遍低于天然 SSI，表明人类活动加剧了水文干旱严重程度。泾河流域两种 SSI 序列也存在一定差异，但远小于渭河中上游流域。此外，北洛河流域两种 SSI 序列间的差异随着时间逐渐增加，表明人类活动在不同时间段对水文干旱的影响程度不同。Deng 等（2020）指出，渭河流域的径流变化存在显著的突变。因此，有必要进一步分析人类活动在不同时期对水文干旱的影响。根据 Deng 等（2020）的研究，本研究将干扰期分成两个人类活动影响程度不同的时段。时段 1（渭河、泾河和北洛河流域分别为 1966 ~ 1992 年、1966 ~ 1996 年和 1966 ~ 1993 年）和时段 2（渭河、泾河和北洛河流域分别为 1993 ~ 2015 年、1997 ~ 2015 年和 1994 ~ 2015 年），分别代表水文干旱受"弱"和"强"两种程度的人类活动影响的时期。图9-3（d）~（f）为三个流域在不同时期 SSI 的季节性差异，图中 D 代表两种 SSI 序列间的差异，D 小于 0 表明人类活动促进了水文干旱形成，D 大于 0 则表明人类活动缓解了水文干旱。对于渭河中上游流域，人类活动在各季节均促进了水文干旱的形成，在时段 2 表现得更为明显。在泾河流域和北洛河流域，人类活动对水文干旱的影响存在明显的季节性差异，即夏季和秋季水文干旱严重程度普遍加剧，但春季和冬季则普遍减缓。

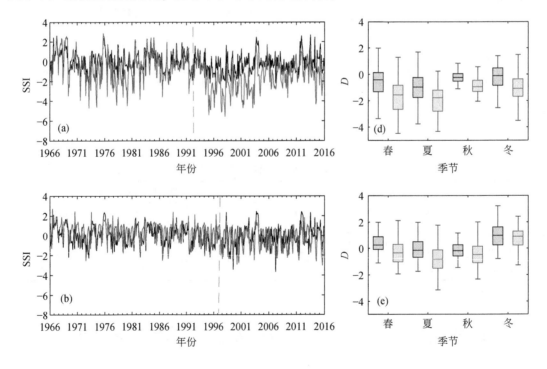

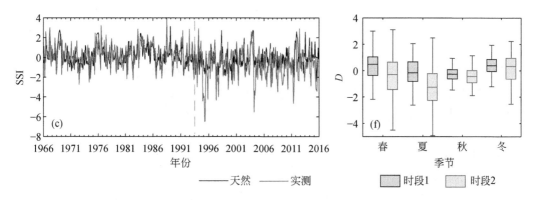

图 9-3　不同子流域 SSI 序列对比图(a) ~ (c)及差异图(d) ~ (f)

表 9-3 为水文干旱的频率和极值。渭河干流天然情况下的水文干旱频率为 11.1% ~ 27.5%，人类活动影响下为 19.8% ~ 76.8%，表明人类活动显著增加了干旱频率。同时，SSI 极值在所有季节都明显变小，表明人类活动加剧了干旱程度。渭河中上游流域作为重要的农业区，分布宝鸡峡等大型灌区，灌溉消耗是河道流量显著减少的直接原因之一。在时段 1 内，泾河流域夏季、秋季干旱加剧，但在春季、冬季有所缓解；在时段 2 内，春季水文干旱发生频率增加，表明人类活动对水文干旱的影响随时间发生变化。受人类活动影响，北洛河流域干旱频率变高，SSI 极值变小，但时段 1 冬季呈现出相反的规律，表明人类活动使冬季干旱有所缓解。

表 9-3　水文干旱频率与极值

| 流域 | 季节 | 时段 1 | | | | 时段 2 | | | |
| | | 频率/% | | SSI$_{min}$ | | 频率/% | | SSI$_{min}$ | |
		天然	人类影响	天然	人类影响	天然	人类影响	天然	人类影响
渭河	春	11.1	37	−2.27	−4.67	27.5	76.8	−2.18	−5.52
	夏	16	48.1	−2.2	−4.58	17.4	72.5	−2.15	−5.1
	秋	13.6	19.8	−1.55	−2.62	20.3	53.6	−1.8	−3.43
	冬	14.8	33.3	−2.09	−2.84	20.3	55.1	−1.95	−4.64
泾河	春	11.1	4.4	−2.19	−1.94	21.7	30	−3.64	−2.89
	夏	17.8	20	−2.18	−2.5	15	55	−3.42	−2.58
	秋	16.7	16.7	−1.76	−2.29	18.3	28.3	−2.34	−2.99
	冬	16.7	0	−2.25	0.39	11.7	0	−2.36	0.26
北洛河	春	3.6	13.1	−1.7	−2.13	27.3	34.8	−2.29	−6.45
	夏	10.7	27.4	−1.98	−2.69	18.2	59.1	−2.43	−6.36
	秋	10.7	19	−1.74	−2.12	18.2	39.4	−1.87	−3.96
	冬	1.2	0	−1.03	−0.55	13.6	19.7	−1.84	−4.38

9.3.2　干旱传递时间

图 9-4 为两种 SSI 与多时间尺度 SPI 间的相关系数。由图 9-4 可知，夏季和秋季 SSI 与 SPI 的相关性高于其他季节，这与研究区的降水集中在夏秋季有关。此外，天然 SSI 序列与 SPI 序列的相关性普遍高于人类影响后的 SSI 序列，表明人类活动削弱了气象干旱和水文干旱间的联系。

图 9-5 为两个时期气象干旱与水文干旱间在不同季节的传递时间。由于人类活动影响程度及方式的差异，三个子流域的传递时间变化也有所不同。受人类活动影响，渭河中上游流域的气象干旱在时段 1 的春季和夏季向水文干旱的传递变快，而在时段 2 内各季节则变慢。泾河流域在时段 1 夏季、秋季和冬季的传递时间均减少 1 个月，时段 2 春季和冬季的干旱传递时间减少 6 个月和 4 个月，但夏季干旱传递时间延长 1 个月。此外，在不同时段，北洛河流域的气象干旱向水文干旱传递时间分别缩短了 1~3 个月和 1~10 个月。

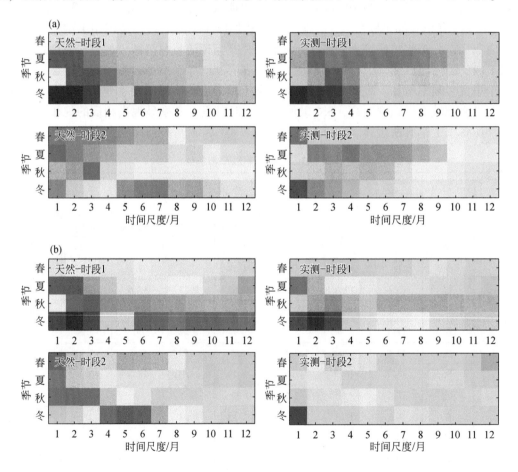

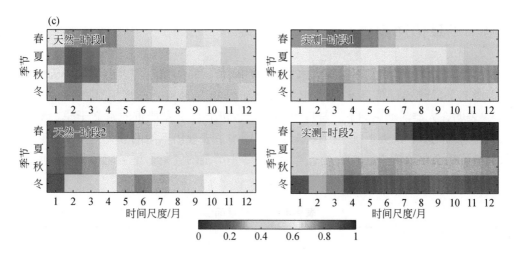

图 9-4　渭河流域中上游（a）、泾河（b）、北洛河流域（c）不同时段两种 SSI 和多尺度 SPI 相关系数

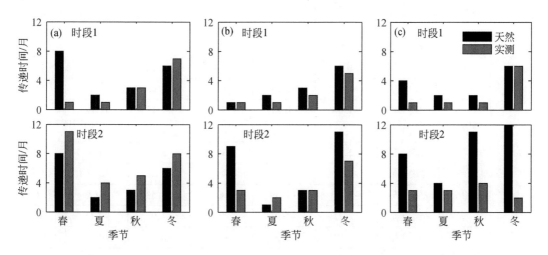

图 9-5　渭河流域中上游（a）、泾河（b）、北洛河流域（c）不同时段干旱传递时间

干旱传递时间的变化主要受人类活动改变的水文过程影响，降水对径流补充的减少可能导致干旱传递时间延长（Li et al., 2021）。在渭河中上游流域，超过 30% 的径流被用于灌溉（Liu et al., 2019），大大减少了下游咸阳站径流，延长了干旱的传递时间。Xu 等（2019）认为，水库对径流的调节可能会缩短中国北方旱季的干旱过程。本研究中泾河流域和北洛河流域也表现出相似的规律，在水库影响下，水文干旱可以在更短的时间内响应气象干旱。此外，水土保持工程加大了地表径流的入渗率，造成更高的土壤蒸发量，而较高的植被覆盖率使蒸发量变高，流域整体水量减少，当气象干旱发生时，水文干旱也会快速出现，缩短干旱的传递时间（Li et al., 2021）。

9.3.3 干旱传递阈值

表 9-4 为气象干旱触发不同等级水文干旱的阈值。对于渭河中上游流域，天然情况下不同等级的干旱传递阈值几乎都小于人类活动影响下的阈值，其相对变化率为-1%~186%，表明在人类活动影响下，轻度气象干旱也可能会引发严重的水文干旱。对于泾河流域和北洛河流域，人类干扰使传递阈值在不同季节表现出不同的变化，夏季和秋季轻度气象干旱可能会导致较严重的水文干旱，但在冬季严重的气象干旱可能仅引起轻度的水文干旱。

表 9-4 干旱传递阈值

流域	季节	等级	时段 1			时段 2		
			天然	人类影响	变化率/%	天然	人类影响	变化率/%
渭河	春	中度干旱	-1.5	-0.63	58	-1.15	>3	—
		严重干旱	-2.07	-1.18	43	-1.6	1.37	186
		极端干旱	-2.66	-1.6	40	-2	0.16	108
	夏	中度干旱	-0.94	0.4	143	-1.27	>3	—
		严重干旱	-1.45	0.04	103	-1.78	0.9	151
		极端干旱	-1.98	-0.27	86	-2.28	0.28	112
	秋	中度干旱	-1.07	-0.51	52	-1.13	0.04	104
		严重干旱	-1.62	-0.93	43	-1.58	-0.45	72
		极端干旱	-2.18	-1.35	38	-2.03	-0.8	61
	冬	中度干旱	-0.99	-1	-1	-1.08	0.32	130
		严重干旱	-1.56	-1.49	4	-1.53	-0.28	82
		极端干旱	-2.11	-1.91	9	-1.98	-0.65	67
泾河	春	中度干旱	-1.83	-2.56	-40	-0.78	-0.73	6
		严重干旱	-2.43	<-3	—	-1.21	-1.23	-2
		极端干旱	<-3	<-3	—	-1.64	-1.74	-6
	夏	中度干旱	-1	-0.91	9	-1.31	-0.28	79
		严重干旱	-1.51	-1.37	9	-1.83	-0.82	55
		极端干旱	-2.03	-1.84	9	-2.37	-1.3	45
	秋	中度干旱	-1.33	-1.3	2	-0.99	-0.83	16
		严重干旱	-1.92	-1.9	1	-1.45	-1.37	6
		极端干旱	-2.53	-2.53	0	-1.91	-1.86	3
	冬	中度干旱	-1.71	<-3	—	-1.56	<-3	—
		严重干旱	-2.45	<-3	—	-2.14	<-3	—
		极端干旱	<-3	<-3	—	-2.71	<-3	—

流域	季节	等级	时段 1			时段 2		
			天然	人类影响	变化率/%	天然	人类影响	变化率/%
北洛河	春	中度干旱	−1.7	−1.98	−16	−0.96	−0.63	34
		严重干旱	−2.3	−2.39	−4	−1.5	−1.06	29
		极端干旱	−2.89	−2.79	3	−2.02	−1.42	30
	夏	中度干旱	−1	−0.67	33	−1.3	0.22	117
		严重干旱	−1.49	−1.04	30	−1.88	−0.32	83
		极端干旱	−1.98	−1.4	29	−2.45	−0.72	71
	秋	中度干旱	−1.33	−1.06	20	−1.2	−0.51	58
		严重干旱	−1.9	−1.63	14	−1.72	−0.98	43
		极端干旱	−2.46	−2.19	11	−2.24	−1.43	36
	冬	中度干旱	−1.84	<−3	—	−1.59	<−3	—
		严重干旱	−2.56	<−3	—	−2.21	<−3	—
		极端干旱	<−3	<−3	—	−2.82	<−3	—

此外，天然和人类影响情景下的各等级水文干旱的传递阈值之间的关系也存在一定差异。例如，在时段 1 的春季，北洛河流域人类活动影响下的极端水文干旱传递阈值大于天然情景下的阈值，而对于中度和严重干旱，则表现出相反的规律，表明人类活动对干旱传递阈值的影响与气象干旱的严重程度有关，当气象干旱的严重程度相对较轻时，人类活动会进一步加剧水文干旱的严重程度，但当气象干旱达到一定的严重程度时，人类活动可能会以水库调蓄的方式减轻水文干旱严重程度。

9.3.4 干旱发生概率

为进一步探讨人类活动对干旱传递过程的影响，对两种情景下的不同气象干旱条件引发各等级水文干旱的概率进行比较，结果如图 9-6 所示，图中 p 为干旱发生概率。在同等气象干旱条件下，中度、重度和极端水文干旱的发生概率依次下降，此外，随着气象干旱强度的加剧，水文干旱发生的概率随之增加并逐渐趋向于 1，表明本研究中的概率评估框架合理。天然和人类活动影响的概率曲线间的关系表现出三种类型：①无论气象干旱的严重程度如何，实测概率曲线总位于天然概率曲线的左侧，即人类活动始终在增加水文干旱的发生概率（类型 1）；②天然概率曲线和观测概率曲线随着气象干旱强度的增加交叉，表明当气象干旱小于或大于特定的严重程度时，人类活动会加剧或减缓水文干旱的严重程度（类型 2）；③实测概率曲线总是位于天然概率曲线右侧，表明当气象干旱发生时，人类活动明显减轻了水文干旱的严重程度（类型 3）。

类型 1 多发生在夏季和秋季，且两条曲线之间的差值随气象干旱严重程度的增加呈先增加后减少的规律，表明中度和重度气象干旱发生时，水文干旱受人类的影响大于极端气

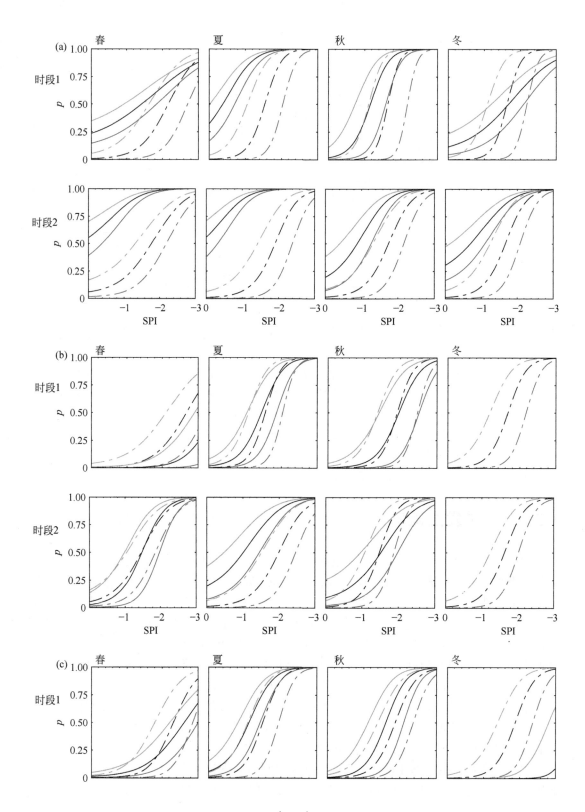

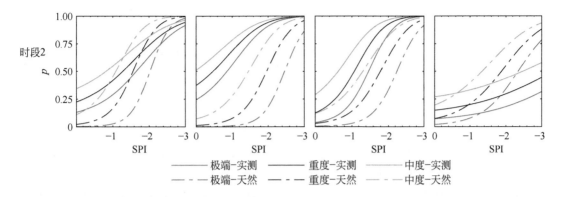

图 9-6　渭河中上游（a）、泾河（b）、北洛河（c）流域不同时段各季节性 SPI 引发水文干旱的概率

象干旱条件下的影响。在这种类型下，人类活动增强了水文干旱的严重程度。类型 2 多发生在春季和冬季，当气象干旱发生时，此时的人类活动会加剧水文干旱。然而，一旦气象干旱严重程度超过一定的阈值，会采取有效的抗旱措施，如通过水库调蓄减少水文干旱风险。对于类型 3，无论气象干旱的严重程度如何，水文干旱发生的概率都很低，这是由于水库调蓄增加了枯水期的流量，枯季气象干旱很难引发水文干旱。总体而言，渭河流域水文干旱的发生受到人类活动的强烈影响，在不同区域、季节呈现出不同的变化模式。

9.4　考虑非平稳的综合干旱指数构建

9.4.1　非平稳因素选取

　　降水、径流数据是计算干旱指数、评估干旱严重程度的基础。对于降水，其非平稳主要受气候变化的直接影响，而径流则受到气候变化和人类活动的共同影响。因此构建的综合干旱指数应能综合反映气象干旱和水文干旱的变化特征，故考虑气候和人为因素两方面的共同影响来阐明降水和径流的非平稳变化。渭河流域人类活动频繁，人类活动严重改变了径流的天然特征，使其表现出强烈的非平稳，本节以华县站以上区域作为研究对象。

　　大尺度海洋-大气环流异常的频繁发生是气候变化的具体表现，相关研究也表明水文系统与厄尔尼诺-南方涛动、太平洋十年际振荡和北大西洋涛动等大尺度气候模式之间存在显著的关系（Li et al., 2015）。故从美国 NOAA 收集了大气涛动指数序列，作为引起降水和径流非平稳的影响因素（http://www.cpc.ncep.noaa.gov/data/）。本研究中涉及的大气涛动指数包括南方涛动指数、北极涛动指数、北大西洋涛动指数、北太平洋涛动指数（North Pacific Oscillation Index，NPOI）、太平洋十年际震荡指数、大西洋多年代际震荡指数。

　　相关研究表明，渭河流域径流主要受灌溉、水库调蓄和水土保持工程等人类活动影响，故以灌溉、水库调蓄和水土保持工程三个方面作为影响渭河流域径流非平稳的人类活动影响因素。从《新中国六十年统计资料汇编》和《中国统计年鉴》中收集了陕西省有效灌溉面积（effective irrigated area，EIA），用于反映灌溉对径流变化的影响因素，并根据流域内大型水库的相关资料计算水库指数（reservoir index，RI）来表征水库运行对径流的影响，其计算方法见式（9-7）：

$$RI = \sum_{i=1}^{N} \left(\frac{A_i}{A_T} \right) \cdot \left(\frac{V_i}{V_T} \right) \tag{9-7}$$

式中，N 为水文站以上水库个数；A_i 和 A_T 分别为水库及水文站以上控制面积；V_i 和 V_T 分别为水库的总库容和水文站多年平均径流量。

此外，从 Liang 等（2015）的论文中收集了渭河流域典型年份的水土保持工程面积（soil water conservation area，SWCA），并采用线性插值法获取了逐年数据，用于反映水土保持工程的影响。三种要素的变化过程如图 9-7 所示。

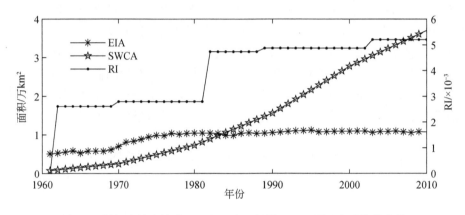

图 9-7　渭河流域有效灌溉面积、水土保持工程面积和水库指数变化

9.4.2　非平稳模型验证

采用四种分布线型（Gamma、Gaussian、Wb、LogN）对三个月的累积降水、径流数据进行拟合，并采用 K-S 检验确定最佳分布线型。在确定边缘分布函数线型后，采用 GAMLSS 构建了三个非平稳模型（表 9-1），并通过 AIC 值评估模型适用性。表 9-5 和表 9-6 分别为平稳模型（M0）和三个非平稳模型（M1、M2 和 M3）对降水和径流数据拟合度，表中粗体数字代表不同模型间的最小 AIC 值，变量下标代表大尺度气候指数与降水、径流间的滞后时间（月）。由表 9-5 和表 9-6 可知，不同月份的最优模型有所不同，但 M2 和 M3 的性能始终优于 M0 和 M1，表明非平稳模型更适合于拟合研究区降水、径流序列。使用逐步方法选择能反映每个月份降水、径流变化的最佳协变量，表 9-5 中 AOI 出现频率最高，表明降水变化受北极涛动影响。表 9-6 中，水库指数、有效灌溉面积和水土保持工程面积均为不同月份径流序列的最佳协变量，表明人类活动是渭河流域径流变化的主要驱动因素。

表 9-5　不同模型对降水序列的拟合度及最优协变量

月份	M0	M1	M2	M3	协变量
1	378.4	382.1	**366.8**	369.8	$PODI_3$，SOI_2
2	329.8	332.4	320.9	**320.4**	AOI_1
3	373.8	373.6	368.1	**367.7**	$NAOI_6$
4	436.7	439.0	**431.3**	435.4	AOI_6，$NPOI_1$，$PODI_3$
5	498.8	501.8	**485.6**	487.7	AOI_6，SOI_{12}
6	511.0	511.4	**507.1**	508.8	SOI_{12}
7	527.6	528.9	516.3	**501.5**	AOI_1，$NAOI_6$，$NPOI_1$，$PODI_9$
8	533.2	529.1	518.1	**516.1**	AOI_9，$NPOI$，$PODI_{10}$，SOI_6
9	564.0	569.3	**554.7**	556.2	AOI_9，$NPOI_{10}$，SOI_{11}
10	557.9	556.6	555.7	**555.4**	AOI_9
11	532.8	540.0	**527.2**	527.3	$AMOI_1$，AOI_{11}，$NAOI_6$，$PODI_6$
12	463.3	465.8	**456.7**	458.6	$NAOI_0$，$NPOI_4$

表 9-6　不同模型对径流序列的拟合度及最优协变量

月份	M0	M1	M2	M3	协变量
1	300.7	308.1	283.9	**280.5**	$PODI_3$，RI，EIA
2	251.5	255.1	232.7	**225.7**	$NAOI_1$，RI，EIA
3	249.0	252.2	232.1	**222.2**	$NPOI_4$，RI，EIA
4	289.1	292.4	**262.4**	264.0	AOI_6，RI，EIA，$SWCA$
5	337.1	332.9	**289.1**	293.1	AOI_6，SOI_{12}，RI，EIA，$SWCA$
6	348.1	344.3	**313.0**	315.3	RI，EIA，$SWCA$
7	369.9	377.2	343.3	**336.3**	AOI_1，$NAOI_6$，RI，EIA，$SWCA$
8	376.4	388.1	**359.7**	363.6	AOI_9，$PODI_{10}$，$SWCA$
9	417.7	430.6	**396.8**	401.2	AOI_9，$PODI_{10}$，SOI_{11}，$SWCA$
10	434.5	440.4	**426.7**	433.1	AOI_9，$SWCA$
11	425.9	438.2	**409.9**	414.9	$AMOI_1$，AOI_{11}，$NAOI_6$，$PODI_6$，RI，EIA，$SWCA$
12	379.8	387.4	**363.5**	361.8	$NAOI_0$，$NPOI_4$，RI，EIA，$SWCA$

　　以 6 月结果为例，图 9-8 为平稳模型和最优非平稳模型的降水和径流的分位数图。由图 9-8 可知，将大尺度气候指数作为协变量的非平稳模型能更好地反映降水的变化，并且能更好地反映降水极值变化过程。同时，1964 年、1978 年和 2000 年的极端径流值也包含在非平稳模型的第 5～第 95 分位数区间内，表明非平稳模型能更好地拟合径流的变化过

程。表9-7为三个具有常参数和时变参数的阿基米德Copula函数在拟合降水和径流之间的联合分布时的拟合优度评估。如表9-7所示，与常参数Copula函数相比，时变Copula函数的AIC值更低，表明时变Copula在不同月份均表现出更好的拟合能力。此外，表9-5中AOI因子出现频率最高，表明研究区降水的非平稳行为可能与北极涛动异常有关，表9-6中最优协变量RI、EIA和SWCA出现频次较高，表明人类活动是径流减少的主要驱动因素。

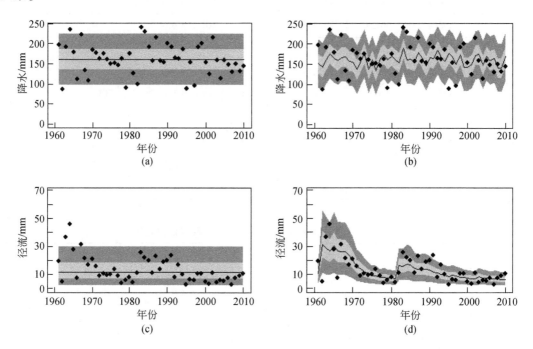

图9-8　基于平稳［(a)和(c)］和非平稳［(b)和(d)］模型的降水、径流分位数回归图

表9-7　不同模型的拟合度

月份	常参数			时变参数		
	Gumbel	Frank	Clayton	Gumbel	Frank	Clayton
1	-1.61	-5.99	-1.95	-6.83	**-9.93**	-8.62
2	0.78	-0.93	-0.06	-1.29	-3.35	**-4.16**
3	-2.31	-3.82	-1.44	-7.07	**-8.82**	-4.65
4	-4.72	-7.28	-4.23	-8.96	**-17.83**	-11.32
5	-9.85	-12.2	-9.31	-11.69	**-18.14**	-15.05
6	-26.7	-30.41	-23.73	-28.24	**-32.82**	-25.49
7	-8.13	-6.12	-1.73	-14.62	**-16.84**	-9.02
8	-10.49	-12.58	-13.97	-11.23	-13.86	**-16.67**
9	-31.9	-37.5	-22.65	-33.11	**-43.55**	-26.92

月份	常参数			时变参数		
	Gumbel	Frank	Clayton	Gumbel	Frank	Clayton
10	-68.5	-62.95	-56.83	**-72.81**	-65.69	-57.82
11	-29.17	-26.76	-27.82	**-39.4**	-36.49	-35.41
12	-7.24	-12.3	-7.32	-10.34	**-14.04**	-9.83

注：粗体数字表示不同模型间的最小 AIC 值。

表 9-7 为常参数和时变 Copula 构建的联合分布的 AIC 评估结果，粗体数字表明不同模型间的最小 AIC 值，可知基于时变 Copula 构建的联合分布所对应的 AIC 值更小，表明时变 Copula 模型更适用于反映研究区降水、径流之间的相依性。其中，共有 8 个月份的最优时变 Copula 均为 Frank 函数。

9.4.3 NMHDI 适用性评估

选取非平稳标准化降水指数（nonstationary standardized precipitation index，NSPI）、非平稳标准化径流指数（nonstationary standardized runoff index，NSRI）和 MHDI 评估本研究中的非平稳综合气象水文干旱指数（nonstationary meteorological and hydrological drought index，NMHDI）的可靠性。NSPI 和 NSRI 可通过降水、径流序列的非平稳边缘累积概率密度进行计算，而 NMHDI 与 MHDI 的计算原理相似，不同之处在于 NMHDI 是基于式（9-4）的非平稳联合分布进行标准化计算所得。如图 9-9（a）所示，NMHDI 与 NSPI 和 NSRI 的变化相似，表明 NMHDI 可以有效识别干旱。同时，NMHDI 包含两个单一干旱指数的信息，可以综合表征水文和气象干旱特征。图 9-9（b）显示了 MHDI 和 NMHDI 在 1961 ~ 2010 年的变化过程，二者存在相似的变化特征。根据历史记录，研究区典型干旱事件的时期为 1962 年 3 ~ 6 月、1966 年 1 ~ 7 月、1972 年 7 月 ~ 1973 年 4 月、1979 年 10 月 ~ 1980 年 5 月、1995 年 1 月 ~ 1996 年 5 月、1997 年 4 月 ~ 1998 年 3 月、1998 年 11 月 ~ 1999 年 4 月、2001 年 3 ~ 8 月、2008 年 5 ~ 8 月。NMHDI 的结果与历史干旱记录一致，进一步证明 NMHDI 能有效识别研究区干旱。

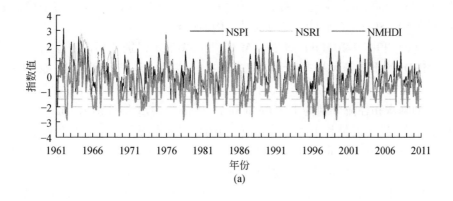

(a)

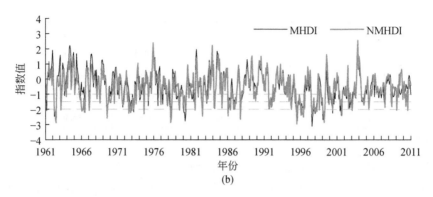

图 9-9　NMHDI 与 MHDI、NSPI 和 NSRI 对比

NMHDI 和 MHDI 之间的评估结果存在一些差异，主要集中在 1970 年之前和极值部分。1970 年之前的 NMHDI 值始终低于 MHDI，表明 NMHDI 识别了更多的极端干旱事件。NMHDI 识别的干旱程度比 MHDI 更严重，导致两种方法确定的干旱等级存在差异。例如，NMHDI 识别了 1966 年 1～7 月的干旱事件，但 MHDI 没有识别出本次干旱事件。MHDI 是基于整个时间序列拟合计算，低估了极端值，不能准确反映序列的局部变化特征，而 NMHDI 基于包含气候和人类活动因素的非平稳模型计算，能够更准确地反映变化环境中的降水和径流的极端特征。

9.4.4 NMHDI 应用分析

由于 NMHDI 是基于时变联合分布计算，其干旱评估的标准随协变量发生变化，即不同时间的等量降水和径流代表的干旱程度存在差异。以 6 月为例，当指数值小于 −2 时，即发生极端干旱，对应的联合概率密度函数（cumulative density function，CDF）约为 0.0228。图 9-10（a）为平稳和非平稳模型在不同时间对应联合累积概率密度值为 0.0228 的等值线，图 9-10（b）为判别极端干旱时降水、径流的对应阈值。相比 MHDI 的判别阈值，NMHDI 的干旱判别阈值在不同时间的差异较大。1960～1990 年，非平稳模型估算的径流阈值在 100～200mm 降水量下明显高于平稳模型。1960～1970 年，与平稳模型相比，非平稳模型在 50～80mm 降水量下对应的径流阈值更高。

图 9-10（c）和图 9-10（d）分别为 MHDI 和 NMHDI 识别的历时 6 个月的干旱等级，NMHDI 和 MHDI 的干旱等级基本一致，但也存在一些明显差异。例如，1966 年累积降水 112.8mm 和径流 7.6mm 时，MHDI 识别为中度干旱，而 NMHDI 的评估结果则为极端干旱。1972 年的降水和径流分别为 176.6mm 和 15.9mm，1973 年分别为 162.4mm 和 8.8mm 时，MHDI 分别识别为无旱和中度干旱，而 NMHDI 则分别识别为中度和严重干旱。

基于干旱等级划分标准，MHDI 和 NMHDI 计算的干旱发生频率如图 9-11 所示，图 9-11 中的五个时段（Ⅰ～Ⅴ）分别代表 1961～1970 年、1971～1980 年、1981～1990 年、1991～2000 年、2001～2010 年。从图 9-11（a）可知，1991～2000 年干旱发生的频

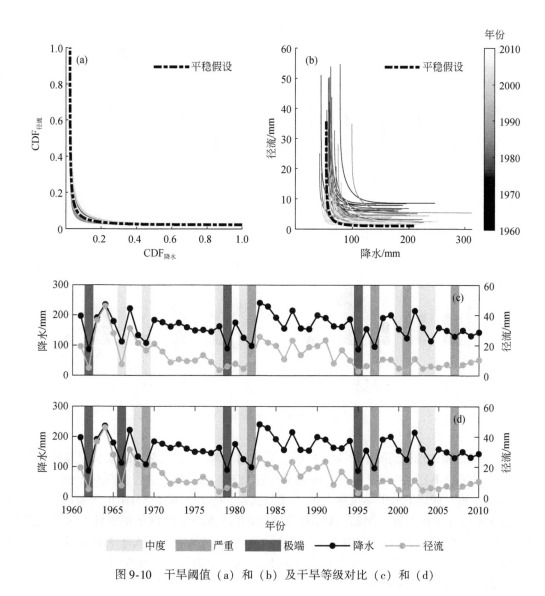

图 9-10 干旱阈值（a）和（b）及干旱等级对比（c）和（d）

率最高。与 NMHDI 相比，MHDI 识别的干旱频率在 1961~1970 年外的其他时期更高。此外，MHDI 和 NMHDI 在 1961~2010 年各等级干旱的发生频率也呈现出不同的特征。例如，在 1961~1970 年和 1991~2000 年，NMHDI 识别的干旱事件更少，而在其他时期的结果则相反 [图 9-11（b）]。对于重度干旱 [图 9-11（c）]，NMHDI 在 1991~2010 年外的其他时期识别的极端干旱事件更多。图 9-11（d）中，NMHDI 在整个研究期内比 MHDI 识别的极端干旱事件更多。

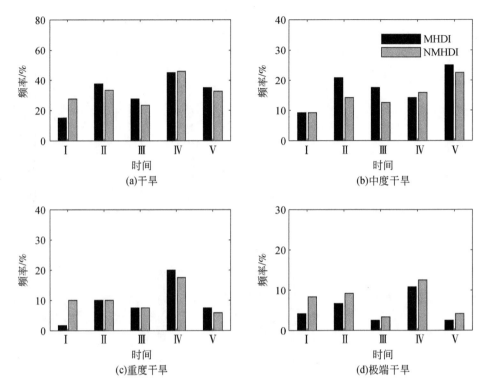

图 9-11　不同时段各等级干旱频率

MHDI 和 NMHDI 识别的干旱事件烈度、历时的"和"与"或"的联合重新现期结果如图 9-12 所示。其中，"和"情景的重现期普遍大于"或"情景，尤其是对于极端干旱事件，表明"和"情景下的干旱风险大于"或"情景。同时，基于 NMHDI 和 MHDI 计算的联合重现期存在显著差异。例如，MHDI 和 NMHDI 计算的最严重干旱事件的重现期分别约为 100 年和 500 年，表明 MHDI 低估了极端干旱事件的风险。而基于 MHDI 计算的历时相对较短（$D<5$ 个月）和烈度相对较轻（$S<10$）的干旱事件的重现期高于 NMHDI，表明 MHDI 高估了此类干旱的风险。

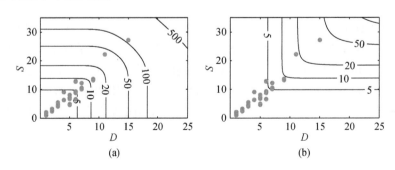

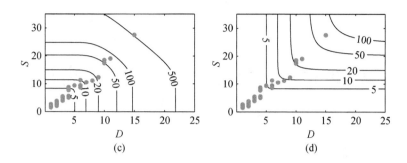

图9-12　MHDI［（a）和（b）］和 NMHDI［（c）和（d）］识别的
干旱"和"与"或"情景的重现期对比

9.5　小　　结

首先基于 VIC 模型模拟了渭河流域天然径流过程，从干旱传递时间、传递阈值和传递概率分析了人类活动对气象水文干旱传递过程的影响。然后基于 GAMLSS 模型和时变 Copula 模型，构建了 NMHDI。主要结论如下：

（1）VIC 模型能有效模拟渭河流域月径流过程，在咸阳、张家山和状头站均有较好的模拟效果。

（2）人类活动加剧了水文干旱的严重程度和频率，并且随时间的变化愈发明显，尤其是在渭河中上游地区，并且干旱传递时间、阈值和概率都在增加，表明人类活动加剧了水文干旱风险。

（3）在泾河流域和北洛河流域，人类活动使水文干旱严重程度和频率在汛期变高，非汛期降低。干旱传递时间在不同季节普遍缩短，传递阈值和传递概率在枯水期下降，表明人类活动在枯水期有效地降低了水文干旱风险。

（4）构建的 NMHDI 能有效地识别历史极端旱情。NMHDI 考虑了影响降水和径流变化的气候与人类活动因素，干旱判别阈值随协变量变化而变化，更适用于评估变化环境下的干旱严重程度。

|第10章| 基于气象干旱和高温的农业干旱预测

农业干旱影响植被的生长，直接关系到作物产量和生态植被健康。而农业干旱可能受到气象干旱和高温的影响，因此如何有效地利用气象干旱和高温包含的信息建立可靠的农业干旱预测模型，对于干旱早期预警、生态环境保护以及粮食安全保障等具有重要意义。本章针对不同时间尺度的 SSMI 在监测农业干旱时可能出现不一致的问题，采用 Kendall Copula 函数联合不同时间尺度的 SSMI 构建 JSSI 以表征农业干旱。采用 6 个月尺度的 SPI 和 3 个月时间尺度的 STI 分别表征气象干旱和高温。在 1~3 个月预见期下，以前期的气象干旱、高温和农业干旱作为预测因子，分别构建基于 MG 和 4 维 Vine Copula（4C- vine）的两种农业干旱预测模型，采用留一交叉验证法（leave- one- out cross validation，LOOCV）预测中国逐年夏季的农业干旱并进行性能评价。

10.1 研究方法

10.1.1 干旱指数构建

已有研究表明，6 个月时间尺度的 SPI 和 3 个月时间尺度的 STI 可以较好地反映中国的气象干旱和高温事件（Meng and Shen，2014；Hao et al.，2017b）。植被的生长主要取决于水热条件，即降水和温度（Wang and Zeng，2011；Hao et al.，2018；Feng et al.，2019），而根区土壤湿度是植被生长所需水分的直接来源（Sheffield，2004；Wang et al.，2007；Liu Y et al.，2020）。此外，由于农业干旱的动态复杂性，单一时间尺度的 SSMI 往往无法全面反映农业干旱的综合状况（吴海江等，2021），因此，将 1 个、3 个、6 个、9 个和 12 个月时间尺度的 SSMI 结合构建 JSSI。使用 6 个月时间尺度的 SPI、3 个月时间尺度的 STI 和 JSSI 来分别表征气象干旱、高温和农业干旱。

为避免分布函数假设对边缘概率的影响，并提高计算效率，使用非参数化的 Gringorten 位置划分公式（Gringorten，1963）计算月降水量、月最高温度和月根区土壤湿度的经验累积概率（cumulative density function，CDF）：

$$P(x_i) = \frac{\#(x < x_{(i)}) - 0.44}{n + 0.12} \tag{10-1}$$

式中，n 为数据的年序列长度，$i = 1$，$\cdots$，n；x 为不同时间尺度（如 1 个、3 个和 6 个月等）的降水、最高气温和根区土壤湿度的累积量；$\#(*)$ 为 x 的序列统计量，即降水量、最高气温和根区土壤湿度序列降序后 x_i 所在的位置。

对式（10-1）进行正态分位数转换（Bogner et al., 2012）后得到标准化干旱指数（standardized drought index, SDI）：

$$\text{SDI} = \Phi^{-1}(P) \tag{10-2}$$

式中，Φ^{-1} 表示正态分布函数的逆变换；SDI 可以表示 SPI、STI 和 SSMI。

基于不同时间尺度的 SSMI 监测农业干旱时可能会出现不一致的情况（吴海江等，2021），如短时间尺度的 SSMI 指数值表现为较严重的干旱而长时间尺度的 SSMI 指数值则表现为无旱，因此短时间尺度的 SSMI 可以表征新发展的干旱，而长时间尺度的 SSMI 则能够更好地反映持续性或长期干旱（Kao and Govindaraju, 2010；吴海江等，2021）。因此，将月（1 个月）、季（3 个月）、半年（6 个月）、多季（9 个月）和年（12 个月）尺度的 SSMI 结合起来以反映土壤水分盈亏的综合状况。

首先由式（10-1）得到 1 个、3 个、6 个、9 和 12 个月时间尺度下 SSMI 所对应的经验累积概率，分别表示为 u_1、u_3、u_6、u_9 和 u_{12}；然后利用 Kendall Copula（K_C）分布函数将经验累积概率联合，即在 5 维情形下 K_C 的累积联合概率 $K_C(s)$ 的表达式为（Kao and Govindaraju, 2010）：

$$K_C(s) = P\big[\, C_{U_1,U_3,U_6,U_9,U_{12}}(u_1, u_3, u_6, u_9, u_{12}) \leqslant s \,\big]$$
$$s = P\big[\, U_1 \leqslant u_1, U_3 \leqslant u_3, U_6 \leqslant u_6, U_9 \leqslant u_9, U_{12} \leqslant u_{12} \,\big] \tag{10-3}$$

式中，C 表示 Copula 函数；u_i 表示 i 个月时间尺度下的 SSMI 对应的累积概率；U_i 表示 u_i 的随机变量；s 值越小表明土壤水分亏缺（农业干旱）越严重，表示总体呈干旱状态，s 值越大表明土壤水分盈余越多，表示总体呈湿润状态。

非 Archimedean Copula 函数可能不存在 K_C 的解析表达式（Hao et al., 2017c），因此根据 Kao 和 Govindaraju（2010）的研究结果，用经验分布函数 K_{Cn} 代替 K_C（Genest et al., 2009）：

$$K_{Cn}(s) = \frac{1}{n}\sum_{i=1}^{n} I(\lambda_i \leqslant s)$$

$$\lambda_i = \frac{1}{n}\sum_{j=1}^{n} I(u_{1j} < u_{1i}, u_{3j} < u_{3i}, u_{6j} < u_{6i}, u_{9j} < u_{9i}, u_{12j} < u_{12i}) \tag{10-4}$$

式中，$I(A)$ 为逻辑表达式，如果 A 为真，则为 1，否则为 0。

对 $K_{Cn}(s)$ 进行正态分位数转换得到 JSSI，其表达式为

$$\text{JSSI} = \Phi^{-1}(K_{Cn}(s)) \tag{10-5}$$

当 JSSI<0（或 0<K_{Cn}<0.5）时，表示干旱状态；当 JSSI>0（或 0.5<K_{Cn}<1）时，表示湿润状态；JSSI=0（或 K_{Cn}=0.5）时，表示正常状态。注意，用于构建 JSSI 的土壤湿度数据的序列长度需大于 50 年（Kao and Govindaraju, 2010）。

10.1.2　MG 模型

受全球以及区域水文循环的影响，各气象水文变量之间存在密切联系。一段时期内，

降水的持续亏缺可能导致气象干旱，降水不足使得土壤水分的补给来源减少，高温通过陆气相互作用影响蒸散发进而降低土壤水分含量，诱发农业干旱，即气象干旱先于农业干旱发生并向农业干旱传递（刘宪锋等，2015；吴海江等，2021）。此外，干旱的发展过程一般比较缓慢，一场干旱事件可能持续数月甚至数年（Mishra and Singh，2010）。因此，考虑上述各影响因素间的相互作用，可以分以下两种情形来预测农业干旱：①将前期的气象干旱和农业干旱作为预测农业干旱的 2 个因子，即不考虑高温的 MG 模型（简称 MG3 模型）；②将前期的气象干旱、高温和农业干旱作为预测农业干旱的 3 个因子，即考虑高温的 MG 模型（简称 MG4 模型）。下面给出这两种情形下 MG 模型预测农业干旱的表达式。

记目标月份为 t，预见期为 i。设前期的气象干旱（SPI_{t-i}）、农业干旱（JSSI_{t-i}）和目标月份的农业干旱（JSSI_t）分别为 X_1、X_2、Y，即在三变量情形下，当向量 $\boldsymbol{X} = [X_1, X_2]$，则在给定 X_1 和 X_2 的条件下 Y 的表达式（Kelly and Krzysztofowicz，1997），即 MG3 模型为

$$Y \mid (X_1, X_2) \sim \Phi(\mu_{Y\mid(X_1,X_2)}, \Sigma_{Y\mid(X_1,X_2)}) \tag{10-6}$$

其中均值 $\mu_{Y\mid(X_1,X_2)}$ 和条件协方差 $\Sigma_{Y\mid(X_1,X_2)}$ 的表达式为

$$\mu_{Y\mid(X_1,X_2)} = \mu_y + \Sigma_{yx}\Sigma_{xx}^{-1}(\boldsymbol{x} - \boldsymbol{\mu}_x)$$

$$\Sigma_{Y\mid(X_1,X_2)} = \Sigma_{yy} - \Sigma_{yx}\Sigma_{xx}^{-1}\Sigma_{xy}$$

此时，$\boldsymbol{x}$ 是由前一时段的 x_1 和 x_2 组成的列向量。条件均值 $\mu_{Y\mid(X_1,X_2)}$ 可以作为目标月份农业干旱的预测值。$\boldsymbol{\Sigma}$ 表示协方差矩阵，满足

$$\boldsymbol{\Sigma} = \begin{pmatrix} \mathrm{Cov}(X_1,X_1) & \mathrm{Cov}(X_1,X_2) & \mathrm{Cov}(X_1,Y) \\ \mathrm{Cov}(X_2,X_1) & \mathrm{Cov}(X_2,X_2) & \mathrm{Cov}(X_2,Y) \\ \mathrm{Cov}(Y,X_1) & \mathrm{Cov}(Y,X_2) & \mathrm{Cov}(Y,Y) \end{pmatrix}$$

$$= \left(\begin{array}{cc|c} C_{11} & C_{12} & C_{13} \\ C_{21} & C_{22} & C_{23} \\ \hline C_{31} & C_{32} & C_{33} \end{array}\right) = \begin{pmatrix} \Sigma_{xx} & \Sigma_{xy} \\ \Sigma_{yx} & \Sigma_{yy} \end{pmatrix} \tag{10-7}$$

在给定 X_1 和 X_2 的条件下，由式（10-6）还可以预测目标月份发生农业干旱的概率（吴海江等，2021），即

$$P(t_0; \mu_{Y\mid(X_1,X_2)}, \Sigma_Y \mid (X_1,X_2)) = \int_{-\infty}^{t_0} \frac{1}{\sqrt{2\pi\Sigma_{Y\mid(X_1,X_2)}}} \exp\left[-\frac{(w - \mu_{Y\mid(X_1,X_2)})^2}{2\Sigma_{Y\mid(X_1,X_2)}}\right] \mathrm{d}w \tag{10-8}$$

式中，t_0 表示发生农业干旱的阈值（这里取 -0.5）；w 为积分变量。

考虑高温作为农业干旱的一个预测因子时，同理，设前期的气象干旱（SPI_{t-i}）、高温（STI_{t-i}）、农业干旱（JSSI_{t-i}）和目标月份的农业干旱（JSSI_t）分别为 X_1、X_2、X_3、Y，即在四变量情形下，当向量 $\boldsymbol{X} = [X_1, X_2, X_3]$，则在给定 X_1、X_2 和 X_3 的条件下 Y 的表达式，即 MG4 模型为

$$Y \mid (X_1, X_2, X_3) \sim \Phi(\mu_{Y\mid(X_1,X_2,X_3)}, \Sigma_{Y\mid(X_1,X_2,X_3)}) \tag{10-9}$$

条件均值 $\mu_{Y\mid(X_1,X_2,X_3)}$ 和条件协方差 $\Sigma_{Y\mid(X_1,X_2,X_3)}$ 的表达式可以根据式（10-6）来推导。此时，$\boldsymbol{x}$ 是由前一时段的 x_1、x_2 和 x_3 组成的列向量。

同样地，在给定 X_1、X_2 和 X_3 的条件下，由式（10-9）预测目标月份发生农业干旱的概率，表达式为

$$P(t_0;\mu_{Y\mid(X_1,X_2,X_3)},\Sigma_{Y\mid(X_1,X_2,X_3)}) = \int_{-\infty}^{t_0} \frac{1}{\sqrt{2\pi\Sigma_{Y\mid(X_1,X_2,X_3)}}} \exp\left[-\frac{(w-\mu_{Y\mid(X_1,X_2,X_3)})^2}{2\Sigma_{Y\mid(X_1,X_2,X_3)}}\right]\mathrm{d}w$$

(10-10)

10.1.3 Vine Copula 条件分布模型

Vine Copula 首次由 Joe（1996）提出并经 Aas 等（2009）进一步发展。Vine Copula 可以将多维变量分解为两两联合的 Copula 对，被广泛用于解决高维非线性问题（Bevacqua et al., 2017；Cheng et al., 2019；Wu et al., 2021b）。根据 Sklar 准则（Sklar, 1959），n 维变量的联合分布函数 $F(z_1, \cdots, z_n)$ 的表达式可以表示为

$$F(z_1,\cdots,z_n) = C\{F_1(z_1),\cdots,F_n(z_n)\} = C(u_1,\cdots,u_n) \tag{10-11}$$

式中，$u_m := F_m(z_m)$ 为 z_m 的累积分布函数（$m=1$，$\cdots$，n），C 为 n 维 Copula 函数。其中，C 满足 $[0,1]^n \to [0,1]$，即在 $[0,1]^n$ 上均匀分布的 n 维连续随机变量经 Copula 函数重新映射为 $[0,1]$。

式（10-11）的概率密度函数为

$$f(z_1,\cdots,z_n) = f_1(z_1)\cdot f(z_2\mid z_1)\cdot f(z_3\mid z_1,z_2)\cdots\cdot f(z_n\mid z_{n-1},z_{n-2},\cdots,z_2,z_1)$$
$$= \left[\prod_{m=1}^{n}f_m(z_m)\right]\cdot c(u_1,u_2,\cdots,u_{n-1},u_n) \tag{10-12}$$

式中，$f_m(z_m)$ 为 z_m 的概率密度函数；c 为 Copula 函数的概率密度函数。

Vine Copula 可以分为 C-vines（Canonical-vines）和 D-vines（Drawable-vines）两种类型，它们都属于 R-vines（Regular-vines）的子类。本章使用 C-vine Copula 预测农业干旱。n 维的 C-vine Copula 有 $n-1$ 个树型和 C_n^2 条边（即两两联合的 Copula 对）。C-vine Copula 的树型结构与变量的排列顺序密切相关。例如，首先以变量 z_1 作为条件，然后以变量 z_2 作为条件，以此类推。由式（10-12）得到 n 维 C-vine Copula 的概率密度函数的表达式（Aas et al., 2009）：

$$f(z_1,\cdots,z_n) = \prod_{m=1}^{n}f_m(z_m) \times \prod_{i=1}^{n-1}\prod_{j=1}^{n-i}c_{i,i+j\mid 1:(i-1)}\{F(z_i\mid z_1,\cdots,z_{i-1}),F(z_{i+j}\mid z_1,\cdots,z_{i-1})\}$$

(10-13)

式中，$c_{i,i+j\mid 1:(i-1)}$ 表示双变量 Copula 的密度函数。

概率分布函数 $f_m(z_m)$ 或累积分布函数 $F_m(z_m)$ 需拟合优选且其对 $c_{i,i+j\mid 1:(i-1)}$ 的选取有影响 [式（10-12）]，这使得计算过程非常复杂和繁琐。为了解决这些问题，用经验累积概率来代替 $F_m(z_m)$ 以提高运算效率（Genest et al., 2009；Bevacqua et al., 2017；Wu et al., 2021b）。因此，构建具体的 C-vine Copula 时，$F_i(z_i)$ 均采用经验累积概率公式 [式（10-1）]。

以 4C-vine 模型为例，设其变量的顺序为 z_1、z_3、z_2、z_4，其图解模型如图 10-1 所示。

由式（10-13）得到 z_1、z_3、z_2、z_4 的联合概率密度函数 f_{1324}：

$$f_{1324} = f_1 \cdot f_3 \cdot f_2 \cdot f_4 \cdot c_{13} \cdot c_{12} \cdot c_{14} \cdot c_{23|1} \cdot c_{34|1} \cdot c_{24|13} \tag{10-14}$$

式中，c_{12} 和 $c_{23|1}$ 分别为 $c_{1,2}[F_1(z_1), F_2(z_2)]$ 和 $c_{2,3|1}[F(z_2|z_1), F(z_3|z_1)]$ 的简写形式，其他符号与此类似。

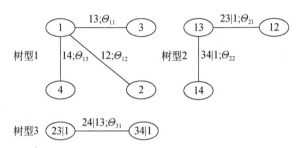

图 10-1 四维 C-vine Copula 模型图解示意

椭圆代表节点，每一条边代表一个 Copula 对的概率密度并伴随有相应的 Copula 对的简写形式以及相对应的参数 Θ。

例如，23|1 表示 $c(u_2|u_1, u_3|u_1)$ 的概率密度，Θ_{21} 表示第 2 个树型的第 1 条边对应的 Copula 对的参数

对于 d 维向量 $\boldsymbol{v}$，4C-vine 模型的条件分布函数 $F(z|\boldsymbol{v})$ 的表达式为（Aas et al., 2009）：

$$F(z|\boldsymbol{v}) = \frac{\partial C_{zv_j|\boldsymbol{v}_{-j}}[F(z|\boldsymbol{v}_{-j}), F(v_j|\boldsymbol{v}_{-j})]}{\partial F(v_j|\boldsymbol{v}_{-j})} \tag{10-15}$$

式中，v_j（$j=1, 2, \cdots, d$）表示向量 $\boldsymbol{v}$ 中的任一变量；$\boldsymbol{v}_{-j}$ 表示向量 $\boldsymbol{v}$ 去除 v_j 后剩余的变量；$C_{ij|k}$ 表示双变量 Copula 函数。

引入函数 $h(z, v; \Theta)$，表示在给定 v 的条件下 z 的分布函数：

$$h(z, v; \Theta) = F(z|v) = \frac{\partial C_{z,v}(z, v; \Theta)}{\partial v} \tag{10-16}$$

式中，Θ 为双变量 Copula 函数 z 和 v 的参数。

以前期的气象干旱（SPI_{t-i}）、高温（STI_{t-i}）、农业干旱（SSMI_{t-i}）作为目标月份农业干旱（SSMI_t）的 3 个预测因子，其中，t 表示目标月份，i 表示预见期。设 SPI_{t-i}、STI_{t-i}、SSMI_{t-i}、SSMI_t 分别为 z_1、z_2、z_3、z_4，即在 4 变量情形下（图 10-1），由式（10-15）得到 $F(z_4|z_1, z_2, z_3)$ 的条件分布函数为

$$F(z_4|z_1, z_2, z_3) = \frac{\partial C_{z_4, z_2|z_1, z_3}[F(z_4|z_1, z_3), F(z_2|z_1, z_3)]}{\partial F(z_2|z_1, z_3)} \tag{10-17}$$

式中，$F(z_4|z_1, z_3) = \dfrac{\partial C_{z_4, z_3|z_1}[F(z_4|z_1), F(z_3|z_1)]}{\partial F(z_3|z_1)} = h\{h(u_4|u_1; \Theta_{13})|h(u_3|u_1; \Theta_{11}); \Theta_{22}\}$。因此，式（10-17）可以进一步表示为

$$\begin{aligned} F(z_4|z_1, z_2, z_3) = &\ h\{h[h(u_4|u_1; \Theta_{13})|h(u_3|u_1; \Theta_{11}); \Theta_{22}]|\\ &\ h[h(u_2|u_1; \Theta_{12})|h(u_3|u_1; \Theta_{11}); \Theta_{21}]; \Theta_{31}\} \end{aligned} \tag{10-18}$$

式中，Θ_{ij} 表示第 i 个树型第 j 条边的 Copula 对的参数（图 10-1）。

由式（10-18）关于 z_4 求反函数，即通过求 z_4 的反函数实现预测。首先以二维情形为例，在给定 z_1 的条件下来预测 z_4，设 $\tau = h(u_4 \mid u_1; \boldsymbol{\Theta}) = F(z_4 \mid z_1)$，则可以求得 z_4 的表达式：

$$z_4 = \Phi^{-1}(u_4) = \Phi^{-1}\{h^{-1}[\tau \mid u_1; \boldsymbol{\Theta}_{13}]\} \tag{10-19}$$

式中，τ 为 Copula 函数的分位数曲线（Chen et al., 2009），取值区间为 $[0, 1]$；h^{-1} 为条件分布函数 h 的逆函数；Φ^{-1} 为 u_4 的逆高斯分布函数。在使用 4C-vine 模型进行农业干旱预测时，拟选用的双变量 Copula 函数有 Gaussian、Student t、Clayton 和 Frank，具体的表达式如下。

（1）Gaussian Copula 的累积分布函数为

$$C(u_1, u_2; \rho) = \frac{1}{2\pi\sqrt{1-\rho^2}} \int_{-\infty}^{N^{-1}(u_1)} \int_{-\infty}^{N^{-1}(u_2)} \exp\left[-\frac{w^2 - 2\rho wv + v^2}{2(1-\rho^2)}\right] dwdv \tag{10-20}$$

式中，u_1 和 u_2 分别是随机变量 s_1 和 s_2 的边缘分布函数；N^{-1} 为逆高斯分布函数；ρ 为 Gaussian Copula 函数的参数，它表示 s_1 和 s_2 之间的 Pearson 相关系数；w 和 v 为积分变量。

在给定 u_1 的条件下，Gaussian Copula 关于分位数曲线 τ，u_2 的表达式为

$$u_2 = h^{-1}(\tau \mid u_1; \rho) = N\left[\rho \cdot N^{-1}(u_1) + \sqrt{1-\rho^2}\, N^{-1}(\tau)\right] \tag{10-21}$$

（2）Student t Copula（t-Copula）的累积分布函数为（Chen et al., 2009）：

$$C(u_1, u_2; \rho, \delta) = \frac{1}{2\pi\sqrt{1-\rho^2}} \int_{-\infty}^{\psi_t^{-1}(u_1)} \int_{-\infty}^{\psi_t^{-1}(u_2)} \left(1 + \frac{s^2 - 2\rho wv + v^2}{\delta(1-\rho^2)}\right)^{-\frac{2+\delta}{2}} dwdv \tag{10-22}$$

式中，ψ_t^{-1} 为 Student t 分布的逆函数；δ 为自由度，δ 和 ρ 均为 t-Copula 的参数。

在给定 u_1 的条件下，t-Copula 关于分位数曲线 τ，u_2 的表达式为

$$u_2 = h^{-1}(\tau \mid u_1; \rho, v) = \psi_t\{\rho\psi_t^{-1} \cdot u_1 + \lambda \cdot \psi_{t+1}^{-1}(\tau)\} \tag{10-23}$$

其中，

$$\lambda = \sqrt{\frac{v + [\psi_v^{-1}(u_1)]^2}{v+1}(1-\rho^2)}$$

（3）Clayton Copula 的累积分布函数为

$$C(u_1, u_2; \theta) = (u_1^{-\theta} + u_2^{-\theta} - 1)^{-\frac{1}{\theta}} \tag{10-24}$$

式中，θ 为 Clayton Copula 的参数。

在给定 u_1 的条件下，Clayton Copula 关于分位数曲线 τ，u_2 的表达式为

$$u_2 = h^{-1}(\tau \mid u_1; \theta) = [1 + u_1^{-\theta} \cdot (\tau^{-\frac{\theta}{1+\theta}} - 1)]^{-\frac{1}{\theta}} \tag{10-25}$$

（4）Frank Copula 的累积分布函数为

$$C(u_1, u_2; \theta) = -\frac{1}{\theta}\ln\left[1 + \frac{\{\exp(-u_1\theta) - 1\} \cdot \{\exp(-u_2\theta) - 1\}}{\{\exp(-\theta) - 1\}}\right] \tag{10-26}$$

式中，θ 为 Frank Copula 的参数。

在给定 u_1 的条件下，Frank Copula 关于分位数曲线 τ，u_2 的表达式为

$$u_2 = h^{-1}(\tau \mid u_1; \theta) = -\frac{1}{\theta}\ln\left[1 - (1 - \exp(-\theta)) \cdot \{1 + \exp(-\theta \cdot u_1) \cdot (\tau^{-1} - 1)\}^{-1}\right]$$

$$\tag{10-27}$$

对于 4 维变量情形，根据 τ 分位数曲线并通过递归求解得到 z_4 的表达式为

$$z_4 = N^{-1}(u_4) = N^{-1}(h^{-1}[h^{-1}\{h^{-1}(\tau \mid h[h(u_2 \mid u_1 ; \Theta_{12}) \mid h(u_3 \mid u_1 ; \Theta_{11}) ; \Theta_{21}] ; \Theta_{31} \mid h(u_3 \mid u_1 ; \Theta_{11}) ; \Theta_{22}\} \mid u_1 ; \Theta_{13}]) \quad (10\text{-}28)$$

由于构建的 4C-vine 模型与变量的顺序密切相关，在给定 z_1、z_2、z_3 的条件下预测 z_4 时，在 4C-vine 模型中预测因子的组合形式或分解形式有 $A_3^2 = 6$ 种，所以式（10-28）另外 5 种组合形式的表达式为（Wu et al., 2021b）：

$$z_4 = N^{-1}(u_4) = N^{-1}(h^{-1}[h^{-1}\{h^{-1}(\tau \mid h[h(u_3 \mid u_1 ; \Theta_{12}) \mid h(u_2 \mid u_1 ; \Theta_{11}) ; \Theta_{21}] ; \Theta_{31} \mid h(u_2 \mid u_1 ; \Theta_{11}) ; \Theta_{22}\} \mid u_1 ; \Theta_{13}]) \quad (10\text{-}29)$$

$$z_4 = N^{-1}(u_4) = N^{-1}(h^{-1}[h^{-1}\{h^{-1}(\tau \mid h[h(u_3 \mid u_2 ; \Theta_{12}) \mid h(u_1 \mid u_2 ; \Theta_{11}) ; \Theta_{21}] ; \Theta_{31} \mid h(u_1 \mid u_2 ; \Theta_{11}) ; \Theta_{22}\} \mid u_2 ; \Theta_{13}]) \quad (10\text{-}30)$$

$$z_4 = N^{-1}(u_4) = N^{-1}(h^{-1}[h^{-1}\{h^{-1}(\tau \mid h[h(u_1 \mid u_2 ; \Theta_{12}) \mid h(u_3 \mid u_2 ; \Theta_{11}) ; \Theta_{21}] ; \Theta_{31} \mid h(u_3 \mid u_2 ; \Theta_{11}) ; \Theta_{22}\} \mid u_2 ; \Theta_{13}]) \quad (10\text{-}31)$$

$$z_4 = N^{-1}(u_4) = N^{-1}(h^{-1}[h^{-1}\{h^{-1}(\tau \mid h[h(u_2 \mid u_3 ; \Theta_{12}) \mid h(u_1 \mid u_3 ; \Theta_{11}) ; \Theta_{21}] ; \Theta_{31} \mid h(u_1 \mid u_3 ; \Theta_{11}) ; \Theta_{22}\} \mid u_3 ; \Theta_{13}]) \quad (10\text{-}32)$$

$$z_4 = N^{-1}(u_4) = N^{-1}(h^{-1}[h^{-1}\{h^{-1}(\tau \mid h[h(u_1 \mid u_3 ; \Theta_{12}) \mid h(u_2 \mid u_3 ; \Theta_{11}) ; \Theta_{21}] ; \Theta_{31} \mid h(u_2 \mid u_3 ; \Theta_{11}) ; \Theta_{22}\} \mid u_3 ; \Theta_{13}]) \quad (10\text{-}33)$$

式中，u_1、u_2、u_3、u_4 分别为随机变量 z_1、z_2、z_3 和 z_4 对应的累积概率。

为实现对 z_4 的预测，首先利用蒙特卡罗模拟在区间 $[0, 1]$ 上产生 1000 个均匀分布的随机数 τ，从而得到 1000 个 z_4 的预测值并取均值作为 z_4 的最终预测值。下面简要叙述 4C-vine 模型用于农业干旱预测的主要步骤：①利用 Gringorten 位置划分公式 [式（10-1）] 基于月降水量、月最高温度和月土壤湿度分别得到 SPI、STI 和 SSMI 的 CDF。②采用留一交叉验证法（Wilks, 2014）进行验证。以 1 个月预见期（$i=1$）2006 年 8 月（$t=8$）的农业干旱（即 SSMI 值）预测为例说明：设时段 1979～2005 年和 2007～2018 年的 7 月（$t-i=7$）$\text{SPI}_{t-i}^{-2006}(z_1)$、$\text{STI}_{t-i}^{-2006}(z_2)$、$\text{SSMI}_{t-i}^{-2006}(z_3)$ 以及 8 月 $\text{SSMI}_t^{-2006}(z_4)$ 的 CDF 分别为 $(u_1)_{t-i}^{-2006}$、$(u_2)_{t-i}^{-2006}$、$(u_3)_{t-i}^{-2006}$ 和 $(u_4)_t^{-2006}$。由式（10-14）建立变量之间的相依结构。③以 z_1、z_2、z_3 作为预测因子，基于 AIC 选择最优的 Copula 对和相应的参数 Θ，并由式（10-18）得到 $(z_4)_t^{-2006}$ 的条件分布函数。④利用蒙特卡罗模拟，在区间 $[0, 1]$ 上产生的 1000 个均匀分布随机数 τ，然后使用 VineCopula R 语言包（Nagler et al., 2015）中的 BiCopHfunc 和 BiCopHinv 函数联合 2006 年 7 月的 $(u_1)_{t-i}^{2006}$、$(u_2)_{t-i}^{2006}$ 和 $(u_3)_{t-i}^{2006}$，由式（10-28）～式（10-33）求得 $(z_4)_t^{2006}$ 即为 2006 年 8 月 SSMI 的预测值。

10.1.4 预测性能度量指标

采用 NSE、R^2 度量 MG 模型和 4C-vine 模型的农业干旱预测性能。以上评价指标的表达式分别为

$$\text{NSE} = 1 - \frac{\sum\limits_{i=1}^{n} (\text{PV}_i - \text{OV}_i)^2}{\sum\limits_{i=1}^{n} (\text{OV}_i - \overline{\text{OV}})^2} \qquad \text{NSE} \in (-\infty, 1] \qquad (10\text{-}34)$$

$$R^2 = \left\{ \frac{\sum\limits_{i=1}^{n} (\text{PV}_i - \overline{\text{PV}})(\text{OV}_i - \overline{\text{OV}})}{\sqrt{\sum\limits_{i=1}^{n} (\text{PV}_i - \overline{\text{PV}})^2} \cdot \sqrt{\sum\limits_{i=1}^{n} (\text{OV}_i - \overline{\text{OV}})^2}} \right\}^2 \qquad R^2 \in [0, 1] \qquad (10\text{-}35)$$

式中，PV_i 和 OV_i 分别为第 i 个农业干旱的预测值和观测值；$\overline{\text{OV}}$ 和 $\overline{\text{PV}}$ 分别为农业干旱观测值序列和预测值序列的均值；n 为样本点容量。

10.2　基于 meta-Gaussian 模型的农业干旱预测

10.2.1　数据来源

本节使用的根区土壤湿度月值数据来自全球陆地数据同化系统数据集（Global Land Data Assimilation System version 2 Noah，GLDAS-Noah）（https://ldas.gsfc.nasa.gov/gldas/），空间分辨率为 0.25°×0.25°，时间范围为 1961～2015 年。该数据集结合陆面过程模型（如 VIC、Noah、CLM 等）、地面观测和卫星遥感数据模拟生成全球地表水文气象数据，已被广泛应用于干旱监测和预警、地下水储量的计算等方面（Rodell et al.，2004；吴海江等，2021）。同时段的月降水和月最高气温数据来自东英吉利大学气候研究中心（Climatic Research Unit，CRU）（https://crudata.uea.ac.uk/cru/data/hrg/cru_ts_4.03/），空间分辨率为0.5°×0.5°。CRU 数据集被广泛用于干旱监测、早期预警、风险评估以及空间降尺度等方向（Hao et al.，2019）。利用双线性插值法将降水和气温数据的空间分辨率统一为0.25°×0.25°。

10.2.2　JSSI 与不同时间尺度 SSMI 的比较

为更好地展示 JSSI 和不同时间尺度的 SSMI 对农业干旱的表征能力，以栅格（120°E，42°N）为例，将 1962～2015 年的 JSSI 序列与 SSMI1（表示 1 个月时间尺度）、SSMI3 和 SSMI12 序列进行比较。如图 10-2 所示，SSMI1 和 SSMI3 的变化幅度比较剧烈，而 SSMI12 和 JSSI 的变化幅度较为平缓，且 JSSI 不仅能够反映出由 SSMI12 描述的持续性干旱（如 2000～2004 年、2007～2010 年等），也能够捕捉到像 SSMI1 表征的短暂干旱（如 1972 年 7～8 月）。因此，以 JSSI 作为农业干旱的监测指标能够客观地评价农业干旱的综合状况，比单一时间尺度的 SSMI 更有说服力。

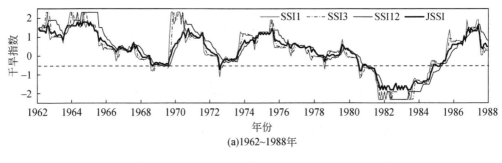

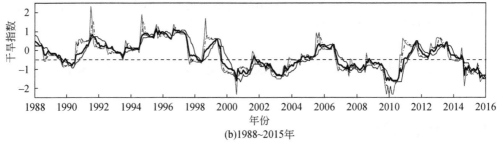

图 10-2　1962～2015 年在栅格（120°E，42°N）中 JSSI 与 SSMI1、SSMI3 和 SSMI12 的比较

10.2.3　预测因子间的相关性分析

中国不同气候分区的编号及经纬度范围信息见表 10-1。在进行农业干旱预测前，必须考虑不同变量之间的相关性。因此，需在不同滞时下对 JSSI 的自相关（autocorrelation，AC）、JSSI 与 SPI 的互相关（cross-correlation，CC）以及 JSSI 与 STI 的互相关进行分析。AC 值越高，表明 JSSI 对干旱的记忆性越好，而 CC 值越高，表明前期气象干旱或高温可以为后期的农业干旱提供更有效的预测信息。如图 10-3（a1）～（c1）所示，滞时（lag）为 1～3 个月时，6～8 月 JSSI 的 AC 值在中国大部分气候分区上均在 0.5 以上，表明 JSSI 对农业干旱的记忆性较好。因此，AC 分析表明 JSSI 的持续性可以为农业干旱预测提供更有效的信息。

表 10-1　中国不同气候分区的经纬度范围

分区编号	分区	范围
D1	内蒙古草原地区	37.07°～51.11°N，121.70°～103.94°E
D2	东北湿润半湿润温带地区	38.66°～53.60°N，119.88°～135.15°E
D3	西北荒漠地区	36.01°～49.19°N，73.81°～108.04°E
D4	华中湿润亚热带地区	23.71°～34.23°N，97.75°～122.97°E

续表

分区编号	分区	范围
D5	华北湿润半湿润暖温带地区	33.28°~42.13°N，102.55°~124.40°E
D6	华南湿润热带地区	18.10°~25.19°N，97.51°~122.02°E
D7	青藏高原	26.81°~39.70°N，73.52°~104.50°E

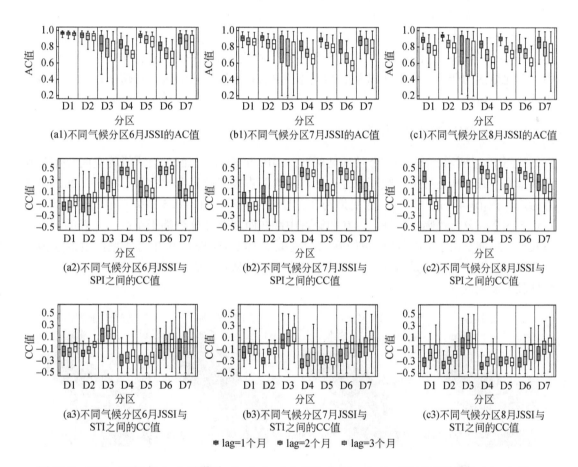

图 10-3　1961~2015 年 6~8 月滞时（lag）1~3 个月时（a1）~（c1）JSSI 自相关系数 AC、（a2）~（c2）SPI 与 JSSI 互相关系数 CC、（a3）~（c3）STI 与 JSSI 互相关系数 CC 的空间分布

当滞时为 1~3 个月时，进一步对 6~8 月 JSSI 和 SPI 之间以及 JSSI 和 STI 之间的 CC 进行 Pearson 相关分析。如图 10-3（a2）~（c3）所示，在大部分气候分区内，JSSI 和 SPI 呈显著正相关，而 JSSI 和 STI 呈显著负相关，表明前期的气象干旱和高温对后期的农业干旱有较大影响。在 D1 和 D2 气候分区，JSSI 和 SPI 之间的 CC 值小于 0 且呈负相关，可能是由于降水不足（气象干旱）往往伴随着温度升高，这有助于冰雪融化或季节性冻土解冻

等，使其土壤水分得到补充（吴海江等，2021）。

10.2.4 MG 模型农业干旱预测结果

10.2.3 节分析结果表明，前期的气象干旱、高温以及农业干旱均可为后期的农业干旱预测提供有效信息。因此，本节基于 MG 模型在前期的气象干旱（SPI_{t-i}）和农业干旱（$JSSI_{t-i}$）作为后期农业干旱（$JSSI_t$）预测因子的前提下，探讨前期高温（STI_{t-i}）的引入是否会改善和提高 MG 模型对中国夏季农业干旱的预测能力。

考虑预见期为 1~3 个月，利用 MG 模型并采用留一交叉验证法对中国 1961~2015 年逐年 6~8 月的 JSSI 进行预测，取 -0.5 作为发生农业干旱的阈值。以 2010 年夏季发生在中国东北地区的严重干旱事件以及 2014 年发生在 26 个省（自治区、直辖市）的干旱事件为例进行分析。

1. 基于 MG3 模型的农业干旱预测及概率分析

如图 10-4 所示，在 1~3 个月预见期下，2010 年 6~8 月 JSSI 预测值的空间分布与观测值基本一致，均很好地反映了东北地区以及内蒙古等区域发生的农业干旱。以 2010 年 8 月为例 [图 10-4（i）~（l）]，预见期为 3 个月时，预测 JSSI<-0.5 的分布范围与观测 JSSI<-0.5 的空间分布仍吻合较好，但在内蒙古中部和西部等部分极端干旱区，二者的对应关系较差，可能是由于 CRU 数据集中降水的模拟或 GLDAS-Noah 中根区土壤湿度的模拟在这些区域较差，也可能是由这些区域的土壤水更多的依赖于大气凝结水使得其对干旱的记忆性较差造成的。

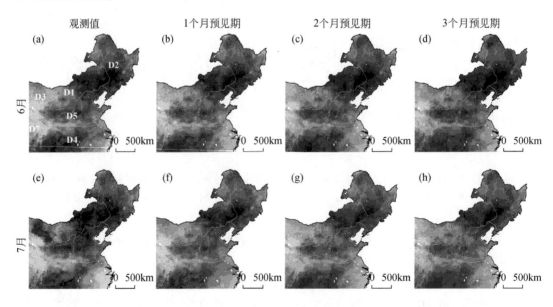

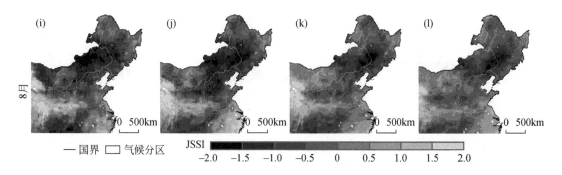

图 10-4　1~3 个月预见期下，2010 年 6~8 月 MG3 模型 JSSI 预测值的空间分布
该图仅展示了中国的部分区域

此外，基于 MG3 模型还可以预测 6~8 月不同预见期下发生农业干旱的概率 [P（JSSI<-0.5）]。以 2010 年为例，在 1~3 个月预见期下，预测 6~8 月农业干旱发生概率的空间分布情况如图 10-5 所示。可以发现，在不同预见期下，预测 2010 年夏季发生农业干旱（JSSI<-0.5）概率较高（P>0.5）的区域与图 10-4（a）、（e）、（i）中 JSSI<-0.5 的农业干旱分布区域基本吻合，且若在某一格点 JSSI 的观测值大于 0 时（即表现为无旱或湿润状态），预测其发生农业干旱的概率 P（JSSI<-0.5）几乎接近于 0。以上结果表明，在 1~3 个月预见期下，MG3 模型（预测因子为 SPI_{t-i}+$JSSI_{t-i}$）可以为大部分气候分区内 6~8 月的农业干旱作出可靠的预测。

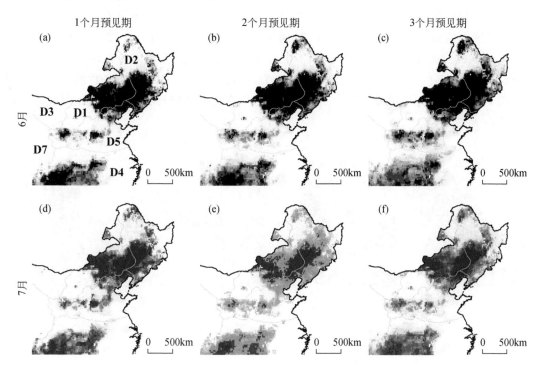

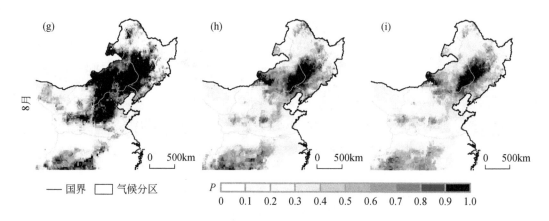

图 10-5 1~3 个月预见期下，2010 年 6~8 月 MG3 模型预测的 P（JSSI<-0.5）的概率
该图仅展示了中国的部分区域

2. 基于 MG4 模型的农业干旱预测及概率分析

MG3 模型仅考虑了前期的气象干旱（SPI_{t-i}）和农业干旱（$JSSI_{t-i}$）来预测目标月份（6~8 月）的农业干旱（$JSSI_t$）。本节在 MG4 模型中将前期的气象干旱（SPI_{t-i}）、高温（STI_{t-i}）和农业干旱（$JSSI_{t-i}$）作为条件变量，在 1~3 个月预见期下对 1961~2015 年逐年 6~8 月的农业干旱（$JSSI_t$）进行预测。以 2014 年为例，JSSI 观测值以及 MG4 模型预测值的空间分布如图 10-6 所示。在不同的预见期下，6~8 月 JSSI 预测值的空间分布与其对应的观测值的分布区域基本一致。以 2014 年 6 月为例，预见期为 1~2 个月时，预测发生农业干旱的区域主要包括华北地区和华中地区，农业干旱预测值的分布区域与观测值基本一致［图 10-6（a）~（c）］。当预见期为 3 个月时，7~8 月 MG4 模型的预测性能有所降低［图 10-6（h）和图 10-6（l）］，表明 MG4 模型在这些区域对农业干旱的预测能力仍存在不足。

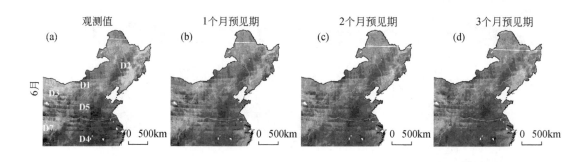

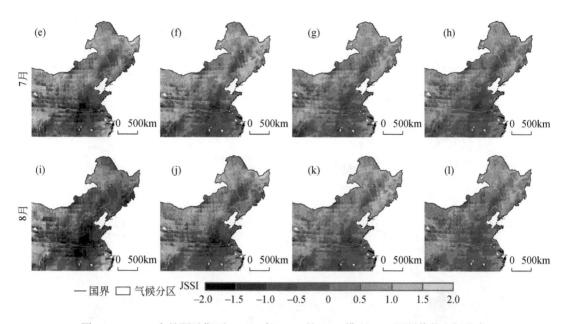

图 10-6　1~3 个月预见期下，2014 年 6~8 月 MG4 模型 JSSI 预测值的空间分布

该图仅展示了中国的部分区域

在 1~3 个月预见期下为更直观地展示 MG4 模型预测 JSSI<−0.5 发生的概率，以 2014 年 6~8 月 JSSI<−0.5 的概率空间分布为例（图 10-7）。在不同的预见期下，预测发生农业干旱概率较高的区域与观测到的农业干旱的分布区域基本吻合。以 2014 年 6 月为例，预测 JSSI<−0.5 的概率较高的分布区域与观测 JSSI<−0.5 的分布区域基本一致 ［图 10-7（a）~（c）和图 10-6（a）］，且对于观测值 JSSI>0 的分布区域，MG4 模型预测其发生农业干旱的概率很小（接近于 0）；以 2014 年 8 月为例，P（JSSI<−0.5）值较高的区域在 1 个月预见期下与其对应的 JSSI 观测值小于−0.5 的分布区域基本一致，而在华北地区预见期为 2~3 个月时，MG4 模型预测其发生农业干旱的概率减小 ［图 10-7（h）和图 10-7（i）］。以上这些概率预测信息可为农业管理部门及时地发布旱灾风险等级信息以及水资源的合理分配和调度等提供科学参考。

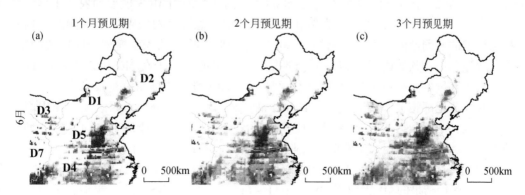

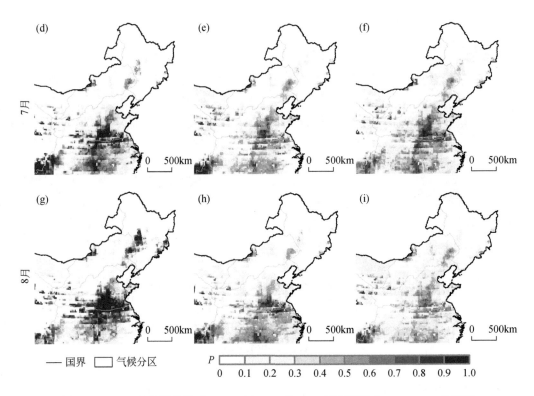

图 10-7　1~3 个月预见期下，2014 年 6~8 月 MG4 模型预测的 JSSI<-0.5 的概率

该图仅展示了中国的部分区域

10.2.5　两类 MG 模型预测性能评价

为进一步比较两种 MG 模型的预测性能，选取 NSE 和 R^2 两种预测性能度量指标，从各气候分区上对预测性能进行评价。6~8 月 MG3 模型和 MG4 模型两者之间在各气候分区上 NSE 的差值即 $\mathrm{NSE}_{\mathrm{MG3-MG4}}$ 的箱线图如图 10-8（a）~（c）所示。在 1~3 个月预见期下，$\mathrm{NSE}_{\mathrm{MG3-MG4}}$ 的第 25 个百分位数在各气候分区上均大于 0，表明 MG3 模型的农业干旱预测性能整体上优于 MG4 模型，也间接表明在 MG 模型中考虑温度对农业干旱预测的影响并没有提高模型的预测性能，说明在高维（≥4 维）情形下构建的 MG 模型存在较大的缺陷，不能有效地利用各预测因子所包含的预测信息。这可能是由于在 MG 模型中是以 Pearson 相关系数来度量各预测因子与预测变量之间的线性相关性，未能很好地反映变量间存在的复杂非线性或尾部相关等相依关系（Hao et al., 2016）。上述分析结果表明，在中国大部分气候分区，不同预见期下 6~8 月 MG3 模型的农业干旱预测性能优于 MG4 模型，即在高维情形下（≥4 维）利用 MG 模型对农业干旱进行预测时存在一定的局限性。

6~8 月 1~3 个月预见期下，MG3 模型和 MG4 模型之间在各气候分区上 R^2 的差值（$R^2_{\mathrm{MG3-MG4}}$）评价结果的箱线图如图 10-8（d）~（f）所示。与 $\mathrm{NSE}_{\mathrm{MG3-MG4}}$ 类似，不同预见期

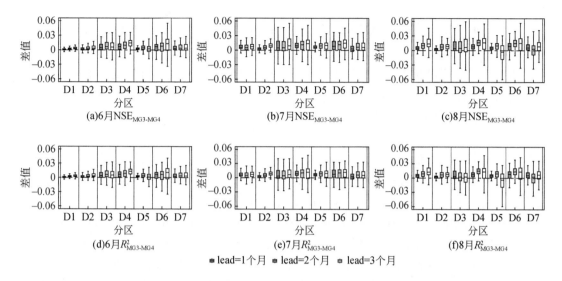

图 10-8　6～8 月不同预见期（lead）下 MG3 模型和 MG4 模型之间 NSE 差值（$NSE_{MG3-MG4}$）以及 R^2 差值（$R^2_{MG3-MG4}$）在不同气候分区上的箱线图

下 $R^2_{MG3-MG4}$ 的第 25 个百分位数在不同的气候分区上均大于 0，进一步表明 MG3 模型的预测性能整体上优于 MG4 模型。此外，MG 模型的预测性能随着气候分区的不同而变化，这可能是由于农业干旱对气象干旱或高温的响应滞时不同以及表征气象干旱和高温较为合适的时间尺度可能有差异。例如，在南方湿润区（气候分区 D4 和 D6），充沛的降水和埋深较浅的地下水使得土壤含水量较高，基本满足潜在蒸散发需求，消耗的土壤水可以及时得到补充，因此，农业干旱对历时较短的气象干旱和高温的响应较为敏感（Wang and Zeng，2011；张更喜等，2019）。而在极端干旱区（气候分区 D3），土层较厚，降水较少，土壤常年干燥，无法满足蒸散发需求，有限的降水很快通过蒸散发的形式返回到大气中（Wang and Zeng，2011），农业干旱对气象干旱和温度的变化不敏感。其次，干旱指数实际上反映的是不同时间尺度下降水或土壤湿度的累积量，但在干旱区的某些月份降水量为零或土壤湿度较低，这种现象可能导致在计算标准化干旱指数时出现一段相同的序列值致使指数间的相关性较差（图 10-3）。

综上，在各气候分区统计上，NSE 和 R^2 的评价结果表明，6～8 月在 1～3 个月预见期下 MG3 模型的农业干旱预测性能优于 MG4 模型，表明在高维情形下构建 MG 模型时仍存在一定的局限性。上述分析结果也间接表明了在 MG 模型中，STI（温度）引入的预测信息对于农业干旱预测性能的改善和提高能力有限。这种现象可以归因于 MG 模型采用线性相关系数度量各变量之间的相关性，没有很好地考虑变量间的非线性相关或尾部相关性，也可能与选取的土壤湿度数据源和水文气象序列的长度有关，这些局限性将在 10.3 节的 Vine Copula 预测模型中进行探讨。

10.3　基于 Vine Copula 模型的农业干旱预测

10.2 节的研究结果表明，在高维情形下构建的 MG 模型不能很好的反映预测因子与预测变量之间存在的复杂非线性或尾部相关等相依关系（Hao et al.，2016），而 Vine Copula 能够通过 Copula 对的形式建立变量间存在的各种相依结构且可以灵活的将多个具有成因联系的随机变量结合起来（Bevacqua et al.，2017）。此外，为降低单一土壤湿度数据源和序列长度对模型预测性能的影响，本节选用 ERA5 土壤湿度再分析数据来代替 10.2 节中使用的 GLDAS-Noah 根区土壤湿度数据，但 ERA5 土壤湿度数据的序列长度不满足构建 JSSI 的要求（需大于 50 年）（Kao and Govindaraju，2010）。

以前期的气象干旱（SPI_{t-i}）、高温（STI_{t-i}）和农业干旱（$SSMI_{t-i}$）作为本时段农业干旱（$SSMI_t$）的预测因子，采用留一交叉验证法，基于 4 维的 Vine Copula 模型（4C-vine 模型）对中国 1979～2018 年逐年 8 月的农业干旱进行预测，以 MG3 模型［预测因子为前期的气象干旱（SPI_{t-i}）和农业干旱（$SSMI_{t-i}$）］作为参考模型，采用 NSE 和 R^2 度量 4C-vine 模型的农业干旱预测性能。本节构建的 MG3 模型与 10.2 节中的略有不同，将用于计算农业干旱指数的 GLDAS-Noah 土壤湿度数据替换为 ERA5 土壤湿度数据，并用 6 个月时间尺度的 SSMI 表征农业干旱。

10.3.1　数据来源

本节使用的两层（0～7cm 和 7～28cm）土壤湿度的月值数据来自欧洲中期天气预报中心 ERA5 再分析数据集（https://cds. climate. copernicus. eu. /cdsapp#! /dataset/reanalysis-era5-single-levels-monthly-means），空间分辨率为 0.25°×0.25°，采用的时间范围是 1979～2018 年。同时段的降水和最高气温的月值数据来自东英吉利大学气候研究中心（https://crudata. uea. ac. uk/cru/data/hrg/cru_ts_4.03/），空间分辨率为 0.5°×0.5°。为统一数据间的空间分辨率，利用双线性插值法将降水和温度数据插值为 0.25°×0.25°的分辨率。大量的研究表明，ERA5 土壤湿度数据是能够较好反映中国农业干旱的数据集之一（Yuan et al.，2015；Yao and Yuan，2018）。夏季是作物和植被生长的关键阶段，且干旱和高温事件在夏季也较为频发（Hao et al.，2018；Wu et al.，2021b），因而该时段内可靠的农业干旱预测对于区域的粮食安全和水资源安全至关重要。

10.3.2　预测因子间的相关性分析

基于 4C-vine 模型进行农业干旱预测前，需分析不同预测因子与目标月份农业干旱之间的相关性。由于 Pearson 相关系数用于度量变量间的线性相关性，而 Kendall 相关系数用于度量变量间的单调相关性，且后者相较于前者的显著优点是 Kendall 相关系数在变量的单调变换下是不变的（Wu et al.，2021b）。鉴于此，本节使用 Kendall 相关系数来度量各指数间的相关性。

夏季 8 月滞后时间（lag）为 1 ~ 3 个月时，前期的气象干旱（SPI_{t-lag}）、高温（STI_{t-lag}）和农业干旱（$SSMI_{t-lag}$）与后期的农业干旱（$SSMI_t$）之间的 Kendall 相关系数（τ_k）在各气候分区上的统计结果如图 10-9 所示。滞后时间为 1 ~ 3 个月时，夏季 8 月在中国的大部分气候分区上，前期的气象干旱与后期的农业干旱呈显著正相关 [图 10-9（a）]，前期的高温与后期的农业干旱呈显著负相关 [图 10-9（b）]，表明前期的 SPI 和 STI 可为后期的农业干旱提供可靠的预测信息。此外，SSMI 对前期的农业干旱具有很好的记忆性 [图 10-9（c）]。以上结果表明，SPI_{t-lag}、STI_{t-lag} 以及 $SSMI_{t-lag}$ 可以为后期的农业干旱预测（$SSMI_t$）提供有效的预测信息。

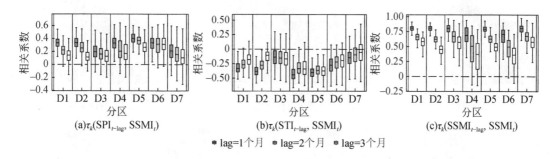

图 10-9 1979 ~ 2018 年（8 月）滞时（lag）为 1 ~ 3 个月时，SPI_{t-lag} 与 $SSMI_t$、STI_{t-lag} 与 $SSMI_t$ 以及 $SSMI_{t-lag}$ 与 $SSMI_t$ 之间 Kendall 相关系数的空间分布

10.3.3　4C-vine 农业干旱预测结果

在 1 ~ 3 个月预见期下，利用 4C-vine 模型对典型年份 2006 年和 2014 年夏季 8 月的农业干旱事件进行预测。如图 10-10 所示，2006 年夏季观测到发生农业干旱（SSMI<-0.5）的区域主要有东北地区和内蒙古等 [图 10-10（a1）]，1 ~ 3 个月预见期下，4C-vine 模型在东北地区和内蒙古等区域的农业干旱预测结果与对应的观测值的分布区域基本一致 [图 10-10（a6）~（a8）]。2014 年夏季发生的农业干旱事件主要位于华北地区和东北地区等 [图 10-10（b1）]，1 ~ 3 个月预见期下，4C-vine 模型均很好地预测到在这些区域发生严重的农业干旱 [图 10-10（b6）~（b8）]。

对于选取的典型农业干旱事件，MG3 模型在 1 ~ 3 个月预见期下的预测结果如图 10-10（a2）~（a4）和（b2）~（b4）所示，可以发现 MG3 模型预测的农业干旱空间分布与 4C-vine 模型的基本相似，也能够反映出 2006 年和 2014 年夏季农业干旱的主要分布区域，但在某些区域，MG3 模型预测结果与 4C-vine 模型存在较大的差异。例如，3 个月预见期，MG3 模型预测 2006 年 8 月华中地区（D4）的农业干旱为干燥状态（-0.5<SSMI<0）[图 10-10（a4）]，而 4C-vine 模型预测结果与观测值基本一致，但严重程度有所衰减（图 10-10（a1）、（a7））；2 ~ 3 个月预见期，2014 年 8 月 MG3 模型预测的 SSMI 值显示在湖北

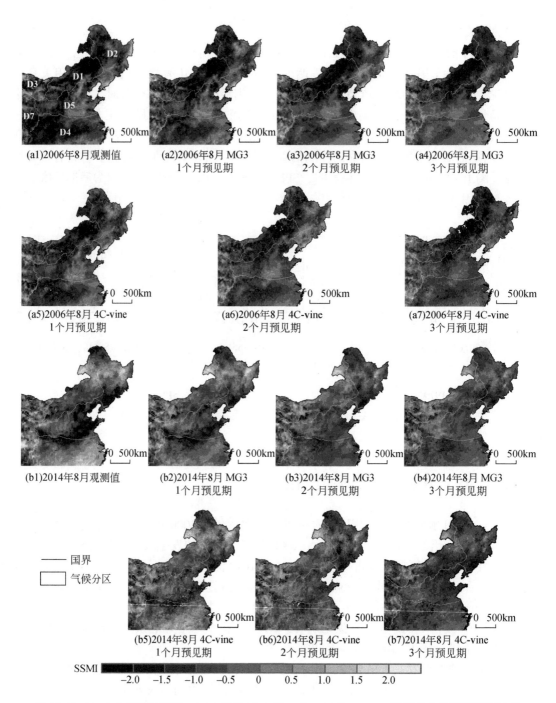

图 10-10 1~3 个月预见期下，2006 年和 2014 年 8 月 MG3 和 4C-vine 模型的农业干旱预测结果

该图仅展示了中国的部分区域

的东部出现严重的农业干旱 [图 10-10 (b3)、(b4)]，而 SSMI 观测值和 4C-vine 模型预测值在该区域均表现为无旱 [图 10-10 (b1)、(b6)、(b7)]。总之，4C-vine 模型在 1~3

个月预见期的农业干旱预测效果优于 MG3 模型。

与 MG3 模型相比，4C-vine 模型表现出较好的农业干旱预测能力可以归因于：①农业干旱与气象干旱、高温以及农业干旱自身的记忆性存在的成因联系可以很好的被 Vine Copula 挖掘和模拟出来；②4C-vine 模型可以较好的将高维情形下多个变量之间存在的相依结构通过 Copula 对的形式联系起来。

10.3.4   4C-vine 模型预测性能评价

采用 NSE 和 R^2 比较评价 4C-vine 模型和 MG3 模型的农业干旱预测性能。4C-vine 模型和 MG3 模型之间 NSE 差值（$\text{NSE}_{4\text{C-MG3}}$）在不同气候分区上的箱线图如图 10-11 （a）所示。在 1～3 个月预见期下，可以发现 4C-vine 模型的预测性能明显优于 MG3 模型（$\text{NSE}_{4\text{C-MG3}}$ 的中位数大于 0），也间接表明在 4C-vine 模型中引入高温条件可以提高对农业干旱的预测性能。4C-vine 模型和 MG3 模型在气候分区 D1～D7 上的 R^2 差值（$R^2_{4\text{C-MG3}}$）箱线图也表明 4C-vine 模型的整体预测性能明显优于 MG3 模型 ［图 10-11 （b）］。随着预见期的增长，与 MG3 模型相比，4C-vine 模型良好的预测性能逐渐显现。这些现象表明，引入温度信息的 4C-vine 模型的农业干旱预测性能明显优于 MG3 模型，也间接反映了 4C-vine 模型更适用于中国夏季的农业干旱预测。从图 10-11 可以看出 4C-vine 对农业干旱预测性能的改善随着气候分区的不同而变化。ERA5 土壤湿度数据在同化过程中需要高分辨率遥感土壤湿度产品的输入，而在南方湿润区（气候分区 D4 和 D6），植被茂密，高大的树冠可能影响卫星遥感对这些区域土壤湿度的监测（Long et al.，2019），因此，ERA5 土壤湿度再分析数据在这些分区上可能存在较大偏差，从而影响 4C-vine 模型的农业干旱预测精度。

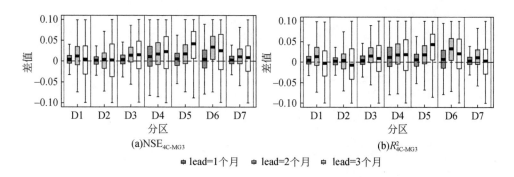

图 10-11   不同预见期（lead）下 8 月 4C-vine 模型和 MG3 模型之间 NSE 差值（$\text{NSE}_{4\text{C-MG3}}$）和 R^2 差值（$R^2_{4\text{C-MG3}}$）在各气候分区上的箱线图

综合以上分析结果，与 MG 模型相比，在 4C-vine 模型中引入高温可以提高中国夏季农业干旱的预测精度，且随着预见期的延长，4C-vine 模型的预测性能明显优于 MG3

模型。

10.4　小　结

本章以前期的气象干旱、高温和农业干旱作为预测后期农业干旱的解释变量，基于MG 模型预测了中国夏季的农业干旱。此外，鉴于 Vine Copula 可以在高维情形下将多个变量之间存在的相依结构通过 Copula 对的形式联系起来，提出了 Vine Copula 条件分布模型并将其应用于预测中国区域的农业干旱。获得以下主要结论：

（1）1~2 个月预见期下，不考虑前期高温的 MG3 模型和考虑前期高温的 MG4 模型都能够对中国西北大部分区域 6~8 月的农业干旱作出可靠的预测；6~8 月预见期为 3 个月时，在内蒙古温带干旱半干旱气候区、东北温带湿润半湿润气候区、西北荒漠干旱气候区的西北部和青藏高原气候区等大部分区域，不考虑高温的 MG3 模型农业干旱预测性能仍较好。在各气候分区上的农业干旱预测性能评价结果表明，考虑高温的 MG4 模型预测性能低于不考虑高温的 MG3 模型。

（2）在 4C-vine 模型中引入高温可以提高中国夏季 1~3 个月预见期农业干旱的预测精度，且随着预见期的延长，4C-vine 模型的预测性能明显优于 MG3 模型。

（3）由于 MG 模型采用线性相关系数度量各变量之间的相关性，没有很好地考虑变量间的非线性或尾部相关性，在高维情形下（≥4 维）存在一定的局限性（如 MG3 模型的农业干旱预测性能优于 MG4 模型）。与 MG 模型相比，Vine Copula 条件分布模型能够通过Copula 对的形式建立变量间存在的各种相依结构且可以灵活的结合多个具有成因联系的随机变量，可以更好地预测中国区域的农业干旱。

第 11 章 未来 CO_2 浓度升高对潜在蒸散发及干旱预估的影响

计算 PET 的 PM 公式假定冠层阻力（r_s）为常数（70s/m），而 r_s 与 CO_2 浓度存在正相关关系。因此，随着未来 CO_2 浓度的显著增加，r_s 也随之增大，采用常数并不合理，进而影响依据 PM 公式计算的 PET 结果。尽管已有学者评估了全球尺度 CMIP5 中不同气候模式 CO_2 浓度升高对 PET 的影响（Yang et al.,2018a），但对于 CMIP6 气候模式未必适用。PET 无法直接监测或通过气候模式直接获取，而在水分充分供应的时期和区域，PET 与实际蒸发 ET 大致相等。因此本章根据优选的 10 个 CMIP6 气候模式，基于气象要素识别出非水分限制区，利用该区的 ET 替代 PET，推算 r_s 序列，分析 r_s 与 CO_2 浓度的关系，并推导 CMIP6 气候模式 SSP5-8.5 情景下考虑 CO_2 浓度影响的潜在蒸散发估算公式 PM[CO_2]。然后根据 Budyko 公式计算不同 PET 算法对应的径流量，与模式直接输出的径流量对比，评估 PM[CO_2] 公式的合理性。推导 PET 对气象因子及 CO_2 浓度的敏感性公式，据此分析 PET 对气象因子及 CO_2 浓度的敏感性。最后利用 SPEI 干旱指数评估 PM 和 PM[CO_2] 计算的 PET 对中国未来干旱变化趋势预估的影响。

11.1 研究数据与方法

11.1.1 历史数据

实测月降水量和最高最低气温数据来源于国家气象信息中心（http://data.cma.cn/），数据系列长度为 57 年（1961～2017 年），空间分辨率为 0.5°×0.5°，该数据集基于国家气象信息中心基础资料专项最新整编的中国地面 2472 个台站资料，利用样条法插值生成，具有较高的观测精度。月风速、气压、相对湿度和辐射数据来源于 ERA5 再分析数据集（https://cds.climate.copernicus.eu/cdsapp#!/home），时间范围为 1979 年至今，空间分辨率为 0.25°×0.25°。利用双线性插值法将上述数据重采样为气候模式相应分辨率，以便与 CMIP6 气候模式输出数据进行对比。

11.1.2 气候模式输出数据

气候模式数据包括降水、最高最低气温、风速、相对湿度和辐射。此外，还下载了 SSP5-8.5 气候情景下 LUH2 的 0.25°×0.25° 土地利用数据（https://luh.umd.edu/data.

shtml），该数据作为气候模式的驱动数据，描述了 1850~2100 年 12 类土地利用类型的逐年变化情况。

11.1.3 潜在蒸散发计算方法

PET 的计算方法较多，大致可以分为以下 4 类：①基于空气动力学的估算方法；②基于温度的估算方法；③基于辐射的估算方法；④综合算法（Penman 公式）。Penman 公式被认为是物理意义最明确，也是较准确的 PET 估算方法（Donohue et al., 2010；Zheng et al., 2017）。诸多学者在此基础上根据研究需求对 Penman 公式进行了改进，目前使用最多的是 PM 公式，该公式引入了冠层阻力参数（r_s），表示植被散发水分时所遇阻力。PM 公式被 FAO 推荐为估算参考作物蒸散发的标准方法。PM 的两个变体公式（PM-OW、PM-RC）是目前应用最广泛的 PET 计算方法。PM-OW 用于计算开放水域 PET，假定 $r_s=0$，空气动力表面糙度为 0.001 37m；PM-RC 适用于理想的参考作物表面，假定 $r_s=70s/m$、植被高度为 0.12m、地表反照率为 0.23。PM-OW 和 PM-RC 的计算公式分别如式（11-1）和式（11-2）所示（FAO, 1983）：

$$PET = \frac{sR_n + 6.43(1+0.536u_2)\gamma D}{\lambda(s+\gamma)} \tag{11-1}$$

$$PET = \frac{0.408s(R_n-G)+\gamma\frac{900}{T+273}u_2 D}{s+\gamma(1+0.34u_2)} \tag{11-2}$$

式中，s 为饱和水汽压-温度曲线斜率，$s = \frac{4098\left[0.6108\exp\left(\frac{17.27T}{T+237.3}\right)\right]}{(T+237.3)^2}$，kPa/℃；$\lambda$ 为水的汽化潜热，MJ/kg；R_n 为地表净辐射，MJ/m²·d；G 为土壤热通量，MJ/(m²·d)，在此设为 0；γ 为湿度计常数，kPa/℃；T 为距地表 2m 处大气气温，℃；u_2 为距地表 2m 处风速，m/s；D 为饱和水汽压与实际水汽压差，kPa。

基于 PM-RC，Yang 等（2018a）利用 CMIP5 中的 16 个 GCMs 输出的气象水文资料及 CO_2 浓度数据，根据 r_s 与 CO_2 浓度关系，导出了考虑 CO_2 浓度变化的 PET 计算公式（PM [CO_2]）：

$$PET = \frac{0.408\Delta(R_n-G)+\gamma\frac{900}{T+273}u_2 D}{\Delta+\gamma\{1+u_2[0.34+2.4\times10^{-4}([CO_2]-300)]\}} \tag{11-3}$$

式中，[CO_2] 为大气 CO_2 浓度。

虽然 PM 公式的 PET 计算方法估算较为准确，但往往需要充足的气象数据（最高最低气温、风速、相对湿度、辐射等），在某些数据缺乏地区，使用起来难度较大。研究者们希望利用其他 PET 计算方法作为替代，其中基于辐射的 PET 方法估算效果较好，因此选择 3 种基于辐射的 PET 计算方法作为对比，分别为 Hargreaves（1975）、Turc（1961）、Priestley 和 Taylor（1972），此 3 种方法在中国的估算效果较好（Yang et al., 2021），计算公式分别如下：

$$PET = 0.0135 R_s (T + 17.8)/\lambda \tag{11-4}$$

$$\begin{cases} PET = 0.013 \left(\dfrac{T}{T+15} \right)(R_s + 50)\left(1 + \dfrac{50-RH}{70} \right), RH < 50\% \\[3mm] PET = 0.013 \left(\dfrac{T}{T+15} \right)(R_s + 50), RH > 50\% \end{cases} \tag{11-5}$$

$$PET = \alpha \frac{s}{s+\gamma} \frac{R_n - G}{\lambda} \tag{11-6}$$

式中，R_s 为地表入射辐射，$MJ/(m^2 \cdot d)$；RH 为相对湿度，%；α 为 Priestly-Taylor 参数，取值 1.26。

11.1.4 冠层阻力 r_s 公式推导

FAO 给出的 PM 公式的表达式如下：

$$\lambda PET = \frac{\Delta R_n + \rho_a C_p D / r_a}{\Delta + \gamma \left(1 + \dfrac{r_s}{r_a} \right)} \tag{11-7}$$

结合式（11-2）与式（11-7）得到：

$$\frac{r_s}{r_a} = 0.34 u_2 \tag{11-8}$$

在 FAO-56 参考作物 PM 公式中，$r_s = 70 s/m$，代入式（11-8）得到：

$$r_a = \frac{208}{u_2} \tag{11-9}$$

代入式（11-1），得到 r_s 的表达式为

$$r_s = \left\{ \frac{\dfrac{0.408 s (R_n - G) + \gamma \dfrac{900}{T+273} u_2 (e_s - e_a)}{PET} - s}{\gamma} - 1 \right\} \times \frac{208}{u_2} \tag{11-10}$$

11.1.5 非水分限制区识别

在 r_s 的计算式中包含 PET 项，但 PET 无法直接监测或通过气候模式获取，而在水分充分供应的时期和区域，PET 与 ET 大致相等，ET 不受降水量的影响，只与能量因素有关。基于此原则，识别出气候模式逐网格中的非水分限制区。在非水分限制区，令 ET = PET，在其他气候因素已知的条件下，可推算出冠层阻力 r_s 序列，非水分限制区的识别过程如下（Milly and Dunne，2016）：①将 1861~2100 年划分为 8 个时段，每 30 年为一时段。②对每个 GCM 逐时段、逐月份、逐网格点的 ET 和降水进行抛物线回归，计算抛物线斜率（共30 个），找出最大斜率小于 0.05 的网格点。③对步骤②识别出的网格点进行筛选，寻找ET/P<2 的网格点。④为避免冰雪覆盖、冻土等因素的影响，将月气温值小于 10℃ 的网格

点剔除。⑤根据 LUH2 土地利用类型数据，将非植被占比大于 20% 的栅格剔除。

在以上识别过程中，将 1861~2100 年划分为 8 个时段，目的是避免气候变化改变气候状态引起的不确定性。例如，同一区域 1861 年与 2100 年的降水、ET 和 PET 的关系未必一致，若将其作为一组数据进行识别，则会引起较大的不确定性，产生较多离群值。选择 30 年为一时段，时段内气候变化程度不会太大，数据量也较为充足，便于曲线的拟合。在步骤②中，选择最大斜率小于 0.05 的网格点，是为了将 ET 不受降水影响的区域划为非水分限制区，在非水分限制区，ET 的变化主要受辐射和气温等能量因素影响，与降水量的变化无关，甚至 ET 与降水通常为负相关关系，这是因为在降水较大的时期，地表辐射和气温通常较低，使得 ET 下降（Milly and Dunne，2002）。用 PM 公式计算 PET 时，假定地表被 0.12m 生长茂盛的绿色植被所覆盖，因此在步骤⑤中，将非植被占比大于 20% 的栅格剔除，以尽量满足该限制条件。

11.1.6 Budyko 假设

Budyko 假设是苏联气象专家 Budyko（1974）提出的，用以表征全球水量-能量平衡。陆面长期平均蒸散发量主要由大气对陆面的水分供给（降水量）和能量供给（净辐射量或 PET）之间的平衡决定，在多年尺度上，用降水代表陆面蒸散发的水分供应条件，水文学中通常用 PET 代表蒸散发的能量供应条件（郭生练等，2015）。因此对陆面蒸散发限定了如下边界条件。

（1）在极端干旱条件下，全部降水量（P）转化为蒸散发量（郭生练和程肇芳，1992）：

$$当 \frac{PET}{P} \to \infty \ 时, \frac{ET}{P} \to 1 \tag{11-11}$$

（2）在极端湿润条件下，可用于蒸散发的能量都将转化为潜热：

$$当 \frac{PET}{P} \to 0 \ 时, \frac{ET}{PET} \to 1 \tag{11-12}$$

并提出了满足此边界条件的水热耦合平衡方程的一般形式：

$$\frac{ET}{P} = F\left(\frac{PET}{P}\right) = F(\varphi) \tag{11-13}$$

在此基础上，Mezentsev（1955）、Choudhury（1999）、Yang 等（2008）给出了 Budyko 假设的 ET 计算公式：

$$ET = \frac{P \cdot PET}{(P^n + PET^n)^{\frac{1}{n}}} \tag{11-14}$$

式中，n 为无量纲常数，与流域特性等因素有关。在多年平均尺度上，径流量 Q 应为降水量与蒸发量之差，即

$$Q = P - ET = P - \frac{P \cdot PET}{(P^n + PET^n)^{\frac{1}{n}}} \tag{11-15}$$

11.1.7 潜在蒸散发敏感性分析方法

对于模型参数敏感性分析，简单而实用的方法是绘制因变量相对于自变量变化的关系曲线，分析自变量对因变量的影响。但多变量模型中变量的单位和变化范围通常存在差异，很难直接通过偏导数比较各参数的敏感性，因此将偏导数进行无量纲处理是一种可行的方式（McCuen，1974；Beven，1979；粟晓玲等，2015），公式如下：

$$S_{V_i} = \lim_{\Delta V_i \to 0} \left(\frac{\Delta PET/PET}{\Delta V_i/V_i} \right) = \frac{\partial PET}{\partial V_i} \cdot \frac{V_i}{PET} \tag{11-16}$$

式中，S_{V_i} 表示变量 V_i 的敏感系数，大于 0 表示 PET 随 V_i 的增加而增加，反之则表示 PET 随 V_i 的增加而减小。例如，一个变量的敏感系数为 0.2，意味着在其他变量保持不变的情况下，该变量增加 10%，使得 PET 增加 2%。

根据 PM[CO_2] 公式 [式（11-3）]，PET 的变化不仅与气象因子（气温、辐射、温度、风速等）有关，还与 CO_2 浓度变化有关，因此，分别推导出了 PET 对 R_n、s、D、u_2 和 [CO_2] 的敏感系数，其关键是推导 PET 对各个变量的偏微分公式，如下所示：

$$\frac{\partial PET}{\partial s} = \frac{\{s+\gamma[1+u(0.34+2.4\times10^{-4}([CO_2]-300))]\}\times0.408\times(R_n-G)-\left[0.408s(R_n-G)+\gamma\dfrac{900}{T_a+273}u_2D\right]}{(s+\gamma\{1+u[0.34+2.4\times10^{-4}([CO_2]-300)]\})^2} \tag{11-17}$$

$$\frac{\partial PET}{\partial R_n} = \frac{(0.408\times s)}{(s+\gamma\{1+u[0.34+2.4\times10^{-4}([CO_2]-300)]\})} \tag{11-18}$$

$$\frac{\partial PET}{\partial D} = \frac{\left(\gamma\times u_2\times\dfrac{900}{T+273}\right)}{(s+\gamma\{1+u_2[0.34+2.4\times10^{-4}([CO_2]-300)]\})} \tag{11-19}$$

$$\frac{\partial PET}{\partial u_2} = \frac{(s+\gamma\{1+u_2[0.34+2.88\times10^{-4}([CO_2]-300)]\})\times\left[\dfrac{900\gamma D}{T+273}\right]-\left[0.408sR_n+\gamma\dfrac{900}{T_a+273}u_2D\right]\times\{\gamma[0.34+2.88\times10^{-4}([CO_2]-300)]\}}{\{s+\gamma[1+u(0.34+2.4\times10^{-4}([CO_2]-300))]\}^2} \tag{11-20}$$

$$\frac{\partial PET}{\partial [CO_2]} = \frac{-\left[0.408sR_n+\gamma\dfrac{900}{T_a+273}u_2D\right]\times[2.88\times10^{-4}\gamma u_2]}{(s+\gamma\{1+u_2[0.34+2.4\times10^{-4}([CO_2]-300)]\})^2} \tag{11-21}$$

11.1.8 干旱指数 SPEI 计算

SPEI 是在 SPI 指数的基础上发展而来，不仅考虑了降水和气温对干旱的影响，还综合考虑了蒸散发的影响。除此之外，SPEI 继承了 PDSI 对蒸散量的敏感性和 SPI 的长序列尺度及计算的简便性，是较为理想的干旱指数（Vicente-Serrano et al.，2010a）。与 SPI 类似，SPEI 具有多时间尺度特性，可评估月尺度（SPEI-1）、季节尺度（SPEI-3）、年尺度

（SPEI-12）甚至多年尺度的干旱发展特点。SPEI 计算时，PET 是其直接输入变量，表征大气需水量，PET 的计算结果直接影响 SPEI 的计算结果，因此选择 SPEI 评价不同 PET 计算方法对干旱评估的影响。SPEI 的计算过程如下（Vicente-Serrano et al.，2010b）：

计算水汽平衡：

$$D_i = P_i - \mathrm{PET}_i \tag{11-22}$$

式中，D_i 表示第 i 月的水分亏缺；P_i 表示第 i 月的降水量；PET_i 表示第 i 月的 PET。

考虑到未来气候情景下，气候变量存在明显的趋势项，数据的平稳性假设遭到破坏。为了避免配线过程中非平稳的影响，利用非参数方法计算干旱指数。干旱变量的非超越概率用经验公式计算：

$$p(x_t) = \frac{i - 0.44}{n + 0.12} \tag{11-23}$$

式中，n 表示样本数；i 表示变量排序值；$p(x_t)$ 表示第 t 月变量 x 的非超越概率值。最后利用逆高斯函数将经验概率值转化为标准指数值：

$$\mathrm{SPEI}(x) = \varphi^{-1}(p) \tag{11-24}$$

11.1.9 气候模式数据降尺度

气候模式输出数据通常分辨率较粗，且存在较大的模拟误差，因此需要对其进行误差修正和降尺度处理。BCSD 是 Wood 等（2004）提出的一种统计降尺度方法，被广泛应用于 GCMs 数据降尺度研究中（Wen et al.，2015；方国华等，2016；Werner and Cannon，2016），取得了良好的效果。BCSD 降尺度方法包括误差修正和空间分解两部分。

1. 误差修正

首先将高分辨率的观测数据（0.5°×0.5°）升尺度到与 GCMs 数据对应的低分辨率上（如 MIROC6：1.4°×1.4°），在每个网格点上利用观测资料的累积概率修正 GCMs 数据，使 GCMs 数据与观测数据的概率分布保持一致。

2. 空间分解

空间分解技术将经过误差修正的 GCMs 粗分辨率数据降尺度为与观测数据一致的高分辨率数据。首先根据高分辨率的气象观测数据得到气象指标的气候态分布，将高分辨率的气候态数据升尺度到与 GCMs 对应的分辨率；然后把经过误差修正的 GCMs 数据乘以（或者减去）经过升尺度的观测数据气候值，得到修正因子；再把修正因子插值到与观测数据一致的分辨率；最后将插值的修正因子除以（或者加上）高分辨率的观测资料气候值，得到降尺度的气候模型数据。

11.1.10 贝叶斯模型平均

不同的 GCMs 模拟结果存在较大不确定性，因此需要对降尺度后的数据进行多模式加权集合，以降低预估的不确定性。BMA 是一种统计后处理方法，可用于推导多模型集成中各个模型的相对权重和方差（Raftery et al., 2005）。在 BMA 中，模型整体概率密度函数（PDF）是多个模型 PDF 的加权平均。权重为模型的后验概率，表示该模型在训练期的相对模拟性能（郄俊岭等，2016）。

假定 y 为预报变量，y^T 为参与训练的观测数据，f_k 为 K 个数值模型中第 k 个模型的预报结果，BMA 概率预报为

$$p(y) = \sum_{k=1}^{K} p(y|f_k)p(f_k|y^T) \tag{11-25}$$

式中，$p(f_k|y^T)$ 表示给定实测数据 y^T 条件下第 k 个模型预报 f_k 的后验概率，表示各模型在训练期对预报值的相对贡献，即权重 ω_k，因此权重 ω_k 非负，且满足 $\sum_{k=1}^{K} \omega_k = 1$（郄俊岭等，2016）。假定第 k 个模型为最佳预报模型，$p(y|f_k)$ 表示预报变量 y 在第 k 个模型预报 f_k 下的条件概率，可表示为 $g_k(y|f_k)$。则 BMA 概率预估表示为

$$p(y|f_1,\cdots,f_k) = \sum_{k=1}^{K} \omega_k g_k(y|f_k) \tag{11-26}$$

假定预测变量近似服从正态分布，f_k 期望可表示为 $a_k+b_kf_k$，标准偏差为 σ_k，即

$$y|f_k \sim N(a_k+b_kf_k, \sigma_k^2) \tag{11-27}$$

式中，a_k、b_k 根据观测资料 y^T 与模式结果 f_k 利用线性回归求得，则 BMA 预报值为

$$E[p(y|f_1,\cdots,f_K)] = \sum_{k=1}^{K} \omega_k E[g_k(y|f_k)] = \sum_{k=1}^{K} \omega_k(a_k + b_kf_k) \tag{11-28}$$

根据训练期的数据，利用极大似然法对各模型权重及方差进行估算。假定预报误差在时间与空间上相互独立，则 (ω_k, σ_k) 的对数似然函数为

$$l = \sum_{n=1}^{N} \ln\left[\sum_{k=1}^{K} \omega_k g_k(y|f_k)\right] \tag{11-29}$$

式中，N 表示训练数据的总数，采用期望最大化（expectation-maximization，EM）算法进行求解，在 EM 算法中，通常需要引入非观测变量 $z_{k,n}$，当集合成员 n 为最佳预报时，$z_{k,n}=1$，否则为 0，但在实际计算过程中，$z_{k,n}$ 介于 0~1。EM 算法的迭代如下（智协飞等，2015）。

（1）初始化：令 $j=0$，得

$$\omega_k^{(j)} = \frac{1}{K}, \sigma_k^{2(j)} = \frac{1}{N}\sum_{n=1}^{N}(f_{k,n} - y_n^T)^2 \tag{11-30}$$

（2）计算初始对数似然函数：

$$l(\omega_1^{(0)},\cdots,\omega_K^{(0)},\sigma^{2(0)}) = N\ln\left[\sum_{k=1}^{K} \omega_k^{(0)}h_k(ak + b_kf_{k,n},\sigma^{2(0)})\right] \tag{11-31}$$

（3）令 $j=j+1$，对所有的 k、n，计算：

$$z_{k,n}^{(j)} = \frac{\omega_k h_k(a_k + b_kf_{k,n},\sigma^{2(j-1)})}{\sum_{l=a}^{K} \omega_l h_l(a_l + b_lf_{l,n},\sigma^{2(j-1)})} \tag{11-32}$$

（4）计算新权重和方差：

$$\omega_k^{(j)} = \frac{1}{N} \sum_{n=1}^{N} z_{k,n}^{(j)}$$

（11-33）

$$\sigma_k^{2(j)} = \frac{\sum_{n=1}^{N} z_{k,n}^{(j)} (f_{k,n} - y_n^{\mathrm{T}})^2}{\sum_{n=1}^{N} z_{k,n}^{(j)}}$$

（11-34）

（5）收敛性检查，如果 $l\left(\omega_1^{(j)}, \cdots, \omega_K^{(j)}, \sigma^{2(j)}\right) - l\left(\omega_1^{(j-1)}, \cdots, \omega_K^{(j-1)}, \sigma^{2(j-1)}\right) < \varepsilon$，停止计算，否则返回至步骤（2），继续迭代，直到满足收敛性，最终获得参数 ω_k（$k=1, \cdots, K$）和 σ。

11.2　非水分限制区冠层阻力与 CO_2 浓度的关系

利用非水分限制区识别方法确定了 10 个 GCMs 的 1861～2100 年非水分限制区网格位置及月份（表 11-1）。大部分非水分限制区网格集中在南方湿润区（D4 和 D6）（表 10-1），南方湿润区降水充沛（年降水量>800mm）、水资源丰富，尤其在夏季，水量丰富，能够满足蒸发需求，ET 几乎不受降水量波动的影响，主要受气温、辐射等热量因素的影响，因此在这些区域，ET 与 PET 大致相等。

表 11-1　10 个 CMIP6 GCMs 所属国家或地区及分辨率

CMIP6	国家或地区	分辨率/（°）
ACCESS-ESM-1-5	澳大利亚	1.3×1.9
BCC-CSM2-MR	中国	2.8×2.8
CESM2	美国	0.9×1.3
EC-Earth3	欧洲	1.1×1.1
GFDL-ESM4	美国	2.0×2.5
HadGEM3-GC31-LL	英国	1.3×1.9
MIROC6	日本	1.4×1.4
MPI-ESM1-2-LR	德国	1.9×1.9
MRI-ESM2-0	日本	1.1×1.1
NorESM2-MM	挪威	1.9×2.5

除南方湿润区外，在青藏高原（D7）南部和东部降水量较为丰沛的地区及东北部分区域（D2）存在非水分限制区，但面积较小，这些区域气温较低，降水量能够满足蒸发需求。在东北地区东部区域，夏季降水量为 500～700mm，水量较为充沛，可满足蒸发需求。通常，非水分限制区的平均月数小于 5 个月，且主要集中在雨量充沛的春夏季节，植被类型主要为林地、草地和耕地。

在以上识别的 10 个 GCMs 的非水分限制区，根据式（11-10）计算出 1861～2100 年的

r_s 序列（图 11-1）。不同的 GCMs 计算的 r_s 有所差异，但其变化趋势都较为一致，1861 ~ 2100 年，r_s 整体呈增加趋势，尤其 2015 年后增加趋势更为显著，这与 CO_2 浓度的变化趋势有关，相对于历史时期，SSP5-8.5 情景下（2015 ~ 2100 年），CO_2 浓度上升速率更快，至 21 世纪末，CO_2 浓度为 $1140cm^3/m^3$，是 1861 年的 4 倍（图 11-2）。

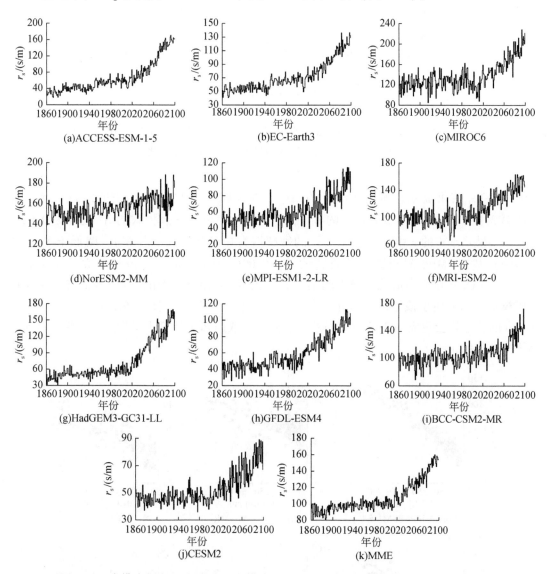

图 11-1　多模式集成和 10 个 CMIP6 模式 1861 ~ 2100 年（历史+SSP5-8.5 气候模式）
非水分限区平均冠层阻力时间序列
MME 表示多模式平均

1861 ~ 2100 年，多模式平均的 r_s 增加了大约 60s/m，与 CO_2 浓度呈明显的正相关关系。因此，分析了 10 个 GCMs 和模式平均的 1861 ~ 2100 年 Δr_s 与 $\Delta[CO_2]$ 的线性关系

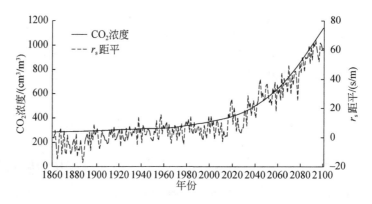

图 11-2 历史时期（1861～2014 年）和 SSP5-8.5 情景下（2015～2100 年）
CO_2 浓度变化及非水分限制区模式平均 r_s 距平变化

（图 11-3），结果显示，所有 GCMs 的 Δr_s 与 $\Delta[CO_2]$ 呈显著正相关的线性关系，除
NorESM2-MM 模式 Δr_s 与 $\Delta[CO_2]$ 的 R^2 值较低为 0.27 外，其余模式的 R^2 范围为 0.60～
0.92。多模式平均的 r_s 相对于 $\Delta[CO_2]$ 的敏感性为 0.075%/（cm^3/m^3），略低于 Yang 等
（2018a）基于 CMIP5 输出数据的研究结果 [0.09%/（cm^3/m^3）]。虽然研究结果略有差
异，但是 CO_2 浓度升高造成 r_s 增大的结论是一致的，无论是 CMIP5 气候模式还是 CMIP6
气候模式，均适用于该结论。因此，在利用 PM 相关公式计算未来 PET 时，$r_s=0$ 或 $r_s=$
70s/m 的假定均会造成 PET 的估算误差，进而影响依据 PET 计算干旱指数的结果，甚至影
响干旱评估结论。

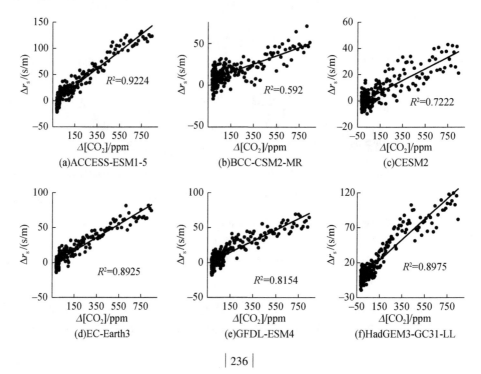

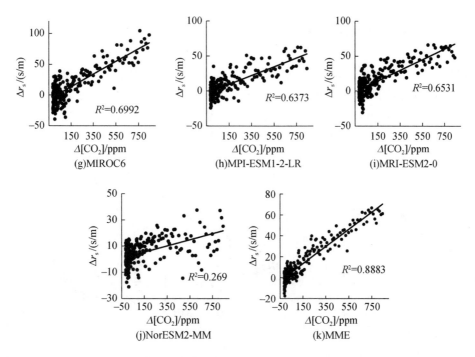

图 11-3　10 个 CMIP6 气候模式和多模式集合的冠层阻力 r_s 相对变化量与大气 CO_2 浓度相对
变化量关系分析（以 1861～1960 年为基准）

根据多模式集合 r_s 与 $[CO_2]$ 的线性关系，得到 r_s 与 $[CO_2]$ 的线性表达式如下：

$$r_s \approx 0.06([CO_2]-300)+r_{sbase} \tag{11-35}$$

式中，r_{sbase} 表示参考期（1861～1960 年）的 r_s 值。将式（11-32）与式（11-6）～式（11-8）结合，代入式（11-2）得到依据 CMIP6 输出数据的考虑 CO_2 浓度变化的 PET 计算公式 $PM[CO_2]$：

$$PET=\frac{0.408s(R_n-G)+\gamma\dfrac{900}{T_a+273}u_2D}{s+\gamma(\{1+u_2[0.34+2.88\times10^{-4}([CO_2]-300)]\})} \tag{11-36}$$

式中，2.88×10^{-4} 为 $[CO_2]$ 系数。

11.3　不同潜在蒸散发公式的适用性评价

在 11.2 节，分析了 r_s 与 $[CO_2]$ 的线性关系，导出了 $PM[CO_2]$ 的计算公式。在本节中，通过对比非水分限制区 PET 与 ET 的关系，分析不同 PET 公式的适用性，然后根据 Budyko 假设，以不同计算方法得到的 PET 为输入，计算径流量，与 CMIP6 直接输出的径流量作对比，分析不同 PET 对径流的模拟精度。

11.3.1 非水分限制区潜在蒸散发公式适用性评价

图 11-4 给出了 6 种 PET 公式计算的非水分限制区多模式平均 PET 的相对变化（2071～2100 年相对于 1861～1960 年）与多模式输出的 ET 相对变化的关系。3 种基于能量的 PET 公式计算的 dPET 与 dET 的关系较差，整体而言，dPET 大于 dET，表明 PET 的变化程度大于 ET，dPET 与 dET 的斜率小于 1（0.47～0.76）。其主要原因是基于能量的 PET 计算公式只考虑了能量项（气温、辐射）的变化，而忽略了其他气候因素的影响，SSP5-8.5 气候情景下，气温和辐射的快速升高，使得该类方法获得的 PET 变化较大。

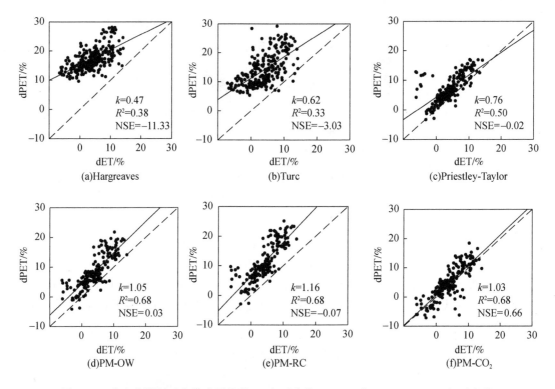

图 11-4　非水分限制区多模式平均的 ET 相对变化（dET）与 PET（dPET）相对变化
关系（2071～2100 年相当于 1861～1960 年）

PM[CO_2] 公式计算的 ΔPET（2071～2100 年相对于 1861～1960 年）普遍低于 PM-RC 和 PM-OW。SSP5-8.5 情景下，CO_2 浓度增速较快，至 21 世纪末，大约为 $1100cm^3/m^3$，CO_2 浓度的增加使得 r_s 值增大（图 11-3），因此，在其他气候因子相同的条件下，PM[CO_2] 计算的高 CO_2 浓度情景下的 PET 值远低于 PM-OW 和 PM-RC。而在基准期（1861～1960 年），CO_2 浓度变化较为平缓，3 种方法计算的 PET 较为一致，导致 PM[CO_2] 计算的 ΔPET 低于 PM-OW 和 PM-RC。而这种差异会影响未来干旱的评估结果，利用某些干旱指数（如 SPEI、scPDSI 等）评估干旱时，若降水输入一致，PET 则是影响干旱评估的唯一因素，PM-OW 和 PM-RC 对未来 PET 的高估，使得以此为输入的干旱指数高估了未来干旱的发生程度。

11.3.2 基于 Budyko 假设的潜在蒸散发公式适用性评价

11.3.1 节中，通过对比非水分限制区 dET 与不同 PET 方法计算的 dPET 的线性关系，发现 PM[CO$_2$] 对 PET 的估算更为精确，但是在其他区域（水分供应不充足），PM[CO$_2$] 是否也具有优势不得而知。因此，在本节，根据 Budyko 假设，通过输入不同 PET(PM-OW、PM-RC 和 PM[CO$_2$]) 获得径流量，与 CMIP6 直接输出的径流量 Q 进行对比，验证不同 PET 公式的适用性。

相对于 CMIP6 直接输出的 ΔQ（基准期为 1861~1960 年），2015 年之后，以 PM-OW 和 PM-RC 计算的 PET 驱动 Budyko 模型严重低估了 ΔQ（高估了 ΔET）。相对于基准期（1861~1960 年），2071~2100 年 CMIP6 直接输出的 ΔQ 为 43mm/a，而 PM-OW 驱动 Budyko 模型得到的 ΔQ 为 12mm/a，PM-RC 驱动 Budyko 模型得到的 ΔQ 为 8mm/a。相对于 PM-OW 和 PM-RC，PM[CO$_2$] 驱动 Budyko 模型得到的 ΔQ 为 30mm/a，与 CMIP6 的 ΔQ 较为接近，模拟效果更优，但是仍然存在模拟误差，其误差可能与 Budyko 模型过于简化的计算方法有关，在计算过程中未考虑雨强（Westra et al., 2014）、气候季节性差异（Chou et al., 2013）和叶面积指数变化等因素的影响（Yang et al., 2018b）。总之，利用 PM[CO$_2$] 预测 PET 进行 Budyko 径流计算与气候模式中考虑 CO$_2$ 的水循环过程更接近，因此模拟效果更优。

不同的气候模式输出数据存在较大的不确定性，因此，基于 Budyko 模型，将每个气候模式输出数据计算得到的 3 类 PET(PET-OW、PET-RC、PET-CO$_2$) 作为输入，估算 1861~2100 年中国区域径流量变化情况，与 CMIP6 直接输出径流量进行对比，以评估不同气候模式下 PET 计算方法的适用性。如图 11-5 所示，CMIP6 直接输出径流相对变化（2071~2100 年相对于 1861~1960 年）与 PM[CO$_2$] 驱动 Budyko 模型得到的径流变化差异最小。多数 GCMs（70%）直接输出径流的相对变化大于 Budyko 模型模拟的径流相对变化，表明在全国尺度上 Budyko 模型低估了径流变化。

在 Budyko 模型中，默认的参数 n 为 1.9，为了避免参数的影响，本研究在栅格尺度上拟合参数 n 得到了模拟径流，与固定参数 1.9 获得的结果进行对比。固定参数与拟合参数的 Budyko 模型（以 PM-RC 和 PM[CO$_2$] 计算的 PET 为驱动）模拟的径流变化差异较小，以 PM-OW 计算的 PET 作为输入时，固定参数与拟合参数获得的结果有较大差异，拟合参数的 Budyko 模型模拟的径流变化与 CMIP6 输出结果更为接近，表明拟合参数的效果较优。PM-OW 和 PM-RC 计算的 PET 驱动 Budyko 模拟的径流变化低估了 CMIP6 径流变化，低估区域主要集中在华北平原、华中、华南和青藏高原南部等相对湿润的地区。这些区域水量较为丰富，对 PET 的敏感性较大（Roderick et al., 2014）。

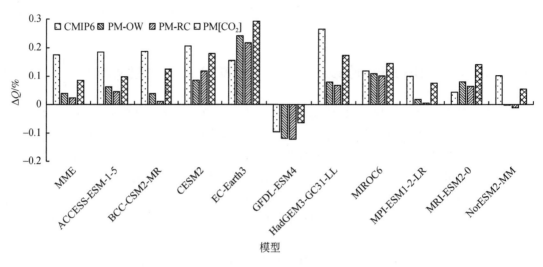

图 11-5　2071~2100 年相对于 1861~1960 年 Budyko 模拟径流量和模式输出径流量变化

11.4　潜在蒸散发对气象因子及 CO_2 浓度的敏感性

11.4.1　敏感系数空间分布

根据式（11-17）~式（11-21），将［CO_2］项的参数由 2.4×10^{-4} 替换为 CMIP6 情景下中国区域的 2.88×10^{-4}，分别计算了历史时期（1861~1960 年）和 21 世纪末（2071~2100 年）PET 对饱和水汽压-温度曲线斜率（s）、地表净辐射（R_n）、水汽压差（D）、风速（u_2）和 CO_2 浓度（［CO_2］）的敏感性系数。

PET 对 s 的敏感系数介于 -0.24~0.30，华中、华南、青藏高原为正值区，东北、西北和内蒙古为负值区；在华北平原地区，PET 对 s 的敏感性较低，敏感系数分布在 -0.06~0.06。根据 FAO 推荐的 s 计算公式，s 为气温的单调递增函数，因此，PET 对 s 的敏感性与 PET 对气温的敏感性分布情况类似。PET 对 R_n 的敏感系数空间分布大致从东南向西北方向递减，介于 0.1~0.9，高值区集中在华南、华中地区，而西北地区、内蒙古地区和东北地区 PET 对 R_n 敏感性较低。

PET 对 D 的敏感性空间分布与 PET 对 R_n 的敏感系数分布情况相反，自东南向西北方向递增，敏感系数介于 0.1~1，1861~1960 年的敏感性略高于 2071~2100 年。

PET 对 u_2 的敏感性分布情况与 D 类似，敏感系数介于 0~0.5，西北地区敏感性最高，其次为内蒙古地区和东北地区。

PET 对 CO_2 浓度的敏感性最低，全国均为负值，介于 -0.08~0，2071~2100 年的敏感性远高于 1861~1960 年，敏感性最高的区域集中在青藏高原和内蒙古地区。敏感系数分布情况与 PET 对风速 u_2 的敏感性分布类似，干旱地区敏感性较高，这是由于在 PM［CO_2］公式中，CO_2 浓度项可看作风速项的系数。

不同区域 PET 对各气候因子的敏感性有较大差异，西北和内蒙古干旱地区 PET 对 D 的敏感性最高，其次为 u_2 和 s；在华中和华南湿润区，PET 对 R_n 的敏感性最高，其次为 s 和 D。南方地区水汽充足，空气湿度较大，R_n 增加引起的气温升高是水汽压差增大的主要因素，气温越高，饱和水汽压越大（clausius-clapeyron，7%/℃），在相同湿度情况下，空气中所能容纳的水分越多，因此 PET 对 R_n 的敏感性最高。西北干旱区空气湿度低，水汽压差较大，变化更为剧烈，且风速越大，空气流动越快，越有利于水汽在空气中的对流和交换，从而增加水汽界面的水汽压差，越有利于水面的蒸发，因此 PET 对 D 和 u_2 的敏感性较高。

总之，南方湿润区 PET 对于能量项的敏感性较大，北方干旱区对于水汽扩散项的敏感性较大。在全国尺度上，PET 对于各个因子的敏感性排序为 $R_n > D > s > u_2 >$［CO_2］。尽管 PET 对于 CO_2 浓度的敏感性较低，但是由于 CO_2 浓度变化较大，此项仍不可忽略，2071～2100 年 CO_2 浓度是 1861～1960 年的 3 倍，使得 PET 减少 9%，除 CO_2 外，平均风速的减弱也引发了 PET 的下降，除此之外，其他变量在 2015～2100 年都呈显著增加趋势，引起 PET 的升高。

11.4.2 敏感系数与干燥指数关系及年内变化

综合全国干燥指数（aridity index，AI）分布情况，发现 PET 对各气象因子的敏感性与 AI 有一定的关系。图 11-6 给出了全国 7 个气候分区 AI 均值与 PET 对各气候因子敏感

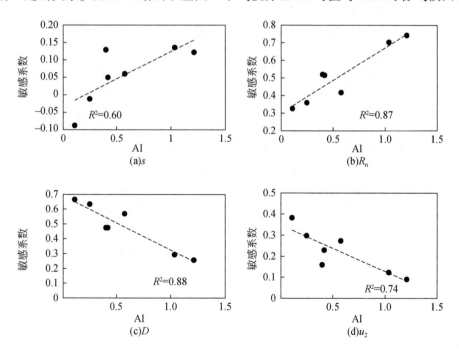

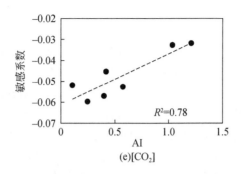

(e)[CO_2]

图 11-6 PET 对气象因子及 CO_2 浓度敏感系数与 AI 的关系

性系数的线性关系。PET 对 s 和 R_n 的敏感系数随 AI 的增加而增加，R^2 分别达到了 0.60 和 0.87($p<0.01$)，呈显著正相关关系；PET 对 D 和 u_2 的敏感系数随 AI 的增加而降低，呈显著负相关关系；PET 对 CO_2 浓度的敏感系数与 AI 为正相关关系，因其敏感系数为负值，所以 AI 越低，敏感性越高。PET 对气象要素和 CO_2 浓度敏感性与 AI 的线性关系反映了不同气候区地形、植被、土壤和大气之间复杂的反馈机制。

在全国尺度上，PET 对各气候因子和 CO_2 浓度的敏感性季节变化差异较大，PET 对 R_n、D、u_2 的敏感性均为正值，表明各月的 PET 随这三个气候因子的增大而增大。PET 对 u_2 的敏感系数在 0.10~0.45，7 月最小，12 月最大。PET 对 D 的敏感系数随季节变化的趋势与 u_2 类似，7 月最小（0.27），12 月最大（0.79）。PET 对 R_n 的敏感系数在 0.15~ 0.74，7 月最大，12 月最小。PET 对 s 的敏感系数在冬季为负值，其他月份为正值，最大值在 4 月，为 0.14。PET 对 CO_2 浓度的敏感系数均为负值，最敏感的月份为 1 月（-0.064），最不敏感的月份为 7 月（-0.033）（图 11-7）。

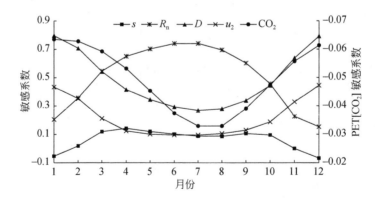

图 11-7 PET 对气象因子及 CO_2 浓度敏感系数的年内变化

11.5 气候模式数据降尺度评价

基于历史观测网格气象数据，利用 BCSD 方法对 GCMs 数据进行降尺度处理。通过对比实测数据与 10 个 GCMs 降水、最高最低气温降尺度数据的均值和标准差，发现降尺度后的降水和气温数据与实测数据匹配良好，能很好地反映变量的空间变化特征。降尺度后的年均降水、最高最低气温与实测数据基本一致，但标准差略低于实测值。受气候变量复杂的内部变异性影响（Yao et al., 2020），降尺度后的气温标准差与实测值的 R^2 值（最高气温 0.53~0.73、最低气温 0.50~0.72）低于降水标准差的 R^2（0.95~0.97）。降尺度后的标准差与实测标准差之间的差距很小（降水 2.71mm、最高气温 0.03℃、最低气温 0.08℃），表明 BCSD 方法效果良好，所得结果可用于后续干旱预测研究。

不同的 GCMs 存在较大差异和不确定性，因此需要对降尺度后的数据进行多模式加权集合，以降低预估的不确定性，本章选用 BMA 方法对 GCMs 数据进行加权集合，获得多模式集合（MME）。图 11-8 对比了 10 个 GCMs 降尺度及 MME 的降水、最高最低气温数据与实测数据的相关性（R）、NSE 和平均绝对误差（mean absolute error, MAE）。MME 数据与实测数据的 R 和 NSE 值明显高于各 GCMs，MAE 值则低于各 GCMs，MME 降水与实测数据的 R 值大于 0.80，NSE 大于 0.60，MAE 小于 10mm；MME 最高最低气温与实测数据的 R 和 NSE 均大于 0.98，MAE 均小于 0.75℃，且 MME 的箱型图分布更为集中，表明 BMA 加权提高了降水、气温数据的模拟精度和稳定性，因此，利用 MME 气象数据计算干旱指数、评估干旱更为合理。

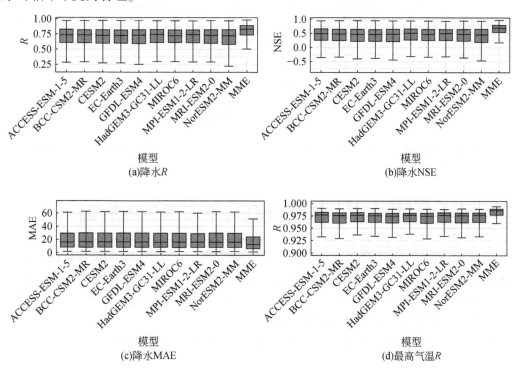

(a)降水R (b)降水NSE (c)降水MAE (d)最高气温R

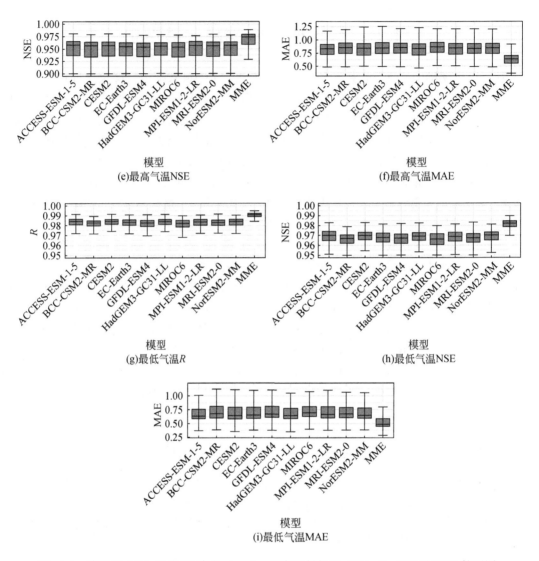

图 11-8　降尺度 GCMs 及 MME 降水（mm）、最高最低气温（℃）R、NSE 及 MAE 箱型图

11.6　CO_2 浓度升高对干旱预测的影响

以 BCSD 和 BMA 得到的降尺度多模式平均数据为输入，分别利用 PM-RC 和 PM[CO_2]公式计算了 1985~2100 年 SSP2-4.5 和 SSP5-8.5 气候情景下的 PET，然后计算了全国的 SPEI，分析 CO_2 浓度升高对干旱评价的影响。为便于表达，将利用 PM[CO_2] 计算的 PET 为输入数据计算得到的 SPEI 记为 SPEI[CO_2]。

图 11-9、图 11-10 和表 11-2 展示了中国 7 个气候分区 2 种气候情景下的 1985~2100

年 SPEI 及 $SPEI[CO_2]$ 时间变化趋势。在 SSP2-4.5 情景下，除青藏高原外，其他区域的 SPEI 都呈下降趋势，其中西北地区下降趋势最为显著，平均下降速率达−0.020/a，其次为内蒙古、华北和华南地区，整个中国区域 SPEI 下降速率为−0.006/a，未来呈显著变干趋势。相对而言，$SPEI[CO_2]$ 下降趋势明显有所缓解，西北地区下降速率由 SPEI 的−0.020/a 变为−0.016/a，$SPEI[CO_2]$ 显示内蒙古、青藏高原、东北和华北地区几乎无明显变干趋势，而青藏高原甚至呈变湿趋势，SPEI 上升速率为 0.010/a，整个中国区域 SPEI $[CO_2]$ 的变化速率为−0.002/a，相对于 SPEI，其变干趋势明显减缓，且不显著。

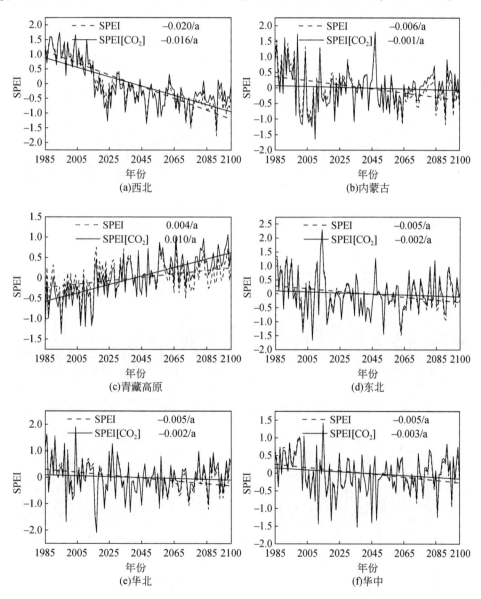

(a)西北　(b)内蒙古

(c)青藏高原　(d)东北

(e)华北　(f)华中

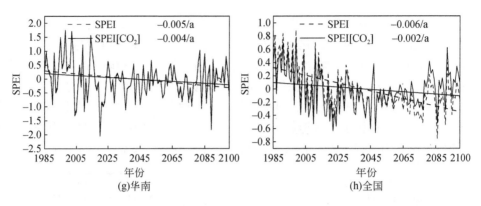

(g)华南 (h)全国

图 11-9 中国 7 分区 SSP2-4.5 情景下 SPEI 和 SPEI[CO_2] 趋势变化

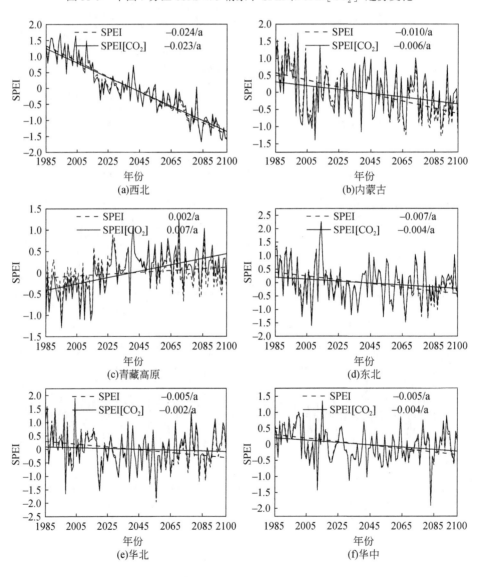

(a)西北 (b)内蒙古

(c)青藏高原 (d)东北

(e)华北 (f)华中

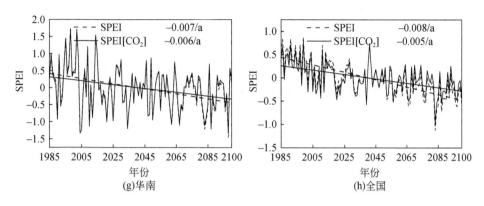

图 11-10　中国 7 分区 SSP5-8.5 情景下 SPEI 和 SPEI[CO_2] 趋势变化

表 11-2　中国 7 分区 SSP2-4.5 和 SSP5-8.5 情景下月 SPEI 和 SPEI[CO_2] 趋势线 R^2 及斜率

| 分区 | R^2 | | | | 斜率/0.1a^{-1} | | | |
| | SSP2-4.5 | | SSP5-8.5 | | SSP2-4.5 | | SSP5-8.5 | |
	SPEI	SPEI [CO_2]	SPEI	SPEI [CO_2]	SPEI	SPEI [CO_2]	SPEI	SPEI [CO_2]
西北	0.74[*]	0.54[*]	0.90[*]	0.86[*]	-0.20[*]	-0.16[*]	-0.24[*]	-0.23[*]
内蒙古	0.11	0.00	0.24[*]	0.07	-0.06	-0.01	-0.10[*]	-0.06
青藏高原	0.13	0.50[*]	0.03	0.29[*]	0.04	0.10[*]	0.02	0.07[*]
东北	0.07	0.01	0.12	0.03	-0.05	-0.02	-0.07	-0.04
华北	0.08	0.01	0.07	0.00	-0.05	-0.02	-0.05	-0.02
华中	0.08	0.03	0.11	0.05	-0.05	-0.03	-0.05	-0.04
华南	0.08	0.04	0.14	0.09	-0.05	-0.04	-0.07	-0.06
全国	0.35[*]	0.04	0.51[*]	0.25[*]	-0.06[*]	-0.02	-0.08[*]	-0.05[*]

相对于 SSP2-4.5，SSP5-8.5 情景下的 SPEI 表明变干趋势更为显著，西北地区 SPEI 的变化速率达 -0.024/a，整个中国地区变化速率达 -0.008/a。同样，SPEI[CO_2] 显示变干趋势有所缓解，其中青藏高原地区显示出显著湿润化趋势。气温升高是加剧干旱的主要原因，SSP5-8.5 情景下西北地区气温升高尤为显著，使得 PET 的增加速度远高于降水量的增加速度，造成水分供需失衡，引发干旱。CO_2 浓度升高使得植被气孔关闭，冠层阻力增大，PET 减小，缓解了干旱的发生。因此，SPEI[CO_2] 计算的未来干旱略低于 SPEI，忽略 CO_2 浓度的影响往往会高估干旱发生状况（张更喜等，2021）。

11.7 讨 论

11.7.1 CO_2 浓度升高对冠层阻力 r_s 的影响

大气 CO_2 浓度对气孔运动的影响显著，高浓度 CO_2 促使气孔关闭，使得冠层阻力 (r_s) 增大。其原因包括：①CO_2 分压影响，高浓度 CO_2 导致植物细胞间隙 CO_2 浓度增加，为保持胞间 CO_2 分压始终低于大气 CO_2 分压，植物通常通过调节气孔开闭程度或减少气孔数量来降低胞间 CO_2 浓度，从而使得气孔导度减小、r_s 增大；②光合作用影响，高浓度 CO_2 为植物的光合作用提供了充足的原料，在植物保卫细胞光合产物浓度随之增加的同时，由于大量的水分消耗，细胞含水量相对降低，保卫细胞的膨压减小，气孔趋于关闭，使得 r_s 增大（陈庭甫等，2005；成雪峰，2013）。

依据 CMIP6 中 SSP5-8.5 气候情景的模式输出数据，通过识别非水分限制区，得到了 r_s 与 CO_2 浓度的线性关系式，用于推导 PM[CO_2]。但实际作物的 r_s 与 CO_2 浓度并非简单的线性关系，不同 CO_2 浓度条件下，r_s 的下降梯度是有差异的。例如，王建林和温学发（2010）通过测定 9 种作物在不同 CO_2 浓度下的气孔导度，发现二者为曲线关系，且随着 CO_2 浓度的增加，气孔导度的下降速率逐渐减小，但当 CO_2 浓度大于 $400cm^3/m^3$ 后，气孔导度与 CO_2 浓度基本呈线性关系。因此，本章推导的 r_s 与 CO_2 的关系式及 PM[CO_2] 更适用于中高排放情景（SSP2-4.5、SSP3-7.5、SSP5-8.5）的情况。据政府间气候变化专门委员会（Intergovernmental Panel on Climate Change，IPCC）AR6 报告，只有在 SSP1-1.9 排放情景下，我们有超过 50% 的概率将全球温升控制在 1.5℃ 以内，在该情景下，预计能在 2050 年左右实现 CO_2 净零排放，随后实现负排放。因此有必要进一步研究在低排放情景下（SSP1-1.9、SSP1-2.6）CO_2 浓度变化对 PET 的影响。

11.7.2 非水分限制区 PET 与 ET 的关系

在非水分限制区，ET 不受降水量的限制，主要与能量因素有关，因此假设 PET 与 ET 大致相等，以推算冠层阻力 r_s 序列。但 PM-RC 公式假定地表被 0.12m 生长茂盛的低矮植被完全覆盖，但在实际情况中，地表植被类型多样、生育期各异，与 PM-RC 的假设并不完全契合。因此，在非水分限制区，利用 ET 代替 PET 仍会产生一定的评估误差。在今后的研究中，可根据土地利用覆盖类型识别出草地，然后根据植被盖度指数（LAI 等）识别出植被生育期，确定植被系数 k_c，以获取更精确的模拟结果。但由于限制条件严格，满足条件的栅格过少，应扩大研究区域，可在全球陆地尺度进行识别。

11.7.3 SPEI 干旱指数的选择

在 SPEI 干旱指数计算过程中，PET 直接参与水分亏缺量的计算，使得 SPEI 对 PET 的响应显著,因此选用 SPEI 分析 CO_2 浓度升高对干旱预测的影响。本章重点研究长期干旱的变化趋势,而并非探讨不同干旱指数或者同一干旱指数不同时间尺度的差异,因此选用了 12 月尺度的 SPEI 作为干旱评价指标,且有研究表明,在全球大部分地区,12 月尺度的 SPEI 与 PDSI 的相关性最高(Vicente-Serrano et al.,2010b)。但每种干旱指数都有其适用范围,研究表明,SPEI 对于非湿润区(西北、内蒙古、华北等区)干旱状态的监测效果并不理想(Zhang et al.,2019a)。本章中,SPEI 预测西北地区未来干旱加剧的变化趋势与降水量显著增加的趋势也存在矛盾,因此需评估不同干旱指数在不同气候分区的适用性。

11.8 小　　结

本章根据不同社会经济发展情景的 CO_2 浓度数据和 CMIP6 中的 10 个气候模式的气象数据,分析 SSP5-8.5 气候情景下中国区域 CO_2 浓度及 r_s 变化趋势,建立 CO_2 浓度变化与 r_s 的线性关系,推导出 CMIP6 气候模式下中国区域的 $PM[CO_2]$ 公式。根据 Budyko 假设,以不同计算方法得到的 PET 为输入,计算径流量,与 CMIP6 直接输出的径流量对比,分析不同 PET 对径流模拟的准确性。推导出 $PM[CO_2]$ 对气象因子和 CO_2 浓度的敏感性公式,分析 PET 对各因子的敏感性。最后利用 SPEI 分析 CO_2 浓度升高对未来干旱变化趋势的影响。得到的主要结论如下:

(1)在 SSP5-8.5 气候情景下,CO_2 浓度上升趋势明显加快,r_s 与 CO_2 浓度呈显著线性关系,CO_2 浓度上升对 r_s 和 PET 的影响不可忽略。多模式平均的 r_s 相对于 CO_2 浓度的敏感性为 $0.075\%/(cm^3/m^3)$。

(2)在非水分限制区,考虑 CO_2 浓度影响的 $PM[CO_2]$ 计算的 PET 相对变化与 ET 的相对变化情形更为接近,dPET 与 dET 的线性斜率为 1.03,NSE 为 0.66。相对于 PM-OW 和 PM-RC,利用 $PM[CO_2]$ 估算的 PET 驱动 Budyko 模型获得的径流变化与 CMIP6 直接输出的径流变化偏差更小,说明 $PM[CO_2]$ 对于未来气候情景下 PET 的估算更为合理。

(3)PET 对各气象因子及 CO_2 浓度的敏感性排序为 $R_n>D>u_2>s>[CO_2]$。PET 对 R_n 和 D 的敏感系数空间分布一致,大致从东南向西北方向递减,分别介于 0.1~0.9 和 0.1~1;PET 对 u_2 的敏感性分布情况与 D 类似,敏感系数介于 0~0.5,西北地区最高,其次为内蒙古和东北地区;PET 对 $[CO_2]$ 的敏感性最低,全国均为负值,介于 -0.08~0,敏感性高值区集中在青藏高原和内蒙古地区,2071~2100 年 PET 对 $[CO_2]$ 的敏感性远高于 1861~1960 年。尽管 PET 对 $[CO_2]$ 的敏感性较低,但由于 $[CO_2]$ 变化较大,此项仍不可忽略,SSP5-8.5 气候情景下,2071~2100 年 $[CO_2]$ 是 1861~1960 年的 3 倍,使得 PET 减少 9%。

第12章 CMIP6 气候模式下中国未来干旱时空演变特征预估

不同干旱指数的干旱预估结果存在较大的不确定性，因此需评估不同干旱指数对未来不同类型干旱的预估效果，从而优选干旱指数，以提高预估精度。本章针对 SZI 计算数据难以获取的不足，借鉴 scPDSI 的双层土壤模型算法，以 PM[CO_2] 计算的 PET 为输入，构建考虑 CO_2 浓度升高影响的综合干旱指数 SZI[CO_2]、SPEI[CO_2] 和 scPDSI[CO_2]，并进行对比，分析 3 类综合干旱指数对中国 7 个气候分区气象干旱、水文干旱、农业干旱和综合干旱的预估效果，优选干旱指数。然后利用降尺度数据计算未来气候情景下（SSP2-4.5 和 SSP5-8.5）中国 SZI[CO_2] 序列，分析不同气候分区 SZI[CO_2] 的变化趋势。利用三维干旱识别方法，识别干旱特征变量（干旱历时、面积、烈度），分析干旱时空动态演变特征。最后基于干旱非平稳特性，构建非平稳时变参数估计方法，基于最优干旱变量边缘分布及 Copula 函数建立多变量联合分布，分析干旱多特征变量"和"及"或"情况下的发生概率。

12.1 研究方法

12.1.1 单变量干旱指数及综合干旱指数计算

1. 单变量干旱指数

分别利用降水、径流和土壤湿度数据计算单变量干旱指数，包括 SPI、SSI 和 SSMI。为便于表达，利用不包含土壤模型基流量的地表径流（mrros）计算的 SSI 表示为 SSIS，利用表层（10cm）土壤含水量（mrsos）计算的 SSMI 表示为 SSMIS。不同变量在不同区域的最优分布函数差异较大，因此利用非参数法计算单变量干旱指数。用经验公式计算干旱变量的概率：

$$p(x_t) = \frac{i-0.44}{n+0.12} \tag{12-1}$$

式中，n 表示样本数；i 表示变量排序值；$p(x_t)$ 表示第 t 月变量 x 的非超越概率值。然后利用高斯逆分布将经验概率值转化为标准化指数值：

$$\mathrm{SI}(x) = \phi^{-1}(p) \tag{12-2}$$

2. 综合干旱指数

在第 11 章，通过对比不同 PET 计算公式的模拟精度，表明 PM[CO_2] 的模拟效果最优，因此本章以 PM[CO_2] 计算的 PET 为输入，计算综合干旱指数（SPEI、scPDSI、SZI）和标准化湿润指数（SWI）。为便于区分，将此类干旱指数分别表示为 SPEI[CO_2]、scPDSI[CO_2]、SZI[CO_2] 和 SWI[CO_2]。scPDSI 是通过动态自适应参数代替 PDSI 经验气候权重及持续因子发展而来的，克服了原始 PDSI 空间适应性差的缺点（Wells et al., 2004；王作亮等, 2019）。为确保严重干旱和湿润事件包含在校准期内，将校准期设定为 1950～2100 年（Wells et al., 2004；Gizaw and Gan, 2016；Dai, 2011）。scPDSI 采用水量平衡原理，将实际的观测降水量 P 与气候适宜降水量 $\hat{P}$ 之差，记为水分亏缺量 d，然后利用气候修正系数 K 对 d 进行修正，得到水分亏缺指数 Z，最后使用持续时间因子对 Z 进行处理，获得考虑了前期水分条件影响的干旱指数值（王作亮等, 2019）。scPDSI 的计算包括两个主要过程：① 水分亏缺量计算；② 指数标准化（Palmer, 1965；Wells et al., 2004）。

scPDSI 的首要任务是计算出每月的气候适宜降水量（$\hat{P}$），可表示为

$$\hat{P} = \alpha_j \text{PET} + \beta_j \text{PR} + \gamma_j \text{PRO} - \delta_j \text{PL}, j = 1, 2, 3, \cdots, 12 \tag{12-3}$$

公式右侧 4 项依次表示气候适宜的蒸散发量、土壤水分补充量、产流量和土壤失水量，即某个月内气候适宜条件下的降水需提供"用于"蒸散发、补充土壤水分和产生径流的水量；另外土壤水分也会"适当"损失一部分到蒸散发、产流等，降低对降水量的需求，因而还需减去相应的气候适宜土壤失水量。α_j、β_j、γ_j、δ_j 分别表示不同月份对应的水量平衡分量系数：

$$\alpha_j = \frac{\overline{\text{ET}_j}}{\overline{\text{PET}_j}}, \beta_j = \frac{\overline{R_j}}{\overline{\text{PR}_j}}, \gamma_j = \frac{\overline{\text{RO}_j}}{\overline{\text{PRO}_j}}, \delta_j = \frac{\overline{L_j}}{\overline{\text{PL}_j}} \tag{12-4}$$

式中，$\overline{\text{ET}_j}$、$\overline{R_j}$、$\overline{\text{RO}_j}$ 和 $\overline{L_j}$ 分别为第 j 月的实际蒸散发、实际土壤水补充量、实际产流量和实际土壤失水量的多年平均值；$\overline{\text{PET}_j}$、$\overline{\text{PR}_j}$、$\overline{\text{PRO}_j}$ 和 $\overline{\text{PL}_j}$ 分别为潜在蒸散发、潜在土壤水补充量、潜在产流量和潜在土壤失水量的多年均值，利用双层土壤模型计算得到。得出 $\hat{P}$ 后，可计算出水分亏缺量 d：

$$d = P - \hat{P} \tag{12-5}$$

水分亏缺量 d 仅能反映各月的水分亏缺程度，无法直接反映干旱状况，因此需要对其进行标准化和修正，生成水分亏缺指数 Z：

$$Z = K_j \cdot d \tag{12-6}$$

K_j 表示不同月份的气候修正系数（权重），计算如下：

$$K' = 1.5 \log_{10} \left(\frac{\dfrac{\overline{\text{PET}_j + \overline{R_j} + \overline{\text{RO}_j}}}{\overline{P_j} + \overline{L_j}} + 2.8}{\overline{d_j}} \right) + 0.5, j = 1, 2, 3, \cdots, 12 \tag{12-7}$$

$$K = \frac{17.67K'_j}{\sum\limits_{j=1}^{12} \overline{d_j}K'_j}, j = 1, 2, \cdots, 12 \tag{12-8}$$

式中，$\overline{d_j}$ 表示不同月份 j 对应的水分亏缺量 d 绝对值的多年平均值。最后根据 Z，计算出每月的 PDSI 值：

$$X = pX_{j-1} + qZ_j \tag{12-9}$$

式中，p 和 q 为持续性因子，在原始 PDSI 计算中，分别被设置为 0.897 和 1/3。在 scPDSI 中，根据当地的气候状况通过自适应校准确定持续性因子 p 和 q 及权重 K，使得 scPDSI 具有更好的空间适应性。

针对 SZI 指数计算数据难以获取的不足，借鉴 scPDSI 的双层土壤模型算法，计算 SZI[CO_2] 指数，因此，SZI[CO_2] 的计算与 scPDSI[CO_2] 类似，也是通过水文账计算出水分亏缺量 d，利用非参数法 [式（12-1）] 计算得到累积概率 p，最后利用高斯逆分布对 p 进行标准化处理，得到 SZI[CO_2] 值。SZI 结合了 scPDSI 和 SPEI 的优势，既考虑了 scPDSI 的水量平衡过程，又包含了 SPEI 多时间尺度的特征，可表征不同时间尺度的干旱状况。

SWI 是 Liu 等（2017）提出的综合干旱指数，根据干旱时期水量与能量的负相关关系，利用剩余水量项（P-ET）与剩余能量项（PET-ET）的比值表示干旱程度，定义为

$$\text{WER} = \frac{P-\text{ET}}{\text{PET}-\text{ET}} \tag{12-10}$$

在干旱时期，降水量减少，P 与 ET 的差值往往低于正常时期，而由于辐射、气温的升高，该时期 PET 通常高于正常时期，PET 与 ET 的差值高于正常时期，WER 低于正常时期，在湿润期，恰好相反。然后利用非参数法计算出 WER 对应的累积概率 p，对 p 进行标准化得到 SWI。SWI 与 SPEI 和 SZI 都属于标准化干旱指数，同样可表征不同时间尺度干旱。将利用 PM[CO_2] 计算的 PET 为输入得到的 SWI 记为 SWI[CO_2]。各干旱指数的分类等级见表 12-1。

表 12-1 各干旱指数干旱分类等级

干旱等级	SPI、SSI/SSIS、SSMI/SSMIS、SPEI、SZI、SWI	scPDSI
重度干旱	<-1.5	<-3.0
中度干旱	-1.5 ~ -1.0	-3.0 ~ -2.0
轻度干旱	-1.0 ~ -0.5	-2.0 ~ -1.0
正常	-0.5 ~ 0.5	-1.0 ~ 1.0
轻度湿润	0.5 ~ 1.0	1.0 ~ 2.0
中度湿润	1.0 ~ 1.5	2.0 ~ 3.0
重度湿润	>1.5	>3.0

12.1.2 干旱指数评价

为了评估 SPEI[CO_2]、scPDSI[CO_2] 和 SZI[CO_2] 对气象、水文、农业和综合干旱的预测性能，计算了中国 7 个气候分区 1~48 个月时间尺度的 SPEI[CO_2]、SZI[CO_2]、scPDSI[CO_2] 与 SPI、SSIS、SSMIS 和 SWI[CO_2] 的皮尔逊相关系数，分析相关系数与干燥指数的线性关系，以评价不同干旱指数在不同气候分区的适用性。

12.1.3 非平稳边缘分布函数优选

干旱特征变量累积分布函数是干旱特征频率分析的基础，但不同的干旱特征变量所服从的分布函数具有较大的不确定性。因此，需要对分布线型进行筛选，以确定各干旱特征变量的最优边缘分布函数。选取了水文领域常用的 7 种单变量概率分布线型作为备选，分别为正态分布（NO）、Gam、LogN、Wb、GP、LogL 和 GEV，各分布的累积概率函数及相关参数见表 2-4。

随着未来气候变化的加剧，干旱特征变量的平稳性假设可能不再成立，因此需要利用非平稳方法对边缘分布进行频率分析。近年来，GAMLSS 模型（Rigby and Stasinopoulos, 2005）被广泛应用于非一致性频率分析研究中。GAMLSS 模型是一种半参数回归模型，可灵活模拟分布参数随协变量的变化规律，表示为（熊斌和熊立华，2016）：

$$g_k(\theta_k) = \boldsymbol{\eta}_k = \boldsymbol{X}_k\boldsymbol{\beta}_k + \sum_{j=1}^{J_k} \boldsymbol{Z}_{jk} \cdot \boldsymbol{\gamma}_{jk} \tag{12-11}$$

式中，$g(\cdot)$ 为连接函数；θ_k 为模型参数；$\boldsymbol{\eta}_k$ 为 n 维向量；$\boldsymbol{\beta}_k$ 为参数向量；$\boldsymbol{X}_k$ 为解释变量矩阵；$\boldsymbol{Z}_{jk}$ 为已知的固定设计矩阵；$\boldsymbol{\gamma}_{jk}$ 为正态分布随机变量。如果不考虑随机项的影响，式（12-11）就变成了全参数模型：

$$g_k(\theta_k) = \boldsymbol{\eta}_k = \boldsymbol{X}_k \cdot \boldsymbol{\beta}_k \tag{12-12}$$

这里选取时间变量为协变量，则位置参数 μ 与协变量的线性关系可表示为

$$u_t = b_0 + b_1 t \tag{12-13}$$

尺度参数与协变量的关系与位置参数表达一致。考虑一类平稳模型（M0）和三类非平稳模型，分别为尺度参数时变模型（M1）、位置参数时变模型（M2）及位置–尺度参数时变模型（M3）（表 9-1）。

12.2 基于不同干旱指数的未来干旱预估

12.2.1 基于不同干旱指数的干旱预估结果

1. 未来气象干旱预估

在历史时期 20 世纪 60 年代，SPI 表示的气象干旱在北方大部分区域（西北、内蒙古、

东北、华北东部、青藏高原北部）处于轻度干旱状态，而华中和华南地区处于正常状态。至 21 世纪初，西北、青藏高原北部由轻度干旱转为正常状态，华中和华南湿润区则变为轻度和中度干旱状态，整体表现为南方变干西北变湿的趋势。

相较历史时期，SSP2-4.5 和 SSP5-8.5 气候情景下，未来 21 世纪 50 年代和 80 年代，7 个气候分区都表现为湿润化趋势。至 80 年代，SSP2-4.5 气候情景下，中国北方大部分区域呈中度湿润状态，华中和华南地区为轻度湿润或正常状态，SSP5-8.5 气候情景变湿的程度尤甚，青藏高原和西北东部小部分区域为重度湿润状态，这与 Chen 和 Frauenfeld（2014）基于 CMIP5 的研究结果类似。青藏高原是中国诸多河流的发源地，该区湿润化（降水量增加）可提高其他区域水资源的可用性，而未来中国西北地区的湿润化有利于干旱气候下该区的农业生产和环境保护。

2. 未来水文干旱预估

SSIS 和 SSI 显示各时期水文干旱的分布情况与 SPI 表示的气象干旱分布类似。中国未来整体呈变湿趋势，其中 SSP2-4.5 气候情景下，变湿明显的区域分布在西北、内蒙古、东北和华北地区；SSP5-8.5 气候情景下，华中地区也呈明显变湿趋势。总体而言，SSP5-8.5 气候情景下，未来变湿趋势较 SSP2-4.5 情景更为明显。SSIS 监测的青藏高原中部地区 2071~2100 年为轻度和中度干旱状态，这与 SPI 的监测结果相悖。整体而言，水文干旱的干湿转换不如气象干旱剧烈。水文干旱监测的变湿趋势与降水量的增加密不可分，因为降水是水循环的主要驱动因素，降水量的增加导致产流量的增加，从而导致水文干旱的湿润化趋势。在北方，尤其是东北地区，未来气温升高引起的融雪量增加也是引起径流增加的重要因素（Shi and Wang, 2015）。

3. 未来农业干旱预估

与气象干旱和水文干旱相比，SSMIS 和 SSMI 监测的南方湿润地区在未来将经历更为严峻的农业干旱。历史时期，SSMIS 监测的南方湿润地区处于正常状态，至 21 世纪 50 年代转为轻度和中度干旱状态（SSP2-4.5 气候情景下 65% 的区域；SSP5-8.5 气候情景下 70% 的区域），至 80 年代，该区干旱加剧；SSP5-8.5 气候情景下，88% 的区域处于轻度或中度干旱状态。

而在北方地区，尤其是西北、内蒙古和青藏高原北部地区，SSMIS 监测的未来时期呈变湿趋势，与气象干旱和水文干旱的变化趋势类似，至 21 世纪 80 年代，SSP2-4.5（SSP5-8.5）气候情景下 40%（62%）的区域为轻度或中度湿润状态。至 80 年代，SSP2-4.5 和 SSP5-8.5 情景下，内蒙古、东北和华北地区处于轻度或中度湿润状态，但变湿趋势不如气象干旱和水文干旱明显。

SSMI 在各时期的分布状况与 SSMIS 类似，但是未来时期，基于 SSMI 的南方地区农业干旱更为剧烈，影响范围更广，而北方地区的湿润状况更为明显，这与 Chen 和 Yuan（2021）、Cook 等（2018）、Cook 等（2020）的研究结果类似。对于深层土壤，前期土壤湿度对当月土壤湿度影响较大，而地表土壤湿度则对当时气候条件（降水、蒸散发等）的响应更加敏感，因此基于 SSMI 监测的农业干旱湿润程度和干旱程度均比 SSMIS 强烈。至 21 世纪 80 年代，SSP5-8.5 气候情景下，西北地区、内蒙古地区、华北地区为重度湿润或中度湿润状态，东北地区最北端和青藏高原东南地区则为中度干旱或重度干旱状态，与 SSMIS 的监测结果略有差异。气候变暖背景下，地表土壤含水量与整个土层土壤含水量的变化差异在其他研究中也有报道（Mankin et al.，2017；Cook et al.，2020）。此外，CMIP6 不同气候模式土层最大深度的差异对 SSMI 的监测结果也有一定的影响。尽管如此，利用土壤湿度数据预测干旱趋势变化对于更好地理解未来农业干旱的发展规律具有重要作用，因为土壤湿度是植被生长的直接水分来源，土壤湿度的变化直接影响区域农业生态系统健康（Zhang G X et al.，2021b）。

4. 未来综合干旱预估

SPEI[CO_2] 监测的 4 个时期（1951～1980 年、1985～2014 年、2041～2070 年、2071～2100 年）干旱状态与 SPI、SSMI（SSMIS）和 SSI（SSIS）有较大差异，中国大部分区域未来呈变干趋势，西北地区变干趋势最明显，与 Yao 等（2020）基于 CMIP5 的研究结果类似。SSP5-8.5 气候情景下，21 世纪末，西北地区和内蒙古地区呈重度干旱状态，与其他干旱指数的湿润状态截然相反。产生这种矛盾的原因可能与 SPEI[CO_2] 的计算原理有关，SPEI[CO_2] 以 PET 表征大气需水量，以 P-PET 表征水分缺失（剩余）程度，但在干旱区，实际蒸散发主要受降水影响，PET 远大于降水和 ET（Yang et al.，2018a，2018b）。在 SSP5-8.5 气候情景下，干旱地区气温和辐射的快速升高导致 PET 显著增加，高于降水的增加速率，使得 SPEI 监测到更为剧烈和广泛的干旱状况。因此降水与 PET 的关系（P-PET、P/PET）更适用于表征空间干燥程度（如 AI），而对于时间上的干旱状况监测或许并不适用于所有气候区（Zhang et al.，2019a，2019c）。

scPDSI[CO_2] 监测结果表明，在 1951～1980 年，SSP2-4.5（SSP5-8.5）气候情景下，西北地区 61%（65%）的区域为轻度或中度干旱，内蒙古地区 71%（79%）的区域为轻度或中度干旱状态。至 1985～2014 年，西北地区东部和青藏高原西部地区为轻度干旱状态，干旱程度大于 SSMIS，其余大部分地区处于正常状态，与 SSMIS 监测的干旱情况类似。与历史时期相比，未来两个时期中国北方地区将更加湿润，而南方地区将更加干旱。至 2071～2100 年，SSP2-4.5（SSP5-8.5）气候情景下，西北地区 60%（71%）的区域为中度或重度湿润状态，内蒙古地区 58%（68%）的区域为中度或重度湿润状态，华中、华南地区 83%（70%）的区域为中度或重度干旱状态，略低于 SSMIS 监测的干旱面积，华北和东北大部分区域为正常状态，与 SSMIS 预测结果类似。总之，scPDSI[CO_2] 与农业干旱监测结果类似，未来呈现北方地区湿润化，南方地区干旱化的趋势。

SZI[CO_2] 监测的 4 个时期干旱状况与 scPDSI[CO_2] 分布情况类似，北方地区呈湿润化趋势，南方地区呈干旱化趋势。1951～1980 年和 1985～2014 年西北地区为轻微干旱或正常状态，华中和华南地区为轻度湿润或中度湿润状态，小部分区域为重度湿润状态；至 2041～2070 年，华中和华南地区转为轻度或中度干旱状态，西北地区为轻度或中度湿润状态；至 2071～2100 年，华中和华南地区干旱面积更为广泛，SSP5-8.5 气候情景下，华中和华南地区中度干旱面积约为30%，西北地区湿润区（严重、中度和轻微湿润）面积超过70%。除此之外，青藏高原东南部和东北地区北部也呈明显变干趋势，至2071~2100年，SSP5-8.5情景下，该区为轻度或中度干旱状态，相对而言，其他区域的干湿转换过程则较为平缓。

通过分析不同干旱指数对历史及未来干旱的预测结果，发现SPI和SSI（SSIS）变化趋势较为一致，未来全国大部分区域呈变湿趋势；SSMI（SSMIS）、scPDSI[CO_2]和SZI[CO_2]的变化趋势较为一致，北方尤其是西北地区呈变湿趋势，华中和华南湿润区则呈明显的变干趋势，该研究结果与Yuan W P等（2019）对于中国未来干旱变化的研究相一致。但SPEI[CO_2]显示西北地区未来呈明显变干趋势，而这种趋势不仅与降水量、径流量和土壤湿度的增加趋势相矛盾，也与该区植被总初级生产力（gross primary productivity，GPP）及水分利用效率（water use efficiency，WUE）的增加相违背。在SSP2-4.5（SSP5-8.5）气候情景下，GPP的平均增加速率为$0.65gC/(m^2 \cdot a)[1.76gC/(m^2 \cdot a)]$，WUE的平均增加速率为$0.002gC/(m^2 \cdot mm^2 \cdot a)[0.005gC/(m^2 \cdot mm^2 \cdot a)]$。GPP的增加与该区降水量和土壤湿度等可用水量的增加密切相关，同时也受CO_2浓度升高的影响，CO_2浓度升高通过促进植物光合作用提高GPP，同时导致气孔关闭，r_s增大，使得生产同等GPP的植被耗水量降低，WUE升高，缓解干旱的发生。

12.2.2　干旱指数评价对比

1. SZI[CO_2]、SPEI[CO_2]及scPDSI[CO_2]对气象干旱预估效果评价

图12-1展示了SSP2-4.5和SSP5-8.5气候情景下中国7个气候分区SPI与SZI[CO_2]、scPDSI[CO_2]和SPEI[CO_2]在1~48个月尺度上的相关性。SSP2-4.5气候情景下，SPI与SZI[CO_2]的相关系数范围为0.49~0.88，SSP5-8.5气候情景下为0.33~0.80，高于SPI与scPDSI[CO_2]的相关性（SSP2-4.5气候情景下为0.25~0.64，SSP5-8.5气候情景下0.13~0.65）。在华中（图12-1f）和华南[图12-1（g）]湿润地区，SPI与SPEI[CO_2]的相关性（SSP2-4.5气候情景下平均为0.60，SSP5-8.5气候情景下平均为0.47）略高于SZI[CO_2]与SPI的相关性（SSP2-4.5气候情景下平均为0.56，SSP5-8.5气候情景下平均为0.41），表明在湿润地区，SPEI[CO_2]对于气象干旱预测性能较好。

干旱区SZI[CO_2]与SPI的相关性和SPEI[CO_2]与SPI的相关性差异较大，湿润区差异较小，说明在湿润区，SPEI[CO_2]与SZI[CO_2]都可用于气象干旱预测，干旱区SZI[CO_2]对气象干旱的预测性能明显优于SPEI[CO_2]。SZI[CO_2]和scPDSI[CO_2]与SPI的相关性随AI的增大而减小，SPEI[CO_2]与SPI的相关性随AI的增大而增大。SSP2-4.5气候情景下SZI[CO_2]、SPEI[CO_2]和scPDSI[CO_2]与SPI的相关性大于SSP5-8.5气候情景。2种气候情景下，SPEI[CO_2]与SPI的相关性的差异最大，SZI[CO_2]与SPI相关性的差异最小，表明在未来气候变化条件下，SZI[CO_2]具有更稳定的气象干旱预测能力。SSP5-8.5气候情景下，气温和辐射等升高明显，导致PET增速加快，SPEI[CO_2]受

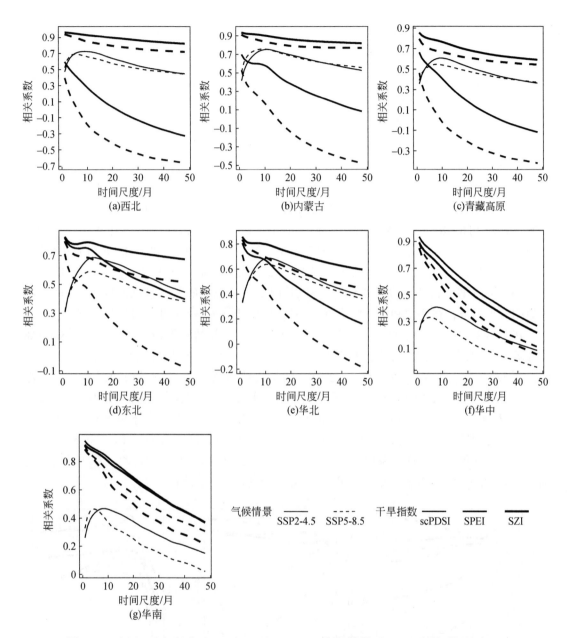

图 12-1 中国 7 个气候分区 SSP2-4.5 和 SSP5-8.5 气候情景下 1～48 个月时间尺度 SPI 与 SPEI[CO$_2$]、scPDSI[CO$_2$] 及 SZI[CO$_2$] 相关系数

PET 的影响增大，而干旱区 PET 远高于 ET，使得 SPEI[CO$_2$] 对干旱区气象干旱的预估性能下降。

2. SZI$[CO_2]$、SPEI$[CO_2]$ 及 scPDSI$[CO_2]$ 对水文干旱预估效果评价

为分析 SZI$[CO_2]$、SPEI$[CO_2]$ 和 scPDSI$[CO_2]$ 对水文干旱的预估性能，计算了不同时间尺度 SZI$[CO_2]$、SPEI$[CO_2]$ 和 scPDSI$[CO_2]$ 与 SSIS 的相关系数（图12-2）。在西北地区[图12-2（a）]，SZI$[CO_2]$ 与 SSIS 的相关系数大于0.3，明显高于 SSIS 与 SPEI$[CO_2]$ 和 scPDSI$[CO_2]$ 的相关性；在内蒙古地区 [图12-2（b）]、东北地区 [图12-2（d）] 和华北地区 [图12-2（e）]，scPDSI$[CO_2]$ 与 SSIS 的相关性（SSP2-4.5 情景下平均为0.39、0.41 和0.42；SSP5-8.5 情景下平均为0.54、0.43 和0.49）略高于 SZI$[CO_2]$ 与 SSIS 的相关性（SSP2-4.5 情景下平均为0.36、0.38 和0.32；SSP5-8.5 情景下平均为0.46、0.31 和0.27），明显高于 SPEI$[CO_2]$ 与 SSIS 的相关性（SSP2-4.5 情景下平均为0.06、0.30 和0.28；SSP5-8.5 情景下平均为–0.33、–0.05 和–0.09）。在华中 [图12-2（f）] 和华南 [图12-2（g）] 地区，SSP2-4.5 情景下 SPEI$[CO_2]$ 与 SSIS 的相关性均值分别为0.52 和0.53，SSP5-8.5 情景下分别为0.22 和0.38，高于 SZI$[CO_2]$ 和 scPDSI$[CO_2]$ 与 SSIS 的相关性。除青藏高原地区外，SPEI$[CO_2]$ 与 SSIS 的相关性随时间尺度的增加呈明显的减小趋势，在华中和华南湿润区，SZI$[CO_2]$ 与 SSIS 相关性亦呈递减趋势。

在 1~48 个月时间尺度上，SSP2-4.5 和 SSP5-8.5 气候情景下 SPEI$[CO_2]$ 与 SSIS 的相关性随 AI 的增大而增大，表明 SPEI$[CO_2]$ 在湿润区对水文干旱的监测性能明显优于干旱区，而 SZI$[CO_2]$ 和 scPDSI$[CO_2]$ 与 SSIS 的相关性与 AI 的关系不如 SPEI$[CO_2]$ 显著，表明 SZI$[CO_2]$ 和 scPDSI$[CO_2]$ 在不同气候区对水文干旱的监测性能较 SPEI$[CO_2]$ 更为稳定。SZI$[CO_2]$ 与 SSIS 相关性和 SPEI$[CO_2]$ 与 SSIS 相关性差异在干旱区较大，湿润区较小，长时间尺度（>12 月）差异更明显。总之，在湿润区，SPEI$[CO_2]$ 和 SZI$[CO_2]$ 对水文干旱的预估性能优于 scPDSI$[CO_2]$，在干旱区 scPDSI$[CO_2]$ 和 SZI$[CO_2]$ 预估性能优于 SPEI$[CO_2]$，说明 SZI$[CO_2]$ 可预估不同气候区的水文干旱状况。

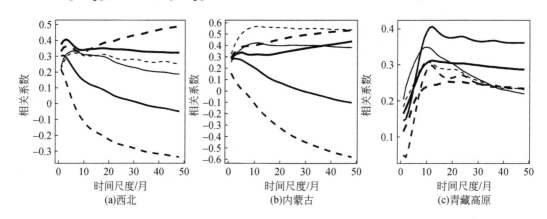

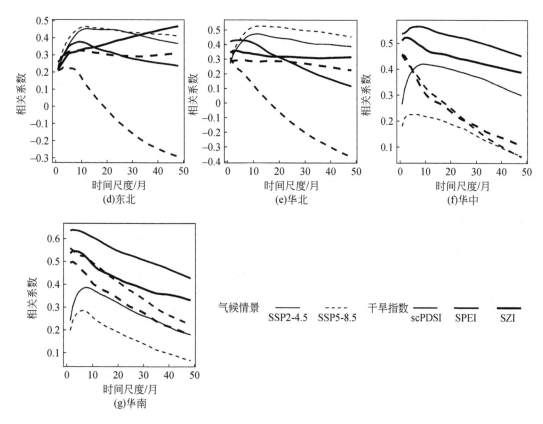

图 12-2　中国 7 个气候分区 SSP2-4.5 和 SSP5-8.5 气候情景下 1~48 个月时间
尺度 SSIS 与 SPEI[CO_2]、scPDSI[CO_2] 及 SZI[CO_2] 相关系数

3. SZI[CO_2]、SPEI[CO_2] 及 scPDSI[CO_2] 对农业干旱预估效果评价

农业干旱是由土壤水分短缺造成的，因此，计算了 SSP2-4.5 和 SSP5-8.5 气候情景下不同时间尺度的 SZI[CO_2]、SPEI[CO_2] 和 scPDSI[CO_2] 与 SSIS 的相关性以评估 3 种干旱指数对农业干旱的预估性能。在西北干旱区 [图 12-3（a）]、华中 [图 12-3（f）] 和华南 [图 12-3（g）] 湿润区，SZI[CO_2] 与 SSMIS 的相关性明显高于 SPEI[CO_2] 和 scPDSI[CO_2] 与 SSIS 的相关性。在西北地区，SSP2-4.5 气候情景下，SZI[CO_2]、SPEI[CO_2]、scPDSI[CO_2] 分别与 SSMIS 的平均相关系数为 0.42、0.10 和 0.29；SSP5-8.5 气候情景下，SZI[CO_2]、SPEI[CO_2]、scPDSI[CO_2] 分别与 SSMIS 的平均相关系数为 0.48、–0.15 和 0.33。

湿润区 SSMIS 与 3 类干旱指数的相关性明显高于干旱区，相关系数随 AI 的增大而增大，说明这 3 种干旱指数在湿润区对农业干旱的预估性能优于干旱区。SZI[CO_2] 对于不同时间尺度农业干旱的预估性能较为稳定，scPDSI[CO_2] 对于长时间尺度农业干旱的预估性能有所下降。SZI[CO_2] 与 SSMIS 相关性和 SPEI[CO_2] 与 SSMIS 相关性差异随 AI 的增

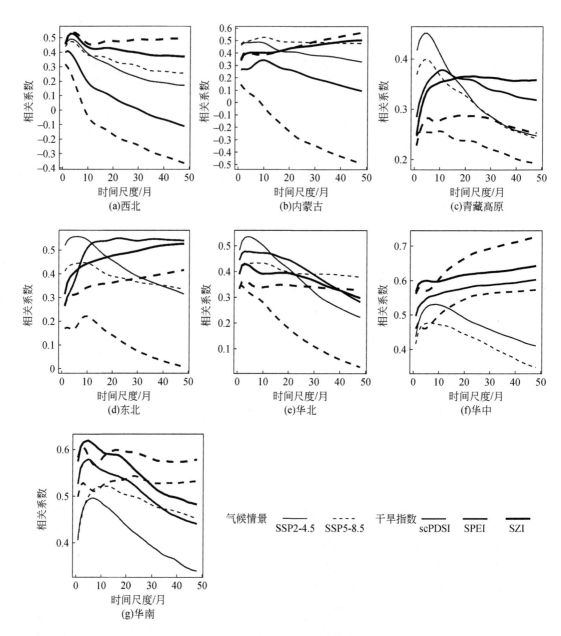

图 12-3　中国 7 个气候分区 SSP2-4.5 和 SSP5-8.5 气候情景下 1~48 个月时间尺度 SSMIS
与 SPEI[CO_2]、scPDSI[CO_2] 及 SZI[CO_2] 相关系数

大而减小，说明在南方湿润区，SPEI[CO_2] 对于农业干旱的预估性能与 SZI[CO_2] 相当，但在干旱区，SPEI[CO_2] 对农业干旱的预估性能较差。在短时间尺度上（<12 月），scPDSI[CO_2] 在 AI<1.0 的区域对农业干旱的预估能力优于 SZI[CO_2] 和 SPEI[CO_2]，但在长时间尺度上，其预估性能较差，SZI[CO_2] 表现则更为稳定。

4. SZI[CO_2]、SPEI[CO_2] 及 scPDSI[CO_2] 对综合干旱预估效果评价

SWI[CO_2] 考虑了地表水热平衡情况，可反映区域综合干旱状况。因此，通过计算 SZI[CO_2]、scPDSI[CO_2] 和 SPEI[CO_2] 与 SWI[CO_2] 的相关性，分析 3 种干旱指数对不同气候区综合干旱的预估能力。在西北地区 [图 12-4 （a）]、内蒙古地区 [图 12-4 （b）]、青藏高原地区 [图 12-4 （c）] 和华北地区 [图 12-4 （e）]，SSP2-4.5 和 SSP5-8.5 气候情景下，1～48 个月时间尺度 SZI[CO_2] 与 SWI[CO_2] 的相关性都明显高于 SPEI[CO_2] 和 scPDSI[CO_2] 与 SWI[CO_2] 的相关性。

在东北半湿润区、华中和华南湿润区，SZI[CO_2] 与 SWI[CO_2] 的相关性和 SPEI[CO_2] 与 SWI[CO_2] 的相关性无明显差异，都高于 scPDSI[CO_2] 与 SWI[CO_2] 的相关性，表明在湿润区，SPEI[CO_2] 和 SZI[CO_2] 对综合干旱的预估效果优于 scPDSI[CO_2]；在干旱区，SPEI[CO_2] 对综合干旱的预估效果较差。SPEI[CO_2] 与 SWI[CO_2] 的相关性随 AI 的增大而增大，越湿润的区域，预估性能越高。SZI[CO_2] 与 SWI[CO_2] 的相关性则随 AI 的增大而减小，但其变化幅度较小，整体相关性较高，表明 SZI[CO_2] 在不同气候区，尤其是干旱区，具有较好的综合干旱预估性能。在 1～3 个月时间尺度上，scPDSI[CO_2] 与 SWI[CO_2] 的相关性较差，明显低于 SPEI[CO_2] 和 SZI[CO_2] 与 SWI[CO_2]

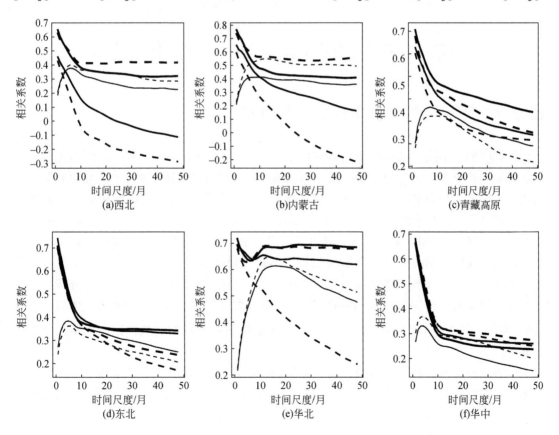

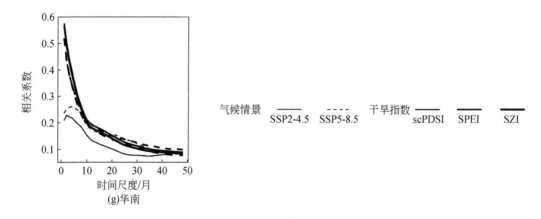

图 12-4　中国 7 个气候分区 SSP2-4.5 和 SSP5-8.5 气候情景下 1~48 个月时间
尺度 SWI[CO_2] 与 SPEI[CO_2]、scPDSI[CO_2] 及 SZI[CO_2] 相关系数

的相关性，表明 scPDSI[CO_2] 对于短期综合干旱的预估性能较差，当时间尺度大于 6 个月时，scPDSI[CO_2] 对综合干旱的预估性能有所提高，12~24 个月时间尺度 SWI[CO_2] 与 scPDSI[CO_2] 的相关性和 SWI[CO_2] 与 SZI[CO_2] 相关性差异最小。

12.3　中国不同区域未来干旱变化趋势

12.3.1　降尺度气象变量趋势变化分析

不同时期、不同区域降水和气温变化差异明显，在 1985~2014 年，东南沿海地区降水量增加趋势更为明显（>1.5mm/a），西北地区、青藏高原地区降水量亦呈增加趋势，但增加速率略低；与降水的增加趋势分布情况不同，气温升高最显著的区域集中在西北地区、青藏高原地区和华北地区（>0.04℃/a）。在未来阶段，SSP5-8.5 情景下降水和气温增加速率明显高于 SSP2-4.5 情景，降水增加速率呈现出自东南向西北递减的趋势，气温增加速率呈现出自东南向西北递增的趋势。不同气候情景下气温的升高速率差异更加明显，SSP2-4.5 情景下气温增加速率低于 0.02℃/a，而在 SSP5-8.5 情景下，北方部分地区气温升高速率大于 0.04℃/a。气温的持续升高造成大气中水汽压差不断增大，大气需水量（PET 和 $\hat{P}$）增加，若供水量（降水）的增长未能抵消需水量的增长，则会引发严重的干旱事件。

1985~2014 年，PET 增加趋势最显著（>2mm/a）的区域集中在西北地区、内蒙古地区和东南沿海地区。基于 CN05.1 计算的 PET 增加趋势略高于 CRU，而青藏高原西部地区 PET 呈不显著下降趋势，东北大部分地区 PET 呈不显著增加趋势。2015~2100 年，SSP2-4.5 和 SSP5-8.5 气候情景下，全国 PET 都呈显著增加趋势，增加速率由西北向东南呈递

增趋势，SSP2-4.5 气候情景下华中和华南大部分地区 PET 增加速率范围为 2～3mm/a，
SSP5-8.5 气候情景下华中和华南大部分地区 PET 增加趋势大于 3mm/a。

12.3.2 中国不同区域 SZI[CO_2] 的时间变化趋势

1985～2100 年，在 SSP2-4.5 和 SSP5-8.5 气候情景下，华中［图 12-5（g）］和华南
［图 12-5（h）］地区 SZI[CO_2] 呈明显下降趋势，SZI[CO_2] 值由 1985～2014 年的 0.3 下
降至 2071～2100 年的 -0.3，平均下降速率为 0.005/a，表明南方湿润区在未来气候情景下
呈明显变干趋势。而其他气候分区（西北、内蒙古、青藏高原、东北、华北）都呈不同程
度的变湿趋势，未来气候情景下 SZI[CO_2] 值都呈增加趋势，其中西北地区［图 12-5
（b）］和内蒙古地区［图 12-5（c）］增加速率最高，为 0.008～0.010/a；青藏高原地区
［图 12-5（d）］SSP5-8.5 气候情景 SZI[CO_2] 值增加速率（0.008/a）明显高于 SSP2-4.5
气候情景（0.005/a）；东北地区［图 12-5（e）］和华北地区［图 12-5（f）］SZI[CO_2]
值增加速率较低，为 0.004～0.006/a。由于全国大部分地区未来呈明显变湿趋势，全国尺
度的 SZI[CO_2] 亦呈增加趋势，SZI[CO_2] 值在 SSP2-4.5 和 SSP5-8.5 气候情景下的增加
速率均为 0.004/a。

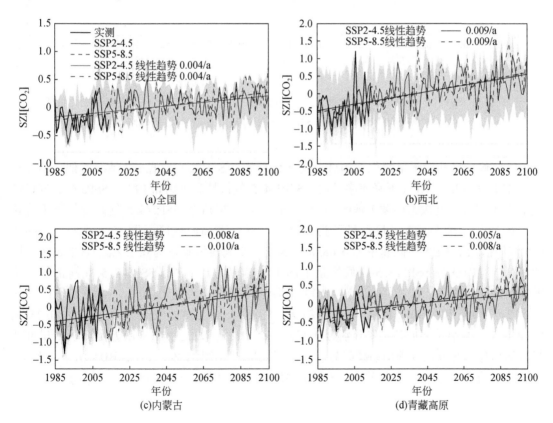

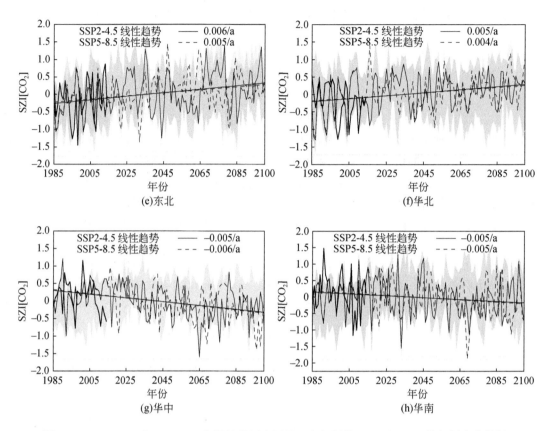

图12-5　SSP2-4.5 和 SSP5-8.5 气候情景下中国及 7 个气候分区 SZI[CO_2] 值年际变化特征

图中灰色阴影表示 SSP2-4.5 和 SSP5-8.5 气候情景下各 GCMs 的 SZI[CO_2] 值

　　各气候分区相对干旱面积（RDA）的变化趋势与 SZI[CO_2] 值变化情况类似，西北地区 [图 12-6（b）] RDA 下降速率最快，SSP2-4.5 气候情景下为 0.19/a，SSP5-8.5 气候情景下为 0.15/a；其次为内蒙古地区 [图 12-6（c）]，RDA 在 SSP2-4.5 气候情景下下降速率为 0.15/a，SSP5-8.5 气候情景下为 0.20/a；在青藏高原地区 [图 12-6（d）]，SSP2-4.5 气候情景下 RDA 下降速率为 0.08/a，SSP5-8.5 气候情景下为 0.12/a；华北地区 [图 12-6（f）] RDA 在 SSP2-4.5 气候情景下的下降速率为 0.17/a，SSP5-8.5 气候情景下为 0.10/a；东北地区 [图 12-6（e）] RDA 下降速率最慢，约为 0.10/a；华中和华南地区 [图 12-6（g）和（h）] RDA 呈上升趋势，SSP5-8.5 气候情景下上升速率为 0.23/a，SSP2-4.5 气候情景下上升速率分别为 0.18/a 和 0.15/a。总之，未来南方湿润区干旱面积呈增加趋势，北方地区则呈缩减趋势。在全国尺度上 [图 12-6（a）]，RDA 呈下降趋势，下降速率约为 0.05/a，未来干旱面积呈明显缩减趋势（Zhang G X et al.，2021c）。

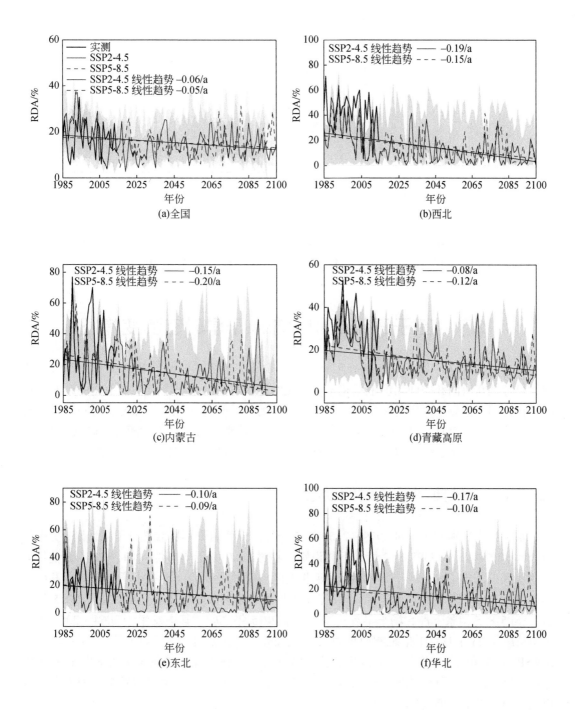

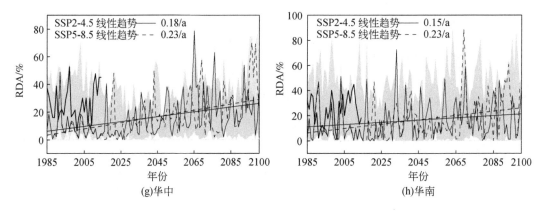

图 12-6　SSP2-4.5 和 SSP5-8.5 气候情景下中国及 7 个气候分区 RDA 年际变化特征

图中灰色阴影表示 SSP2-4.5 和 SSP5-8.5 气候情景下各 GCMs 的 RDA 值

12.4　基于三维识别的未来干旱时空演变特征

12.3 节分析了中国不同气候分区干旱指数及干旱特征的时间变化趋势和空间分布规律，可分别在时间和空间尺度上量化干旱变化特征。然而，干旱事件实质上是一个时空连续结构，因此需要在时空连续角度分析干旱事件的三维时空（经度、纬度、时间）演变规律。本节选用 3 个月尺度 $SZI[CO_2]$，利用三维干旱识别方法，分别对两类气候情景下 7 个气候分区进行干旱识别，以分析不同区域未来干旱时空动态演变特征及发展规律。

12.4.1　三维典型干旱时空动态演变

基于三维识别方法，对 1979~2100 年 7 个气候分区的干旱指数进行干旱识别，7 个气候分区 SSP2-4.5 和 SSP5-8.5 情景下共识别出超过 3000 场干旱事件（如 SSP2-4.5 情景下西北地区识别出了 657 场干旱事件）。西北地区烈度最严重的前 5 场干旱中有 4 场发生于 2015 年之前；而华中地区 SSP2-4.5 情景下烈度最严重的前 5 场干旱全部发生于 2015 年之后，SSP5-8.5 情景下前 5 场干旱有 4 场发生于 2015 年之后，其中发生于 2064~2065 年的干旱持续了 23 个月，干旱影响面积为 $1.8 \times 10^6 km^2$，干旱烈度为 3.5×10^6 月·km^2；华南地区 SSP5-8.5 情景下 5 场干旱全部发生于 2015 年之后，SSP2-4.5 情景下 4 场发生在 2015 年之后。这与前面的研究结果一致，西北地区历史时期极端干旱发生次数较多，南方湿润区极端干旱在未来时期发生更为频繁。

1. 历史干旱验证

为了验证 $SZI[CO_2]$ 对干旱的监测效果，选取了 3 场历史干旱记录作为对比，分别为 2009~2010 年西南干旱、2013 年南方大旱和 2007 年东北干旱。西南地区从 2009 年秋季至

2010 年春季发生了严重的干旱事件, 干旱持续时间长、降水量严重短缺, 至 2010 年 2 月, 干旱迅速发展, 影响范围包括青藏高原东侧、云南、贵州和广西西北部, 随后从青藏高原的东南部扩展到中部和东北部 [图 12-7 (a)], 该监测结果与 Zhang G X 等 (2021a) 基于遥感土壤湿度的监测结果一致, 也与干旱记录一致 (http://www.chinanews.com/gn/news/2010/03-31/2200440.shtml)。西太平洋副热带高压持续稳定、偏强, 引发了 2013 年南方夏季干旱, 长江以南大部分地区发生了罕见的长期性高温少雨天气, 其持续时间长, 影响面积广, 江南大部、华南北部地区平均降水量为历史同期最低 (http://www.gov.cn/zwgk/2013-08/04/content_2460956.htm)。2013 年 7 月, 干旱主要集中在贵州、湖南和浙江地区, 与 SZI[CO$_2$] 监测结果相一致 [图 12-7 (b)]。2007 年, 中国东北地区出现了严重的干旱事件, 受到影响的区域包括黑龙江西部和内蒙古东部地区, 导致了严重的作物减产 (http://www.weather.com.cn/drought/ghsj/2007/05/442481.shtml), 2007 年 7 月 SZI[CO$_2$] 监测的干旱事件与干旱记录一致, 黑龙江和内蒙古东部处于严重干旱状态 [图 12-7 (c)]。通过对比不同地区 3 次干旱事件的监测结果, 表明 SZI[CO$_2$] 能够准确监测和描述干旱事件的空间格局。

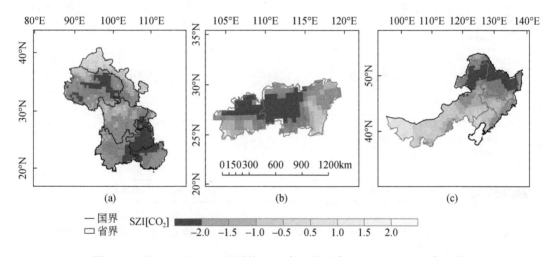

图 12-7　基于 SZI[CO$_2$] 监测的 2010 年 2 月西南地区 (a)、2013 年 7 月
华南地区 (b) 和 2007 年 7 月东北地区 (c) 极端干旱事件

2. 未来典型干旱事件时空动态演变过程预估

以 SSP5-8.5 气候情景下预估的华中地区 2094～2097 年干旱为例, 分析其时空动态演变过程及干旱特征变量时间变化趋势。预估此次干旱事件发生于 2094 年 8 月, 结束于 2097 年 5 月, 共历时 34 个月, 干旱烈度为 5.2×10^7 月·km^2 (图 12-8)。

该场干旱将爆发于华中地区西南部, 干旱面积为 4.3 万 km^2, 占区域总面积的 2.2%, 2094 年 10 月, 干旱迅速向中西部蔓延, 干旱面积达 78 万 km^2, 占总面积的 40%, 干旱烈度为 1.3×10^6 月·km^2, 至 11 月, 达到第一次高峰; 随后干旱开始衰减, 2095 年 7 月干旱

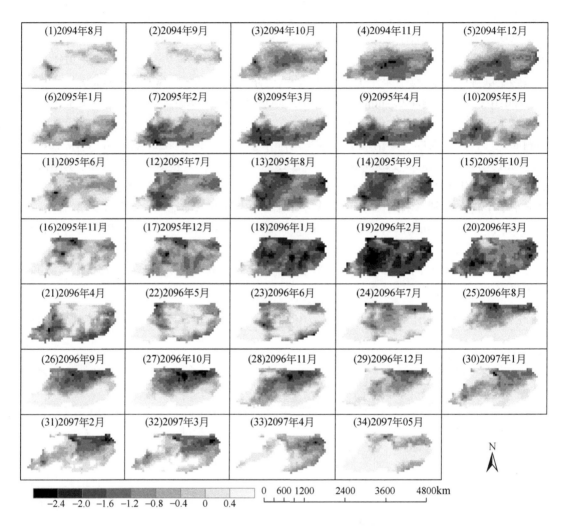

图 12-8　SSP5-8.5 气候情景下华中地区第 474 场（2094 年 8 月～2097 年 5 月）干旱事件时空演变过程

再次蔓延，2095 年 8 月达到第二次高峰，干旱面积占比达 75%，干旱烈度为 3.1×10^6 月·km^2；随后干旱又经历了衰减—蔓延—高峰的演变过程，在 2096 年 1～3 月达到此次干旱事件的最高峰，2096 年 2 月的干旱面积占比为 93%，干旱烈度达 4.4×10^6 月·km^2；此次高峰之后，干旱逐渐衰弱，2096 年 4 月之后，干旱面积占比都低于 50%，至 2097 年 5 月，干旱消失。

12.4.2　干旱多特征变量频率分析

1. 干旱特征变量边缘分布函数选择

利用 MK 方法对三维干旱特征（干旱面积、烈度和强度）进行趋势检验，发现在

SSP2-4.5 气候情景下，西北地区干旱面积和干旱烈度呈显著下降趋势，华中地区干旱烈度及华南地区干旱历时和干旱烈度呈显著上升趋势（表12-2）；在 SSP5-8.5 气候情景下，西北地区干旱面积和干旱烈度呈显著下降趋势，华中地区干旱面积、历时、烈度及华南地区干旱历时和烈度呈显著上升趋势。内蒙古、青藏高原和东北地区干旱特征呈不显著下降趋势，华北地区干旱特征呈不显著上升趋势。包含趋势项的序列为非平稳时间序列，传统的频率分析方法不再适用，需要利用非平稳方法对其进行频率分析。

表 12-2　基于 MMK 方法的干旱特征趋势检验结果

气候分区	气候情景	干旱历时	干旱面积	干旱烈度
西北	SSP2-4.5	▽	▼	▼
	SSP5-8.5	▽	▼	▼
内蒙古	SSP2-4.5	▽	▽	▽
	SSP5-8.5	▽	▽	▽
青藏高原	SSP2-4.5	▽	▽	▽
	SSP5-8.5	▽	▽	▽
东北	SSP2-4.5	▽	▽	▽
	SSP5-8.5	▽	▽	▽
华北	SSP2-4.5	△	△	△
	SSP5-8.5	△	△	△
华中	SSP2-4.5	△	△	▲
	SSP5-8.5	▲	▲	▲
华南	SSP2-4.5	▲	△	▲
	SSP5-8.5	▲	△	▲

注：△ 表示上升趋势，▽ 表示下降趋势，▲ 表示显著上升，▼ 表示显著下降。

基于 7 类边缘分布函数，4 类参数模型组合（表9-1）的 28 类平稳/非平稳边缘分布，对 7 个分区两类气候情景下的干旱历时、干旱面积和干旱烈度特征变量进行边缘分布拟合，依据赤池信息准则和贝叶斯信息准则进行模型优选，模型优选结果见表12-3。其中，LogN 是被选中次数最多的分布线型，其次为 GEV、Gam 和 Wb；4 类参数模型中，只改变位置参数的 M2 模型被选中次数最多。M2 模型表示分布函数的位置参数随时间变化，而尺度参数为静态参数，位置参数表征序列的均值，在未来气候情景下，趋势项是干旱特征变量的主要确定性成分，因此均值随时间变化的非平稳分布最适合表征该类非平稳时间序列。

表 12-3　干旱特征变量最优边缘分布函数

气候区域	气候情景	干旱历时	干旱面积	干旱烈度
西北	SSP2-4.5	GEV-M2	LogN-M2	LogN-M2
	SSP5-8.5	LogN-M2	LogN-M2	LogN-M2

气候区域	气候情景	干旱历时	干旱面积	干旱烈度
内蒙古	SSP2-4.5	Gam-M1	Gam-M0	Wb-M0
	SSP5-8.5	LogN-M0	Gam-M3	Gam-M2
青藏高原	SSP2-4.5	GEV-M2	LogN-M0	LogN-M0
	SSP5-8.5	GEV-M0	LogN-M0	LogN-M0
东北	SSP2-4.5	LogN-M1	LogN-M3	LogN-M1
	SSP5-8.5	GEV-M0	LogN-M0	LogN-M0
华北	SSP2-4.5	GEV-M1	LogN-M1	LogN-M1
	SSP5-8.5	LogN-M1	LogN-M1	LogN-M1
华中	SSP2-4.5	GEV-M0	GEV-M0	LogN-M1
	SSP5-8.5	GEV-M3	LogN-M2	GEV-M0
华南	SSP2-4.5	LogN-M2	Gam-M2	LogN-M2
	SSP5-8.5	Gam-M3	Gam-M2	GEV-M2

注: M0 表示平稳序列, M1 表示尺度参数随时间变化, M2 表示位置参数随时间变化, M3 表示尺度参数和位置参数随时间变化。

确定干旱特征变量的边缘分布类型是 Copula 函数构建概率模型的基础。根据 AIC 和 BIC 优选的边缘分布函数对干旱特征变量进行线型匹配, 采用极大似然法进行参数估计, 利用 K-S 方法检验拟合结果, 所有的优选模型都通过了 $p=0.05$ 的显著性水平。

2. Copula 函数优选

各组合变量间的相依性度量是 Copula 多变量频率分析的基础。长历时干旱事件的破坏性较大且对水资源安全造成的影响更为严重, 而短历时干旱事件可能影响单变量假设检验和参数估计结果, 因此, 选取历时大于等于 2 个月的干旱事件进行多特征频率分析。表 12-4 给出了 7 个气候分区两类气候情景下的干旱历时、面积和烈度特征变量两两之间的秩次相关性 (τ) 及显著性检验结果。大部分的 τ 值在 0.60 以上, 全部 τ 值均通过了 $p=0.01$ 的显著性检验, 且干旱面积–烈度的相关性高于干旱历时–干旱面积及干旱历时–干旱烈度的相关性。结果表明, 干旱特征变量之间的相依性较大, 采用 Copula 函数进行联合分布建模进行多变量频率分析是合理的。

表 12-4　SSP2-4.5 和 SSP5-8.5 气候情景下中国 7 分区干旱历时、干旱面积及干旱烈度两两之间的 MMK 秩次相关性

气候区域	干旱历时–干旱面积		干旱历时–干旱烈度		干旱面积–干旱烈度	
	SSP2-4.5	SSP5-8.5	SSP2-4.5	SSP5-8.5	SSP2-4.5	SSP5-8.5
西北	0.66 **	0.68 **	0.72 **	0.74 **	0.89 **	0.89 **
内蒙古	0.62 **	0.61 **	0.72 **	0.72 **	0.87 **	0.87 **
青藏高原	0.67 **	0.67 **	0.76 **	0.75 **	0.86 **	0.86 **

续表

气候区域	干旱历时–干旱面积		干旱历时–干旱烈度		干旱面积–干旱烈度	
	SSP2-4.5	SSP5-8.5	SSP2-4.5	SSP5-8.5	SSP2-4.5	SSP5-8.5
东北	0.65**	0.65**	0.74**	0.75**	0.88**	0.87**
华北	0.61**	0.59**	0.72**	0.72**	0.85**	0.84**
华中	0.71**	0.71**	0.78**	0.78**	0.89**	0.86**
华南	0.55**	0.53**	0.72**	0.72**	0.81**	0.79**

** 表示通过 $p=0.01$ 显著性检验。

干旱特征变量边缘分布确定后，需要利用 Copula 函数对边缘分布进行联合以便进行多变量频率分析。根据拟合优度检验结果，从备选的 3 种阿基米德 Copula 函数中为 7 个气候分区、2 种气候情景下的干旱历时、面积和烈度 3 类干旱特征变量组合确定最优 Copula 函数，用于构造联合分布。表 12-5 给出了基于 AIC 的最优 Copula 函数优选结果。

表 12-5　基于 AIC 准则的 Copula 函数优选结果

气候区域	气候情景	干旱历时–干旱面积	干旱历时–干旱烈度	干旱面积–干旱烈度	干旱历时–干旱面积–干旱烈度
西北	SSP2-4.5	Gumbel	Gumbel	Clayton	Frank
	SSP5-8.5	Gumbel	Frank	Clayton	Gumbel
内蒙古	SSP2-4.5	Clayton	Frank	Clayton	Clayton
	SSP5-8.5	Clayton	Clayton	Clayton	Clayton
青藏高原	SSP2-4.5	Gumbel	Gumbel	Gumbel	Gumbel
	SSP5-8.5	Gumbel	Gumbel	Frank	Gumbel
东北	SSP2-4.5	Gumbel	Frank	Clayton	Gumbel
	SSP5-8.5	Gumbel	Gumbel	Frank	Frank
华北	SSP2-4.5	Gumbel	Gumbel	Frank	Gumbel
	SSP5-8.5	Frank	Frank	Frank	Frank
华中	SSP2-4.5	Gumbel	Gumbel	Frank	Frank
	SSP5-8.5	Gumbel	Gumbel	Frank	Gumbel
华南	SSP2-4.5	Gumbel	Gumbel	Frank	Gumbel
	SSP5-8.5	Frank	Clayton	Clayton	Frank

以 SSP5-8.5 气候情景下西北地区为例，图 12-9 展示了干旱历时–干旱面积、干旱历时–干旱烈度、干旱面积–干旱烈度及干旱历时–干旱面积–干旱烈度的最优 Copula 函数的理论概率与经验概率之间的 PP（probability-probability）图，可以看出各组干旱特征变量联合分布的经验概率和理论曲线之间匹配良好，数据点均匀地分布在 45°线两侧，说明优选的分布函数能够很好地描述干旱特征变量间的联合概率分布。

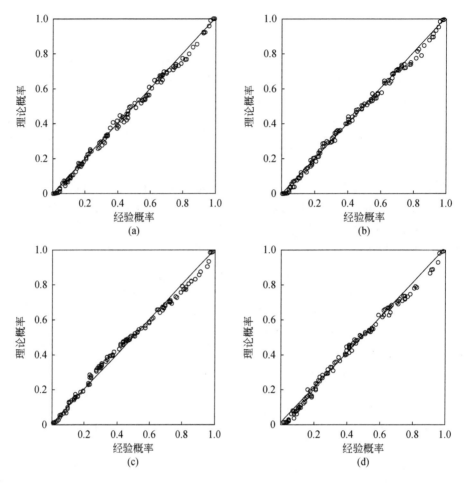

图 12-9 SSP5-8.5 气候情景下西北地区最优 Copula 的理论概率与经验概率的 PP 图

（a）干旱历时–干旱面积、（b）干旱历时–干旱烈度、（c）干旱面积–干旱烈度、（d）干旱历时–干旱面积–干旱烈度

3. 干旱特征联合及条件发生概率

干旱特征变量之间的联合发生概率情况包括两种，一种为"和"情况，表示干旱历时、干旱面积或干旱烈度同时大于某一定值的情况，如 $P(D>5 \cap A>1\times10^5 km^2)$，$P(D>5 \cap A>1\times10^5 km^2 \cap S>1\times10^6 月 \cdot km^2)$；另一种为"或"情况，表示干旱历时、干旱面积或干旱烈度中的一个变量大于某一特定值的情况，如 $P(D>5 \cup A>1\times10^5 km^2)$，$P(D>5 \cup A>1\times10^5 km^2 \cup S>1\times10^6 月 \cdot km^2)$。"或"情况下联合发生概率较高的范围比"和"情况要大得多。以西北地区 SSP2-4.5 情景为例，干旱历时大于 4 个月，干旱面积大于 $4\times10^5 km^2$，"或"情况下的联合发生概率为 21%，"和"情况下的联合发生概率为 13%。两种情况下，联合发生概率均随干旱特征变量的减小而增大，仍以西北地区 SSP2-4.5 情景为例，"或"情况下，干旱历时大于 6 个月和面积大于 $5\times10^5 km^2$ 的联合发生概率为 10%，干旱历时和干旱面积分别大于 4 个月和 $3\times10^5 km^2$ 的联合发生概率为 31%。其他区域联合发生

概率与干旱特征变量的变化规律与西北地区类似，相同干旱特征变量组合在"或"情况下的联合发生概率高于"和"情况下的联合发生概率，干旱特征变量取值越小，联合发生概率越大。

干旱历时-烈度、干旱面积-烈度联合发生概率随干旱特征变量的变化规律与干旱历时-面积情况类似。当干旱特征变量取相同定值时，"或"情况的联合发生概率要高于"和"情况，以西北地区 SSP2-4.5 情景为例，干旱历时大于 3.2 个月、干旱面积大于 $3\times10^5\,km^2$、干旱烈度大于 1.2×10^6 月·km^2 的"和"情况下联合发生概率为 47%，"或"情况下的联合发生概率为 21%。

在干旱特征变量取值相同的情况下，SSP5-8.5 情景下干旱联合发生概率高于 SSP2-4.5 情景，两种情景下差别较为明显的区域包括青藏高原地区、华中和华南地区。例如，干旱历时大于 3.2 个月、干旱面积大于 $3\times10^5\,km^2$、干旱烈度大于 2.4×10^6 月·km^2，华中地区 SSP2-4.5 情景"和"情况下的联合发生概率为 19%，SSP5-8.5 情景"和"情况联合发生概率为 25%。表明在高排放情景下，气温的急剧升高增加了地表蒸散发量，使得干旱的发生更加频繁。

定量捕捉联合概率的发生情况可为气候变化背景下抗旱减灾及水资源管理提供重要信息，如干旱历时和烈度超过一定阈值的干旱发生概率可以作为识别特定供水系统和实施干旱应急计划的临界条件。只考虑"或"情况的干旱联合发生概率，可能高估干旱的发生风险，而只考虑"和"情况的干旱联合发生概率则会低估干旱的发生风险。因此，需要同时考虑两种情况，准确预估干旱的发生概率，综合分析干旱发生风险。

基于 Copula 函数的多元分布函数一旦确立，就很容易得到干旱特征变量的条件发生概率。随着条件因子的增加，干旱面积的条件发生概率呈上升趋势，且上升幅度较大，从图 12-10 中可清楚确定特定历时下对应干旱面积的条件发生概率。以青藏高原地区 SSP2-4.5 情景为例，给定干旱历时大于 5 个月，干旱面积大于 $5\times10^5\,km^2$ 的条件概率为 83%。此外，条件概率曲线的分布特征呈现出两头紧密中间稀疏的特征，表明在不同的干旱历时条件下干旱面积条件发生概率的差异程度，如干旱面积较大时，不同干旱历时为条件的概率差异较小，且干旱历时的增加会显著提高中等干旱面积的发生概率。

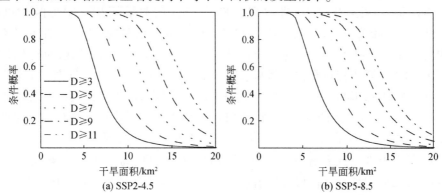

图 12-10　SSP2-4.5（a）和 SSP5-8.5（b）气候情景下青藏高原地区干旱历时大于特定值且
干旱烈度大于 1.2×10^6 月·km^2 条件下，干旱面积（$10^5\,km^2$）的条件概率

条件发生概率有助于极端干旱条件下对水资源系统进行可靠的评估，可为水资源管理者判断水资源系统是否能够满足给定干旱条件下的正常需水量提供有价值的信息，以便迅速确定所需辅助水资源量来缓解抗旱压力。

以青藏高原地区为例（图12-10），展示了三个特征变量组合情形下的干旱发生条件概率。考虑三个特征变量的干旱发生条件概率要明显高于两个特征变量的情况。例如，考虑两个特征变量下给定干旱历时大于5个月，干旱面积大于$1.0 \times 10^6 \mathrm{km}^2$的条件概率为11%，同时给定干旱烈度大于$1.2 \times 10^6$月·$\mathrm{km}^2$时，干旱发生的条件概率提高到37%，表明忽略任何一个干旱特征变量，越严重的干旱事件发生概率被低估的可能性越大。

12.5　讨　　论

12.5.1　降水、蒸发、潜在蒸散发关系分析

通过分析3种综合干旱指数（$\mathrm{SZI[CO_2]}$、$\mathrm{scPDSI[CO_2]}$和$\mathrm{SPEI[CO_2]}$）对中国不同气候分区气象（SPI）、水文（SRI）、农业（SSI）和综合干旱（$\mathrm{SWI[CO_2]}$）的预测效果，发现$\mathrm{SZI[CO_2]}$和$\mathrm{scPDSI[CO_2]}$对干旱半干旱地区的预测效果更好，$\mathrm{SPEI[CO_2]}$更适合湿润区的干旱预测。

降水、ET、PET的关系与区域气候特征和地形等因素密切相关。降水与ET通常为正相关关系，相关系数随AI的增大而减小，西北地区相关系数最大，历史时期、SSP2-4.5气候情景和SSP5-8.5气候情景下相关系数分别为0.91、0.83和0.92；华南湿润区相关系数最低，历史时期、SSP2-4.5和SSP5-8.5气候情景下相关系数分别为0.42、0.27和0.44。相反地，ET与PET的相关性随AI的增大而增大，湿润区相关系数（0.60~0.83）大于干旱区（-0.34~0.33），表明在干旱地区，决定ET的为水量因素而非能量因素，PET会高估该区的大气需水量，进而高估水分亏缺量，因此，利用$\mathrm{SPEI[CO_2]}$进行干旱预测时，往往会高估干旱的发生状况。

按照Bouchet蒸发互补假设，非湿润区ET与PET的关系可表示为$dET + dPET = 0$，表示ET和PET呈负相关关系。在干旱半干旱区，SSP5-8.5情景的ET与PET相关系数明显大于历史时期和SSP2-4.5情景，这与SSP5-8.5情景下降水、气温和辐射的显著增加有关。在非湿润区，ET与降水密切相关，降水量增加导致ET增加，PET受气温和辐射等能量因素控制，气温和辐射的增加导致PET增大，ET和PET同时增加使得其相关系数增大。

P与ET的差异由东南向西北递减，而PET与ET的差异则由东南向西北递增。在干旱半干旱区（西北、内蒙古、华北、青藏高原北部、东北西部地区），PET高于P；在湿润区，P高于PET，且差异较大。相对而言，P与$\hat{P}$更为接近，差异较小（-200~200mm/a）。在多年尺度上，区域大气需水量与降水量应大体持平，P和$\hat{P}$的差异明显低于P与PET的差异，表明利用$\hat{P}$表征大气需水量更为合适，因为$\hat{P}$的计算考虑了水循环过程的各类水文要素（降水、蒸发、径流和土壤湿度），其物理意义更明确。

标准化干旱指数（如 SPI 和 SPEI）可预测不同时间尺度的干旱现象，表征干旱随时间尺度变化的累积效应。$scPDSI[CO_2]$ 利用双层土壤水量平衡模型估计土壤含水量累积变化情况，物理意义明确，但时间尺度固定，预测性能不稳定，当时间尺度较短（<3 个月）或较长（>24 个月）时，$scPDSI[CO_2]$ 对干旱的预测效果有所下降。相比于 $scPDSI[CO_2]$，$SZI[CO_2]$ 对于不同时间尺度干旱的预测效果更稳定。$SZI[CO_2]$ 既考虑了水量–能量平衡（$scPDSI[CO_2]$）过程，又结合了干旱指数多时间尺度（$SPEI[CO_2]$）的特征，因此 $SZI[CO_2]$ 对不同类型、不同时间尺度干旱的预测效果更为稳定。

12.5.2　变量非平稳性

在统计学中，平稳性是一种特殊的随机过程，平稳性时间序列的期望、方差等统计特征不随时间变化，与平稳性相反则为非平稳性（温庆志等，2020）。平稳假设是时间序列分布拟合的基础，但随着气候变化及人类活动的加剧，干旱特征变量的平稳性假设遭到破坏，因此对其进行频率分析时考虑了时间变量对参数的影响。利用时间变量或大尺度环流因子作为参数的协变量是两种较为常见的方式，选择时间作为协变量不需要评估筛选大尺度环流因子（厄尔尼诺–南方涛动、印度洋偶极子等），且利用气候模式数据获取大尺度环流因子存在一定的难度和不确定性，因此对未来干旱特征变量进行非平稳频率分析时，利用大尺度环流因子作为参数协变量很难得到广泛应用。

阿基米德 Copula 是目前水文学领域应用最广泛的 Copula 类型，其形式简单、有可结合性和对称性等特点。Copula 能有效联合二元随机变量进行二元分析，但其高维情况存在难点，参数难以估计（丁忱等，2018）。本章借助三维 Copula 公式，利用极大似然法直接估计参数从而得到高维联合分布，此方法适用于单参数 Copula，对于多参数的形式，直接估计参数难度较大，可借助嵌套 Copula 或混合 Copula 方法进行估参。嵌套和混合 Copula 的每一步都是对二元 Copula 进行参数估计，避免了直接对多元 Copula 进行参数估计的难点，并且由于各类二元 Copula 都能被其所使用，种类变化繁多，能达到较好的拟合效果。

12.6　小　结

依据双层土壤模型算法构建了考虑 CO_2 浓度影响的综合干旱指数 $SZI[CO_2]$，分析了中国不同类型干旱（气象、水文、农业和综合干旱指数）在历史时期、未来 SSP2-4.5 和 SSP5-8.5 气候情景下的发展状况。然后，评估了 SSP2-4.5 和 SSP5-8.5 气候情景下 3 类干旱指数（$SZI[CO_2]$、$SPEI[CO_2]$ 和 $scPDSI[CO_2]$）对未来气象干旱（SPI）、农业干旱（SSI/SSIS）、水文干旱（SRI/SRIS）和综合干旱（SWI）的预测效果。利用降尺度的气候模式数据计算得到中国 SSP2-4.5 和 SSP5-8.5 气候情景下的 $SZI[CO_2]$ 干旱指数。利用游程理论分别对 7 个气候分区的干旱事件进行识别，分析各区干旱变化趋势；利用三维时空干旱识别方法提取干旱事件，分析典型干旱事件的时空动态演变特征；构建非平稳干旱特征频率分析框架，利用 Copula 函数进行干旱特征多变量频率分析。得到以下主要结论：

（1）在 SSP2-4.5 和 SSP5-8.5 气候情景下，21 世纪中国降水和径流增加趋势明显，基于气象干旱（SPI）和水文干旱（SRI/SRIS）预测的中国大部分区域呈湿润化趋势。

（2）根据农业干旱指数（SSI/SSIS）、综合干旱指数（SZI[CO_2]和 scPDSI[CO_2]）的预测结果，至 21 世纪末，我国南方地区农业干旱将更加严重和广泛。北方地区，特别是西北地区和青藏高原地区，呈明显的湿润化趋势。SPEI[CO_2]显示西北地区呈显著变干趋势，与降水量、径流量和土壤湿度的增加趋势相矛盾，也与该区 GPP 及 WUE 的增加相违背。

（3）与 SPEI[CO_2]相比，SZI[CO_2]和 scPDSI[CO_2]能够更好地代表中国非湿润区的气象干旱、水文干旱、农业干旱和综合干旱。此外，SZI[CO_2]在识别不同时间尺度干旱方面优于 scPDSI[CO_2]。

（4）控制干旱区蒸散发的因素为水量（降水）而非能量（PET）。因此在干旱区，PET 通常远高于 ET 和降水，ET 主要受降水而非 PET 影响，这使得利用 PET 代表大气需水量计算得到的指数 SPEI[CO_2]对干旱的监测效果不理想，SPEI[CO_2]更适合湿润区的干旱预估。

（5）在中国西北、内蒙古、青藏高原、东北和华北地区，SZI[CO_2]呈显著增加趋势，干旱影响面积则呈下降趋势，表明这些区域在未来表现为变湿趋势；而华中和华南地区则表现为变干趋势，干旱发生次数、干旱历时和干旱烈度都呈增加趋势。

（6）基于三维干旱识别方法识别的干旱特征（历时、面积、烈度）存在明显的趋势项，通过对比 7 种平稳和非平稳边缘分布函数对干旱特征的匹配效果，发现非平稳 LogN 和 GEV 分布是适用于多数区域的干旱特征频率分布线型。

（7）在干旱特征变量取值相同的情况下，SSP5-8.5 情景下干旱联合发生概率高于 SSP2-4.5 情景，两种情景下差别较为明显的区域包括青藏高原地区、华中和华南地区。考虑三个特征变量条件的干旱发生条件概率要明显高于两个特征变量的情况，表明忽略任何一个干旱特征变量，越严重的干旱事件发生概率被低估的可能性越大。

参 考 文 献

艾启阳．2020．标准化地下水指数的构建与应用．杨凌：西北农林科技大学硕士学位论文．

艾启阳，粟晓玲，张更喜，等．2019．标准化地下水指数法分析黑河中游地下水时空演变规律．农业工程学报，35（10）：69-74．

鲍振鑫，张建云，严小林，等．2021．基于四元驱动的海河流域河川径流变化归因定量识别．水科学进展．32（2）：171-181．

曹永强，刘明阳，李元菲，等．2019．不同潜在蒸散发估算方法在辽宁省的适用性分析．资源科学，41（10）：1780-1790．

陈丽丽，刘普幸，姚玉龙，等．2013．1960—2010 年甘肃省不同气候区 SPI 与 Z 指数的年及春季变化特征．生态学杂志，32（3）：704-711．

陈庭甫，刘玲，岳伟．2005．植物对 CO_2 浓度升高的响应．安徽农学通报，11（6）：91-96．

成雪峰．2013．植物气孔及其运动机理概述．生物学教学，38（12）：7-8．

丁忱，陈隽，王红瑞，等．2018．多变量 Copula 函数在干旱风险分析中的应用进展．南水北调与水利科技，16（1）：14-21．

董洁．2005．非参数统计理论在洪水频率分析中的应用研究．南京：河海大学博士学位论文．

杜灵通，刘可，胡悦，等．2017．宁夏不同生态功能区 2000—2010 年生态干旱特征及驱动分析．自然灾害学报，26（5）：149-156．

方国华，戚核帅，闻昕，等．2016．气候变化条件下 21 世纪中国九大流域极端月降水量时空演变分析．自然灾害学报，25（2）：15-25．

方匡南，吴见彬，朱建平，等．2011．随机森林方法研究综述．统计与信息论坛，26（3）：32-38．

房贤水．2015．基于 ESMD 方法的模态统计特征研究．青岛：青岛理工大学博士学位论文．

冯凯，粟晓玲．2020．基于三维视角的农业干旱对气象干旱的时空响应关系．农业工程学报，36（8）：103-113．

高洁，杨龙．2020．考虑非平稳性特征的雅砻江流域洪水量化分析．水力发电，46（9）：55-62．

高瑞，王龙，杨茂灵，等．2013．基于 SPEI 的南盘江流域近 40 年冬春干旱时空特征研究．灌溉排水学报，32（3）：67-70．

顾西辉，张强，王宗志．2015．1951—2010 年珠江流域洪水极值序列平稳性特征研究．自然资源学报，（5）：824-835．

郭生练，程肇芳．1992．平原水网区陆面蒸发的计算．水利学报，10：68-72．

郭生练，郭家力，侯雨坤，等．2015．基于 Budyko 假设预测长江流域未来径流量变化．水科学进展，26（2）：151-160．

郭盛明，粟晓玲，吴海江，等．2021．基于核熵成分分析的综合干旱指数的构建与应用—以黑河流域中上游为例．干旱地区农业研究，39（1）：148-157．

郭素荣．2012．1960—2010 年青海省气候变化的时空特征分析．兰州：西北师范大学硕士学位论文．

郝丽娜，粟晓玲．2015．黑河干流中游地区适宜绿洲及耕地规模确定．农业工程学报，31（10）：

262-268.

侯军，刘小刚，严登华，等．2015. 呼伦湖湿地生态干旱评价．水利水电技术，46（4）：22-25.

胡彩虹，赵留香，王艺璇，等．2016. 气象、农业和水文干旱之间关联性分析．气象与环境科学，39（4）：1-6.

黄垒，张礼中，朱吉祥，等．2019. 河南省水资源承载力时空特征分析．南水北调与水利科技，17：54-60.

黄友昕，刘修国，沈永林，等．2015. 农业干旱遥感监测指标及其适应性评价方法研究进展．农业工程学报，31（16）：186-195.

姜田亮，粟晓玲，郭盛明，等．2021. 西北地区植被耗水量的时空变化规律及其对气象干旱的响应．水利学报，52（2）：229-240.

蒋桂芹．2013. 干旱驱动机制与评估方法研究．北京：中国水利水电科学研究院博士学位论文．

鞠笑生，邹旭恺，张强．1998. 气候旱涝指标方法及其分析．自然灾害学报，3：52-58.

雷江群，黄强，王义民，等．2014. 基于可变模糊评价法的渭河流域综合干旱分区研究．水利学报，45：574-584.

李继清，朱一鸣，李建昌，等．2017. 变化环境对潮河下游径流一致性的影响．南水北调与水利科技，15（3）：5-12.

李小丽，敖天其，黎小东．2016. 古蔺县近50年来降水序列趋势分析．水土保持研究，23（6）：140-144.

李运刚，何娇楠，李雪．2016. 基于SPEI和SDI指数的云南红河流域气象水文干旱演变分析．地理科学进展，35（6）：758-767.

林榕杰，方国华，郭玉雪，等．2017. RCP情景下都柳江上游气候变化及径流响应分析．水资源与水工程学报，28（1），74-80.

凌俐，陈丽，谢兆莉．2015. 随机森林法用于分析阿糖胞苷致不良反应发生的影响因素．中国药房，26（8）：1091-1093.

刘宪锋，朱秀芳，潘耀忠，等．2015. 农业干旱监测研究进展与展望．地理学报，70（11）：1835-1848.

刘永佳，黄生志，方伟，等．2021. 不同季节气象干旱向水文干旱的传播及其动态变化．水利学报，52（1）：93-102.

芦佳玉，延军平，李英杰．2018. 基于SPEI及游程理论的云贵地区1960-2014年干旱时空变化特征．浙江大学学报（理学版），45（3）：363-372.

鲁杨．2020. 利用GRACE与GLDAS数据监测西北地区地下水时空变化．西安：西安科技大学硕士学位论文．

马寨璞，刘强，井爱芹．2006. 白洋淀防洪排涝与生态干旱监测数字化研究．河北大学学报：自然科学版，26（5）：536-541.

米丽娜，肖洪浪，朱文婧，等．2015. 1985—2013年黑河中游流域地下水位动态变化特征．冰川冻土，37（2）：461-469.

倪深海，顾颖．2011. 我国抗旱面临的形势和抗旱工作的战略性转变．中国水利，13：25-26，34.

牛纪苹．2014. 气候变化对内陆河流域农业灌溉需水的影响研究．杨凌：西北农林科技大学硕士学位论文．

牛文娟，苟思，刘超，等．2016. 生态干旱初探．灌溉排水学报，35（S1）：84-89.

裴源生，蒋桂芹，翟家齐．2013. 干旱演变驱动机制理论框架及其关键问题．水科学进展，24（3）：449-456.

彭漂 . 2017. 基于随机森林的变量重要性度量和核密度估计算法研究 . 厦门：厦门大学硕士学位论文 .

齐乐秦, 粟晓玲, 冯凯 . 2020. 西北地区多尺度气象干旱对环流因子的响应研究 . 干旱区资源与环境, 34
　　 (1)：106-114.

任培贵, 张勃, 张调风, 等 . 2014. 基于 SPEI 的中国西北地区气象干旱变化趋势分析 . 水土保持通报,
　　 34 (1)：182-187, 192.

任余龙, 石彦军, 王劲松, 等 . 2013. 1961-2009 年西北地区基于 SPI 指数的干旱时空变化特征 . 冰川冻
　　 土, 35 (4)：938-948.

苏志诚, 马苗苗, 邢子康, 等 . 2021. 人类活动影响的辽宁省大凌河流域水文干旱演变特征 . 中国水利水
　　 电科学研究院学报, 19 (1)：148-155.

粟晓玲, 梁筝 . 2019. 关中地区气象水文综合干旱指数及干旱时空特征 . 水资源保护, 35 (4)：17-23.

粟晓玲, 宋悦, 牛纪苹, 等 . 2015. 泾惠渠灌区潜在蒸散发量的敏感性及变化成因 . 自然资源学报, 30
　　 (1)：115-123.

粟晓玲, 张更喜, 冯凯 . 2019. 干旱指数研究进展与展望 . 水利与建筑工程学报, 17 (5)：9-18.

粟晓玲, 姜田亮, 牛纪苹 . 2021. 生态干旱的概念及研究进展 . 水资源保护, 37 (4)：15-21, 28.

粟晓玲, 褚江东, 张特, 等 . 2022. 西北地区地下水干旱时空演变趋势及对气象干旱的动态响应 . 水资源
　　 保护, 38 (1)：34-42.

孙鹏, 孙玉燕, 张强, 等 . 2018. 淮河流域洪水极值非平稳性特征 . 湖泊科学, 30 (4)：1123-1137.

郗俊岭, 江志红, 马婷婷 . 2016. 基于贝叶斯模型的中国未来气温变化预估及不确定性分析 . 气象学报,
　　 74 (4)：583-597.

汪青春, 秦宁生, 张占峰, 等 . 2007. 青海高原近 40a 降水变化特征及其对生态环境的影响 . 中国沙漠,
　　 (1)：153-158.

王丹, 王爱慧 . 2017. 1901~2013 年 GPCC 和 CRU 降水资料在中国大陆的适用性评估 . 气候与环境研究,
　　 22 (4)：446-462.

王红瑞, 洪思扬, 秦道清 . 2017. 干旱与水资源短缺相关问题探讨 . 水资源保护, 33：1-4, 24.

王建林, 温学发 . 2010. 气孔导度对 CO_2 浓度变化的模拟及其生理机制 . 生态学报, 30 (17)：
　　 4815-4820.

王劲松, 郭江勇, 周跃武, 等 . 2007. 干旱指标研究的进展与展望 . 干旱区地理, 30 (1)：60-65.

王思佳, 刘鹄, 赵文智 . 2019. 干旱、半干旱区地下水可持续性研究评述 . 地球科学进展, 34 (2)：
　　 210-223.

王文, 王靖淑, 陶奕源, 等 . 2020. 人类活动对水文干旱形成与发展的影响研究进展 . 水文, 40 (3)：
　　 1-8.

王文科, 宫程程, 张在勇, 等 . 2018. 旱区地下水文与生态效应研究现状与展望 . 地球科学进展, 33
　　 (7)：702-718.

王妍, 王义民, 周帅 . 2020. 参数率定过程中目标函数选择的不确定性对径流模拟的影响 . 长江科学院院
　　 报, 37 (12)：34-39.

王洋 . 2018. 基于 GRACE 的柴达木盆地水储量变化研究 . 西宁：青海大学硕士学位论文 .

王颖慧, 苏怀智 . 2020. 基于 PCA-GWO-SVM 的大坝变形预测 . 人民黄河, 42：130-134.

王兆礼, 黄泽勤, 李军, 等 . 2016. 基于 SPEI 和 NDVI 的中国流域尺度气象干旱及植被分布时空演变 . 农
　　 业工程学报, 32 (14)：177-186.

王作亮, 文军, 李振朝, 等 . 2019. 典型干旱指数在黄河源区的适宜性评估 . 农业工程学报, 35 (12)：
　　 186-195.

卫林勇，江善虎，任立良，等.2021，CRU 产品在中国大陆的干旱事件时间性效用评估．水资源保护，37（2）：112-120.

魏凤英.2007.现代气候统计诊断与预测技术．北京：气象出版社.

温克刚，董安祥.2005.中国气象灾害大典（甘肃卷）．北京：气象出版社.

温克刚，王梓.2007.中国气象灾害大典（青海卷）．北京：气象出版社.

温庆志，孙鹏，张强，等.2020.非平稳标准化降水蒸散指数构建及中国未来干旱时空格局．地理学报，75（7）：1465-1482.

吴海江，粟晓玲，张更喜.2021.基于 Meta-Gaussian 模型的中国农业干旱预测研究．地理学报，76（3）：525-538.

吴立钰，张璇，李冲，等.2020.气候变化和人类活动对伊逊河流域径流变化的影响．自然资源学报，35（7）：1744-1756.

吴绍飞，张翔，王俊钗，等.2016.基于站点降雨量最优拟合函数的 SPI 指数计算．干旱区地理，39（3）：555-564.

吴喜之，王兆军.1996.非参数统计方法．北京：高等教育出版社.

吴志勇，程丹丹，何海，等.2021.综合干旱指数研究进展．水资源保护，37（1）：36-45.

夏军，陈进，佘敦先.2022.2022 年长江流域极端干旱事件及其影响对对策．水利学报，53（10）：1143-1153.

谢平，陈广才，夏军.2005.变化环境下非一致性年径流序列的水文频率计算原理．武汉大学学报（工学版），38（6）：6-9.

熊斌，熊立华.2016.基于基流退水过程的非一致性枯水频率分析．水利学报，47（7）：873-883.

徐慧，管蓓，薛艳，等.2015.青海省近50年降水集中性的时空变化特征研究．水电能源科学，33（3）：6-9.

徐翔宇，许凯，杨大文，等.2019.多变量干旱事件识别与频率计算方法．水科学进展，30（3）：373-381.

许凯.2015.我国干旱变化规律及典型引黄灌区干旱预报方法研究．北京：清华大学博士学位论文.

杨强，王婷婷，陈昊，等.2015.基于 MODIs EVI 数据的锡林郭勒盟植被覆盖度变化特征．农业工程学报，31（22）：191-198，315.

姚登举，杨静，詹晓娟.2014.基于随机森林的特征选择算法．吉林大学学报（工学版），44（1）：137-141.

殷勇，薛俊莉，于慧春，等.2014.基于 KFDA 的食醋电子鼻鉴别方法．农业机械学报，45：236-240.

袁文平，周广胜.2004.标准化降水指标与 Z 指数在我国应用的对比分析．植物生态学报，（4）：523-529.

翟家齐，蒋桂芹，裴源生，等.2015.基于标准水资源指数（SWRI）的流域水文干旱评估——以海河北系为例．水利学报，46（6）：687-698.

翟禄新，冯起.2011.基于 SPI 的西北地区气候干湿变化．自然资源学报，26（5）：847-857.

张更喜，粟晓玲，郝丽娜，等.2019.基于 NDVI 和 scPDSI 研究 1982—2015 年中国植被对干旱的响应．农业工程学报，35（20）：145-151.

张更喜，粟晓玲，刘文斐.2021.考虑 CO_2 浓度影响的中国未来干旱趋势变化．农业工程学报，37（1）：84-91.

张洪波，俞奇骏，陈克宇，等.2016.基于小波变换的径流周期与 ENSO 事件响应关系研究．华北水利水电大学学报（自然科学版），37（4）：59-66.

张建云，杨扬，陆桂华，等.2005. 遥感定量监测地表干旱特征的方法研究和应用试验. 水科学进展，16（4）：541-545.

张凯锋，曹宁，张敏.2019. CMIP5 多模式下的 ENSO 模拟评估及非对称性特征分析. 成都信息工程大学学报，34（3）：278-286.

张丽丽，殷峻暨，侯召成.2010. 基于模糊隶属度的白洋淀生态干旱评价函数研究. 河海大学学报（自然科学版），38（3）：252-257.

张利茹，王兴泽，王国庆，等.2015 变化环境下水文资料序列的可靠性与一致性分析. 水文，35（2）：39-43.

张林燕，郑巍斐，杨肖丽，等.2019. 基于 CMIP5 多模式集合和 PDSI 的黄河源区干旱时空特征分析. 水资源保护，35（6）：95-99，137.

张凌云，简茂球.2011. AWTP 指数在广西农业干旱分析中的应用. 高原气象，30（1）：133-141.

张露洋，雷国平，郭一洋.2020. 基于两维图论聚类的辽宁省土地利用多功能性分区. 农业工程学报，36：242-249.

张世虎，王一峰，侯勤正，等.2015. 青海省干旱指数时空变化特征与气候指数的关系. 草业科学，32（12）：1980-1987.

张玉虎，向柳，孙庆，等.2016. 贝叶斯框架的 Copula 季节水文干旱预报模型构建及应用. 地理科学，36（9）：1437-1444.

张宗祜，施德鸿，沈照理，等.1997. 人类活动影响下华北平原地下水环境的演化与发展. 地球学报，（4）：2-9.

赵爱莉，张晓斌，郝改瑞，等.2020.1971-2018 年汉江流域陕西段降水时空特征分析. 水资源与水工程学报，31（6）：80-87.

智协飞，王晶，林春泽，等.2015. CMIP5 多模式资料中气温的 BMA 预测方法研究. 气象科学，35（4）：405-412.

中华人民共和国国家质量监督检验检疫总局，中国国家标准化管理委员会.2017. 气象干旱等级（GB/T 20481–2017）. 北京：中国标准出版.

钟栗，汪院生，唐仁，等.2020. 变化环境下水文模型在洛阳河流域中的应用. 水电能源科学，38（9）：20-23.

周洪奎，武建军，李小涵，等.2019. 基于同化数据的标准化土壤湿度指数监测农业干旱的适宜性研究. 生态学报，39（6）：2191-2202.

周玉良，袁潇晨，金菊良，等.2011. 基于 Copula 的区域水文干旱频率分析. 地理科学，31（11）：1383-1388.

朱烨.2017. 黄河流域干旱时空演变及干旱传递特性研究. 南京：河海大学博士学位论文.

Aas K, Czado C, Frigessi A, et al. 2009. Pair-copula constructions of multiple dependence. Insurance: Mathematics and Economics, 44（2）：182-198.

AghaKouchak A, Chiang F, Huning, L S, et al. 2020. Climate extremes and compound hazards in a warming world. Annual Review of Earth and Planetary Sciences, 48（1）：519-548.

AghaKouchak A, Mirchi A, Madani K, et al. 2021. Anthropogenic drought: Definition, challenges, and opportunities. Reviews of Geophysics, 59: e2019RG000683.

Akaike H. 1973. A new look at the statistical model identification. IEEE Transactions on Automatic Control, 16（6）：716-723.

Alemohammad S H, Fang B, Konings A G, et al. 2017. Water, Energy, and Carbon with Artificial Neural

Networks (WECANN): a statistically based estimate of global surface turbulent fluxes and gross primary productivity using solar-induced fluorescence. Biogeosciences, 14 (18): 4101-4124.

Alizadeh M R, Adamowski J, Nikoo M R, et al. 2020. A century of observations reveals increasing likelihood of continental-scale compound dry-hot extremes. Science Advances, 39 (6): eaaz4571.

Allen R, Pereira L, Raes D, et al. 1998. Crop Evapotranspiration: Guidelines for Computing Crop Water Requirements. FAO Irrigation and Drainage Paper 56, first ed. Rome, Italy.

Al-Yaari A, Wigneron J P, Dorigo W, et al. 2019. Assessment and inter-comparison of recently developed/reprocessed microwave satellite soil moisture products using ISMN ground-based measurements. Remote Sensing of Environment, 224: 289-303.

AMS. 1997. Meteorological drought-policy statement. Bulletin of American Meteorological Society, 78: 847-849.

Andreadis K M, Clark E A, Wood A W, et al. 2005. Twentieth-century drought in the conterminous United States. Journal of Hydrometeorology, 6 (6): 985-1001.

Araujo M V O, Celeste A B. 2019. Rescaled range analysis of streamflow records in the São Francisco River Basin, Brazil. Theoretical and Applied Climatology, 135 (1): 1-12.

Ayantobo O O, Wei J H. 2019. Appraising regional multi-category and multi-scalar drought monitoring using standardized moisture anomaly index (SZI): A water-energy balance approach. Journal of Hydrology, 579: 124139.

Ayantobo O O, Li Y, Song S B, et al. 2018. Probabilistic modelling of drought events in China via 2-dimensional joint copula. Journal of Hydrology, 559: 373-391.

Beaudoing H, Rodell M, NASA/GSFC/HSL. 2019. GLDAS Noah Land Surface Model L4 monthly 0.25×0.25 degree V2.0, Greenbelt, Maryland, USA, Goddard Earth Sciences Data and Information Services Center (GES DISC).

Beersma J J, Buishand T A. 2004. Joint probability of precipitation and discharge deficits in the Netherlands. Water Resources Research, 40 (12): W12508.

Bevacqua E, Maraun D, Haff I H, et al. 2017. Multivariate statistical modelling of compound events via pair-copula constructions: analysis of floods in Ravenna (Italy). Hydrology and Earth System Sciences, 21 (6): 2701-2723.

Beven K. 1979. A sensitivity analysis of the Penman-Monteith actual evapotranspiration estimates. Journal of Hydrology, 44 (3-4): 169-190.

Bloomfield J P, Marchant B P. 2013. Analysis of groundwater drought building on the standardised precipitation index approach. Hydrology and Earth System Sciences, 17 (12): 4769-4787.

Bogner K, Pappenberger F, Cloke H L. 2012. Technical note: The normal quantile transformation and its application in a flood forecasting system. Hydrology and Earth System Sciences, 16 (4): 1085-1094.

Budyko M I. 1974. Climate and Life. San Diego: Academic Press.

Buttafuoco G, Caloiero T, Coscarelli R. 2015. Analyses of drought events in Calabria (Southern Italy) using standardized precipitation index. Water Resources Management, 29 (2): 557-573.

Carlson T N, Gillies R R, Perry E M. 1994. A method to make use of thermal infrared temperature and NDVI measurements to infer surface soil water content and fractional vegetation cover. Remote Sensing Reviews, 9 (1): 161-173.

Chang J X, Wang Y M, Istanbulluoglu E, et al. 2015. Impact of climate change and human activities on runoff in the Weihe River Basin, China. Quaternary International, 380-381: 169-179.

Chang J X, Li Y Y, Wang Y M, et al. 2016. Copula-based drought risk assessment combined with an integrated index in the Wei River Basin, China. Journal of Hydrology, 540: 824-834.

Chang T J, Kleopa X A. 1991. A proposed method for drought monitoring. Water Resources Bulletin, 27 (2): 275-281.

Chen C, He B, Guo L N, et al. 2018. Identifying critical climate periods for vegetation growth in the Northern Hemisphere. Journal of Geophysical Research: Biogeosciences, 123 (8): 2541-2552.

Chen H, Zhang W, Nie N, et al. 2019. Long-term groundwater storage variations estimated in the Songhua River Basin by using GRACE products, land surface models, and in-situ observations. Science of the Total Environment, 649: 372-387.

Chen L, Frauenfeld O W. 2014. A comprehensive evaluation of precipitation simulations over China based on CMIP5 multimodel ensemble projections. Journal of Geophysical Research: Atmospheres, 119 (10): 5767-5786.

Chen S S, Yuan X. 2021. CMIP6 projects less frequent seasonal soil moisture droughts over China in response to different warming levels. Environmental Research Letters, 16 (4): 044053.

Chen X H, Koenker R, Xiao Z J. 2009. Copula-based nonlinear quantile autoregression. Econometrics Journal, 12: S50-S67.

Chen X L, Su Z B, Ma Y M, et al. 2021. Remote sensing of global daily evapotranspiration based on a surface energy balance method and reanalysis data. Journal of Geophysical Research: Atmospheres, 126 (16): e2020JD032873.

Cheng L Y, Hoerling M, Liu Z Y, et al. 2019. Physical understanding of human-induced changes in U. S. hot droughts using equilibrium climate simulations. Journal of Climate, 32 (14): 4431-4443.

Chi D K, Wang H, Li X T, et al. 2018. Estimation of the ecological water requirement for natural vegetation in the Ergune River basin in Northeastern China from 2001 to 2014. Ecological Indicators, 92: 141-150.

Chou C, Chiang J C H, Lan C W, et al. 2013. Increase in the range between wet and dry season precipitation. Nature Geoscience, 6 (4): 263-267.

Choudhury B J. 1999. Evaluation of an empirical equation for annual evaporation using field observations and results from a biophysical model. Journal of Hydrology, 216: 99-110.

Coffel E D, Keith B, Lesk C, et al. 2019. Future hot and dry years worsen nile basin water scarcity despite projected precipitation increases. Earth's Future, 7 (8): 967-977.

Cohen J, Agel L, Barlow M, et al. 2021. Linking Arctic variability and change with extreme winter weather in the United States. Science, 373 (6559): 1116-1121.

Cook B I, Smerdon J E, Seager R, et al. 2014. Global warming and 21st century drying. Climate Dynamics, 43 (9-10): 2607-2627.

Cook B I, Mankin J S, Anchukaitis K J. 2018. Climate change and drought: From past to future. Current Climate Change Reports, 4 (2): 164-179.

Cook B I, Mankin J S, Marvel K, et al. 2020. Twenty-first century drought projections in the CMIP6 forcing scenarios. Earth's Future, 8: e2019EF001461.

Corzo Perez G A, Van Huijgevoort M H J, Voß F, et al. 2011. On the spatio-temporal analysis of hydrological droughts from global hydrological models. Hydrology and Earth System Sciences, 15: 2963-2978.

Costanza R, d'ARGE R, de Groot R S, et al. 1997. The value of the world's ecosystem services and natural capital. Nature, 387: 253-260.

Crausbay S D, Ramirez A R, Carter S L, et al. 2017. Defining ecological drought for the twenty-first century. Bulletin of the American Meteorological Society, 98 (12): 2543-2550.

Dai A. 2011. Characteristics and trends in various forms of the Palmer Drought Severity Index during 1900-2008. Journal of Geophysical Research, 116: D12115.

Dai A. 2013. Increasing drought under global warming in observations and models. Nature Climate Change, 3: 52-58.

Dai M, Huang S Z, Huang Q, et al. 2020. Assessing agricultural drought risk and its dynamic evolution characteristics. Agricultural Water Management, 231: 106003.

De Groot R, Wilson M, Boumans R. 2002. A typology for the description, classification and valuation of Ecosystem Functions. Goods Services Econ, 41 (3): 393-408.

DeAngelis A M, Wang H L, Koster R D, et al. 2020. Prediction Skill of the 2012 U. S. Great Plains Flash Drought in Subseasonal Experiment (SubX) Models. Journal of Climate, 33 (14): 6229-6253.

Deb P, Kiem A S, Willgoose G. 2019. A linked surface water-groundwater modelling approach to more realistically simulate rainfall-runoff non-stationarity in semi-arid regions. Journal of Hydrology, 575: 273-291.

Deng W J, Song J X, Sun H T, et al. 2020. Isolating of climate and land surface contribution to basin runoff variability: A case study from the Weihe River Basin, China. Ecological Engineering, 153: 105904.

Diaz V, Corzo Perez G A, Van Lanen H A J, et al. 2020. An approach to characterise spatio-temporal drought dynamics. Advances in Water Resources, 137: 103512.

Donohue R J, Mcvicar T R, Roderick M L. 2010. Assessing the ability of potential evaporation formulations to capture the dynamics in evaporative demand within a changing climate. Journal of Hydrology, 386 (1-4): 186-197.

Dutra E, Magnusson L, Wetterhall F, et al. 2013. The 2010-2011 drought in the Horn of Africa in ECMWF reanalysis and seasonal forecast products. International Journal of Climatology, 33: 1720-1729.

Famiglietti J S. 2014. The global groundwater crisis. Nature Climate Change, 4 (11): 945-948.

FAO. 1983. Guidelines: Land Evaluation for Rainfed Agriculture.

FAO. 2018. The Impact of Disasters and Crises on Agriculture and Food Security 2017.

Feng K, Su X L. 2019. Spatiotemporal characteristics of drought in the heihe river basin based on the extreme-point symmetric mode decomposition method. International Journal of Disaster Risk Science, 10 (4): 591-603.

Feng K, Su X L. 2020. Spatiotemporal response characteristics of agricultural drought to meteorological drought from a three-dimensional perspective. Transactions of the Chinese Society of Agricultural Engineering, 36 (8): 103-113.

Feng K, Su X L, Zhang G X, et al. 2020. Development of a new integrated hydrological drought index (SRGI) and its application in the Heihe River Basin, China. Theoretical and Applied Climatology, 141: 43-59.

Feng S F, Hao Z C. 2020. Quantifying likelihoods of extreme occurrences causing maize yield reduction at the global scale. Science of the Total Environment, 704: 135250.

Feng S F, Hao Z C, Zhang X, et al. 2019. Probabilistic evaluation of the impact of compound dry-hot events on global maize yields. Science of the Total Environment, 689: 1228-1234.

Feng W, Shum C, Zhong M, et al. 2018. Groundwater storage changes in China from satellite gravity: an overview. Remote Sensing, 10 (5): 674.

Feng W, Lu H W, Yao T C, et al. 2020. Drought characteristics and its elevation dependence in the Qinghai-Tibet plateau during the last half-century. Scientific Reports, 10 (1): 14323.

Frappart F, Ramillien G. 2018. Monitoring groundwater storage changes using the Gravity Recovery and Climate

Experiment (GRACE) Satellite Mission: A review. Remote Sensing, 10 (6): 829.

Gatalsky P, Andrienko N, Andrienko G. 2004. Interactive analysis of event data using space-time cube. Eighth International Conference on Information Visualisation.

Geirinhas J L, Russo A, Libonati R, et al. 2021. Recent increasing frequency of compound summer drought and heatwaves in Southeast Brazil. Environmental Research Letters, 16 (3): 034036.

General U S. 1994. United nations convention to combat drought and desertification in countries experiencing serious droughts and/or desertification, Particularly in Africa. Paris.

Genest C, Favre A C, Béliveau J, et al. 2007. Metaelliptical copulas and their use in frequency analysis of multivariate hydrological data. Water Resources Research, 43 (9): W09401.

Genest C, Rémillard B, Beaudoin D. 2009. Goodness- of- fit tests for copulas: A review and a power study. Insurance: Mathematics and Economics, 44 (2): 199-213.

Ghilain N, Arboleda A, Gellens- Meulenberghs F. 2011. Evapotranspiration modelling at large scale using near- real time MSG SEVIRI derived data. Hydrology and Earth System Sciences, 15 (3): 771-786.

Gibbs W J. 1975. Drought - its definition, delineation and effects. Drought. Lectures presented at the twenty- sixth session of the WMO Executive Committee. 1975 pp. 1-39 ref. 14.

Gizaw M S, Gan T Y. 2016. Impact of climate change and El Niño episodes on droughts in sub- Saharan Africa. Climate Dynamics, 49 (1-2): 665-682.

Gocic M, Trajkovic S. 2014. Spatiotemporal characteristics of drought in Serbia. Journal of Hydrology, 510: 110-123.

Gringorten I I. 1963. A plotting rule for extreme probability paper. Journal of Geophysical Research, 68 (3): 813-814.

Gumbel E J. 1963. Statistical forecast of droughts. Hydrological Sciences Journal, 8 (1): 5-23.

Guo Y, Huang S Z, Huang Q, et al. 2020a. Propagation thresholds of meteorological drought for triggering hydrological drought at various levels. Science of the Total Environment, 712: 136502.

Guo Y, Huang Q, Huang S Z, et al. 2020b. Elucidating the effects of mega reservoir on watershed drought tolerance based on a drought propagation analytical method. Journal of Hydrology, 598: 125738.

Guttman N B. 1998. Comparing the palmer drought index and the standardized precipitation index. Journal of the American Water Resources Association, 34 (1): 113-121.

Halder S, Roy M B, Roy P K. 2020. Analysis of groundwater level trend and groundwater drought using Standard Groundwater Level Index: a case study of an eastern river basin of West Bengal, India. Doi: 10. 1007/s42452- 020-2302-6.

Han Z, Huang S, Huang Q, et al. 2020. Effects of vegetation restoration on groundwater drought in the Loess Plateau, China. Journal of Hydrology, 591: 125566.

Han Z M, Huang S Z, Huang Q, et al. 2019. Propagation dynamics from meteorological to groundwater drought and their possible influence factors. Journal of Hydrology, 578: 124102.

Hannachi A, Jolliffe IT, Stephenson D B. 2007. Empirical orthogonal functions and related techniques in atmospheric science: A review. International Journal of Climatology, 27 (9): 1119-1152.

Hao Z C, Singh V P. 2015. Drought characterization from a multivariate perspective: A review. Journal of Hydrology, 527: 668-678.

Hao Z C, AghaKouchak A. 2013. Multivariate standardized drought index: A parametric multi- index model. Advances in Water Resources, 57: 12-18.

Hao Z C, AghaKouchak A, Nakhjiri N, et al. 2014. Global integrated drought monitoring and prediction system. Scientific Data, 1: 140001.

Hao Z C, Hao F H, Singh V P, et al. 2016. Probabilistic prediction of hydrologic drought using a conditional probability approach based on the meta-Gaussian model. Journal of Hydrology, 542: 772-780.

Hao Z C, Hao F H, Singh V P, et al. 2017a. An integrated package for drought monitoring, prediction and analysis to aid drought modeling and assessment. Environmental Modelling & Software, 91: 199-209.

Hao Z C, Hao F H, Singh V P, et al. 2017b. Quantitative risk assessment of the effects of drought on extreme temperature in eastern China. Journal of Geophysical Research: Atmospheres, 122 (17): 9050-9059.

Hao Z C, Hao F H, Singh V P, et al. 2017c. An integrated package for drought monitoring, prediction and analysis to aid drought modeling and assessment. Environmental Modelling & Software, 91: 199-209.

Hao Z C, Hao F H, Singh V P, et al. 2018. A multivariate approach for statistical assessments of compound extremes. Journal of Hydrology, 565: 87-94.

Hao Z C, Hao F H, Singh V P, et al. 2019. Statistical prediction of the severity of compound dry-hot events based on El Niño-Southern Oscillation. Journal of Hydrology, 572: 243-250.

Hargreaves G H. 1975. Moisture availability and crop production. Transactions of the ASAE, 18: 980-984.

He X G, Sheffield J. 2020. Lagged compound occurrence of droughts and pluvials globally over the past seven decades. Geophysical Research Letters, 47 (14): e2020GL087924.

Heim R R. 2002. A review of twentieth-century drought indices used in the United States. Bulletin of the American Meteorological Society, 83 (8): 1149-1166.

Hoerling M, Eischeid J, Kumar A, et al. 2014. Causes and predictability of the 2012 great plains drought. Bulletin of the American Meteorological Society, 95 (2): 269-282.

Huang S Z, Chang J, Leng G, et al. 2015. Integrated index for drought assessment based on variable fuzzy set theory: A case study in the Yellow River basin, China. Journal of Hydrology, 527: 608-618.

Huang S Z, Li P, Huang Q, et al. 2017. The propagation from meteorological to hydrological drought and its potential influence factors. Journal of Hydrology, 547: 184-195.

Hurst H E. 1951. Long-term storage capacity of reservoirs. Transactions of ASCE, 116 (1): 770-799.

Jehanzaib M, Shah S A, Yoo J Y, et al. 2020. Investigating the impacts of climate change and human activities on hydrological drought using non-stationary approaches. Journal of Hydrology, 588: 125052.

Jenssen R. 2010. Kernel entropy component analysis. IEEE Transactions on Pattern Analysis and Machine Intelligence, 32 (5): 847-860.

Jiang S H, Wang M H, Liu Y, et al. 2018. A framework for quantifying the impacts of climate change and human activities on hydrological drought in a semiarid basin of Northern China. Hydrological Processes, 33: 1075-1088.

Jiang T L, Su X L, Singh V P, et al. 2021. A novel index for ecological drought monitoring based on ecological water deficit. Ecological Indicators, 129: 107804.

Joe H. 1996. Families of m-variate distributions with given margins and m (m-1) /2 bivariate dependence parameters. Institute of Mathematical Statistics Lecture Notes-Monograph Series Distributions with fixed marginals and related topics, 28: 120-141.

Kam J, Kim S, Roundy J K. 2021. Did a skillful prediction of near-surface temperatures help or hinder forecasting of the 2012 US drought? Environmental Research Letters, 16 (3): 034044.

Kao S C, Govindaraju R S. 2010. A copula-based joint deficit index for droughts. Journal of Hydrology, 380 (1-

2）：121-134.

Kelly K S, Krzysztofowicz R. 1997. A bivariate meta-Gaussian density for use in hydrology. Stochastic Hydrology Hydraulics, 11 (1)：17-31.

Keyantash J A, Dracup J A. 2004. An aggregate drought index：Assessing drought severity based on fluctuations in the hydrologic cycle and surface water storage. Water Resources Research, 40：W09304.

Killick R, Haynes K, Eckley I, et al. 2016. Changepoint：Methods for Changepoint Detection, R Package Version 2. 2. 2. https://CRAN. R-project. org/package=changepoint.

Kim D, Rhee J. 2016. A drought index based on actual evapotranspiration from the Bouchet hypothesis. Geophysical Research Letters, 43 (19)：10, 277-210, 285.

Kim J S, Jain S, Lee J H, et al. 2019. Quantitative vulnerability assessment of water quality to extreme drought in a changing climate. Ecological Indicators, 103：688-697.

Konikow L F, Kendy E. 2005. Groundwater depletion：A global problem. Hydrogeology Journal, 13 (1)：317-320.

Lewis A, Oliver S, Lymburner L, et al. 2017. The Australian Geoscience Data Cube — Foundations and lessons learned. Remote Sensing of Environment, 202：276-292.

Li B, Rodell M. 2015. Evaluation of a model-based groundwater drought indicator in the conterminous U. S. Journal of Hydrology, 526：78-88.

Li H S, Wang D, Singh V P, et al. 2019. Non-stationary frequency analysis of annual extreme rainfall volume and intensity using Archimedean copulas：A case study in eastern China. Journal of Hydrology, 571：114-131.

Li J, Yue Y J, Pan H M, et al. 2014. Variation rules of meteorological drought in China during 1961-2010 based on SPEI and intensity analysis. Journal of Catastrophology, 29 (4)：176-182.

Li J Z, Wang Y X, Li S F, et al. 2015. A Nonstationary Standardized Precipitation Index incorporating climate indices as covariates. Journal of Geophysical Research：Atmospheres, 120 (23)：12082-12095.

Li Q F, He P F, He Y C, et al. 2020. Investigation to the relation between meteorological drought and hydrological drought in the upper Shaying River Basin using wavelet analysis. Atmospheric Research, 234：104743.

Li Z, Zheng F L, Liu W Z. 2012. Spatiotemporal characteristics of reference evapotranspiration during 1961-2009 and its projected changes during 2011-2099 on the Loess Plateau of China. Agricultural and Forest Meteorology, 154-155：147-155.

Li Z Y, Huang S Z, Zhou S, et al. 2021. Clarifying the propagation dynamics from meteorological to hydrological drought induced by climate change and direct human activities. Journal of Hydrometeorology, 22 (9)：2359-2378.

Liang W, Bai D, Wang F Y, et al. 2015. Quantifying the impacts of climate change and ecological restoration on streamflow changes based on a Budyko hydrological model in China's Loess Plateau. Water Resources Research, 51 (8)：6500-6519.

Liang X, Lettenmaier D P, Wood E F. 1994. A simple hydrologically based model of land surface water and energy fluxes for general circulation models. Journal of Geophysical Research：Atmospheres, 99 (D7)：14415-14428.

Lim E P, Hendon H H, Boschat G, et al. 2019. Australian hot and dry extremes induced by weakenings of the stratospheric polar vortex. Nature Geoscience, 12 (11)：896-901.

Lin Q X, Wu Z Y, Singh V P, et al. 2017. Correlation between hydrological drought, climatic factors, reservoir operation，and vegetation cover in the Xijiang Basin，South China. Journal of Hydrology，549：512-524.

Lin S，Wang G X，Hu Z Y，et al. 2020. Spatiotemporal variability and driving factors of Tibetan Plateau water use efficiency. Journal of Geophysical Research：Atmospheres，125（22）：e2020JD032642.

Linsely J R K，Kohler M A，Paulhus J L H. 1959. Applied Hydrology. New York：McGraw Hill.

Liu M X，Xu X L，Xu C H，et al. 2017. A new drought index that considers the joint effects of climate and land surface change. Water Resources Research，53：3262-3278.

Liu X B，He B，Guo L L，et al. 2020. Similarities and differences in the mechanisms causing the European summer heatwaves in 2003，2010，and 2018. Earth's Future，8（4）：e2019EF001386.

Liu X F，Feng X M，Ciais P，et al. 2020. GRACE satellite-based drought index indicating increased impact of drought over major basins in China during 2002—2017. Agricultural and Forest Meteorology，291：108057.

Liu Y，Zhu Y，Ren L L，et al. 2019. Understanding the spatiotemporal links between meteorological and hydrological droughts from a three-dimensional perspective. Journal of Geophysical Research：Atmospheres，124（6）：3090-3109.

Liu Y，Zhu Y，Zhang L Q，et al. 2020. Flash droughts characterization over China：From a perspective of the rapid intensification rate. Science of the Total Environment，704：135373.

Liu Z Y，Zhou P，Chen X Z，et al. 2015. A multivariate conditional model for streamflow prediction and spatial precipitation refinement. Journal of Geophysical Research：Atmospheres，120（19）：10116-10129.

Liu Z Y，Menzel L，Dong C Y，et al. 2016a. Temporal dynamics and spatial patterns of drought and the relation to ENSO：a case study in Northwest China. International Journal of Climatology，36（8）：2886-2898.

Liu Z Y，Törnros T，Menzel L. 2016b. A probabilistic prediction network for hydrological drought identification and environmental flow assessment. Water Resources Research，52（8）：6243-6262.

Lloyd-Hughes B. 2012. A spatio-temporal structure-based approach to drought characterisation. International Journal of Climatology，32（3）：406-418.

Long D，Bai L L，Yan L，et al. 2019. Generation of spatially complete and daily continuous surface soil moisture of high spatial resolution. Remote Sensing of Environment，233：111364.

López-Moreno J I，Vicente-Serrano S M，Zabalza J，et al. 2013. Hydrological response to climate variability at different time scales：A study in the Ebro basin. Journal of Hydrology，477：175-188.

MacDonald A M，Bell R A，Kebede S，et al. 2019. Groundwater and resilience to drought in the Ethiopian highlands. Environmental Research Letters，14（9）：9.

Mallick K，Jarvis A J，Boegh E，et al. 2014. A Surface Temperature Initiated Closure（STIC）for surface energy balance fluxes. Remote Sensing of Environment，141：243-261.

Mankin J S，Smerdon J E，Cook B I，et al. 2017. The curious case of projected twenty-first-century drying but greening in the American West. Journal of Climate，30（21）：8689-8710.

Manning C，Widmann M，Bevacqua E，et al. 2019. Increased probability of compound long-duration dry and hot events in Europe during summer（1950-2013）. Environmental Research Letters，14（9）：094006.

McCuen R H. 1974. A sensitivity and error analysis of procedures used for estimating evaporation. Journal of the American Water Resources Association，10（3）：486-497.

McEvoy J，Bathke D J，Burkardt N，et al. 2018. Ecological drought：Accounting for the non-human impacts of water shortage in the upper Missouri Headwaters Basin，Montana，USA. Resources，7（14）：1-16.

McKee T B，Doesken N J，Kleist J. 1993. The relationship of drought frequency and duration to time scales. Anaheim，California：Eighth Conference on Applied Climatology，Amrican Meteorological Society.

Mendicino G, Senatore A, Versace P. 2008. A groundwater resource index GRI for drought monitoring and forecasting in a mediterranean climate. Journal of Hydrology, 357 (3-4): 282-302.

Meng L, Shen Y J. 2014. On the relationship of soil moisture and extreme temperatures in East China. Earth Interactions, 18 (1): 1-20.

Mezentsev V S. 1955. More on the calculation of average total evaporation. Meteorol. Gidrol, 5: 24-26.

Millar C I, Stephenson N L. 2015. Temperate forest health in an era of emerging megadisturbance. Science, 349 (6250): 823-826.

Milly P C D, Dunne K A. 2002. Macroscale water fluxes 2. Water and energy supply control of their interannual variability. Water Resources Research, 38 (10): 1206.

Milly P C D, Dunne K A. 2016. Potential evapotranspiration and continental drying. Nature Climate Change, 6 (10): 946-949.

Milly P C D, Betancourt J, Falkenmark, M, et al. 2008. Stationarity is dead: Whither water management? Science, 319 (5863): 573-574.

Ming B, Guo Y Q, Tao H B, et al. 2015. SPEIPM-based research on drought impact on maize yield in North China Plain. Journal of Integrative Agriculture, 14 (4): 660-669.

Mishra A K, Desai V R. 2005. Drought forecasting using stochastic models. Stochastic Environmental Research and Risk Assessment, 19: 326-339.

Mishra A K, Singh V P. 2009. Analysis of drought severity-area-frequency curves using a general circulation model and scenario uncertainty. Journal of Geophysical Research, 114: D06120.

Mishra A K, Singh V P. 2010. A review of drought concepts. Journal of Hydrology, 391 (1-2): 202-216.

Mishra A K, Ines A V M, Das N N, et al. 2015. Anatomy of a local-scale drought: Application of assimilated remote sensing products, crop model, and statistical methods to an agricultural drought study. Journal of Hydrology, 526: 15-29.

Mo K C, Lettenmaier D P. 2013. Objective drought classification using multiple land surface models. Journal of Hydrometeorology, 15: 990-1010.

Montazerolghaem M, Vervoort W, Minasny B, et al. 2016. Long-term variability of the leading seasonal modes of rainfall in south-eastern Australia. Weather and Climate Extremes, 13: 1-14.

Monteith J L. 1965. Evaporation and environment. Evaporation and environment//Symposia of the society for experimental biology. Cambridge: Cambridge University Press, 205-234.

Moriasi, D N, Arnold, J G, Liew, M, et al. 2007. Model evaluation guidelines for systematic quantification of accuracy in watershed simulations. Transactions of the ASABE, 50 (3): 85-900.

Mukherjee S, Mishra A K. 2021. Increase in compound drought and heatwaves in a warming world. Geophysical Research Letters, 48 (1): e2020GL090617.

Munson S M, Bradford J B, Hultine K R. 2020. An integrative ecological drought framework to span plant stress to ecosystem transformation. Ecosystems, 9 (19): 1-16.

Munson S M, Bradford J B, Hultine K R. 2021. An integrative ecological drought framework to span plant stress to ecosystem transformation. Ecosystems, 24 (4): 739-754.

Nagler T, Schepsmeier U, Stoeber J, et al. 2015. VineCopula: Statistical Inference of Vine Copulas, R Package Version 2.4.1. https://cran. R-project. org/web/packages/VineCopula/[2022-12-17].

Nagler T, Schepsmeier U, Stoeber J, et al. 2021. VineCopula: Statistical Inference of Vine Copulas, R Package Version 2.4.2. https://CRAN. R-project. org/package=VineCopula[2022-12-17].

Nalbantis I. 2008. Evaluation of a hydrological drought index. European Water, 24: 67-77.

Nalbantis I, Tsakiris G. 2009. Assessment of hydrological drought revisited. Water Resources Management, 23: 881-897.

Narasimhan B, Srinivasan R. 2005. Development and evaluation of soil moisture deficit index (SMDI) and evapotranspiration deficit index (ETDI) for agricultural drought monitoring. Agricultural and Forest Meteorology, 133: 69-88.

O' Connor R C, Germino M J, Barnard D M, et al. 2020. Small-scale water deficits after wildfires create long-lasting ecological impacts. Environmental Research Letters, 15 (4): 044001.

Palmer W C. 1965. Meteorological drought. Washington DC: US Department of Commerce, Weather Bureau.

Pan M, Yuan X, Wood E F. 2013. A probabilistic framework for assessing drought recovery. Geophysical Research Letters, 40 (14): 3637-3642.

Park S Y, Sur C, Lee J H, et al. 2020. Ecological drought monitoring through fish habitat-based flow assessment in the Gam river basin of Korea. Ecological Indicators, 109: 105830.

Pathak A A, Dodamani B M. 2019. Trend analysis of groundwater levels and assessment of regional groundwater drought: Ghataprabha River Basin, India. Natural Resources Research, 28 (3): 631-643.

Pfleiderer P, Schleussner C F, Kornhuber K, et al. 2019. Summer weather becomes more persistent in a 2℃ world. Nature Climate Change, 9 (9): 666-671.

Potopová V, Štěpánek P, Možný M, et al. 2015. Performance of the standardized precipitation evapotranspiration index at various lags for agricultural drought risk assessment in the Czech Republic. Agricultural and Forest Meteorology, 202: 26-38.

Price J C. 1985. On the analysis of thermal infrared imagery: The limited utility of apparent thermal inertia. Remote Sensing of Environment, 18 (1): 59-73.

Priestley C H B, Taylor R J. 1972. On the assessment of surface heat flux and evaporation using large-scale parameters. Monthly Weather Review, 100: 81-92.

Raftery A E, Gneiting T, Balabdaoui F, et al. 2005. Using Bayesian model averaging to calibrate forecast ensembles. Monthly Weather Review, 133: 1155-1174.

Rajsekhar D, Singh V P, Mishra A K. 2015. Multivariate drought index: An information theory based approach for integrated drought assessment. Journal of Hydrology, 526: 164-182.

Rashid M M, Beecham S. 2019. Development of a non-stationary Standardized Precipitation Index and its application to a South Australian climate. Science of the Total Environment, 657: 882-892.

Rigby R A, Stasinopoulos D M. 2005. Generalized additive models for location, scale and shape. Journal of the Royal Statistical Society, 54 (3): 507-554.

Rodell M, Houser P R, Jambor U, et al. 2004. The global land data assimilation system. Bulletin of the American Meteorological Society, 85 (3): 381-394.

Rodell M, Chen J, Kato H, et al. 2007. Estimating groundwater storage changes in the Mississippi River basin (USA) using GRACE. Hydrogeology Journal, 15 (1): 159-166.

Roderick M L, Sun F, Lim W H, et al. 2014. A general framework for understanding the response of the water cycle to global warming over land and ocean. Hydrology and Earth System Sciences, 18 (5): 1575-1589.

Russo S, Dosio A, Sterl A, et al. 2013 Projection of occurrence of extreme dry-wet years and seasons in Europe with stationary and nonstationary Standardized Precipitation Indices. Journal of Geophysical Research: Atmospheres, 118 (14): 7628-7639.

Rust W, Holman I, Bloomfield J, et al. 2019. Understanding the potential of climate teleconnections to project future groundwater drought. Hydrology and Earth System Sciences, 23 (8): 3233-3245.

Sakumura C, Bettadpur S, Bruinsma S. 2014. Ensemble prediction and intercomparison analysis of GRACE time-variable gravity field models. Geophysical Research Letters, 41 (5): 1389-1397.

Sattar M N, Kim T W. 2018. Probabilistic characteristics of lag time between meteorological and hydrological droughts using a bayesian model. Terrestrial Atmospheric and Oceanic Sciences, 29 (6): 709-720.

Sattar M N, Lee J Y, Shin J Y, et al. 2019. Probabilistic characteristics of drought propagation from meteorological to hydrological drought in South Korea. Water Resources Management, 33 (7): 2439-2452.

Save H, Bettadpur S, Tapley B D. 2016. High-resolution CSR GRACE RL05 Mascons. Journal of Geophysical Research: Solid Earth, 121 (10): 7547-7569.

Schneider S H. 1996. Encyclopaedia of Climate and Weather. New York: Oxford University Press.

Scholkopf B, Smola A, Muller K R. 1998. Nonlinear component analysis as a kernel eigenvalue problem. Neural Computation, 10 (5): 1299-1319.

Sen P K. 1968. Estimates of the regression coefficient based on Kendall's Tau. Journal of the American Statistical Association, 63 (324): 1379-1389.

Seo J Y, Lee S I. 2019. Spatio-temporal groundwater drought monitoring using multi-satellite data based on an artificial neural network. Water, 11 (9): 19.

Shafer B A, Dezman L E. 1982. Development of a surface water supply index (SWSI) to assess the severity of drought conditions in snowpack runoff areas. Proceedings of the Western Snow Conference: 164-175.

Shah D, Mishra V. 2020. Integrated drought index (IDI) for drought monitoring and assessment in India. Water Resources Research, 56 (2): e2019WR026284.

Shah R, Manekar V, Christian R, et al. 2013. Estimation of reconnaissance drought index (RDI) for Bhavnagar District, Gujarat, India. World Academy of Science, Engineering and Technology, International Journal of Environmental, Chemical, Ecological, Geological and Geophysical Engineering, 7: 507-510.

Sheffield J. 2004. A simulated soil moisture based drought analysis for the United States. Journal of Geophysical Research, 109 (D24): D24108.

Sheffield J, Goteti G, Wen F, et al. 2004. A simulated soil moisture based drought analysis for the United States. Journal of Geophysical Research, 109: D24108.

Sheffield J, Wood E F, Roderick M L. 2012. Little change in global drought over the past 60 years. Nature, 491: 435-438.

Shi H X, Wang C H. 2015. Projected 21st century changes in snow water equivalent over Northern Hemisphere landmasses from the CMIP5 model ensemble. The Cryosphere, 9 (5): 1943-1953.

Siebert S, Burke J, Faures J M, et al. 2010. Groundwater use for irrigation - a global inventory. Hydrology and Earth System Sciences, 14 (10): 1863-1880.

Sklar A. 1959. Fonctions de répartitionàn dimensions et leurs marges. Publications de l'Institut de Statistique de l'Université de Paris, 8: 229-231.

Slette I J, Post A K, Awad M, et al. 2019. How ecologists define drought, and why we should do better. Global Change Biology, 25 (10): 3193-3200.

Song C, Yue C Y, Zhang W, et al. 2019. A remote sensing-based method for drought monitoring using the similarity between drought eigenvectors. International Journal of Remote Sensing, 40 (23): 8838-8856.

Sophocleous M. 2002. Interactions between groundwater and surface water: the state of the science. Hydrogeology

Journal, 10（1）: 52-67.

Sterling S, Ducharne A, Polcher J. 2013. The impact of global land-cover change on the terrestrial water cycle. Nature Climate Change, 3: 385-390.

Su Y, Guo B, Zhou Z, et al. 2020. Spatio-temporal variations in groundwater revealed by GRACE and its driving factors in the Huang-Huai-Hai Plain, China. Sensors, 20（3）: 922.

Taylor R G, Scanlon B, Döll P, et al. 2013. Ground water and climate change. Nature Climate Change, 3（4）: 322-329.

Thomas B F, Famiglietti J S, Landerer F W, et al. 2017. GRACE groundwater drought index: Evaluation of California Central Valley groundwater drought. Remote Sensing of Environment, 198: 384-392.

Trenberth K E, Shea D J. 2005. Relationships between precipitation and surface temperature. Geophysical Research Letters, 32（14）: L14703.

Tsakiris G, Pangalou D, Vangelis H. 2007. Regional drought assessment based on the Reconnaissance Drought Index（RDI）. Water Resources Management, 21（5）: 821-833.

Turc L. 1961. Water requirements assessment of irrigation, potential evapotranspiration: Simplified and updated climatic formula. Annales Agronomiques, 12: 13-49.

Van de Vyver H, Van den Bergh J. 2018. The Gaussian copula model for the joint deficit index for droughts. Journal of Hydrology, 561: 987-999.

Van der Schrier G, Jones P D, Briffa K R. 2011. The sensitivity of the PDSI to the Thornthwaite and Penman-Monteith parameterizations for potential evapotranspiration. Journal of Geophysical Research, 116: D03106.

Van der Schrier G, Barichivich J, Briffa K R, et al. 2013. A scPDSI-based global data set of dry and wet spells for 1901-2009. Journal of Geophysical Research: Atmospheres, 118: 4025-4048.

Van Loon A F, Van Lanen H A J. 2012. A process-based typology of hydrological drought. Hydrology and Earth System Sciences Discussions, 16（7）: 1915-1946.

Van Loon A F, Stahl K, Di Baldassarre G, et al 2016. Drought in a human-modified world: reframing drought definitions, understanding, and analysis approaches. Hydrology and Earth System Sciences, 20: 3631-3650.

Vicente-Serrano S M, Beguería S, López-Moreno J I. 2010a. A multiscalar drought index sensitive to global warming: The Standardized Precipitation Evapotranspiration Index. Journal of Climate, 23（7）: 1696-1718.

Vicente-Serrano S M, Beguería S, López-Moreno J I, et al. 2010b. A new global 0.5° gridded dataset（1901-2006）of a multiscalar drought index: Comparison with current drought index datasets based on the Palmer Drought Severity Index. Journal of Hydrometeorology, 11: 1033-1043.

Vicente-Serrano S M, Miralles D G, Domínguez-Castro F, et al. 2018. Global Assessment of the standardized evapotranspiration deficit index（SEDI）for drought analysis and monitoring. Journal of Climate, 31（14）: 5371-5393.

Vogel R M. 2011. Hydromorphology. Journal of Water Resources Planning and Management, 137（2）: 147-149.

Vogel R M, Kroll C N. 1992. Regional geohydrologic-geomorphic relationships for the estimation of low-flow statistics. Water Resources Research, 28（9）: 2451-2458.

Wambua R M. 2019. Hydrological drought forecasting using modified surface water supply index（SWSI）and streamflow drought index（SDI）in conjunction with Artificial Neural Networks（ANNs）. International Journal of Service Science, Management, Engineering, and Technology, 10（4）: 39-57.

Wang A H, Lettenmaier D P, Sheffield J. 2011. Soil moisture drought in China, 1950-2006. Journal of Climate, 24（13）: 3257-3271.

Wang A H, Zeng X B. 2011. Sensitivities of terrestrial water cycle simulations to the variations of precipitation and air temperature in China. Journal of Geophysical Research, 116: D02107.

Wang C Y, Qi S H, Niu Z, et al. 2004. Evaluating soil moisture status in China using the temperature-vegetation dryness index (TVDI). Canadian Journal of Remote Sensing, 30 (5): 671-679.

Wang F, Wang Z, Yang H, et al. 2020a. Comprehensive evaluation of hydrological drought and its relationships with meteorological drought in the Yellow River basin, China. Journal of Hydrology, 584: 124751.

Wang F, Wang Z M, Yang H B, et al. 2020b. A new copula-based standardized precipitation evapotranspiration streamflow index for drought monitoring. Journal of Hydrology, 585: 124793.

Wang F, Wang Z, Yang H, et al. 2020c. Utilizing GRACE-based groundwater drought index for drought characterization and teleconnection factors analysis in the North China Plain. Journal of Hydrology, 585: 124849.

Wang H J, Pan Y P, Chen Y. 2017. Comparison of three drought indices and their evolutionary characteristics in the arid region of northwestern China. Atmospheric Science Letters, 18 (3): 132-139.

Wang H J, Chen Y, Pan Y P, et al. 2019. Assessment of candidate distributions for SPI/SPEI and sensitivity of drought to climatic variables in China. International Journal of Climatology, 39 (11): 4392-4412.

Wang L, Chen C, Ma X, et al. 2020. Evaluation of GRACE mascon solutions using in-situ geodetic data: The case of hydrologic-induced crust displacement in the Yangtze River Basin. Science of the Total Environment, 707: 135606.

Wang M H, Jiang S H, Ren L L, et al. 2020. An approach for identification and quantification of hydrological drought termination characteristics of natural and human-influenced series. Journal of Hydrology, 590: 125384.

Wang S, Liu H, Yu Y, et al. 2020. Evaluation of groundwater sustainability in the arid Hexi Corridor of Northwestern China, using GRACE, GLDAS and measured groundwater data products. Science of the Total Environment, 705: 135829.

Wang X W, Xie H J, Guan H D, et al. 2007. Different responses of MODIS-derived NDVI to root-zone soil moisture in semi-arid and humid regions. Journal of Hydrology, 340: 12-24.

Wang Y M, Yuan X. 2021. Anthropogenic speeding up of South China flash droughts as exemplified by the 2019 summer-autumn transition season. Geophysical Research Letters, 48 (9): e2020GL091901.

Wang Y X, Li J Z, Feng P, et al. 2015. A time-dependent drought index for non-stationary precipitation series. Water Resources Management, 29 (15): 5631-5647.

Wang Y X, Duan L M, Liu, T X, et al. 2020. A non-stationary standardized streamflow index for hydrological drought using climate and human-induced indices as covariates. Science of the Total Environment, 699: 134278.

Watkins M M, Wiese D N, Yuan D, et al. 2015. Improved methods for observing Earth's time variable mass distribution with GRACE using spherical cap mascons. Journal of Geophysical Research: Solid Earth, 120 (4): 2648-2671.

Wegren S K. 2011. Food security and Russia's 2010 drought. Eurasian Geography and Economics, 52 (1): 140-156.

Wells N, Goddard S, Hayes M J. 2004. A self-calibrating Palmer drought severity index. Journal of Climate, 17: 2335-2351.

Wen X, Fang G, Qi H, et al. 2015. Changes of temperature and precipitation extremes in China: past and future. Theoretical and Applied Climatology, 126 (1-2): 369-383.

Werner A T, Cannon A J. 2016. Hydrologic extremes – an intercomparison of multiple gridded statistical downscaling methods. Hydrology and Earth System Sciences, 20（4）: 1483-1508.

Westra S, Fowler H J, Evans J P, et al. 2014. Future changes to the intensity and frequency of short-duration extreme rainfall. Reviews of Geophysics, 52（3）: 522-555.

Wetterhall F, Winsemius, H C, Dutra E, et al. 2015. Seasonal predictions of agro-meteorological drought indicators for the Limpopo basin. Hydrology and Earth System Sciences, 19: 2577-2586.

Wiese D N, Landerer F W, Watkins M M. 2016. Quantifying and reducing leakage errors in the JPL RL05M GRACE mascon solution. Water Resources Research, 52（9）: 7490-7502.

Wilhite D A, Glantz M H. 1985. Understanding the drought phenomenon: The role of definitions. Water International, 10（3）: 111-120.

Wilks D S. 2014. Statistical Methods in the Atmospheric Sciences. San Diego, CA: Academic Press.

Wong G, Lambert MF, Leonard M, et al. 2010. Drought analysis using trivariate copulas conditional on climatic states. Journal of Hydrologic Engineering, 15（2）: 129-141.

Wood A W, Leung L R, Sridhar V, et al. 2004. Hydrologic implications of dynamical and statistical approaches to downscaling climate model outputs. Climate Change, 62（1）: 189-216.

World Meteorological Organization（WMO）. 1986. Report on drought and countries affected by drought during 1974-1985, WMO, Geneva, pp. 118.

Wu H J, Su X L, Singh V P. 2021a. Blended dry and hot events index for monitoring dry-hot events over global land areas. Geophysical Research Letters, 48（24）: e2021GL096181.

Wu H J, Su X L, Singh V P, et al. 2021b. Agricultural drought prediction based on conditional distributions of Vine Copulas. Water Resources Research, 57（8）: e2021WR029562.

Wu J F, Chen X H, Yao H X, et al. 2017. Non-linear relationship of hydrological drought responding to meteorological drought and impact of a large reservoir. Journal of Hydrology, 551: 495-507.

Wu J F, Chen X H, Yu Z X, et al. 2019. Assessing the impact of human regulations on hydrological drought development and recovery based on a 'simulated-observed' comparison of the SWAT model. Journal of Hydrology, 577: 123990.

Wu X Y, Hao Z C, Zhang X, et al. 2020. Evaluation of severity changes of compound dry and hot events in China based on a multivariate multi-index approach. Journal of Hydrology, 583: 124580.

Xu K, Yang D W, Yang H B, et al. 2015a. Spatio-temporal variation of drought in China during 1961-2012: A climatic perspective. Journal of Hydrology, 526: 253-264.

Xu K, Yang D W, Xu X Y, et al. 2015b. Copula based drought frequency analysis considering the spatio-temporal variability in Southwest China. Journal of Hydrology, 527: 630-640.

Xu Y, Zhang, X, Wang, X, et al. 2019. Propagation from meteorological drought to hydrological drought under the impact of human activities: A case study in northern China. Journal of Hydrology, 579: 124147.

Yan L, Xiong L H, Guo S L, et al. 2017. Comparison of four nonstationary hydrologic design methods for changing environment. Journal of Hydrology, 551: 132-150.

Yang H B, Yang D W, Lei Z D, et al. 2008. New analytical derivation of the mean annual water-energy balance equation. Water Resources Research, 44: W03410.

Yang M, Yan D, Yu Y, et al. 2016. SPEI-based spatiotemporal analysis of drought in Haihe River Basin from 1961 to 2010. Advances in Meteorology,（1）: 1-10.

Yang P, Xia J, Zhang Y, et al. 2017. Temporal and spatial variations of precipitation in Northwest China during 1960-2013. Atmospheric Research, 183: 283-295.

Yang Y T, Shang S H, Jiang L. 2012. Remote sensing temporal and spatial patterns of evapotranspiration and the responses to water management in a large irrigation district of north China. Agricultural & Forest Meteorology, 164: 112-122.

Yang Y T, McVicar T R, Donohue R J, et al. 2017. Lags in hydrologic recovery following an extreme drought: Assessing the roles of climate and catchment characteristics. Water Resources Research, 53: 4821-4837.

Yang Y T, Roderick M L, Zhang S L, et al. 2018a. Hydrologic implications of vegetation response to elevated CO_2 in climate projections. Nature Climate Change, 9: 44-48.

Yang Y T, Zhang S L, Mcvicar T R, et al. 2018b. Disconnection between trends of atmospheric drying and continental runoff. Water Resources Research, 54 (7): 4700-4713.

Yang Y, Tang J P, Xiong Z, et al. 2019. An intercomparison of multiple statistical downscaling methods for daily precipitation and temperature over China: present climate evaluations. Climate Dynamics, 53 (7-8): 4629-4649.

Yang Y, Chen R S, Han C T, et al. 2021. Evaluation of 18 models for calculating potential evapotranspiration in different climatic zones of China. Agricultural Water Management, 244: 106545.

Yang Z W, Di L P, Yu G N, et al. 2011. Vegetation condition indices for crop vegetation condition monitoring. IEEE International Geoscience and Remote Sensing Symposium, Vancouver, BC, Canada.

Yao M N, Yuan X. 2018. Superensemble seasonal forecasting of soil moisture by NMME. International Journal of Climatology, 38 (5): 2565-2574.

Yao N, Li Y, Lei T, et al. 2018. Drought evolution, severity and trends in mainland China over 1961-2013. Science of the Total Environment, 616: 73-89.

Yao N, Li L C, Feng P Y, et al. 2020. Projections of drought characteristics in China based on a standardized precipitation and evapotranspiration index and multiple GCMs. Science of the Total Environment, 704: 135245.

Yeh H F, Hsu H L. 2019. Using the markov chain to cnalyze precipitation and groundwater drought characteristics and linkage with atmospheric circulation. Sustainability, 11 (6): 18.

Yevjevich V. 1967. An objective approach to definition and investigations of continental hydrologic droughts. 23 Colorado State University, Fort Collins, Colorado.

Yuan W P, Zheng Y, Piao S L, et al. 2019. Increased atmospheric vapor pressure deficit reduces global vegetation growth. Science Advances, 5 (8): eaax1396.

Yuan X, Ma Z G, Pan M, et al. 2015. Microwave remote sensing of short-term droughts during crop growing seasons. Geophysical Research Letters, 42: 4394-4401.

Yuan X, Zhang M, Wang L Y, et al. 2017. Understanding and seasonal forecasting of hydrological drought in the Anthropocene. Hydrology and Earth System Sciences, 21 (11): 5477-5492.

Yuan X, Wang L Y, Wu P L, et al. 2019. Anthropogenic shift towards higher risk of flash drought over China. Nature Communications, 10: 4661.

Yusof F, Hui-Mean F, Suhaila J, et al. 2013. Characterisation of drought properties with bivariate copula analysis. Water Resources Management, 27 (12): 4183-4207.

Zarch M A A, Sivakumar B, Sharma A. 2015. Droughts in a warming climate: A global assessment of Standardized precipitation index (SPI) and Reconnaissance drought index (RDI). Journal of Hydrology, 526: 183-195.

Zecharias Y B, Brutsaert W. 1988. Recession characteristics of groundwater outflow and base flow from mountainous watersheds. Water Resources Research, 24 (10): 1651-1658.

Zeng Z Z, Wang T, Zhou F, et al. 2014. A worldwide analysis of spatiotemporal changes in water balance-based evapotranspiration from 1982 to 2009. Journal of Geophysical Research: Atmospheres, 119 (3): 1186-1202.

Zhai J Q, Huang J L, Su B D, et al. 2017. Intensity-area-duration analysis of droughts in China 1960-2013. Climate Dynamics, 48 (1-2): 151-168.

Zhang B Q, Zhao X N, Jin J M, et al. 2015. Development and evaluation of a physically based multiscalar drought index: The Standardized Moisture Anomaly Index. Journal of Geophysical Research: Atmospheres, 120: 11575-11588.

Zhang B Q, AghaKouchak A, Yang Y T, et al. 2019a. A water-energy balance approach for multi-category drought assessment across globally diverse hydrological basins. Agricultural and Forest Meteorology, 264: 247-265.

Zhang B Q, Wang S, Wang Y. 2019b. Copula-based convection-permitting projections of future changes in multivariate drought characteristics. Journal of Geophysical Research: Atmospheres, 124 (14): 7460-7483.

Zhang B Q, Xia Y L, Huning L S, et al. 2019c. A framework for global multicategory and multiscalar drought characterization accounting for snow processes. Water Resources Research, 55: 9258-9278.

Zhang G X, Su X L, Ayantobo O O, et al. 2021a. Drought monitoring and evaluation using ESA CCI and GLDAS-Noah soil moisture datasets across China. Theoretical and Applied Climatology, 144: 1407-1418.

Zhang G X, Su X L, Gan T Y. 2021b. Twenty-first century drought analysis across China under climate change. Climate Dynamics. https://doi.org/10.1007/s00382-021-06064-5 [2022-12-17].

Zhang G X, Su X L, Singh V P, et al. 2021c. Appraising standardized moisture anomaly index (SZI) in drought projection across China under CMIP6 forcing scenarios. Journal of Hydrology: Regional Studies, 37: 100898.

Zhang T, Su X L, Feng K. 2021. The development of a novel nonstationary meteorological and hydrological drought index using the climatic and anthropogenic indices as covariates. Science of the Total Environment, 786: 147385.

Zhang Y, Yang S T, Ouyang W, et al. 2010. Applying Multi-source Remote Sensing Data on Estimating Ecological Water Requirement of Grassland in Ungauged Region. Procedia Environmental Sciences, 2: 953-963.

Zhao H, Pan X, Wang Z, et al. 2019. What were the changing trends of the seasonal and annual aridity indexes in northwestern China during 1961-2015? Atmospheric Research, 222: 154-162.

Zhao M, Geruo A, Velicogna I, et al. 2017. A global gridded dataset of GRACE drought severity index for 2002-2014: Comparison with PDSI and SPEI and a case study of the Australia Millennium drought. Journal of Hydrometeorology, 18 (8): 2117-2129.

Zheng C L, Jia L, Hu G C, et al. 2016. Global evapotranspiration derived by ET Monitor model based on earth observations//2016 IEEE International Geoscience and Remote Sensing Symposium (IGARSS). Beijing, China: 222-225.

Zheng H, Yu G R, Wang Q F, et al. 2017. Assessing the ability of potential evapotranspiration models in capturing dynamics of evaporative demand across various biomes and climatic regimes with ChinaFLUX measurements. Journal of Hydrology, 551: 70-80.

Zhong Y, Feng W, Humphrey V, et al. 2019. Human-induced and climate-driven contributions to water storage variations in the Haihe River Basin, China. Remote Sensing, (11): 3050.

Zhong Y, Feng W, Zhong M, et al. 2020. Dataset of reconstructed terrestrial water storage in China based on precipitation (2002-2019). A Big Earth Data Platform for Three Poles, DOI: 10.11888/

Hydro. tpdc. 270990. CSTR：18406. 11. Hydro. tpdc. 270

Zhou S, Zhang Y, Williams A P, et al. 2019. Projected increases in intensity, frequency, and terrestrial carbon costs of compound drought and aridity events. Science Advances, 5 (1)：eaau5740.

Zhou Z Q, Ding Y B, Shi H Y, et al. 2020. Analysis and prediction of vegetation dynamic changes in China： Past, present and future. Ecological Indicators, 117：106642.

Zhou Z Q, Shi H Y, Fu Q, et al. 2021. Investigating the propagation from meteorological to hydrological drought by introducing the nonlinear dependence with directed information transfer index. Water Resources Research, 57：e2021WR030028.

Zhu Y, Liu Y, Wang W, et al. 2019. Three dimensional characterization of meteorological and hydrological droughts and their probabilistic links. Journal of Hydrology, 578：124016.

Zou L, Xia J, She, D X. 2017. Analysis of impacts of climate change and human activities on hydrological drought： A case study in the Wei River Basin, China. Water Resources Management, 32 (4)：1421-1438.

Zscheischler J, Fischer E M. 2020. The record-breaking compound hot and dry 2018 growing season in Germany. Weather and Climate Extremes, 29：100270.

Zscheischler J, Michalak A M, Schwalm C, et al. 2014. Impact of large-scale climate extremes on biospheric carbon fluxes： An intercomparison based on MsTMIP data. Global Biogeochemical Cycles, 28 (6)：585-600.

Zscheischler J, Martius O, Westra S, et al. 2020. A typology of compound weather and climate events. Nature Reviews Earth and Environment, 1 (7)：333-347.